U0382272

云南省中国特色社会主义理论体系研究中心
云南大学马克思主义学院
云南省21世纪马克思主义创新团队

推　出

马克思人类学哲学探索丛书·主编 张瑞才

马克思生态哲学思想与社会主义生态文明建设

苗启明 谢青松 林安云 吴 茜 著

中国社会科学出版社

图书在版编目（CIP）数据

马克思生态哲学思想与社会主义生态文明建设/苗启明等著. 一北京：中国社会科学出版社，2016.11（2018.4重印）

ISBN 978 – 7 – 5161 – 9371 – 6

Ⅰ.①马… Ⅱ.①苗… Ⅲ.①马克思主义哲学—人类生态学—研究②生态环境建设—研究—中国 Ⅳ.①Q988 – 02②B0 – 0③X321.2

中国版本图书馆 CIP 数据核字（2016）第 280314 号

出 版 人 赵剑英
责任编辑 孙 萍
责任校对 胡新芳
责任印制 王 超

出 版 中国社会科学出版社
社 址 北京鼓楼西大街甲 158 号
邮 编 100720
网 址 http://www.csspw.cn
发 行 部 010 – 84083685
门 市 部 010 – 84029450
经 销 新华书店及其他书店

印刷装订 北京明恒达印务有限公司
版 次 2016 年 11 月第 1 版
印 次 2018 年 4 月第 2 次印刷

开 本 710×1000 1/16
印 张 29.5
插 页 2
字 数 459 千字
定 价 106.00 元

《马克思人类学哲学探索》丛书
编　委　会

主　　任　张瑞才

副主任　李　兵　苗启明

编　　委　谭启彬　杨志玲　张兆民　白利鹏

编委会成员介绍

张瑞才：云南省社会科学界联合会党组书记、主席、研究员；云南省中国特色社会主义理论体系研究中心主任，"21世纪马克思主义创新团队"总顾问

李　兵：云南大学马克思主义学院院长、哲学博士、教授；"21世纪马克思主义创新团队"负责人、创新团队双首席专家之一

苗启明：云南省社会科学院哲学所研究员、创新团队双首席专家之一

谭启彬：云南省中国特色社会主义理论体系研究中心办公室专职副主任

杨志玲：云南大学马克思主义学院党委书记、教授、历史学博士

张兆民：云南省社会科学院哲学所副研究员、哲学博士

白利鹏：昆明理工大学社会科学学院教授、哲学博士

总　序

　　今年是马克思诞辰 200 周年,《共产党宣言》发表 170 周年,为纪念马克思主义创始人马克思、纪念马克思主义产生的标志《共产党宣言》的发表,我们"21 世纪马克思主义创新团队"组织撰写了《马克思人类学哲学探索》丛书。这套丛书,通过深入系统的学理研究,力图提出和回答马克思开创的人类学哲学以及人类学马克思主义有什么根据,特征何在,对于今天的中国发展和世界历史发展有什么意义等问题。

　　马克思在继承前人的基础上,从人类学立场出发特别是从"社会人"和"社会化的人类"的视角来理解和把握人和人类世界,找到了正确打开人和人类世界的钥匙,形成了人类学世界观,创立了人类学哲学。这一哲学为 21 世纪马克思主义发展开辟了新境界。

　　人类学哲学是马克思的超越时代的理论构建,它特别适应于今天这个人类学发展的新时代,适用于中国特色社会主义进入新时代的实践要求。2014年,中国第十四届"马克思哲学论坛"开创性地提出,要从国际视野、世界历史视野理解马克思哲学,从广义的人类学即全人类的价值立场和价值要求理解马克思哲学。本丛书就是研究马克思在这一方向上的开创和构建的产物,是新时代的一种理论回应。

　　要理解人类学哲学的马克思主义,就要深刻理解马克思的问题意识:马克思是从他所把握到的"一个时代的迫切问题"开始他的理论探索的。"一个时代的迫切问题"一般包括"历史基本问题"与"现实迫切问题"两方面。马克思从当时的历史语境出发,首先关注的"历史基本问题"是:世界历史发生了政治革命即政治解放之后而进一步提出的人类解放问题,这一问题在本质上是人类学问题。当时的"现实迫切问题"是:"劳动与资本的对立"所造成的无产阶级的生存解放问题。马克思发现,要追求"全人类解放",首先就要解决无产阶级的生存解放问题。这就成了马克思自觉担负起来的双重一体的世界历史使命,他终生都在为这两大历史使命而奋斗。针对现实迫切的无产阶级的生存解放问题,马克思主要诉诸经济学;针对全人类解放问题,马克思主要诉诸人类学,形成了以人类学为理论根基的人类学马克思主义。今天看来,东西方之所以会出现对马克思的两种严重误解,在于不理解马克思的双重历史使命、双重问题域和双重理论构建;在于不理解马克思早期哲学思想的人类学价值特性及其重要性;在于忽视了马克思本来就是为了全人类解放才首先需要解决作为现实迫切问题的无产阶级的解放问题的。

马克思的人类学哲学思想,从他早年的博士论文到晚年的《人类学笔记》都有所体现。他早年就旗帜鲜明地提出:任何解放都是"使人的世界和人的关系回归于人自身",后来又提出"每个人的自由发展是一切人的自由发展的条件"等论断,这些都体现了他所追求的人类学价值原则。马克思开创的人类学哲学方向,超越了他的时代,适应于21世纪的人类学发展。

人类学哲学和以其为基础的人类学马克思主义,有丰富的内容。人类学哲学不仅包括对人和人类世界的人类学特性的研究,也包括从人类学立场出发对人的生存发展的人类学价值的追求。建立在人类学哲学基础上的生存人类学,作为人类学马克思主义的理论主体,在今天就是具体追求人的生存合理性的价值哲学。只有进行这些学科的理论构建,才能针对当代和未来世界的人类学发展所遇到的根本问题提出马克思主义的解决方略。21世纪的马克思主义,可以通过弘扬人类学哲学,而再次走在21世纪的世界历史发展前沿,通过对世界历史发展提出马克思主义的人类学价值主张,而引领新的世界历史发展。而这一切,都有待于人们对马克思超越其时代需要而构建的人类学哲学的发现、理解、研究、完善和弘扬。

马克思之后,西方自囿于对马克思的人道主义、人本主义的理解,故不可能上升到人类学高度理解马克思。东方则囿于断裂论、不成熟论和转变论,并企图以此维护对马克思主义哲学传统理解的权威,不仅没有而且排斥人类学意识,所以也不能上升到人类学高度来理解马克思。这是东西方长期不能发现人类学马克思的哲学立场的认识论原因。20世纪初的马尔库塞,虽已指出马克思哲学的人类学特质，但没有深入研究。1996 年在俄国召开的第十九届"世界哲学大会"，肯定了"世界哲学发生了人类学转折"，对人的研究成了当代世界的哲学主题，这是当代世界的人类学发展的理论表现。

时代是思想之母、实践是理论之源。改革开放之后，尤其是到了世纪之交，国内哲学界开始了对马克思哲学的人类学方向的探索，其中云南学者迈出了新步伐。如苗启明先生从 2003 年起一直潜心于这一方向，提出了马克思哲学是"实践的人类学哲学"这一新理解，现在已在这一方向发表论文 30 多篇和出版 6 本学术专著。本丛书就是这一研究的又一新成果。通过这一研究，能把马克思的各种思想统一起来，进行系统的人类学马克思主义理论构建。这一研究，一是为国内呼声很高的全面而完整地理解马克思打开了局面；二是为人类学哲学、人类学马克思主义的提出，开辟了前所未有的马克思主义研究新方向；三是让我们的改革发展有一种理论自觉，从而形成新的马克思主义信念；四是让马克思主义哲学与当代的时代精神结合起来，让马克思成为解决人类 21 世纪的人类学发展问题的马克思，从而继续成为 21 世纪的世界历史发展的灯塔；五是开辟了一种由马克思奠定的马克思主义新哲学，即从人类学立场出发研究人和人类世界的人类学特性和人类学发展的新哲学，这是一种全新的学术任务。

当今世界正处在大发展大变革大调整时期，随着全球化、互联网、全球生态保护、全球和平、全球治理出现，表明世界历史已开始向人类学时代发展。在这个新的世界历史发展时代，最需要的哲学就是马克思开创而又一直被遮蔽、被曲解的人类学哲学。因而，在当代发现、疏理、弘扬马克思的人类学哲学思想，并进而构建人类学哲学和以此为基础的人类学马克思主义，是当代马克思主义者的世纪性任务。

中国经过 40 年改革开放的发展，在 21 世纪全球化进程中，大踏步赶上世界潮流，成为全球化的主要推动者，成为互联网发展、全球生态保护、全球和平的领头羊。中国的"一带一路"倡议，正在助推全球化的发展；中国率先提出"构建人类命运共同体"思想，已得到联合国的支持，这些无不表明中国是当代世界历史走向人类学时代的伟大推进力量。"任何真正的哲学都是自己时代的精神上的精华"①，今天能够体现和弘扬这种时代精神的哲学，

---

① 《马克思恩格斯全集》第 1 卷，人民出版社 1995 年版，第 220 页。

就是新时代的马克思主义人类学哲学。所以，发现、构建、弘扬马克思站在世界历史高度上所构建的人类学哲学，是时代的需要，是世界历史发展即全人类生存发展的需要，也是中国发展和走向世界、引领世界的人类学发展的精神理念需要，更是当代的时代精神对马克思人类学哲学精神的再呼唤。所以，推出马克思的人类学哲学，是中国改革发展和世界历史的人类学发展的哲学要求。目前的问题是：由于这一思想太新，理解的人还不多；或者还担心与传统意识形态不协调，因而还在观望。只有站在马克思的新的人类学哲学立场上，才能使中国不仅在行动上而且在精神理念上成为世界历史的人类学发展的开拓者。解决了马克思主义在当代"失语、失声、失踪"的问题，中国将成为 21 世纪世界历史的人类学发展的旗手。

我们必须深刻认识到，马克思人类学哲学所倡导的人类学的自由、真理、正义、平等精神，有利于全人类的合理生存、健康发展与走向自由解放的价值追求。顺应和平、发展、合作、共赢的时代潮流，习近平新时代中国特色社会主义思想贡献了"铸剑为犁、构建人类命运共同体"[①] 等世纪性的中国智慧，提出"五大发展"理念和"以人民为中心的发展思想"，提出"建设持久和平、普遍安全、共同繁荣、开放包容、清洁美丽的世界"的方案，在国际层面倡导"和平、发展、公平、正义、民主、自由"的共同价值；在国内层面倡导"富强、民主、文明、和谐"的国家理念；"自由、平等、公正、法治"的社会理念等新的价值理想，都已超越了传统马克思主义的价值范畴，不仅有利于中国的人类学方向的发展，作为新的马克思主义价值理念也有利于当代世界的人类学发展。当然，这一切都还有待于人类学哲学的正确构建和理论支持。本丛书就是从不同方面分别研究构建马克思的这一新哲学的初步尝试。目前在国内、国外尚未见到这方面的专著。

本丛书是一种开创性的理论构建，其目的就是为了让马克思的人类学哲学能够有利于中国和世界在 21 世纪的发展。我们再次强调：所谓人类学哲学，不外是从人类学立场出发研究人和人类世界的人类学特性和规范其人类学价值发展的新哲学，并指向全人类的自由解放。马克思早在人类解放初露

---

① 习近平：《携手构建合作共赢新伙伴 同心打造人类命运共同体——在第七十届联合国大会一般性辩论时的讲话》，2015 年 9 月 28 日，人民网（http：//politics.people.com.cn）。

端倪时，就开创了研究和推进这一发展的人类学哲学，它特别适应于21世纪的人类学发展的新时代，因而是当代世界的历史发展所特别需要的新哲学。所以，21世纪的真正的马克思主义者，应当为构建21世纪的马克思主义人类学哲学而抢占理论制高点，掌握话语权。计划中这些书是一个体系，是从直接表现深入到理论核心再到扩展应用的关系：《哲学理性与时代精神》是探索哲学的真实使命，让哲学亲近人们的现实生活；《马克思关于人和人类世界的哲学构建》是从现象和事实引入；《马克思开创的新哲学——人类学哲学及其当代意义》是初步揭示；《〈巴黎手稿〉开创的人类学哲学及其后续发展》是对马克思的相关文献的系统疏理，初步提出人类学哲学的一些范畴和原理；《马克思人类学哲学思想的体系构建》是根据马克思的思想理论探索对人类学哲学理论的客观体系的系统构建；《人类学哲学：以实践改变世界的哲学》是强调这一哲学作为改变世界的哲学的实践特征；《马克思人类学哲学：开辟人类学时代的新哲学》是强调它对开拓21世纪的人类学时代的重要性；《马克思的双重历史使命与广义马克思主义》是从哲学深入到对整个马克思主义的分析，从双重理论构建提出广义的人类学马克思主义及其相关内容和任务；《马克思生态哲学思想与社会主义生态文明建设》是从人类学哲学高度来看的马克思的生态哲学思想及其当代应用和对人类生态文明的开辟；《东西方文明的发展与走向自由解放》是运用人类学哲学原理对于东西方文明发展和人类解放问题的初步分析；《开创与理解：21世纪的马克思哲学》（论文集），是对人类学哲学的各种重要特征的补充研究等，将分两辑推出。

《马克思人类学哲学探索》丛书是云南省哲学社会科学界在新时代，按照习近平总书记提出的"把坚持马克思主义和发展马克思主义统一起来，结合新的实践不断做出新的理论创造"的要求，进行有益探索，是坚持以人民为中心的研究导向，坚持问题导向，发扬哲学社会科学批判精神，进行深入研究而推出的系列性研究著作。

张瑞才

云南省社科联党组书记、主席，研究员，博士生导师

2018年3月30日

在 21 世纪，人类正面临生死存亡的抉择。我们必须克服现代性哲学的某种错误，实现一次哲学的革命；必须扭转现代工业文明的发展方向，实现一次文明的革命。哲学的革命就是以生态哲学取代现代性哲学。文明的革命就是以生态文明取代工业文明。

——卢　风

在马克思主义哲学与当代生态思想之间建立一个牢固的联盟，它既意味着前者直接深入到时代的生态课题之中，又意味着后者积极地吸收马克思主义哲学基础。

——吴晓明

马克思从当时人与自然界的和人与人的双重异化这种现实事实出发，要求以自然生态性的"自然主义"与社会生态性的"人本主义"克服这种双重异化，实现二者的双重和解，从而实现人的合理生存与健康发展。这就构建了一种以人与自然界的和人与人的双重生态生存关系为构架的生态哲学思想，它包括一系列生态原理。这一生态哲学思想对解决当代世界的生态危机和中国的生态文明建设具有根基性、针对性、规范性意义。

——本书题记

前　言

一

　　一位本书的评审专家说："从18世纪60年代世界开始工业革命后，伴随着生产力的突飞猛进的发展，人与自然的关系也发生了前所未有的改变。在人是万物之灵、是大自然的主人的思想观念的支配下，人类曾经肆无忌惮地向自然进行无节制的索取，导致了生态环境的破坏以及各种生态问题的产生。面对不断恶化的生态环境，尽管人类已经开始了反省自己的行为，但工业化进程带来的大量资源消耗、碳排放的不断增加及环境严重污染等生态问题并没有从根本上得到解决。目前，生态危机已成为一个关系人类生死存亡的、首屈一指的问题。因此，如何从马克思主义的角度对这一问题进行回答，深化理论认识，总结历史经验，推进中国特色的社会主义生态文明建设，对于理论工作者而言，是一项十分重要的工作。"这段话道出了本书的缘起。本书正是有感于这一点，才进行这一研究工作的。在进入这一议题后我们发现，这不仅需要理解，更需要创造。马克思的文献摆在那里，如果你没有创造性的思想观念，你就不会发现宝藏。它正像一种钻石，你投射进什么色彩的光，它就会反射出什么光来。所以，半个世纪以来，人们从各个角度研读马克思的著作，所得也不尽相同。

　　西方生态主义者最初甚至认为，马克思没有为人类今天解决生态问题提供有价值的思想。生态学马克思主义的产生，最初就是为了要以当代的生态学补充马克思主义。但是通过不断的深入研究，他们发现马克思本身就有深刻的生态思想。从哲学方面的把握来说，其中比较重要的有法兰克福学派的马尔库塞，他从马克思的《巴黎手稿》中突出马克思的"自然的异化"和"自然的解放"思想，为生态马克思主义奠定了马克思主义的哲学思考基础。其另一位代表人物 A. 施密特，在《马克思的自然概念》中，进一步指出了马克思自然观的两大特色，一是由于劳动而形成的社会历史性，二是自然与社会的相互渗透。这就为理解马克思的生态思想提供了很好的自然历史的起点。的确，马克思所关心的自然界，从来不是孤立在人之外的自然界，他看重的是"自然界的人类性"，因而，他眼中的自然界是"人类学的自然界"。这种自然与人类渗透一体的思想，是生态思想产生的哲学前提。因而应当说，马克思最早奠定了生态思想的哲学基础。美国生态社会主义学者豪沃德·帕森斯通过对马克思《巴黎手稿》的再研究指出，马克思的唯物主义是生态唯物主义，这种生态唯物主义贯注到了他后来的经济、政治和社会研究之中。把马克思的唯物主义归结为"生态唯物主义"，也就找到了马克思唯物主义的自然生态起点。英国生态马克思主义者戴维·佩珀在其《生态社会主义：从深生态学到社会正义》一书中认为，马克思注意人与自然的辩证关系，人和自然在循环的相互作用的辩证关系中，人处于中心地位，因而人总是从自身的利益出发对待自然，从而导致自然生态的破坏。美国的生态社会主义者约翰·贝拉米·福斯特，进一步强调马克思的唯物主义是自然性与社会性相统一的自然唯物主义，因而他的思想一般都是符合生态学原理的。而这个自然唯物主义的起点也就是马克思生态哲学思想的起点，等等。这些是从哲学上研究马克思的生态思想的必经之路。另一种重要研究是对马克思在经济学中的具体的生态思想的研究。福斯特在其《马克思的生态学：唯物主义与自然》一书中，指出马克思批判了资本主义生产造成了人与自然之间的物质变换的"断裂"：人口集中到大城市，使人从自然界中吸取的自然物质不能再回到自然界，从而破坏了人与自然的物质交流。我国研究马克思生态思想的著作也有一些，其中青年学者杜秀娟，在其《马克思主义生态哲学思想历史发展研究》一书中，具体研究了马克思的生态自然观、生态经济观、生态社会观、生态伦理观、生态环境观等以及其后继者的生态思想发展状况。总的来说，马克思以文字表述的明确的生态思想大都被触及，研究。那么，在此基础上，我们还能做些什么有价值的工作呢？

二

首先我们应当看到，传统上对马克思哲学的三大理解——辩证唯物主义、历史唯物主义以及新近的实践唯物主义，从其理论逻辑上说都无法问津马克思的生态思想，所以几十年来，即使有人涉及马克思的生态思想，也是在这些理论体系之外；即使发现了马克思的一些生态思想，也无法纳入这些理论体系之中。所以才有自然唯物主义、生态唯物主义等的提法。本书的哲学来源与此不同，它原是《马克思人类学哲学研究丛书》的计划之一，因而它力图从人类学哲学或者说人类学唯物主义的理论立场研究马克思的生态哲学思想。它所提出的一些具有生态意义的哲学原理，都是传统理论中所没有的，但它却是人类学哲学的主要原理（见第一篇第三、四章），正是这些哲学原理，不仅本身具有生态意义，也是构建马克思主义生态哲学的哲学理论基础。从马克思的人类学哲学到马克思的生态哲学思想，可以视为人类学哲学的一种推广运用，即从一般哲学领域跨入其较为特殊的生态哲学领域。所以，从根本上说，本书是站在人类学哲学的立场上对于马克思生态哲学思想的研究。由于对马克思哲学的人类学哲学的理解，也是21世纪刚刚提出，现在还有待于发展完善，因而应当说，本书的理论在整体上是很新的。但是，在深入研究中我们明显感到，马克思有一种深层哲学理念，或者叫一种元思想，是他从事任何理论研究——比如说经济学研究——的思考根据，但是，又不在经济学理论等中加以表述，因为它不是经济学原理，但它决定着经济学研究的理论立场和价值选择方向。这种"元思想"，或者说深层哲学理念、哲学立场是什么呢？这就是人类在他心目中的核心地位，是他对人的生命存在的关心。从这样一种核心理念进入学术思考，就会形成一系列学术方向。具体地说，从人的生命生存的能动性与一般本性出发，就会进入人类学的思考；从人的生命生存与自然界的关系出发，就会进入生态学的思考；而从人的生命生存进入它的实践手段即生产出发，就会进入以劳动生产为基础的经济学思考等。这一切在他的《1844年经济学—哲学手稿》中都隐约表现出来。从而，《手稿》实际上是一部从哲学思考出发的人类学、生态学、经济学三统一的手稿，并在哲学思考的基础上形成了他的人类学哲学、生态学哲学和经济学哲学。换句话说，马克思在《手稿》中实际表达了这样三种哲学倾向：

其一，马克思在《手稿》中表达的思想之一，是从人的生命的能动性和一般本性开始的，他从生命到其能动的生存活动走上了人类学①的思考道路，其方向是人类学哲学的构建。

其二，马克思在《手稿》中表达的思想之二，是从人的生命与自然界的关系、自然界是"人的无机的身体"开始的，从生命到它与自然界的生存关系走向了生态学的思考，其方向是人类生态学即生态哲学的构建。

其三，马克思在《手稿》中表达的思想之三，是从人的生命借助"生产"而维持生存开始的（这一层到《德意志意识形态》中有了更完整的强调），他从生命生存到生产走向了经济学的思考，其方向是剩余价值经济学即经济学哲学的构建道路。

后来，马克思着重走上了这第三条道路。我们通常所知道的，也主要就是这一方向的马克思。而他的前两个方向都被遮蔽掉了。对马克思的人类学哲学的研究，恰恰发现了这两个方向，所以我们从人类学哲学顺利地踏入它的生态领域中来，所获自然出乎我们本身的预料。其中除了直接表现在经济学领域的生态思想之外（这方面已被充分研究，所以本书基本没有再研究），主要是表现在人类学领域的生态思想。所以，虽然我们强调马克思的人类学、生态学和经济学的三位一体，但我们主要研究的是他的人类学生态学结合一体的哲学思想，所以总是二者并提。

可以看到，马克思的生态学、人类学和经济学，都有一个共同的根子，这就是人的生命及其生存问题，这是马克思没有明确表述出来的元思想，他既没有强调过，也未必意识到，但在他的理论思考中却自动表现出来，这就是说，人的生命的生存既是他的人类学哲学②的起点，也是他的生态学哲学的起点，更是他的经济学哲学的最终起点。从生命生存的不同生态侧面（能动、自然、生产）出发，马克思走向了不同的哲学思考。

---

① 这里的"人类学"一词，不是指具体的人类学这门实证科学，而是指海德格尔意义上的从人出发理解世界的广义人类学思潮，下同。

② 人类学哲学不是关于人类一般本性的哲学学说，而是在自然基础上从人的一般本性出发研究人和人类世界的基本特性、现实问题及其如何走向合理生存与自由解放的哲学。

　　这也就是说，在马克思那里，人类学、生态学、经济学都有一个共同的根子，这就决定了马克思的"人类学"有其生态学和经济学的根子；"生态学"有其人类学和经济学的根子；而"经济学"又有其生态学与人类学的根子。正是三者的这种互根互张性，决定了马克思所构建的相关学科有它深刻的理论基础。例如马克思成功构建的经济学，既有人类学的价值原则，又有生态学的价值原则，这表现在最终要实现人与自然的和人与人的合理物质变换这样一种根本原理中。这也就是说，在马克思那里，生态学、人类学、经济学在哲学根基上是相通的。因而，在他那里，同一个原理，既是人类学的哲学原理，又是生态学的哲学原理，更可能是经济学的哲学原理。或者质而言之，他的一些人类学、经济学的哲学原理（甚至政治学、伦理学、社会学的原理），同时也是他的生态学的哲学原理，因为它们既然有共同的根基，其批判也就有了同一个目的，都指向人类应当如何通过实践摆脱人与自然、人与人的不合理关系的统治，实现人的自然的（生态性的）合理生存与健康发展。

　　总之，能不能深入而全面地理解马克思的生态哲学思想，关键在于思维方法。通过深入的研究我们发现，中外学术界既没有从人类学高度研究马克思一般哲学思想的生态意义，也没有从经济学深度研究马克思生态学思想的人类学意义，但这却是最重要的工作。当然也就没有人类学、生态学、经济学三位一体的观念和思考方法了。因而，对马克思生态哲学思想的深入系统的理解和哲学透视还很不够，还有待于深入发展。鉴于此，本书认为，应当既从人类学高度揭示马克思哲学思想的生态意义，又从生态学深度研究马克思生态哲学思想的人类学意义，并适当从经济学角度加以研究。这是进一步深入理解马克思生态思想的关键。因而，本书力求从马克思的人与自然、人与人的关系出发，从三者统一的高度，较为系统地探索马克思的一般哲学思想（即人类学哲学思想）的生态精神，和马克思在人类学和经济学基础上提出的一系列生态思想、生态原理以及它的实践要求，以便为中国的社会主义生态文明建设和当代人类世界走向生态文明方向，提供马克思主义的生态哲学的理论依据。对马克思的人类学、生态学、经济学三位一体的深层哲学理念的发现，实现了这一考察目标。

　　当然，本书主要是立足于生态学的考虑。因此，明白了马克思的生态学思考是与他的人类学、经济学一体性的思考，从这样一种三维相关的视角探索问题，我们就可以从人类学、经济学方面深度理解马克思的生态哲学思想，以及他的人类学哲学思想和经济学哲学思想的生态意义。这就既加深了对马克思的生态哲学思想的理解，又扩大了马克思生态哲学思想的研究视野。在这样一种包含人类学、经济学的广泛的生态视野里，马克思的生态哲学思想就极大地丰富起来，可以从理论体系上加以把握。而一种有体系的生态哲学思想，就是生态哲学，就可能对人类今天面临的生态问题提供系统的解决方案，从而推动人类文明的生态化发展。

总之，我们应当从更为广阔的角度来理解生态马克思，既理解他的人类学哲学思想（一般哲学思想）的生态意义，又理解他的生态哲学思想的人类学意义和经济学意义。这样，我们就发现了马克思的许多不被人们看作生态思想的一些哲学原理的生态学意义，这是我们想在这里强调的关键之点。它实际上是本书所发现的一种新视角、新视野、新方法。

三

根据前面的讨论，特别是从生态学与人类学的两结合考察生态问题，就形成了本书步步深入的三篇：

第一篇，从人类学、生态学上对马克思一般哲学理论的生态意义研究。（1）首先交代当前人类面临的生态危机和生态治理危机状况，作为提出马克思生态哲学思想的现实前提。（2）介绍和评述生态觉醒之后西方兴起的几派生态思想，特别是生态社会主义思想以及总的困境，为提出马克思生态思想奠定理论前提。（3）在世界性的生态危机事实和生态理论的基础上，集中探索马克思人类学哲学理念的生态特性，即马克思的三位一体的生态思想及其世界观价值观的创立。（4）马克思的四大哲学精神——人的生命理性、生存理性、共存理性精神及其生态意义；马克思人类学意义的自由—真理—正义—平等的哲学精神及其生态意义；包含经济正义、政治正义和社会正义的全方位正义观对于坚持生态正义的意义；马克思的社会公共人本主义价值精神的生态意义；特别是马克思的人类学生态学立场及其世界观、价值观的创立，以及人与自然界的辩证一体世界观对于机械论、二元论世界观的超越等，从而表明马克思在哲学世界观上为生态时代的到来奠定了哲学理论基础。（5）马克思以他的生态性的哲学精神对于资本主义经济学和经济活动的生态批判（这是人们都强调的方面）；以及他的哲学理念对于解决当代生态危机的意义（恩格斯的理论另外讨论）。（6）马克思对人与自然的和人与人的双重生态价值追求，为人类文明的生态转向开辟了正确的方向。其中第（1）、（2）点是对当前世界的生态危情和生态治理困境的概述，第（5）点是对人们经常研究的主题的哲学透视。而第（3）、（4）、（6）点则是本书的新探索。

第二篇，从人类学高度和经济学深度深入研究马克思生态哲学思想和其当代世界意义（人类学意义）。在上篇讨论的基础上，本篇从人类学生态学高度阐发了马克思生态哲学思想的基本构架、基本理论原理及其实践诉求，探索人类文明生态转向的马克思主义路径。这里首次提出的对马克思生态哲学思想的新理解、新原理主要有：（1）马克思生态哲学思想的双重历史构架，即人与自然的、人与人的双重生态生存关系。（2）马克思的生态正义、生态理性和对生态化发展的开辟和要求。（3）马克思生态哲学思想的五大奠基原理：即人与自然界的辩证生态一体原理；生态循环与生态平衡原理；经济学的人与自然、人与人和人自身的三重合理物质变换原理；争取"每个人与一切人"的生态性的合理生存与健康发展的人类学价值准则等。重点强调人的生存价值世界及其合理性分配。（4）由（2）、（3）所决定的马克思生态哲学思想在当代的实践诉求：即进行"生态—社会革命"和其制度保障。（5）基本原理和实践诉求的实现形式：即构建"生态性政府"等，并对这两个学术界既有概念赋予新的理解。这些表明：（6）马克思的生态哲学思想是人类走向人类学时代、生态学时代的新哲学，它是要求重估一切价值、重构人类文明的新哲学，是塑造人类未来生态文明的精神力量。其中（1）、（2）、（3）和（6）都是新的探索，（4）、（5）是对东西方既有学术成说的改造利用。

第三篇，从马克思生态理论的实践维度，深入讨论中国社会主义生态文明建设的整体推进方略问题。这里首次提出的新概念新理论主要有：（1）根据人与自然界是同一个生态整体的原理而提出的人—境生态系统建设。（2）根据人—境生态系统的三维结构而提出进行三维调控生态文明建设。（3）进一步根据人—境生态系统的五层关系进行五位一体的全方位的生态文明建设。（4）根据人—境生态系统内部的物质变换的生态原理和生态逻辑进行生态文明建设。（5）建立在以上原理基础上的社会主义生态文明建设的政治推进方略：生态化发展方略。（6）社会主义的生态理性和制度理性，要求把中国这个人—境生态系统的生态文明建设及其绩效置于首位。其中（1）、（2）、（3）、（4）是对马克思的人与自然的生态一体原理的深入揭示，（5）和（6）都是新提出的政治哲学层面的建设方法论，是对实际建设方略的强调。

这三篇步步深入的总体思想，是要把马克思的生态思想放置于他对全人类命运的关怀上来，即放置于全人类的合理生存、健康发展与走向自由解放这种人类学、生态学、经济学的三位一体的价值追求的高度上来理解。本书就是站在这一立场上，对马克思生态哲学思想的总体性思考。它通过以下三个关键点，理解和把握马克思生态哲学思想的特质：

其一，它从社会生态问题入手。马克思的生态思想不是单纯的关于人与自然界的生态关系的哲学理论，而首先是关于人与人的（即人类社会内部的）社会生态关系（包括政治生态、经济生态等在内）的哲学理论。因为，马克思哲学作为主要解决人与人的社会矛盾的哲学，它在逻辑上就不能不以人与人的社会经济生态问题（如人与人的合理物质变换：合理分配等）为重点。而这是解决当前的自然生态危机、开创生态文明新时代的关键，也是马克思主义生态思想的特色。

其二，它从人类学高度看待生态问题：今天的生态问题已不是哪个阶级、哪个国家的问题，它已经由资本主义的问题，通过全球化而转变为全球性、全人类的问题，需要站在人类学价值高度上看问题。而马克思从一开始就是站在人类学价值立场来关注人类的生态生存问题的。同时，生态问题是由人类的传统工业经济活动特别是资本主义的经济活动引起和加重的，因而，它必须从经济原理上加以解决，更必须通过批判资本主义的生产和分配加以解决。因而，它同时是一种经济生态学、人类生态学或生态人类学。

其三，它强调以实践为手段的改变世界的立场："问题在于改变世界"。只有找到实践改变的途径和方法，才能贯彻马克思的生态思想。这种实践的有效途径就是进行"生态—社会革命"和"生态性政府"的构建，而在这之前首先要站在人与自然的生态平衡立场进行普遍的人—境生态系统建设，这些是根据马克思的生态原理的最为必然的实践选择，因而成了本书结合中国情况的归结点。可以说，只有从这三大高度，才能揭示马克思生态哲学思想的深刻性和对于解决人类当代和今后生态问题的革命性意义。

　　总之，人和人类世界的基本矛盾，就是马克思所强调的人与自然、人与人（包括人与社会）的矛盾。马克思的生态哲学或者说生态人类学，是从生态角度解决这种双重矛盾而实现人的合理的生态生存的理论。同样地，其人类学哲学理论和经济学哲学理论，则是从社会的解决这一问题的哲学。三者有所不同但目的都一样：为人类的生态性的合理生存、健康发展与走向自由解放服务。三者在本质上是一致的。

四

　　本书作为国家社会科学基金项目——"马克思生态哲学思想与社会主义生态文明建设研究"的最终成果，完成得有些仓促，之所以要赶在一年内完成，主要是想借本书完成出版的机会，纪念马克思逝世130周年。130年前马克思逝世时，恩格斯的《在马克思墓前的演说》中强调：马克思的两大贡献，一是唯物史观，一是剩余价值理论。130年后来看，这两大理论已经深深影响了人类历史和人们的思想观念。但今天看来，马克思的人类学哲学思想和生态哲学思想，对行将出现的世界历史的人类学转向，以及人类文明的生态转向，或许会发生更为重要的影响。基于这一考虑，我们突出马克思的生态哲学思想与人类文明的生态转向这一主题，并把社会主义生态文明建立在这种具有世界历史意义的理论基础之上，或许更能突出中国生态文明建设的世界历史意义。

　　现代世界是一种心性浮躁的时代，人们很不愿意用大量时间阅读一本厚厚的书，除非有工作和研究的必要。因此，本书虽然是一种系统的专著，但每一章，都采用论文的形式，通过"引言"和"新词"概述一章的主要内容和新提出的概念范畴（也有一些是人们熟知的最必要的概念），以便人们简要把握。各章之间的联系也在每章的开头做了交代，这些或许不是多余的。当然，传统的辩证法的方法，以及大量引用文献的文献分析方法，逻辑方法，都是本书研究不能不用的方法。这里就不必一一细说了。这个方法论的交代，既希望读者理解，也希望方家批评，只有批评才有进步。

本书应当视为对马克思的人与自然界、人与人的和谐生态学的研究，可谓"马克思和谐生态学导论"。

目　　录

Contents

导　论

文明的本质、二重性与走向
生态文明的必然性

　　【小引】自改革开放以来，我们一直比较关心文明问题的理论发展与中国的社会主义文明建设问题。它历经两个文明、三个文明、四个文明、五个文明等，发展到今日的以生态文明为统一基础的共识。文明的本质不能简单理解为改造自然和改造社会的成果和进步状态，它的本质，是对人的生存价值世界在生产和分配方面的合理性与合法性衡量。这种合理性与合法性，体现在人与自然、人与人的和谐与平衡的关系中。传统文明作为人从自然界分离的产物，本身就具有非自然、反生态的一面，其极端的发展就导致了今日的生态危机。今日人类精神只有从类群伦理、国家伦理上升到人类伦理、生态伦理的高度，才能走上与生态环境相协调的生态文明的发展建设上来。人类文明在经历了封建等级的政治生态危机、劳资对立的经济生态危机之后，已开始克服传统工业文明违背自然生态与社会生态的生态正义危机。马克思的生态哲学思想，就是坚持自然生态与社会生态的双重正义精神，推动人类走出资本统治、走出传统工业文明危机而开辟生态文明新时代、新哲学。

　　【新词】文明的区分与本质　人的生存价值世界　文明的合生态性与反生态性　近代人类文明发展的三次正义危机　第三次正义危机　生态危机

　　我们今日探讨马克思的生态哲学思想，是为了人类文明向生态文明方向的发展转化，这就不能不对"文明"问题先要有个认识。"文明"理论在我国的兴起，源于对20世纪那场野蛮的"文化大革命"之后的深刻反思。在一个文明古国重新思考文明的构建，足见"文革"对于文明的破坏性影响。

如何构建一个文明的社会，成了社会主义历史发展的自觉自为的历史性任务。它由最初的"一个文明"即精神文明的提法，经过 30 多年的发展，形成了"四个文明"、"五个文明"的理解。20 世纪末，结合生态危机的加重，"文明"研究又转向了对生态文明的探讨与构建。这一思潮一直展示出一种既与社会实践发展需要相结合又逐步深入的理论进展历程。

一 社会文明的区分与内在本质

1. 社会文明的内部区分（以国内的讨论为准）

1978 年，民主人士李昌，有感于"文革"的无知和野蛮，向党中央建议：应当进行精神文明建设。这一意见被中央采纳。1979 年，叶剑英在新中国成立 30 周年的讲话中，代表中央提出了要进行社会主义的物质文明和精神文明两个文明建设。这一重要提法，显然是由哲学上的物质与精神的对立统一关系转化而来的，显然有其深刻之处。于是，两个文明建设作为一种国策，推行了六七年时间。这对拨乱反正、推进社会主义的社会文明建设起了重要作用。

1985 年，《河北学刊》第 6 期发表了苗启明的《论社会主义文明的三维结构》一文，突破了对文明的二维划分，首次提出制度文明这一范畴，认为对于社会文明来说，仅仅从物质与精神这种二元对立的角度来理解是不够的。例如社会的政治制度，既不能划入物质范畴，也不能划入精神范畴，但它却是文明发展的最重要的体现。一个社会的文明发展程度，关键在于制度，因而提出应当把社会文明划分为"物质文明、制度文明、精神文明"的三维结构。

对文明的二维划分的局限一旦被突破，一时间"行为文明"（高金项等，1986 年）、"政治文明"（刘向东等，1986 年）、"权力文明"（王东等，1988 年）等多维文明就都相继提了出来。1987 年，钱学森等从政治学视角强调"政治文明建设"的重要意义。2002 年，党中央正式提出"物质文明、政治文明、精神文明"三个文明建设。它虽然不是同一学科的概念，不能并列，但它是社会实践的三大要求，三大要点，是社会发展的三大方向的概括。这当然是理论上和社会实践上的重大进步。但是，制度文明与政治文明是什么关系？这引起了不少讨论。一个显然的事实是："制度文明"是从哲学或文化学的高度提出来的，"政治文明"是从政治学角度提出来的，当把"物质文明、制度文明、精神文明"转化为"物质文明、政治文明、精神文明"之后，它就从哲学范畴转化成了政治实践概念。其中的"制度文明"与"政治文明"两个概念，不过是从不同学科提出来的对同一对象和行动的指谓，其用意也是相同的。所以，学术界一般把这两个概念视为大体相同的概念，由于侧重点不同而选择了不同的术语。

2. 生态文明的提出和本质

人类过去对文明的讨论，大都是脱离开自然界来讨论的。生态问题和生态危机在 20 世纪的出现惊醒了人类，人们开始明白，必须把自己的文明发展建立在自然生态的基础之上。20 世纪末，俄国一位哲学家把当代的文明发展与生态联系起来，提出了生态文明的新概念，它概括了人类当代的文明发展首先要适应自然界的生态稳定性的大方向。

但是，人们对生态文明的认识是不断加深的。最初，只把生态文明视为与物质文明、精神文明并列的一种新的文明成分。例如，2004 年，栾贻信、袁俊平在其《社会发展精神特性论》①一书中，一方面坚持了早先的物质文明、制度文明、精神文明的划分，一方面吸收了学术界日渐重视的生态思想和"生态文明"，提出社会文明是"生态、物质、制度、精神"这四大文明的有机构成。把社会文明的三维结构置于生态文明的基础之上，这是我国文明研究的又一重要进步。

但是，从今天人类面临生态文明转向的高度考虑，这种划分依然有它的缺陷。其一，把生态文明与物质文明、制度文明并列，这是形而上学的人为分割，好像物质文明、制度文明可以和生态文明分开，各是各，互不包含。于是，在实践中就出现了强调物质文明建设可以不讲生态文明建设，强调生态文明又可以反对物质文明建设等。这就不可能实现文明的生态转向。其二，没有站在生态立场上进行统一思考，没有把社会文明置于人与自然界的和人与人的生态生存关系之中统一考虑，"生态文明"还只是一种外在的

---

① 栾贻信、袁俊平：《社会发展精神特性论》，北京文化艺术出版社 2004 年版。

加入。

2006 年，从社会文明的完整性考虑，《学术月刊》发表了苗启明的"论社会文明的五层双质结构"一文，进一步把多年讨论的成果，概括为技术—环境文明、物质—财富文明、制度—权力文明、精神—规范文明和生活—行为文明。虽然技术—环境文明已经是对生态文明的概括，但是，却没有强调从生态视野上统一考虑。这方面我们在后面有专章研究，结论是：如果从生态文明的立场加以统一考虑，那就应当强调：当代的社会主义生态文明，应当"以生态精神文明为主导、以生态环境文明为根基、以生态物质文明为主体、以生态制度文明为保障、以生态生活文明为归趋"的五层结构（见第三篇第三章）。这是立足于生态立场对文明问题的迄今最为全面的理解与划分。

根据这一考虑，生态文明的本质就在于：从人类与自然界是一个统一的生态整体这一生态立场出发，从自然界的生态有限性出发，考虑人与自然界的和人与人的生态生存关系，确保人类的生存发展活动不破坏自然界的生态平衡和其长期稳定，以保障人类在自然界的永续生存。这就需要从生态立场重新考虑人类文明的发展，于是，人类发展的第四个文明形态即生态文明方向就自然提了出来。

3. 文明的内在本质

文明概念在不同的时代有不同的含义。过去一般把它作为对人类生存发展的进步程度的衡量。从今天的生态立场看，文明应当是对人与自然的生态关系和人与人的生态关系的合理化程度的衡量。要能够对此进行正确的分析，就要引进一个新的范畴——人的生存价值世界。一般来讲，人总是要在一定的生态环境中，运用自己的"本质力量"，创造对自己、对族类的生存发展有意义的生存价值物。由这种生存价值物所组成的世界，我们可称之为"人的生存价值世界"。除了自然界直接提供的自然生态环境如山川土地、温度、空气、雨水等之外，它一般既是人的生命与自然物相互结合的产物，又是人的生命赖以生存发展的依赖物。它显然囊括了人的一切有利于生存发展的价值创造，包括技术的、物质的、制度的、权力的、精神的和生活行为的方方面面。因此，文明分析要能发挥实际作用，就要紧紧抓住这个世界。

文明，就其直接的意义来说，就是对人的生存价值世界的创造与分配的合理性与合法性的审视。这种合理性与合法性的最高境界，既是在生产方面的人与自然界的和谐，又是在分配方面的人与人的和谐。这一视角的重要性在哪里呢？

人所创造的生存价值世界，作为对于生硬的自然界、对于人自身的天然的野蛮和无知状态的改变和超越，是以科学技术文化规范的形式，对于人们自身生活的合理构建与健康规范。它有三大要点：

第一，它是人所选择、所占有的天然有利于人的生存发展的自然环境（这是由地球在几十亿年的发展中准备好了的生态系统中的一部分）；它被今天已大体形成固定范围的国家共同体所分割，它们共同利用着地球这个生态系统。

第二，它是人以自己的本质力量通过劳动生产与自然资源相结合的产物，因而在人与自然的物质变换上有个符合不符合自然界的数理、物理与生理的问题，有个生态合理性与技术合理性问题，即生态公平与生态正义的问题，在此基础上才会有物质——财富创造的合理性合法性问题。

第三，它作为一定共同体的人们通过社会的分工合作共同创造的生存价值世界，是一定人们赖以生存发展、赖以生活消费的物质基础。所以，人人都要占有一定的足以健康生存的份额。这种社会性的占有和分配，有个符合不符合人理、心理和事理的问题。而人理、心理和事理的最高准则不是别的，就是在人人平等的立场上衡量的社会公平与社会正义问题。

重要的是，公平正义不仅是社会领域的合理不合理、合法不合法的问题，对于今天的生态文明来说，人们已把这种人与人的关系中的公平正义，推广到人与自然界和人与人的一切关系上的公平和正义，从而在生产、交换、分配、消费这些社会基本经济环节内，都要求坚持公平与正义。因此，分析"文明"，最重要的就是要分析它在一定历史时代中所达到的公平正义程度，即合理性合法性程度，以及由其所体现出来的人的自由解放程度。从今天看来，文明的深层本质，就在于人们对他所创造的生存价值世界的"生产和享用"是否达到了最大的合理化与合法化，即是否达到了时代所要求的公平与正义，是否符合这一最大的事理人心。符合事理人心就是合理合法的，文明的；否则就是不合理、不合法、不文明的。所以，合理性、合法性是文明的本质特征。质而言之，所谓文明，从直接性上看，是指人对自己在自然界中创造的生存价值世界在生产、交换、分配、消费方面所达到的符合自然原理和人心要求的程度。从间接性上看，是指人所创造的生存价值世界符合物理与事理、符合人理与心理的深度与广度，是指这个人化世界的合生态性——即合理性与合法性在历史发展中所达到的进步程度。符不符合自然人心，是文明不文明的标志。因为只有建立在这种合理化与合法性程度的基础上，人类才能实现其合理生存、健康发展与不断走向自由解放。所以，文明，说到底，就是指人在自然世界与社会世界的规范中所达到的合理生存、健康发展与不断走向自由解放的程度。而不是简单地闪烁着科技之光的财富堆集。从今天的生态文明的观点看，那种破坏自然生态或人伦生态的科技、财富、成果、进步，再丰富也是不文明的乃至反文明的。那种看到丰富的物质财富的堆集就说是物质文明，只是一种浅薄的看法。以上是对文明的正面性质的概括。

总之，文明是人所构建的人与人的、人与自然的和谐共济的生存发展状态。它在本质上是人在自然的良性生态环境中所构建的良性的社会生态存在。不过，即使这样，即使我们已注意到生态文明建设，都还很难排除其负面效应，即非自然、反生态的一面。

二　文明发展的合生态性与反生态性

人类文明的出现，既是人与自然界的生态关系的一种合理结果，因而它与自然生态有相适应的一面，又是非生态和反生态的一种人为创造，因为文明就是从人与自然界的天然生态关系中走出，创造一种自然生态中所没有的新的存在，从而，它与自然之间的生态联系发生了中断，出现了界限，如果人们不主动构建这种生态联系，就会出现生态鸿沟和生态陷阱。从人类文明的历史发展来看，人类文明从人与自然界的天然生态关系中走出，已经经历了原始文明、农耕文明、工业文明，今日不得不开始生态转向，返回自然而向生态文明方向发展。这是人类文明的反生态发展的一种逻辑回归。

大体来说，原始文明大约是10万年前形成的采集—狩猎文明，采集—狩猎是人类从动物界带来的最早的文化—技术生存方式。它建立在人与自然界的直接的物质交往的基础上。因此，人对自然界的基本态度，不能不是以他们特有的方式来敬畏，讨好，顺从，并以狡黠的巫术方式加以掌握。人也认为自己是某种动植物的一部分（图腾），加上不能不以原始的"以己度物"的思维方式看待世界，人们形成了万物有灵的原始宗教观念，并在这一观念支配下，实现人与自然界的基本上属于天然性的物质变换，以实现自己的简单生存。这是文明，但还是在野蛮状态下的文明，自然生态统治下的文明。但已有一些非自然、反自然的成分，如以人为牲，划地为居，烧陶，刀耕火种等，这些在一定程度上都是对自然的破坏。但在这种野蛮状态下的原始文明中，人发展了自己的体质和人作为人的人类学特性，并孕育出了由自己对于自然事物的了解和掌握而形成的农耕文明。

农耕文明大约发生在 1 万年前。人摆脱了直接依赖自然物的采集与狩猎，创造性地利用植物种子的周期性生长特性和一些动物的温驯特性，发展出了由人控制的农耕与畜牧，这是人在与自然界的交往中发明的人化自然的文明生存方式。是人以一定的知识、技能和生存文化与自然事物的特征相结合而形成的生存方式。这种生存方式直接建立在土地开垦和草原利用的基础上，从而走向与自然生态不一样的道路，形成了人的真正的在自然基础上的生产与消费。有了生产，人类就开始在自然生态的基础上构建和形成自己的日益有效的社会生态系统。于是，人们越来越凭借自己的社会生态系统而生存，并在这个社会系统中创造人的新的生存价值世界：创造了城市、手工业和简单矿业为主的生存形态。但是，当人以这些东西形成自己的社会文明时，一种非生态、反生态的东西也就成长起来，这就是城市。

"城市"开始了人自己的文明生活，建立了人自身的社会生态系统，但是也使人与自然界的直接生态关系开始断裂，它是人与自然界生态分离的起点，而城市的大小表明了这种分离的程度。"手工业"集中了人的技术手段，也是人与自然界开始分离的手段，技术和工具则打开了人与自然界分离的道路。如果说，作为人的主要生存手段的开垦和畜牧，开始了人对自然生态的地表系统的侵犯和改变的话，那么，最早的"矿业"就已经开始了人对地内生态资源的侵犯和改变。但是不论如何，农业文明还是建立在人与自然生态系统的直接交流的基础上的，自然界通过人的生产活动流入人的社会生态系统中，形成人的生存价值世界。它们在人的社会生态系统中循环，大部分通过消费又返回到自然生态系统中。它表明，人与自然界之间还不是单纯的熵增过程，它同时还存在着还原性的负熵过程。

但是另一方面，就社会生态系统而言，农业文明随着土地的开垦开始了人们大量占有物质财富的过程。这种占有最初是集体占有，随着占有的富集和人自己的分裂而开始了私有化的进程。这种私有化作为一种人的欲望与财富力量的结合，成为一种既超越自然力量又超越人的力量的独立的社会物质力量，它成了主导人与自然的物质变换以及人与人的物质变换的决定性力量。从而，文明的发展同时成为反生态不文明的发展，也开始了社会中的不文明关系。因为，这种独立力量在财富垄断者手中，就转化成为一种既奴役人又奴役自然界的异化力量。因为奴役就是侵犯，侵犯就是伤害，伤害就是异化，异化就是反文明。随着农业文明阶段的发展深化，这种基于财富的扩大而形成的对人、对自然的侵犯伤害力量也就越大。这种力量的制度体现，就转化为社会权力，对土地财物的权力和对人的权力，其最高体现就是贵族阶层和帝王的形成。由于这批人的生活不直接依赖于自身的能力，而是建立在由他人劳动所形成的财富的基础上，并且为了财富的扩大而出现了横征暴敛，战争劫掠以及浩大工程，花天酒地的生活，从而使社会生态系统开始了熵增过程，而熵增就是对于自然生态系统平衡的侵犯。所以，在农业文明时代，人就由于反生态的发展而造成地球表现的生态退化，诸如，美索不达米亚平原由于树木砍光而盐碱化和沙漠化，柴达木盆地的沙漠化，楼兰古国的沙漠化，黄土高原的形成和黄河的出现等。这种由于人对自然生态系统的伤害而反过来恶化了人类社会的生态系统的情况比比皆是。

工业文明大约发生在300年前，它是人类的反生态活动的深入发展。孤立地单就人的立场看，这是人类最伟大的综合发明，是人类以自己的智慧创造的最有力的独立于自然界之外的技术—文化生存方式。凭借这种人为的技术—文化生存方式，人们开始了明确地、有目的地征服自然和统治自然的过程，狂妄地要自然界服从人的意志，从而开始了反生态的征程。

工业文明的主要生存手段，一是以人造机械和人造动力为基础的工业技术（包括机械化的农业）开始的一种非生态的文明构建；二是通过科学技术与自然物种的特性的结合，而深入自然物种，直接改变它的存在形式或天然构成；三是来自地底的矿物能源和金属资源，被大量翻出来参与和改变地表生态循环；四是以机械和化学为手段的人造物成了地球上新的反生态物种；五是工业群落和大城市的崛起，直接建立起了与自然生态对抗的文明世界；六是伴随这一切和财富的增加而出现的人口爆炸，它越来越超过了自然生态的承受能力；七是人把自然界当成一个可以进行无限掠夺破坏的对象，构建了与整个生态为敌的反生态的生产、生活系统，这是一种以自然生态为原料而维持运转的人为的反生态文明：自然向它注入的是负熵流，它向自然返回的是正熵流，从而形成了一个不可持续的人天对抗的反生态系统，终于形成了今日的人天紧张关系，人天生态大危机。

但是，更为严重的是，在工业文明中，出现了一种统治一切的反生态的资本，这是人的欲望（它总属于一定人的）这种强力精神力量与物质力量的结合，它不仅控制了整个工业生产，也控制了劳动生产者。它为了自身的增值，一开始就让劳动者过着奴隶般的生活，出现了空前严重的阶级对立。另一方面，资本又为资本家所有，资本家无限增值资本的欲望成了资本本身的增值动力。从此，生产不是为了满足人们的需要，而是为了创造可以使资本增值的交换价值。于是，生产就由满足有限需求的生产，转化成了满足资本无限膨胀的生产——出现了生产异化。不仅如此，资本一方面通过其商品形成和打开了世界市场，一方面让广大生产者也变成消费者，再加上人口的膨胀，从而使工业这个人为的、本来就只能促使自然界增熵的人与自然界的物质变换系统，千百倍地加重了自然生态的负担，使生态灾难在 20 世纪 50年代开始爆发，形成全球性的、全人类性的生态危机。这才使人们警觉和反思，发现了对人类做出了最伟大贡献的工业文明，却由于违背自然生态系统的规律而终于反过来危及人类本身的生存，以及整个自然生态系统的生存——工业也已经异化为巨大的反生态的力量，如不及时扭转，足以断送人类自身的存在。这便是 20 世纪后叶开始的"生态觉醒"：原来，人类在资本及其整个工业技术支配下的发展，是违背生态正义的"发展"，这种"发展"已经把人类推向了生死存亡的边沿！人类自己活动所形成的最大危机，就是违背了生态正义的危机！如何走出这种生态正义危机，是全人类面临的最重大、最紧迫的问题。

人们今天终于明白，整个工业文明的产生与发展过程，也就是这种文明对自然生态系统的侵犯、伤害即熵增过程。工业文明对于自然界生态规律的违反，马克思恩格斯虽然早就注意到了，并且建立了不违背自然生态规律的人与自然界的生态整体原则（马克思）和破坏自然生态必然要受到自然报复的生态互动原则（恩格斯），但在当时，由于生态问题还不是主要问题，因而马克思也没有把它作为主要问题来对待。而此后，人们被这一文明创造的大量财富和社会各方面的现代化发展所陶醉。即使后进国家，也争相以工业化来改变自身的贫穷面貌，实现现代化的发展。一方面由于资本的逼迫，一方面由于摆脱贫困和走向现代化的逼迫，所以，人类今天虽然发现传统工业文明是一种生态陷阱，但却不能不依然在走着这条断送未来生存的道路。这就是工业文明给人类带来的生存悖论和发展困境。而突破这种悖论和困境的，只能是摆脱和超越这种建立在破坏整个自然生态系统之上的传统工业文明，创建和发展建立在自然生态系统规律之上的新型的生态文明。我们已经来到了这个十字路口。在传统的追求道路上为富裕而继续下去，人类只能迈向死亡；改弦更张，实现生态转向，或许还有光明可谈。这是我们在讨论马克思的生态哲学思想和生态文明之前，应当首先明白文明为何物和文明的历史发展的理论前提。

三　从传统文明的负效应看走向生态文明的必然性

上面的讨论表明，人类迄今所创造的文化和文明，都不能不是通过非自然、反生态的道路而构建起来的。这一点直到今天还没有被人们（包括一些生态主义者）完全意识到。事实上，文明或者说人类文化从它诞生的时候起，它作为"人化的自然界"即社会存在物，就既有顺应自然、符合生态的一面，又有违背自然、不符合生态的一面，因为文化和文明都不能不是对自然界的"人本化改变"的产物，这是人作为"属人的存在物"、作为在自然界自谋生存的存在物的必然。所以，文化和文明，在人天关系上从一开始就是辩证二重性的。马克思所说的"人的本质力量的对象化和自然界的人化"，表明这种辩证二重性是它的生成本性。一方面，我们应当看到，人所创造的文化和文明，作为人自身依存于自然界的生存形式，它有它的自然依赖性，这一点今日是特别明白了。例如，人们指出，人类今日的社会物质生活的原材料都不能不来自自然界：能源的95%、工业原料的75%、农业生产资料的70%、饮用水的30%都来自深层自然界，人类文明也不能不建立在地球的森林生态系统、草地生态系统、农田水利生态系统以及海洋的生态系统这四大生态系统之上。但是，人类文明作为支持人的社会生存系统，是一个生产—消费系统，而生产对于自然界来说也是一个通过粉碎而进行物质变换的资源耗费系统。因而它对于自然界来说不能不是一个耗散系统。而且它作为人本化的人化物，不能不以粉碎自然、切割生态、改变自然为前提。人类文明的发展，特别是他的人口规模与生产规模的不断增长和庞大化，造成了自然界的空洞化、破碎化、垃圾化即熵化，所以，文明不能不以自然界的空洞化、破碎化、垃圾化、熵化为代价，特别是传统工业文明，在这个意义上更是非自然、反生态的。

文明为什么会有非自然反生态的一面呢？这是由于：从社会方面说，人类行为不像动物那样是对于自然条件的直接反射，而是通过自己的观念和意识构想之后在头脑中形成一种行动方案而行动，它是思想意识的产物，受观念所左右，这种意识构想性就是它的非自然性的根源，也给了它反生态的可能。它体现在以下五个方面。

其一，如前表明，从物质基础上说，文明建立在对于自然生态的物质粉碎和重新组合构建的基础上，即以消解自然生态的负熵流为前提。

其二，是自然的有机统一性与文明的孤立割据性。自然界的一切环节都是有机地联系在一起的，但人只是依据自己的某种需要而占有某物，把它从自然界中孤立割据出来而拥有它，从而破坏自然界的有机性和生态性。

其三，是自然的生态价值性与文明的功利价值性。自然界的事物作为有机体，其每一种都有它的生态价值，用马克思的话说自然事物是"互为对象"而存在的。但人对它们的占有，仅仅服从于自己的功利目的，有功利的就是有价值的，而几乎完全不考虑它本身的生态价值。这就不能不违背生态，破坏生态。

其四，是自然界的多样化与文明的单一化。今日人们终于明白，生物多样性是生态生命的保障，而人类不可能像自然界的多样性那样占有自然，它只能就自然界对人有用的那一点而片面地、单一地占有自然，例如，人们把原野上的所有植物都清除掉，只种上某种作物或果树。今天的田野里不是被万千种植物所布满，而只是被少数高效作物所占据。原始森林有万千种植物和动物，而人造林只有几种对人特别有用的树种。生态学的规律是多样则生，单一则亡。人类为了自身的生存需要不能不片面化、单一化，这就不能不走上反生态道路。

其五，是自然界在生态上的循环平衡性与文明在生态上的断裂和倾斜性。整个自然界都处在大气循环、水循环、氮氧循环以至生命的循环之中，并在这种循环之中取得生态平衡，周而复始，生生不息。但是，人建起城市，构筑连片的水泥硬壳隔开天地的联系，把土地的有机物集中到城市又排入江河，创制许多自然界所没有的东西混入土地和水中，造成自然生态的断裂和倾斜，不这样人就无法满足自己的无限欲望。

事实上，以往任何技术都是非自然反生态的（至少没有考虑它的生态特性）。它不是自然界的产物，而是作为人造物、作为改变自然的利器而出现的，技术的积累和构建一般只能是在其非自然、反生态方面的积累和构建，因为这是文明形成和发展的基础。文明作为人所创造的适应人类生存发展的舒适家园，在一定意义上是对于自然环境的非人性的对抗，因而不能不以牺牲自然生态环境为代价。恩格斯早就看出了文明的这种非自然、反生态性，他指出：文明是一个对抗的过程，这个过程以其至今为止的形式使土地贫瘠，使森林荒芜，使土壤不能产生其最初的产品，并使气候恶化。土地荒芜和温度升高以及气候的干旱，似乎是耕种的结果。恩格斯的这种对于人类活动的反生态认识，就好像是对于今天的描绘。美国生态学家罗尔斯顿也指出：

> 文化是为反抗自然而被创造出来的；文化和自然有冲突的一面。每一个有机体都不得不反抗其环境，而文化又强化了这种对抗。生活于文化中的人实现了对自然的统治。

他还指出了人与自然界之间的这种既顺应自然又反自然的关系："我们重新改变了地球，使之变成城市。但这个过程包含着某种辩证的真理：正题是自然，反题是文化，合题是生存于自然中的文化。"①

---

① ［美］霍尔姆斯·罗尔斯顿：《环境伦理学：自然的价值及人对大自然的义务》，杨通进译，中国社会科学出版社 2000 年版，第 451 页。

　　在当代中国，对文明和文化的反生态性，人们也有所认识，例如，中国科学院董光璧教授就认为，"文化的本质是反自然的"，"没有一种文化不是反自然的"。生态哲学家余谋昌先生也认为文明是反生态的。他指出：古巴比伦文明、地中海的米诺斯文明、腓尼基文明、玛雅文明以及撒哈拉文明等，一个个随着人类早期农业对土地的不合理的利用，以及各种各样的生态学的原因最终消亡了，那里原来充满绿色底蕴的土地变成了黄色的沙漠。这的确是让人类触目惊心的教训。

　　但是，反过来想想，如果这些文明能够有意识地保护他们的森林，保护他们的水源，不至于肆无忌惮地征伐掠夺，或许不至于出现这种生态灭亡。所以，文明的非自然、反生态性，在人类的有意识的关注和控制之下是可以避免的，正像人们可以创造文化和文明一样，人类也可以创造和构建适应生态环境要求的生活。只要人类家园不超过生态环境的生态容量，伟大的自然界就可以包容人类家园而不失其生态功能。正是这一层给我们今日的生态文明构建带来希望。

　　认识到传统的文化和文明的非自然、反生态性非常重要，即它的任意发展必然导致地球整个生态系统的破坏和毁灭。如果说，以前人类还没有出现"生态觉醒"因而造成了生态危机的恶果的话，那么，人类今后要想持续生存，就不得不约束和克服其反生态性，按照伟大的生态规律重新改造自己的文化和文明，这就是生态文明的构建。而生态文明要想成功，人类在精神理念上就必须来个彻底的改变，即把人类社会的伦理道德观念扩大到整个地球的自然界，以生态伦理观念来支配自己的一切。因为，人的生存发展活动作为一种优化系统，是由其精神意识来支配的，人类文明的发展，尤其与其伦理精神的发展分不开。

　　正是由于生态伦理精神的发展，催生了生态文明时代的到来。在这个初步的意义上可以说，生态文明是建立在生态伦理精神基础上的新的文明形态。它需要人的伦理精神由类群伦理、国家伦理进一步上升到世界伦理和大地伦理、生态伦理上来，并以生态伦理精神支配每个人与一切人，才有可能建立新型的生态文明。类群伦理，国家伦理，不管原来如何伟大，在生态伦理时代都不能不退居从属地位。污染转移，资源掠夺，生态帝国主义，都不过是类群伦理和国家伦理在生态伦理时代的不良表现。想在生态上独善其身，而让污染远离自己的国土，最终只能反过来危及自身。它需要全人类一致行动，生态伦理才会走上主导地位，生态文明才有可能构建起来。

那么，生态伦理和建立其上的生态文明，能不能克服文明的反生态性呢？其可以肯定地回答在于：在生态伦理出现以前或实施之外，人类文明作为一种社会优化系统，它的优化仅仅是在社会系统之内的优化，而不涉及自然界，因而不能克服其反生态性。而一旦人类能够把自己的优化活动扩大到整个自然生态系统，包括无机自然界在内，那么，其优化也就相应地走出人的社会系统之外，而扩大到整个自然界，形成"人—境生态系统"，这就有可能克服其反生态性。因为优化是建立在人的意识、智慧及其创造和变革之上的，创造可以超越自然，变革可以顺应自然，包括改变人自身的自然，人自身的恶劣本性（如自私、贪欲和残忍），从而有可能构建适应自然生态要求的人—境生态优化系统，把非自然、反生态性降到最低水平，构建出既符合自然生态的数理、物理和生理，又符合人和人类社会的事理、人理和心理的合理性与合法性的新文明，从而克服人类自身造成的生态正义危机。这就是生态文明。生态文明既要改变人与自然界的物质变换（生产）的不合理性，追求人与自然界的和谐发展，又要改变人与人的物质变换（分配）的不合理性，追求人与人的和谐发展，这就会把文明的反生态性降至最低，实现人类生存发展的生态文明转向。

四　从"人化自然"看走向生态文明的必然性

上述文明发展的二重性，在人对自然的人化关系中更突出地表现出来。我们知道，自从地球日渐形成稳定的生物圈之后，人类在自然界、在生物圈中形成了，并且成了生物圈中的日渐重要的组成部分。但是，人类与其他动物不同的是，他是凭借双手、工具和智慧在自然界中开辟自己的非自然的生存环境而生存的。在经过漫长的渔猎时代后，人类开始掌握与自己生存直接相关的植物、动物及其与土地的生长关联规律，开辟了农耕时代。这是人与自然关系的第一次重大的生态转变：地球表面的丰富的森林、草原被简单的农作物所取代。一批原本依赖自然界的动植物，转而依存于人，人自己在自然界中构建出了第二自然系统。如果说，前农耕时代人类主要是随着一年四季的时间变化而直接在自然界中通过渔猎采集而生存的话，那么，农耕时代由于要以土地占有为根据，这就由对自然时间的掌握而生存，发展到通过对于自然空间的占有而生存。人开始在时间和空间两方面进入自然界，占有和改变自然界，建立自己的"时—空"生存系统。这种由人开辟的第二自然，这种人的时空生存系统，就是马克思所说的"人化的自然界"。它表明，生物圈中开始出现一个非自然的、由人调控的人化圈、社会圈。同时，土地的占有，农耕文明的发展，使国家开始形成，从而进一步使社会圈以国家的形式强化，形态化，成为政治圈。在这一过程中，人化圈、社会圈，作为自然与非自然相结合的东西，进一步使人与自然界分离开来，而这种分离的扩大，是通过人的非生态活动向自然界的深入而实现的。随着时间的推移和生存经验在双手、工具和智慧、文化中的积累，以及智慧对自然自觉地探索，新的自然科学和技术开始形成，人的力量也由人力发展到机械力，由体力发展到智力，一种新的文明——工业技术圈在自然界中灿然出现。于是，发生了人与自然关系的第二次重大的生态转变：人类在社会圈的基础上又生长创造出人与自然之间的科学技术圈：一方面自然界以分门别类的形式在科学技术圈里得到映现（认识）和被人掌握，人开始从物种本性的深度掌握自然界，一方面社会圈也被科学技术圈所改变。它在一个从地下到太空的立体的深层意义上改变着自然。而随着人类的规模性扩大与通过对自然力的掌握，活动能力大大增强，那个原本的自然界就在人面前慢慢消失，人自身的自然也变成了人化的社会化的自然，人们完全在人化圈、社会圈、科技圈中生存，随着这个圈的扩大和加深，它终于反过来力图包围和改变地球生物圈，这两个圈的矛盾就形成了今日的生态危机！如果说，人与自然关系的第一次生态转变（农耕），已开始了人对自然的不良改变和污染，但由于规模较小而大体上还未超越自然的纳污能力和再生能力的话，那么，这第二次生态转变，对自然的改变和污染就不仅超越了自然界的新陈代谢的循环能力而积累起来，而且通过对自然机理的改变（如气候）而导致自然界在生态机理上发生重大变化，亿万年形成的稳定的生物圈的自然生态系统开始失衡，向不利于现有生物生存的方向转变，科技化的人类人化圈，作为一种综合的反生态力量，使生物圈发生嬗变，人类的生存发展活动中出现了自己捣毁自己的自然生态家园的因素。它表明，人与自然界相生相依的自然生态关系，已经转化成了既不利于人的健康生存，又不利于自然原貌复苏的相克相斥的反生态的生存扭曲力量。马克思的生态哲学思想，就出现在这个生存扭曲力量的开始点上。

还在现代工业技术文明开始的时代，马克思就指出了那个原本的自然界，即自在的自然，已不复存在，人只能在"人化了的自然界"① 中生存。马克思针对费尔巴哈的单纯的自然观批评说：

> 先于人类历史而存在的那个自然界，不是费尔巴哈生活于其中的自然界，这是除去在澳洲新出现的一些珊瑚岛以外今天在任何地方都不再存在的、因而对于费尔巴哈来说也是不存在的自然界。②

在马克思时代，"自然界的人化"已经渗透到方方面面，原本的作为人类生存的生物圈的自在自然，已经完全改变了面目。所谓"人化了的自然界"，就是为人所影响所改变的自然界。所谓社会化了的自然界，就是被人的利益所分割和关联的自然界，这只要从飞机上鸟瞰大地，就会看到整个山川大地既被网格式的利益界线所分割，又被利益的共同道路连成整体。这种人化、社会化了的自然具有这样的规定性：

其一，它与"自在自然"不同，对于自在自然来说，它是被人"异化"了的自然，是自然的异化。

其二，这种异化了的自然，不仅把人与"自在自然"的天然生机割离开来，也把人的天然生机圈禁起来，使"人本身的自然"也发生异化：人的生命的有限需要变成了对财富的无尽追求，从而不能不被社会利益牵着鼻子走向反自然、反生态方向。

事实正是这样的，正是这种反自然、反生态因素的积累导致了今日的生态危机。所以，这种"人化了的自然界"对人来说是二重性的，它既让人深入自然，顺从自然，又让人离开自然，背反自然。而问题的关键还在于：人的生存活动既要依赖"自然的人化"而实现自身，实现自身的对象化，

① 《马克思1844年经济学—哲学手稿》，刘丕坤译，人民出版社1979年版，第79页。
② ［德］马克思、恩格斯：《德意志意识形态》（节选本），人民出版社2003年版，第21页。

又要在"人化的自然"中实现对自然的社会占有。从而,人们也只能在这种"人化了的自然界"即被人扭曲了的自然界中生存,而这也就是一切生态问题的起始点。全部的生态问题,就出现在马克思所指证的"人化自然"即人对自然的改变和扭曲本身之上,出现在自然界被扭曲到社会圈、科学技术圈中而改变的形态中,而不是出现在原本的自在自然之中。这是我们在考虑生态问题时必须明白的大前提。马克思的生态思想,就是建立在这种人化自然的基础上的。

马克思的这种人化自然的思想,在今天已为现代科学所证实。德国地质学家托马斯·吉特指出:"传统认知下的纯天然自然环境在当今的工业社会已经不复存在。……今天,人类影响地貌,影响地球的演变。""一个相对于社会环境而存在的、自生自灭的大自然已经成为历史,当今的地球环境受人类影响极大。"① 因而,从 18 世纪起,人类已经度过地质史的"全新世"而进入了"人类世"时代。其特点是:"人与自然界在'人类世'合而为一",即马克思所说的"人同自然界的完成了的、本质的统一":自然的生态与人类社会的生态成了同一个东西,自然的兴亡与人类本身的兴亡也成了同一个东西。因而,莱因费尔德认为:"地球未来的地表和地下形态,将在很大程度上取决于人类自身。"② 由此可以看出,马克思的"人化自然"说,其生态哲学意义,就是指明了人类与自然生态的关系和人类的责任,指明了人类是在被人类活动扭曲了的自然基础上生产、生存、生活的。任何自然生态问题,都不是自然的问题而是人类自身的问题,生态危机的实质,是人类自身作用于自然的方式本身受人类欲望的扭曲而具有反生态的性质。所以,检讨和改变人类对自然界的作用方式,生存活动方式,让被强行纳入社会圈、科学技术圈中的自然界不再违背自然界的生态本性和人类自身的生存本性,是解决生态问题的起点,这就是马克思"人化自然"说对于今天的生态意义。

当然,对于人类生存来说,人化自然是必然的,无可避免的。人化自然一方面是人的生存发展所必需,一方面又使人的生存脱离了真实的自然界而

---

① [德]托马斯·吉特:《地球悄然迎来"人类世"》,《参考消息》2013 年 2 月 19 日第 7 版。
② 同上。

进入生存险境之中；一方面展开了人类生存发展和走向自由解放的道路，一方面由于人的恶劣本性的统治而又会导向"万劫不复之渊"。这一矛盾在今天走到了十字路口，等待人类携手解决。

五 从近代人类文明发展的三次正义危机看 走向生态文明的历史必然性

从世界历史发展来看，人类文明的基本问题，主要是在历史中起主导作用的人们，罔顾整个社会的生存正义而陷入种种正义危机。不解决其正义危机，其社会历史就会因失去正义而自相混乱，无从发展。要理解这一层，必须先对"正义"有个初步的理解。

人作为社会存在物，其社会性本身就会产生其自身赖以正常运行的人与人的行为准则即正义行为，而人作为具有精神理性的存在物，又会把这种正义行为转化为社会整体的正义精神，并为相互之间和社会整体的繁荣而弘扬这种赖以生存发展的公平正义精神，人们也都会成为公平正义准则的争取者、制定者、捍卫者。因而，从人类学视野看，所谓正义，就是在一个共同体内部所有成员之间的利益均衡不受侵犯，它是人与人相互平等的生存准则以及社会整体的共存准则的统一，其中的权利和义务的规范都应建立在有利于个体和共同体的共同发展的基础上，它在不同的历史时期有不同的内涵。从生态文明的高度看，所谓正义，特别是整体性的生存正义，就是既符合客观自然生态状况又符合社会普遍人心即社会共同体的生态生存要求的准则、主张和行为。也就是既符合自然生态规律又符合社会人心共同生存的准则、主张和行为。人类生存发展的历史就是追求生存正义的历史，有正义则存，无正义则亡。文明本身就体现为某种生存正义在全社会的实现。一个没有正义或违背正义的社会不可能是文明的社会。所以，生存正义的实现程度也就是文明的发展程度；而生存正义的危机程度也就是文明的危机程度。正义之所以会出现危机，主要在于社会权势集团自身利益的膨胀，阻碍、侵占和破坏了一般民众的生存利益的正常实现。一个社会出现了正义危机，就不能正常运行，就需要革命性的变革。远的不说，从世界历史在近代的表现来看，已经经历了两次正义危机并面临第三次正义危机即生态正义危机。要理解这一层，就要从近代历史的第一、二次正义危机讲起。

第一次正义危机：封建等级制度不能适应历史发展要求的政治正义危机。这可以从法国大革命和中国辛亥革命前夕来看。这种政治危机主要体现在：

其一，腐朽的封建制度"领导"不了新兴的资本主义生产方式，满足不了它的生存发展要求而陷入了非正义性。

其二，封建等级制度的专制统治与历史中新兴的自由平等要求相矛盾，从而使其陷入了非正义性。

其三，封建贵族对于权力的垄断阻碍了资本主导世界的要求，因而陷入了非正义性。

其四，在人民成为历史的主体和普遍的民主要求面前，社会统治权力的帝王垄断制度即通行千年的君主制成了非正义的东西。

其五，维护传统的封建道统尊卑观念的文化精神，在新的民主、平等、科学、自由的文化思想要求面前陷入了非正义性，甚至孔子思想的统治也成了非正义的（如"打倒孔家店"）等。

这种种非正义性，就使整个封建文明陷入了生存正义危机，成了新的历史发展的障碍。历史的具体性提供了两种解决这种非正义的方式。一种是非正义方顽固不化，以权力维护权力，那么历史就会以暴力革命的方式推翻这种非正义的旧势力，建立新的正义秩序，法国大革命和中国辛亥革命就是它的典型表现。另一种是非正义方感觉到了形势危机，认识到世界历史的必然发展，并由最高统治者直接推动变革，从而以和平方式、改革方式解决种种非正义的问题，俄国彼得大帝的改革和日本明治维新就是这样。这些革命和改革把国家社会纳入了新的正义轨道，也跨入了新的文明形态。这就是说，第一次正义危机是以资本主义的政治革命——暴力的或改革的两种方式加以解决的。

第二次正义危机：即劳动与资本对立的经济正义危机。这是资本逻辑支配劳动的危机，是资本价值的极大化与劳动价值极小化的危机。它的主要表现是：

其一，这种劳动与资本的结合而形成的社会化大生产的生产方式，是建立在马克思在《共产党宣言》中所说的"生产资料的资本家私有制"基础上的，从而变成了劳动与资本的对立，这种制度性矛盾就使它不能不陷入非正义性。

其二，资本的无人性的增值本性，资本家无人性的贪得无厌，即资本逻辑，借助资本的权力把本来应当是合作的关系变成了奴役关系，工人像奴隶一样每天劳动 14 个小时还只能过动物般的生活，这就是马克思时代的现实，从而使这种生产制度变成了非正义的。

其三，作为劳资合作成果的剩余价值完全被资本独占，作为生产阶级的工人只能得到最低的出卖劳动力的价值而别无选择，这种极度的价值分配失衡使劳动者无法合理生存，更无从发展，从而使这种制度陷入了正义危机。

其四，资本主义借助机器和社会化生产而创造巨额财富，却反而让创造财富的体力劳动阶级成了最贫困的阶级，从而使自己陷入了正义危机。

其五，资本与劳动的对立，选举权的财产身份限制，使这种本来以全社会的民主自由平等为旗帜的制度把占人口大多数的无产者排除在自由、民主、平等之外，从而使其丧失了原先借以走上历史舞台的正义性而不能不成为非正义的。

马克思的历史功勋，就在于为解决这种非正义性而举起了正义的社会主义革命大旗，推动了世界社会主义——包括资本主义内部的社会主义因素——的发展。今天看来，它有两种解决方式：一是消灭资本逻辑对劳动、对生产的统治，这是社会主义革命所做的工作，从而可以以社会主义的正义性克服资本主义的种种非正义性。二是由于社会主义国家和社会主义政党的存在，迫使资本主义由国家调控改变"资本价值极大化与劳动价值极小化"的自然趋势，迫使二者脱离两极而相对接近，这就是资本主义使自身得以发展的改革。当然，这是在工人的斗争中不断实现的。如 8 小时工作制，最低工资制，普选制的逐步推行，全民福利制度的推行，其综合结果是改善了工人阶级的生存状况。特别是福特的改革，工人工资的提高（3 倍左右）改变了工人与资本家的对立，使生产关系由奴役关系变成合作关系，并使他们也成了消费者，合理生存得到保障，从而与资方由对立变成了合作。工人参股，使工人也可以随着企业兴旺有了发展可能，这些社会主义因素的改革成长，使工人阶级由资本主义的掘墓人变成了建设者和维护者等。但是，这种改革不过是资本主义内部的社会改革，它是不改变资本逻辑统治下的改革。

资本主义制度的财产占有和分配不公依然存在，经济生态危机依然存在，只是改变了其尖锐对立的形式罢了，并未从根本上解决资本主义的正义危机。因为，即使其蓝领工人阶级脱贫甚至也有了一定的资本参股，但"私有财产关系依然是整个社会关系同实物世界的关系"，即在导致公平正义危机的资本逻辑依然统治世界的情况下，这种正义危机之根并没有被克服，反而以世界性的巨大的两极分化弥散开来，并且频频导致金融危机。

这两次正义危机，都是人类生存发展史上的重大危机，也是文明发展史上的重大转机，不解决历史就无从发展，文明也无从发展。

第二次正义危机特别是导致危机的资本逻辑对于生产和消费的统治，很快导致了第三次正义危机的出现。但它首先有它自己本身的特质：由于地球资源和环境的有限性和根源于人的规模性扩大的生产的规模性扩张而产生的，所以，它进一步转化为独立的第三次危机：生态危机。

第三次正义危机：由资本统治的传统工业文明违背自然生态要求而产生的生态正义危机。20世纪中叶以来，伴随生态危机的出现，人们渐渐明白：不仅资本主义的生产方式，而且人们引以为豪的超越自然的工业化生存方式，本身由于违背生态正义而成了非正义的，这可以称之为近代文明发展的第三次正义危机，并且是人类生存的根本性、全局性危机。这是人们在"生态觉醒"之后才发现的全人类的生存危机。今天，在第一、二次危机依然以非尖锐形式存在的情况下，第三次正义危机以威胁全人类健康生存的形式爆发出来。

为什么在科学技术的大发展中会出现这样的生存危机呢？

人类的科学认识总是在指导人们根据具体的自然规律而改变自然，却不料人类的以工业技术为基础的生产和生活在总体上是超越于自然界之上的、违背伟大的自然生态规律的、因而成了不可持续的，人类文明因而有了中断的危险。由于这第三次正义危机的复杂性，它体现在自然与社会两方面，是全方位的危机。它表明：

其一，由于生态危机的直接根源在于人对自然界的过度开发，因而追求无限增值的资本逻辑（以及单纯的 GDP 追求）就不能不陷入生态正义危机。

其二，由于自然资源和环境的有限性，传统的没有把自然考虑在内的即超越于自然之上的耗费资源、污染环境的工业模式，就不能不陷入生态正义危机。

其三，由于社会物质财富的增值以生态价值的贬值为代价，任何人、任何组织无限追求物质财富的欲望和行径，都不能不陷入违背生态正义的正义危机。

其四，与上一点相联系，通过社会的不合理反生态关系，让财富集中在一边而贫困集中在另一边的贫富两极分化并且两极都不能不指向对自然资源的耗费与掠夺，这就成了社会性的非正义反生态现象，因而不能不陷入社会生态的正义危机。

其五，在人们追求生态理性、生态经济面前，主导传统发展模式的传统经济理性、经济主义以及其意识形态，就不能不陷入生态正义危机。

其六，不仅任何个人的异化消费，而且任何组织、政府和国家的生态过耗包括侈靡生活、豪华工程等，也都不能不陷入生态正义危机。

其七，任何只顾本代人的发展而不顾及子孙后代发展的行为，任何对资源的竭泽而渔的行为，任何政绩工程、面子工程、形象工程以及导致污染的工程和工业过耗，都不能不陷入生态正义危机。

其八，原来冠冕堂皇的企业伦理、民族伦理、国家伦理甚至人类伦理，如果违背了生态伦理，都会成为非正义反生态的，因而那些耗费资源、破坏环境或争夺资源的民族间、国家间的竞争、战争都不能不陷入生态正义危机。

其九，地球的生态大限表明，任何国家的资源耗费超过其国土的生态承载力，任何国家的人口发展超过其土地环境的承载能力，并且都不愿走自我节制的道路，那就不能不陷入生态正义危机。

其十，人类作为地球生态整体的一部分并依赖其生存的物种，反而危及整个地球生态系统以及其他生命物种的生存，从而使人类自身的生存活动也不能不陷入生态正义的危机之中，等等。

由上面的讨论可以看出，第三次正义危机既是自然生态正义危机，又是社会生态正义危机，因而只有马克思主义的全面的生态正义精神才能解决，关于这一层，是正文讨论的重点，这里从略。

上面十种生态正义危机，也就是人类的生产、生存、生活的十种反生态现象，面对这样的、空前的、全人类的反生态的正义危机，也有两种解决办法：一种是全人类都改变自己的生产生活方式与相互对立的道路，由争霸性的传统工业文明走向合作互利的生态文明，走向和平、环境、合作的生态协商时代，这就有可能持续发展。一种是坚持原来的物质增长、物质分配和物质消费的享受道路，或你死我活的争霸道路，最后由于不能不破坏整体生态系统而断送人类自己的生存并导致伟大而珍贵的地球文明的没落。

　　总的来看，第一次正义危机属于封建专制制度的政治生态危机，主要是通过现代性的资本主义政治革命和其工业生产及其自由、民主、科学的制度化来解决的。第二次正义危机属于阶级对立和极度剥削而形成的经济生态危机，主要是靠社会主义的直接实现或其重要原则在资本主义的间接实现来解决的。虽然这些正义危机都有遗留，但已成了历史支流。而这第三次正义危机更加深广，是人类学、生态学、经济学意义上的全面危机，只有靠全人类的生态觉醒和生存觉悟，并以生态正义、生态理性为主导的、以生态经济和生态科技以及生态性政府为基础的全人类的生态文明转向，才有可能解决。当前，全人类都程度不等地处在这种生态煎迫之中，程度不等地处于非正义反生态的不义生存之中。唯一的出路，就是改变和放弃这种从人类学生态学上来看的非正义的生存发展方式，实现人类文明的生态转向。

　　近代人类发展史中的这三次正义危机，从人类内部的竞争性发展性的正义危机，发展到人类与自然界的外部性的协同性正义危机，以及整个生态系统的正义要求危机，因而成了地球文明本身发展的危机。如果说，第一次正义危机是历史旧势力统治对新势力而言的，第二次正义危机是社会少数人统治对多数人而言的，那么，第三次正义危机的任何一种非正义性，都是针对全人类而言、针对整个地球生态系统而言的，因而真正成了"大逆不道"的。我们不能眼看着地球在数十亿年中发展起来的生态系统，毁于人类这一智慧物种的恣意"发展"，毁于几代人的任意挥霍和不负责任。它要求人人都对人类文明本身进行反思和调整，在伟大的自然生态规律的规范下依靠自己的创造实现自己的生存。我们不能坐视第三次正义危机走向恶化和不可收拾，让人类文明和我们的子孙后代随着地球生态系统的生态崩溃而崩溃。

　　这三大危机是近代文明的根本性的危机。它在不同时代、不同国度、不同的社会历史环境下有许多不同的具体表现。特别是第二次、第三次，表明人类如果不能通过把传统工业文明转向生态文明方向，解决大规模的社会不公、生态过耗和环境污染，就可能被生态危机和生态崩溃所吞没。因而，近代文明发展的三次正义危机表明，抛弃不再符合世界历史发展要求的传统文明，改变资本对世界的统治，放弃把环境考虑在外的传统工业文明，全人类都走向生态文明的发展方向，是文明继续发展的必然。

人类近代文明发展史中的这三次正义危机，是根本性的，决定整个文明发展方向的危机。在此之下，还有非正义战争造成的危机，国与国的非正义的经济政治关系造成的危机，社会内部强者统治弱者、贫富两极分化的非正义危机，立足于少数人为少数人着想的法律制度危机等，所有这些也都是违背生态正义的危机，因而在全人类走向生态文明新方向的必然趋势中，也都是应当反对、应当消亡的危机。只有这些危机的消亡，才有生态文明的到来。

总之，在人类还处于自然包围的时代，人类活动是自然生态世界的一部分，他参与自然生态的循环之中，因而无所谓生态问题。但当人类发明了一套工业技术向自然大举进攻并构建了一种反生态的、自成系统的生产生活系统之后，人与自然界之间就出现了生态生存关系问题，而人类本身也由于冷酷的私有制和资本的介入，人与人之间也出现了不合理的生态生存问题。这两个问题在马克思时代，以人与人的突出矛盾的形式表现出来，马克思视之为由资本造成的人与人的以及人与自然界之间的双重异化。今日，这种双重异化如不加以调控，就会演变成为淹没人类的灭顶之灾。这是人与自然关系的演变向人类提出的迫切问题。它所昭示的解决方向，只能是生态文明方向。

上　篇

当代人类面临的生态危机
与马克思人类学哲学的生态精神

当代世界的生态危机和生态治理危机，是人类违背自然生态正义和社会生态正义而导致的全人类的生存危机。马克思立足于人类学生态学经济学三位一体视野的一系列哲学价值精神，有利于当代世界的生态转向。例如：（1）马克思以主客一体思想反对二元论的主客对立思想，虽然不是为生态而立，但却是生态时代的哲学基础；（2）马克思要求从现实的有生命的个人本身出发把握人类世界，构建了一种关怀人类个体生存命运的生命理性精神，这是进入生态时代的前提哲学精神；（3）马克思追求人类学意义的自由、真理、正义、平等精神，决定了他对一切不合理非法性关系、一切反生态问题的批判态度；（4）马克思的全方位正义精神——经济正义、政治正义和社会正义精神，成了解决一切非正义、反生态问题的哲学规范理论；（5）马克思的社会公共人本主义价值精神，决定了它反对一切危害广大民众健康生存的反生态行为。所以，马克思的哲学精神，是人类进入生态时代的前提性哲学价值精神。这些生态性的哲学精神为人类文明树立自然与社会的双重生态正义、走出生态危机、开辟生态文明新时代奠定了哲学基础并打开了历史空间。这些是马克思生态哲学思想的基础理论部分。

历史需要我们以马克思的自然的与社会的双重生态正义、生态理性精神，解救生态危机，开辟人类文明生态化发展的新时代。

第一章

当代人类面临的生态危机与生态治理危机

【小引】面对以全球气候变暖为最大危害的全球生态危机的加剧，生态治理成了一种新的全球化运动。然而，当代的问题还在于生态治理本身的危机，即生态治理远远赶不上生态恶化的态势。究其根源，在于除了四个系列的自然生态危机之外，还有六个系列的社会生态危机，它是导致自然生态危机的内在根源。中国的生态危机也日益严重，中国政府的生态治理力度也日益增强，但是，由于同样是坐在传统工业这只具有生态破坏力的船上进行生态治理，不能不像各国一样陷入生态治理危机。坐在这个生态破坏船上进行生态治理，本身就是一种生态悖论。生态治理危机表明，人类已经进入生态煎迫的时代！任何只顾自己的靠金钱权力搭建起来的生态保护墙都是纸墙，任何城市文明屏风都挡不住生态灾难的恶浪！不转向生态文明的发展方向，等待人类的只能是灭顶之灾！诚然，地球生态有它的有限性、相对性和脆弱性，但根本在于人本身过度膨胀的物质欲望超越了自然大限，唯一的自救出路就是在自然界的生态承载力之下走生态文明之路。

【新词】生态危机　生态治理危机　生态破坏船　社会生态危机　生态侵犯　气候变暖的自动放大反馈　自然界本身的有限性、相对性与脆弱性　生态承载力

　　如果要问，对于全人类来说，当代世界最重大、最紧迫的问题是什么，毫无疑问，对于关心人类未来命运、走在世界历史潮头的人们来说，都会把生态问题置于首位。生态危机席卷世界，中国首当其冲。我们只有认识到问题的严重性和紧迫性，才能奋起改变危机的生态状况。所以，我们不能不讲

中国的生态危机。

一 当代世界与当代中国的自然生态危机

1. 当代世界的生态危机

人们公认，当代人类面临着十大生态危机，如果得不到扼制，特别是气候变暖，将导致地球生态系统的崩溃，出现生态危情[①]——对此，我们可以把它归结为从高空到地下、从现在到未来的立体性的四个危机系列。

第一系列危机：基于温室气体排放量的增加而导致的全球气候变暖以及冰川和冻土消融、气候反常、生物多样性减少、自然物种灭绝等整体生态恶化。仅就温室气体的排放来说，根据科学界的测算，从 1970 年到 2004 年，全球温室气体的排放量增加了 70%。如果这一趋势不变，预计到 21 世纪末，全球气温可能上升 1.1 至 6.4 摄氏度，与此相联系，海平面也将上升 18 至 59 厘米。许多低海拔国家和低海拔地区将面临灭顶之灾（已有低海拔岛国准备举国逃离）。而根据 2012 年的联合国《全球环境展望 5：决策者文摘》的分析结论是："某些地区的平均温度升高，超出阈值水平，已对人类健康造成重大影响，比如疟疾发病率增高；气候事件（比如洪水和干旱）的发生频率和严重程度有所提高，达到前所未有的水平，对自然资产和人类安全均造成影响；在某些地区，温度的加速变化以及海平面的上升正在影响人类福祉。"[②] 而对于生物界来说，如果气温上升 1.5 摄氏度以上，全球 20% 至 30% 的物种将面临灭绝：如果上升 3.5 摄氏度以上，那么 40% 至 70% 的物种将面临灭绝。它使地球上整个生物圈的生态平衡发生恶化，不再有利于生命特别是高等生物的生存和发展，这就必然破坏人类本身赖以生存的自然条件。2007 年联合国《全球环境展望 4》已经提出，由于人类活动已导致"第 6 次物种大灭绝"，目前的灭绝速度至少比化石纪录快 100 倍，"但在未

---

① 本书认为，20 世纪由生态马克思主义者提出的"生态危机"一词，已不足以概括今天地球面临的生态崩溃的危险情况，因而特用"生态危情"一词指称之，特别是在针对地球的生态系统崩溃的情况下用之。在涉及具体的国家和地区以及社会生态问题时，在涉及传统的生态理论时，由于不涉及地球生态整体，乃沿用"生态危机"一词，这是两个程度不同的概念。

② 联合国环境规划署：《全球环境展望 5：决策者摘要》，联合国内罗毕办事处 2012 年中文版，第 6 页。

来十年，灭绝速度仍很可能增加到自然灭绝速度的 1000—10000 倍的水平（MA2005）"。目前，"超过 30% 的两栖动物、23% 的哺乳动物和 12% 的鸟类受到威胁（IUCN2006）"①。甚至有人预测，地球物种有 50% 会在百年内绝种，造成整个生物圈的生存危机，这些都和气候变暖有关。《全球环境展望4》在封底最后强调："我们当前的选择将决定环境威胁将来的展现方式。扭转这种不利的环境发展趋势将是我们面临的巨大挑战。本报告最后认为，随着我们深入认识所面临的挑战，现在是应对环境挑战的最佳时期，我们必须立即行动应对环境挑战，从而保护我们自己和后代的生存。"而 2012 年的联合国《全球环境展望5：决策者文摘》则强调：温室气体排放和气候变暖还在继续恶化，"生物多样性严重丧失，物种不断灭绝，正对提供生态系统服务造成影响，比如众多渔场崩溃和药用物种丧失"②。"随着人类给地球系统造成的压力升级，几个全球、区域和当地的临界阈值或正在趋近，或已经超过。一旦超过了这些阈值，地球的生命支持功能就很可能发生突变，且有可能无法逆转，给人类福祉带来重大的不利影响。"③ 地球已经笼罩着生态崩溃的阴影。

第二系列危机：大气污染严重、酸雨蔓延、森林锐减、干旱广布、土地荒漠化加重、淡水资源严重短缺，水体严重污染，城市空气严重污染，海洋严重污染等这些全球广布的生态恶化区域，加剧了整体生态系统的破坏。这既加强了第一系列的危机，又破坏了人类直接在地表上的生存发展环境，造成地表生态环境危机。在 1970 年至 2002 年间，淡水生态系统锐减 55%，森林面积缩小了 12%，海洋生物减少了三分之一，地球生态系统遭到严重破坏。并且环境污染与气候变暖的叠加，也为瘟疫的猖獗创造了条件，将更严重危害着人类和其他生命的健康生存。联合国《全球环境展望5：决策者文摘》以水资源为例指出："过去 50 年间，全球水资源抽取量已增至三倍。地下蓄水层、流域和湿地风险日增，但监测与管理却往往不力。1960 年到

① 联合国环境规划署：《全球环境展望 GEO4：旨在发展的环境》，中国环境科学出版社 2008 年版，第 162、164 页。

② 联合国环境规划署：《全球环境展望 5：决策者摘要》，联合国内罗毕办事处 2012 年中文版，第 6 页。

③ 同上。

2000 年之间，全球地下水储量的减少率增至两倍不止。今天，80% 的世界人口生活在水安全面临高度危险的地区，最严重的威胁类型影响着 34 亿人口，几乎都是在发展中国家。截至 2015 年，预计仍有大约 8 亿人口无法获得改善的水供应。"① "区域一级发生突变的一个实例是，因富营养化而导致的淡水湖泊和河口地带生态系统的崩溃；一个无法逆转的突变实例是，因全球变暖加剧而导致的北极冰盖加速融化以及冰川融化。"②

第三系列危机：农药、化肥、化学废弃物、垃圾等，严重污染土地、地下水、生物体和一切农作物，这些与食品添加剂一起危及人的健康生存。蕾切尔·卡逊在 1962 年的《寂静的春天》中就已指出："杀虫剂等化学物质的恶劣影响遍及全球，与人类被核战争所毁灭的可能性同时存在，还有一个中心问题就是人类整个环境已由难以置信的潜伏的有害物质所污染，这些有害物质积蓄在植物和动物的组织里，甚至进入到生殖细胞里，以至于破坏或者改变了决定未来形态的遗传物质。"③ 造成人的生存危机。人们的衣、食、住、行、用都受到各种化学物质的直接危害，一切生物和人类本身的健康生存已经不再。这话更适用于今天。《全球环境展望 5：决策者文摘》指出："目前在市场上销售的化学品有大约 248000 种，……然而，某些化学品因其内在的危险特性而给环境和人类健康带来风险。给人类健康和环境造成的负面影响以及由此产生的无所作为的代价很可能是巨大的。"④ "城市化水平的提高在部分程度上导致更多废物生成，包括一般的电子废物以及工业和其它活动所产生的更为危险的废物。"仅仅经合组织成员国，"2007 年产生了大约 6.5 亿公吨的城市废物"⑤。这些危险的废物最后将危及人和各种生物的健康生存。

第四系列危机：由于以现代科技武装的掠夺人类共有资源的传统工业生产，300 年来向自然界的纵深开采，造成了各种地下矿产资源的短缺，使后

---

① 联合国环境规划署：《全球环境展望 5：决策者摘要》，联合国内罗毕办事处 2012 年中文版，第 9 页。

② 同上书，第 6 页。

③ ［美］蕾切尔·卡逊：《寂静的春天·前言》，科学出版社 1992 年版，第 2 页。

④ 联合国环境规划署：《全球环境展望 5：决策者摘要》，联合国内罗毕办事处 2012 年中文版，第 11 页。

⑤ 同上。

续发展陷入困境。罗马俱乐部的《增长的极限》，早就表明了这种趋势。特别是那些不可再生资源，它的日渐短缺使依赖地下矿产资源而发展工业的现代人类生存方式难以为继，前途一片灰暗。事实表明，人类不可能完全靠人造物来维系自己的工业体系。人类已经处于全面争夺工业生产资源和水资源的生存战争的前夕。向深海、向月球、向外太空寻求资源，即使成功也不能拯救人类高速运转的工业体系。即使未来的第三次工业革命，也不能不以不可再生资源为发展前提。

上述四个系列的生态危机，从立体的空间维度（天上、地表、地下）和发展的时间维度，向人类展现出一幅生存绝境。所以，先知先觉的人们，从 20 世纪中叶就在为环境大声疾呼，关注生态的学说理论蓬出，生态保护运动也风靡全世界，严峻的生态现实，迫使各国政府和联合国出台了一系列的生态环保政策，成了全人类的新的重任。

2. 当代世界的社会生态危机

马克思早就指出：人和自然界的关系问题根源于人和人的关系问题。因而，我们更应当注意到，仅仅关注上述四个系列的自然生态危机是远远不行的，还应当特别关注如下六个系列的社会生态危机，它们是导致自然生态危机的真正的社会根源。根源不除，危机不止。

第一系列危机：疯狂追求资本积累或 GDP 增长，大规模的城市化和交通网络，化学工业，军事设施，大规模的杀伤性武器和军备竞赛，个人、民族和国家利益超越全人类利益的利益沙文主义等。人类的一部分出于统治他人的目的而制造的掠夺、高压、侵略、统治、对抗和战争等，这些被作为人类文明成就和伟大力量体现的人类创造物、追求物，使人类走上了一条与自然生态环境相对抗的道路。当前的问题是：人们企图努力划着这只生态破坏之船而达到生态保护的目的，这种行为悖论只会使人类更加深入地陷入绝境。

第二系列危机：全世界的人心都想致富，全世界的政治力量也都力图把发展理解为经济蛋糕越做越大，这种全世界的混沌"发展"力量远远大于需要人们理性地割肉放血勒紧裤腰带的生态保护力量。特别是为此还在大力发展支持这一切的肆意破坏生态环境的传统工业文明和传统发展道路。发展中国家需要脱贫，发达国家更要发达和消费，从而在两极方面共同形成了一种致富动力，全人类不论贫富都在给资源环境增加压力，走着一条动物式的"人为财死"的道路。世界自然基金会《地球生命力报告2012》则严正警告：全人类消耗的资源已超出了地球可供能力的50%，地球的生物多样性，从1970年到2008年，已下降了28%，热带地区更快，已下降60%。人对自然资源的需求，自1960年以来已翻了一番，目前已消耗着1.5个地球资源。如果不加以改变，到2030年即使有两个地球也不能满足需要。

第三系列危机：人类世界在资本逻辑300年的推动下形成了南北两极分化的穷富两个世界：人们公认，占世界人口约26%的发达国家，消耗着地球能源的75%和资源的80%，即使在生态危机的今天也难以缩小，其温室气体排放量占世界总排放量的60%以上。而美国的人均排放量更是发展中国家的10倍，中国的8倍，还不愿意受控制排放的《京都议定书》的约束。与此同时，占世界人口大多数的发展中国家，作为发达国家的前殖民主义和现在的生态殖民主义的受害者，既需要通过经济发展摆脱贫困，又没有资金和技术整治生态环境。未脱贫，先污染，要发展，无资源，进退都不能不以生态破坏为代价。而就每个国家内部的日益严重的贫富两极分化来说，也类似于这种情况。要知道，贫—富的两极对立①在今天已形成一种巨大的破坏生态的两只手——贫者直接破坏地表的林木植被和土壤，富者的异化消费和资源耗费则是更严重的深层破坏力量。二者都使脆弱的生态不堪重负。

第四系列危机：人类的科学技术在整体上还在为资本和经济增值服务，还在制胜自然和制胜他人这条导致生态危机的道路上竞争，还没有转移到为生态服务和化解生态危机的道路上来。即作为人类力量和手段的智慧体现的生态科学技术还没有发展起来，因而在本质上、整体上还是一种生态破坏力量。绿色科技，生态科技，第三次工业技术革命的节能科技以及建立其上的绿色GDP，还远没有成为有影响力的力量。

第五系列危机：人类数量的膨胀超越了自然生态的容纳能力：根据联合

---

① 根据最新报道，当前世界上1%的富人拥有世界上48%的财富，而处于底层的一半人口只拥有不到1%的财富。世界上87%的财富被不到10%的富人所占有。参见《参考消息》2014年10月15日第4版"瑞士信贷银行称：百分之一人口拥有全球近半财富"。表明世界的经济增长主要成了极少数富人财富的增长。

国世界人口增长图，1650 年世界人口只有 5 亿（中国的清初），1830 年 10
亿，1930 年 20 亿，1960 年 30 亿，1974 年达到 40 亿，1987 年达 50 亿，
1999 年达到 60 亿。2003 达到 65 亿，2011 年达 70 亿，而到了 2050 年将
达 90 亿到 100 亿。目前以每年上亿的速度增加，就中国而言，1804 年有 3
亿人口，新中国成立时不足 5 亿，1974 年达到 9 亿，1981 年达到 10 亿，
1988 年达到 11 亿，1995 年达到 12 亿，2005 年达到 13 亿，2011 年达到
13.4 亿，今日已接近 14 亿。而人口每增长 1 倍，资源环境的压力则增长 3
倍。这里还没有包括人们走向富裕、一部分人的过高消费对生态环境的递增
压力。

第六系列危机：人类扩张文化拓展文化本身的反生态性：人类的扩张文
化，在进入阶级社会之后，就已转变成生态破坏力量。特别是进入封建社
会、资本主义社会之后，一方面是社会上层的财富扩张、资本扩张、政治扩
张、军事扩张以及以机械论、二元论世界观武装头脑的思想文化扩张，构成
了一种反生态的扩张发展方式，这种扩张不仅指向本国广大劳动者，也指向
他国他族他民，并且最终指向自然界。这种扩张一方面使统治阶级走向极
富，走向穷奢极欲，从而大量耗费资源，破坏环境；一方面指向广大民众，
使他们处在贫困压力之下，因而不得不通过向自然界的过度索取如过度开
垦、过度砍伐、过度放牧、过度渔猎、过度采挖、过度开采等来既维持自己
的低劣生存，又满足统治阶级的搜刮。其结果，是人类的贫富两只手都在向
自然生态超额索取，直接破坏了自然生态的恢复、循环、平衡力量。

这后六个方面之所以是社会生态危机，一则在于在资源短缺的条件下它
们已难以为继，从而人类现有的生存方式难以为继；二则在于它们是导致自
然生态危机的社会根源，正是这些方面在耗费资源能源并把它们转化成为对
自然生态环境的破坏和污染，迫使地球生态环境走上了熵增不归路。

3. 当代中国的主要生态问题

中国崛起于世界环境危机开始严重的时代。在改革开放之初，国内环境
问题并不严重，也未引起大的注意。对当时世界上的"和平、发展、环境"
三大理念，中国也只根据国情需要强调"和平与发展"的世界形势，抓住
机遇加快发展。而问题恰恰就在于，中国在真正开始大步走向现代化时，缺

乏环境意识，毫不犹豫（也别无选择）地采取了耗资耗能污染环境的传统工业体制。觉醒式的"发展才是硬道理"的新思想，推动中国这个人口大国成了世界上工业发展最快的国家。与此同时，中国也在日渐强调生态环境保护的同时陷入了环境污染漫延的困境之中。如何走出这一困境，是中国长远发展的头等大事。中国在政治意义和政府层面提出的生态文明发展方向，让古老文明一下跃升到世界文明的新的发展方向上来，这不能不是一种重大的政治文化的生态觉醒，但是，问题已经严重，道路并不平坦。

要知道中国为何必须走生态文明道路，就必须首先对中国的生态环境问题有所认识。中国的生态环境问题与世界的生态环境问题是连成一体的。在全世界生态危机的情势下，中国在发展中也出现了严重的生态问题。这里突出几点：

（1）空气污染严峻。中国的大气污染主要来自燃煤，随着工业的发展燃煤的规模不断扩大，这些大气污染物也不断上升。以二氧化碳为例，根据"维基百科"的数据，2008年中国（港、澳、台除外）的排放量占世界首位[①]：

中国：7031916千吨，　　　　　占全球总数的百分比：23.33%

美国：5461014千吨，　　　　　占全球总数的百分比：18.11%

当然，这数据虽然只能作参考，但中国的二氧化碳排放历年居高不下。二氧化碳产生温室效应，导致大气变暖，烟尘导致大气颗粒物升高，燃煤和机动车尾气污染日趋严重，这就使二氧化碳、二氧化硫和各种废气排放量长期超出环境容量。大城市、工业区的空气污染都比较严重。随着排放物的增长，使阴霾天气近年在中国北方大面积出现。虽然国家在紧急加大治理力度，但缓解缓慢。据2012年《中国环境状况公报》，中国城市环境空气中"二氧化硫（SO_2）、二氧化氮（NO_2）、可吸入颗粒物（PM10）3项主要污染物平均浓度，虽然比往年有所下降，但依据《环境空气质量标准》（GB3095-2012）对SO_2、NO_2和PM10进行评价，地级以上城市（325个）达标比例仅为40.9%"[②]。从2012年《中国环境状况公报》看，总体上说

---

① 数据来源：维基百科："各国二氧化碳排放量列表"。此数据由美国能源部二氧化碳信息分析中心（CDIAC）为联合国收集的数据，据百度网。

② 资料来源："环保部通报2012年全国环境质量"，2013年4月22日，新闻中心中国网（news. china. com. cn）。

"城市环境空气污染形势严峻"①。2013 年的《中国环境状况公报》称，"二氧化硫排放总量为 2043.9 万吨，比上年下降 3.5%；氮氧化物排放总量为 2227.3 万吨，比上年下降 4.7%"②。2012 年以来的北方城市阴霾天气在大力治理下虽然有所下降，但是，"2013 年，全国城市环境空气质量不容乐观"③。计划单列以上的"74 个城市中仅海口、舟山和拉萨 3 个城市空气质量达标，占 4.1%；超标城市比例为 95.9%"④。这些情况表明污染治理之困难。

（2）由空气污染造成的酸雨污染程度较重。我国的煤炭生产量占到全球的 10%，而消费量占全球的 6.8%。燃煤产生的二氧化硫导致硫化酸雨增加。"在监测的 500 个地市中，出现酸雨的有 281 个，占 56.2%。"⑤ 中国南部地区大片的土地都受到酸雨的侵蚀，面积达到国土面积的 30%。酸雨被称为"空中死神"，有些地区的 1/4 的农作物毁于酸雨。其他危害也很多。虽然多方治理，2012 年的《中国环境状况公报》显示："酸雨污染程度依然较重。"2013 年《中国环境状况公报》指出，"2013 年，473 个监测降水的城市中，出现酸雨的城市比例为 44.4%，酸雨频率在 25% 以上的城市比例为 27.5%，酸雨频率在 75% 以上的城市比例为 9.1%"，虽然在大力治理下比 2008 年有所好转，但比上一年来说"全国酸雨污染总体稳定，但程度依然较重"⑥。

（3）淡水资源缺乏，水质污染较重。中国本来就是缺水大国，人均水资源只有世界平均水平的 28%，气候变暖更使降水严重失衡，水资源危机加剧。每年将近 4 亿亩农田缺水，占 1/5 强。中国北方地区更加严重缺水，而经济发展又日益提高了对水的大量需求。过量开采又导致地下水位下降。华北地区不得不深采地下水，有的地方水位已下降到三四十米。为解决北方的水问题，展开了工程浩大的南水北调工程。中国城乡一方面饱受缺水之苦，

① 资料来源："环保部通报 2012 年全国环境质量"，2013 年 4 月 22 日，新闻中心中国网（news. china. com. cn）。

② 中华人民共和国环境保护部：《2013 年中国环境状况公报》，第 1 页，据百度网。

③ 同上。

④ 同上书，第 20 页。

⑤ 杨东平主编：《中国环境发展报告（2009）》，社会科学文献出版社 2009 年版，第 10 页。

⑥ 同上。

而另一方面，有限的水资源又被工农业和生活严重污染，2008 年以前，工业污水只有 20% 得到处理，80% 的污水排放到江河湖海之中。氮、磷污染物长期累积，导致江河湖海污染严重。"七大水系 197 条河流 407 个断面中四到五类水质占 26.5%，劣五类占 23.6%。即不能使用的四类以上水质共占 50.1%。"① 2009 年之后历年不断加大水处理力度，情况有所缓解。据 2012 年《中国环境状况公报》，"十大流域Ⅰ—Ⅲ类水质断面占 68.7%，劣Ⅴ类占 10.4%"②，劣五类虽然有所下降，但依然不容乐观。2013 年《中国环境状况公报》称："十大流域的国控断面中，Ⅰ—Ⅲ类、Ⅳ—Ⅴ类和劣Ⅴ类水质断面比例分别为 71.7%、19.3% 和 9.0%。与上年相比，水质无明显变化。"③

此外，中国的生态问题还包括：（1）森林资源锐减；（2）水土流失严重和土地沙漠化、荒漠化迅速扩展；（3）草原、湿地退化加剧；（4）物种加速灭绝，珍稀动植物濒临绝种；（5）工业废弃物、生活垃圾、农药、化肥、化学添加剂等严重污染，以及由此导致的食品污染；（6）不可再生资源日趋枯竭；等等。这些都是在日渐加大治理的情况下出现的污染，表明中国也出现了严重的生态危机。由于本书的目的不在于讨论这些危机而在指出进行生态文明建设的必要性和紧迫性，这些就不具体罗列了。

总之，空气和水污染直接威胁 13 亿人民的健康生存。恶化的生态环境成了每个人心中的阴影。在生态问题严重的情况下，任何富人为自己构建的生态保护墙，都不过是纸墙，任何大城市为自己构筑的高度文明屏风，也不能不成为纸屏风，都无法阻挡生态恶浪的吹打，每个人都不能不受恶劣生态的煎迫。生态问题如果加重，还会直接影响中国的社会安定。

4. 当前地球生态系统崩溃的加重态势

纵观全球半个世纪的生态保护和生态治理运动，不能说不给力、不宏大。然而，地球的生态系统依然在加速恶化，治理远远赶不上恶化。用生态

---

① 杨东平主编：《中国环境发展报告（2009）》，社会科学文献出版社 2009 年版，第 5 页。
② 资料来源："环保部通报 2012 年全国环境质量"，2013 年 4 月 22 日，新闻中心中国网（news.china.com.cn）。
③ 中华人民共和国环境保护部：《2013 年中国环境状况公报》，第 2 页，据百度网。

马克思主义者的话说，"人类不仅没有阻止环境灾难的频繁发生，气候变暖等世界性生态环境还每况愈下"①。这些无不表明，人类以常规方式治理生态危机显得无能为力，正是在联合国和全世界各国全力以赴治理气候变暖问题的时期（20 世纪 70 年代以来），气候加速变暖，生态加剧破坏。这表明，人类进一步陷入了生态治理危机的困境之中，生态治理危机已使人类的生存危情清晰可见，例如：2005 年，联合国集合世界上 95 个国家的 1300 名科学家，完成的《千年生态环境评估报告》表明：大自然经过人类 50 年来的破坏，物种消失的速度，是其自然状态下的 100—1000 倍，全世界每天有 75 种物种灭绝，每小时有 3 种物种灭绝。而每灭绝一个物种，至少有相关 30 个物种的生存要受到影响。目前大约 13% 的鸟类、25% 的哺乳动物、41% 的两栖动物正濒临灭绝。许多科学家都认为："第六次物种大灭绝"正在上演。

2012 年发布的联合国《全球环境展望 5：决策者文摘》进一步印证了这一估计：尽管人们做出了很大努力，但是，生态系统在继续恶化。物种依然在大量消失，"自 1970 年以来，脊椎动物种群已减少了 30%"，某些类别的物种"高达三分之二面临着灭绝威胁"②。地球已经笼罩着生态崩溃的阴影。

最近，联合国政府间气候变化专门委员会（IPCC）则具体指出，喜马拉雅山冰川供给的河流在为世界上一半以上的人口提供饮水。但气候变暖可能使它在 2035 年完全消失。在冰川融化带来的巨大洪水之后，随之而来的是严重的缺水。《联合国防治荒漠化公约》的执行秘书吕克·尼亚卡贾先生说，目前受气候变化影响的干旱地区，涵盖了陆地表面的近 40%，如果不能控制目前的趋势，到 2025 年，受干旱影响的陆地表面会达到 70%。全世界三分之二人口的生产和生活将受到用水短缺的影响。前英国驻联合国大使克里斯潘·蒂克尔也指出："世界面临着非常严重的用水问题，将来会有更多的战争是由于争夺水而不是争夺油导致的。"

特别是气候的人为变暖，会直接导致地球生态自行恶化。气候学家认

① 刘仁胜：《马克思主义生态文明观发展概述》，载《当代中国马克思主义研究报告（2007—2008）》，人民出版社 2009 年版。
② 联合国环境规划署：《全球环境展望 5：决策者摘要》，联合国内罗毕办事处 2012 年中文版，第 10 页。

为，危险在于：气候的这种人为加速变暖已经启动了自然过程中的自行加速变暖趋势：即人类活动导致自然界出现一种自动的"放大反馈"，目前已知的已被启动促使气候变暖的自然趋势即"放大反馈"，据生态社会主义者约·福斯特和刘春元的分析，加重生态危机的因素至少有四种：

（1）两极海冰迅速融化，造成地球反照率（即对太阳辐射的反射）的减少，因为黑暗的蓝色海水代替了光明的、能够反射的冰，从而导致吸收更多的太阳能，加速了全球平均温度的升高。

（2）两极地区和北方永久冻土的融化，释放出被困在地表之下的甲烷（甲烷是一种比二氧化碳厉害 10 到 20 倍的形成温室效应的气体），造成气候变暖加速。

（3）海洋的碳吸收率越来越下降。自 20 世纪 80 年代以来，特别是自 2000 年以来，由于过去海洋对碳的吸收导致海洋中碳的高浓度积累和海洋的酸化，从而使世界海洋对碳的吸收效率越来越下降，这就进一步加快了大气中碳的积聚，使气候更加变暖。

（4）气候变暖导致气候反常和气候带的变化，引起了物种灭绝，导致依赖这些物种的生态系统崩溃，从而使更多的物种灭亡。[①] 而这种生物灭绝反过来造成人类的生存资源、环境安全、水安全、粮食安全、公共卫生安全出现危机，这些都是人类面临的世界性生存发展困境。

面对这种生态危机和生态治理危机，出现了从整体上改善人与地球的生态关系的地球工程科学家，他们提出了一系列的旨在改变地球生态系统特别是气候变暖的计划和行动。例如，提出"盖亚假说"的地球系统科学家詹姆斯·拉夫洛克的"解决方案"，一是在世界各地大量建设核电厂以代替矿物能源，二是使用大量飞机向大气的平流层喷洒二氧化硫来阻挡部分太阳光。还有的提出向整个海洋倾倒铁屑，或者向海洋浮游生物投放含铁化肥，以加强海洋的碳吸收。日本科学家则提出了以潜艇向台风中心喷水降温以征服台风的设想，还有的提出把二氧化碳捕获收集起来深埋地下或加以利用等。希望通过这种地球工程的方式来解决气候变暖问题。但是，地球工程学家虽然可以提出种种办法企图改变这种趋势，但即使可行，其或许还会使人

---

① ［美］约·福斯特、刘春元：《生态危机与生态革命、社会革命》，《国外理论动态》2010 年第 3 期。

类陷入更大的灾难之中。一是这种做法是否更增加了资源耗费与环境污染，迫使地球在熵增方面越陷越深？二是这种大规模干预自然生态的行径，总会有不可预料的风险和人类未知的其他副作用。例如核电这种被认为是清洁的能源，如果大规模进行，切尔诺贝利核灾难也就会在天灾人祸的作用下频频出现，人类就会暴露在核侵害之下。所以，连詹姆斯·拉夫洛克都认为：大规模的气候变暖和人类文明的毁灭现在看来可能是不可逆转的。

可以看出，这四种自然界对气候变暖的"放大反馈"，都是一般人力无法扭转改变的。因此，全球气候变暖的危险的临界点正在到来。世界著名气候学家詹姆斯·汉森把它称为"通过放大反馈加剧形成的引爆点"。可以认为，这个引爆点的出现，将使人类的任何努力都归于零。因为，"在某些引爆点即将来临的情况下，……最多在几十年内，地球系统就会发生不可逆转的灾难性变化"①。

约翰·B. 福斯特总结说，由于气候变暖加速，我们采取行动来预防灾害和防止气候变化失去控制的时间段已经变得非常短。因此，生态危机是"极有可能出现的终极危机——整个人类的死亡和人统治地球时代的结束。因为人类的行为而正在发生的环境变化有可能导致地球上大多数物种的灭绝和文明的结束，可以想象我们人类也将灭亡"②。

当然，以上意见的前提是"如果"，人类毕竟在大力设法改变气候变暖。联合国"IPCC"最近在一个减排文件草案中发出的"严厉警告"是：

"如果继续以目前的速度排放温室气体，海平面将上升82厘米。全球部分地区将遭遇洪水和干旱等极端天气，这可能导致粮食和水短缺。贫困现象会恶化，越来越多的人背井离乡，还可能会爆发冲突。"③

①　［美］约·福斯特、刘春元：《生态危机与生态革命、社会革命》，《国外理论动态》2010 年第 3 期。
②　同上。
③　见《联合国就气候变暖发出"严厉警告"：全球气候到本世纪末或升 4.8 度》，《参考消息》2014 年 10 月 17 日第 7 版。

二　生态危机的世界普遍性及其产生的客观自然根源

世界性的生态危机虽然由发达的资本主义国家引起，首先出现于资本主义国家，这是资本逻辑使然。但它也出现于第三世界和社会主义国家。资本主义庞大的生产生活资源，主要来自第三世界，特别是森林砍伐，矿业开采，既掏空了它们的资源，又留下污染和贫穷，使第三世界发展无力，贫困和环境恶劣难以改善。第三世界也往往处在如干旱、缺水等不利的生态环境之中，而经济的落后更无从改变这种不良的生存状况。四分之三的农村人口没有安全的饮用水。许多人没有足够的粮食。而生存在撒哈拉沙漠南部的干旱国家，严重缺水更使农田荒废，几千万人不得不在饥饿线上挣扎，每年约有 20 万人死于饥饿。生活的贫困又导致过度采伐，过度渔猎，森林植被、河湖生态也不能不遭到破坏。地下资源被西方采光，地表生态又受到贫穷的破坏，所以不能不同样陷入生态危机。

社会主义国家一则鉴于资本主义的政治军事压力，不能不被迫处于经济政治和军事的竞争之中，二则大都产生于原来就比较贫穷的国家，从政府到人民都急于摆脱贫困，不能不以传统工业模式高速发展经济，经济主义同样统治人们的头脑，三则既没有环境意识，又无力进行环境保护。因而资源环境的压力并不比资本主义轻松。例如在 20 世纪 80 年代，苏东地区如波兰、罗马尼亚、捷克斯洛伐克等国的环境污染在欧洲都是比较严重的，也出现了环境保护组织和绿党，但政府的第一要务是发展经济，无法顾及环境。资本主义还可以把污染输向第三世界，而社会主义的污染却不能不留在国内。所以，原苏联和中国等社会主义国家，同样不能不陷入生态危机，从而使生态危机成了世界性的全人类的普遍现象。

仔细反思人类今日的生态危机根源，在于自第一次工业革命以来，人类主观精神的过度张扬，对自然界抱着征服掠夺的态度而不是尊重理解的态度，一切对自然的认识和科学技术也都是为了这一目的，根本没有考虑到自然界自身的发展演替规律和它自身的有限性、相对性、脆弱性以及由缓慢的光合作用即能源生产的微弱性所决定的生命生长的艰难性。事实上，生命的生存是有条件的。所谓"生态"，不过就是生物生存局限性的体现，是生命

生存的条件性结合。任何生物都要与其环境相适应，表明一定的山岳地理水
文条件是生命生存的前提，而生物体之间的相互适应和相互为用，表明一种
生物总要以其他生物的存在为前提。马克思早就看到了这一层，他以自然物
"互为对象"来表达这种生态关系。人类认识这一点虽然很早（1860 年生态
学在德国的出现），但人们没有认识到，由于地球本身的有限性所决定的资
源环境的有限性，由于良好的生态环境的有限性，地球的生态供养能力的相
对性和降解污染能力的脆弱性，更没有认识到人与自然界之间的这种生态生
存关系，从而，一个靠自然界生存的有智慧的物种，由于自身的盲目膨胀反
而没有处理好与自然界的生态生存关系，迫使自然界和人类自身都陷入双重
不幸。今天人们终于认识到，由于整个地球太小，它的适宜人生存的土地气
候水文环境不多，它所能包含的可用矿物资源是有限的，一次性的，不可再
生的，在几十亿年中所形成的矿物能源也很有限，经不起人类的机械化的百
年开采。而这些东西一旦被人类从地下搬到地上并通过人的消耗，就改变了
地表自然界的天然组成，不利既有生物的生存，转化成了生态污染。同时，
通过缓慢的间歇进行的光合作用生成的现实能源，特别是能让动物和人类利
用的可食能源，基本上是个常数。由其所形成的食物链，基本上只能维持在
从低到高的十供一二的水平上，而植物、动物和人类的繁殖能力，却又可以
以几何级数增长，被巨大的膨胀力所支撑。这种不对称的自然力导致绝大多
数生物的生存资源都是稀缺的、紧张的，食物匮乏和生存压力成了自然界内
部的普遍的基本的矛盾。所以，达尔文的生物界的生存竞争和适者生存理
论，是对自然规律的伟大发现。生物生长受光合作用限制的缓慢性和长期
性，受气候变换的周期性，决定了作为自然存在物的"人类"这种物种，
也不能不受自然界生长代谢的速度和规律的限制。人类虽然可以自己生产自
己的需要，但从总体上看也不能不受制于这一生态基本矛盾的约束。马尔萨
斯所发现的食物以算术级数增长、人口以几何级数增长这种自然趋势的矛盾
有它的客观性。事实上，在历史发展处于早期的人们所创造的万物有灵和原
始宗教，都在于以人的想象方式协调人与自然界的这种既得遵从又想掌握和
超越的矛盾关系。然而，自从人类创造了机械工具和机械力量之后，"技
术"这种非自然、反生态的人造物，在人的智慧和需要这种双重翅膀振飞
下，以几何级数加速对自然资源的掠夺和对环境的污染，无度的物质利用和

废物废气排放，既打破了生物圈的大气循环、氧循环、二氧化碳循环和水循环机制，又污染了有限的地表水和地下水，过度的碳排放导致气温升高、海洋变酸从而又导致生物大灭绝，把虽然有限但生机勃勃的自然生态系统，变成了人类不断膨胀的经济活动系统任意吐纳的破碎的从属系统，自然被人工任意阻隔和取代，从而导致生态危机。这是自然演替规律的有限性、相对性、脆弱性与人类数量增长的无限性、物质要求增长的绝对性、自身发展的强势性之间的矛盾。正是人与自然之间的这种根本矛盾导致两败俱伤：人对自然的生态侵犯，反过来成了自然对人的生存侵犯。解决的办法，不是自然适应人，因为天行有常，万物有道，只能是人改变自身，适应自然生态运行规律的要求，创建由自然生态规律所规范的生态文明社会。

三　当代世界与当代中国的生态保护与生态治理危机

自从人类发展起一套资本—技术系统并把自然界作为自己的征服对象之后，由于人对自然界的征服演变成了今日的生态危机。为克服这种生态危机，全球进行了规模宏大的生态治理，即使有些国家、有些地区的表面生态状况有所好转，但地球总体的生态危机却更加严重，不仅如此，如今连生态治理本身也陷入危机之中，整个生态已开始危及人类自身的生存。这就不能不迫使我们进行深刻的反思。

1. 各国的生态保护

日本：1967 年出台了《公害对策基本法》，这是在 20 世纪 60 年代尝到污染苦头后的世界最早的生态立法。首先对大气、水质等制定了严格的环境质量标准。

美国：1969 年出台了《国家环境政策法》，1976 年颁布了《固体废弃物处置法》、《综合废弃物管理法令》等，旨在防止和消除人们对环境和生态系统的伤害，维护人与环境之间的和谐。

德国：1972 年颁布了《废弃物处理法》，并在世界上最早成立了以保护生态环境为宗旨的绿党，还在议会中取得不少席位。此后绿党运动在世界各地蓬勃发展，与主张社会主义的"红色运动"开始走向红—绿结合。

世界非政府组织：1968 年，旨在研究资源环境与人类发展前途的"罗马俱乐部"成立，有包括西方马克思主义者马尔库塞在内的 10 个发达国家（美、德、日、意、法、瑞士等）的 30 多位哲学家、思想家、科学家、经济学家和企业家参与。1970 年，美国 2000 多万人为保护环境而上街游行，"世界地球日"从此诞生。1971 年，在世界范围进行环保运动的"国际绿色和平组织"诞生。1972 年，罗马俱乐部发表了《增长的极限》，指出了地球和其各种资源的有限性，以及传统工业经济增长模式给地球资源带来的灾难，等等。

联合国：1972 年，人类环境大会在斯德哥尔摩举行，并成立了"联合国环境规划署"。该署的成立，标志着人类在环境问题上的世界性协调治理行动的开始。1972 年通过了禁止排污入海的《伦敦公约》。1973 年通过了《防止船舶污染国际公约》。1979 年通过了《日内瓦远程跨国界大气污染公约》。1984 年，联合国进一步成立了"世界环境与发展委员会"，1987 年由该委员会在《我们共同的未来》的报告中，为全人类首次提出了"可持续发展"这一新理念。1992 年是更为重要的一年，这一年在里约热内卢召开了"世界环境与发展大会"，有 176 个国家参加，其中有 118 位国家元首，是一次为保护环境的"地球峰会"。会议成立了"可持续发展委员会"，通过了有重要意义的《里约热内卢宣言》和《21 世纪议程》，签署了《气候变化框架公约》、《生物多样性公约》和《保护森林问题原则声明》三大国际公约。1993 年，《生物多样性公约》生效。1994 年，《联合国气候变化框架公约》生效。1996 年，《联合国防治荒漠化公约》生效。1997 年，《联合国气候变化框架公约》缔约各方，在第三次会议上通过了限制污染气体排放的《京都议定书》，对主要国家的减排额度和时间表等做出了具体规定。1998 年，美国被迫在《京都议定书》上签字（但是，2001 年美国为了自身的利益却又退出了《京都议定书》）。2000 年签署《千年发展目标》，2002 年 9 月，在南非约翰内斯堡召开第三次"地球峰会"，通过了《执行计划》和《约翰内斯堡可持续发展承诺》的政治宣言。联合国为全球各国共同行动起来应对气候变暖和人类的全面生态危机、进行全球生态治理做了大量的工作。《全球环境展望年鉴》、《地球生命力报告》等关于全球生态状况的书不断涌现。2009 年签署《哥本哈根协议》，2012 年，里约+20 联合国可持续发展大会举办。联合国在 40 年里连续不断地推动世界向生态化的方向发展。

但是，正是在全人类近半个世纪的努力中，生态灾难却日趋严重，气候变暖也每况愈下，这不能不表明人类陷入了生态治理的危机之中。全世界的有识之士都深表忧虑。那么，以如此的世界规模进行生态治理还不能奏效，其根源何在呢？这要到社会中去找。

2. 中国的生态保护起步与积极的生态行动

面对这些日益严重的生态危机，我们国家也日渐重视。中国在国内环境问题刚刚冒头的时候，就紧跟联合国展开了环境保护运动。还在改革开放之前的 1972 年，中国的环境还显示不出什么问题时，中国就参加了在斯德哥尔摩召开的第一次人类环境会议，紧紧跟上了世界的脚步。1973 年，中国召开了第一次环境保护会议，拟定了《关于保护和改善环境的若干规定（试行草案）》。1974 年，国务院颁布了《中华人民共和国防治沿海水域污染暂行规定》。1978 年，《中华人民共和国宪法》第一次对环境保护做了如下明确规定："国家保护环境和自然资源，防治污染和其他公害。"同期还颁布了《工业"三废"排放试行标准》、《生活饮用水标准》和《食品卫生标准》等。1979 年，在中国改革开放开始的一年，中国的第一部环境保护法律——《中华人民共和国环境保护法（试行）》就已通过。到了 1984年，中国的环境污染开始明显，中国在参与起草联合国《我们共同的未来》研究报告后，也成立了国务院环境保护委员会。环境保护成了国家的行动。1992 年，中国参加了联合国环境与发展大会，签署了《里约热内卢宣言》，并制定了《中国环境与发展十大对策》。1993 年，全国人大常委会成立了环境资源委员会。环境问题成了经常讨论和立法的大事。1994 年，中国在全世界率先颁布了《中国 21 世纪议程》，提出了经济、社会、资源、环境以及人口的可持续发展总体战略。1996 年，国务院针对性地制定了《关于环境保护若干问题的决定》，并把"可持续发展"作为我国的基本战略。1998年，中国签署了连美国都不签署的控制二氧化碳排放量的《京都议定书》。与此相适应，中国在国内颁布了诸多保护生态环境的法律，如《环境保护法》、《大气污染防治法》、《水污染防治法》、《水法》、《海洋环境保护法》、《草原法》、《森林法》、《全国生态环境保护纲要》等。1999 年，我国颁布了《全国环境保护国际合作工作（1999—2002）纲要》，在国际方面开展环境保护的合作。2002 年，中国政府正式加入 WTO，在世界环境领域发挥了建设性作用；2003 年，十六届三中全会正式提出以人为本、人与自然和谐相处的科学发展观思想。2005 年，国务院又做出了《关于落实科学发展观加强环境保护的决定》，提出了加强环境保护、遏制生态退化的基本目标。2006 年，中国召开了第六次全国环境保护会议。在 3 月制定的"十一五"规划中，提出"落实节约资源和保护环境基本国策，建设低投入、高产出、低消耗、少排放，能循环、可持续的国民经济体系和资源节约型、环境友好型社会"，中国各地的节能减排从政府行为到民间活动都在展开。2007 年，中共十七大在世界上首次提出建设生态文明的目标，仅 2008 年一年，全国人大、国务院和有关部委就颁布了水污染防治法、循环经济促进法、中国应对气候变化的对策与行动等环保法律法规 24 部。所有这一切，不能不说中国政府对生态环境问题的日渐重视和大力强调。也不能说没有成绩，如控制了污染物总量，对城市环境进行了综合整治，开展大规模的"三北"防护林建设，退耕还林等。国家也出台了一系列的具体的针对性的环境治理的政策法规，加强了对森林、草原和动植物的保护，加强了海洋环境、水土保持、空气污染的防治，并且对环境污染治理的资金投入也越来越多。从"十一五"开始，国家以前所未有的力度进行生态环境保护，地方政府和企业的环境保护投入也在增加。仅 2008 年的投资总额就达 4490.3 亿元，占同期 GDP 的 1.49%。以太湖为例，国务院在 2008 年颁布的《太湖流域水环境综合治理总体方案》，规定在今后 10 多年时间里，太湖治理预算的总投资达 1114.98 亿元。而滇池的治理也已经投入 170 亿元，今后投入将达 700 多亿元。2009 年 12 月 18 日，在哥本哈根联合国气候变化大会领导人会议上，温家宝总理在《凝聚共识、加强合作、推进应对气候变化历史进程》的报告中发出了全人类的正义之声：

　　　　气候变化是当今全球面临的重大挑战。遏制气候变暖，拯救地球家园，是全人类共同的使命，每个国家和民族，每个企业和个人，都应当责无旁贷地行动起来。

它代表了中国的声音和决心。胡锦涛总书记在国内也说：

> 大量事实表明，人与自然的关系不和谐，往往会影响人与人的关系、人与社会的关系。如果生态环境受到严重破坏，人们的生活环境恶化，如果资源供应高度紧张、经济发展与资源能源矛盾尖锐，人与人的和谐与社会的和谐是难以实现的。①

在中国领导人大力推动下，中国的环境立法以及相应的环境治理也在不断加强。以最近 2 年为例：

《2012 年中国环境状况公报》指出："2012 年，认真贯彻落实《'十二五'节能减排综合性工作方案》、《国家环境保护'十二五'规划》和《节能减排'十二五'规划》，严格主要污染物总量减排核查监管，以'六厂（场）一车'为重点强力推进减排措施落实，继续加大减排资金的投入力度，完善减排长效机制。"

《2013 年中国环境状况公报》仅就大气污染防治工作指出："一是突出抓好国务院印发《大气污染防治行动计划》（简称《大气十条》），提出了10 条 35 项综合治理措施。文件印发实施后，重点开展了以下工作：一是分解落实责任。国务院办公厅印发《大气十条》重点任务部门分工方案，有关部门制定了京津冀及周边地区落实《大气十条》的实施细则，与各省（区、市）签订了大气污染防治目标责任书。25 个省（区、市）和国务院有关部门出台落实《大气十条》实施方案。二是建立协作机制。建立了京津冀及周边地区、长三角大气污染防治协作机制和全国大气污染防治部际协调机制，统筹推进区域大气污染联防联控和部门协作配合。三是加强综合治理。落实重点行业整治、产业结构调整、优化能源结构、机动车污染治理等措施。四是出台配套政策。出台了环保电价、专项资金、新能源汽车补贴、油品升级价格等 6 项配套政策，发布了 18 项污染物排放标准、9 项技术政策、19 项技术规范。五是完善监测预警应急体系。……六是强化保障措施。

---

①　胡锦涛：《在省部级主要领导干部提高构建社会主义和谐社会能力专题研讨班上的讲话》，2005年 2 月 19 日，人民网—中国共产党新闻网。

中央财政设立大气污染防治专项资金，2013 年安排 50 亿元支持京津冀及周边地区大气治理项目。启动实施'清洁空气研究计划'①。在贯彻落实《大气十条》的同时，研究编制《水污染防治行动计划》和《土壤环境保护和污染治理行动计划》等等。"

这些决策，这些措施，有力地推动了我国的生态保护事业的发展。但是，也正是我们在大力保护环境时，生态环境却在恶化或难以改善，不能不陷入生态治理的困境。

中国的生态行动不仅是中央的，也是地方的，各省都有自己的行动规划。以云南省为例，制定了切实可行的"六个着力"和"十大工程"："着力提高资源节约和综合利用水平，着力加强生态保护建设，着力建设生态文化，着力建设城乡宜居生态环境，着力完善生态制度建设，着力强化生态保护措施。"十大工程是："1. 对江河湖泊综合治理，2. 身边增绿行动计划，3. 推进森林保护建设，4. 实施陡坡地生态治理，5. 实施荒漠化治理，6. 进行生物多样性保护，7. 实施节能减排工程，8. 循环经济、低碳经济发展试点，9. 实施产业生态化，10. 实施生态建设保障。"② 并力图成为全省民众的行动。

当然，从马克思的生态思想看，这些还是很不够的，还没有发展到对社会的、人与人的生态生存关系的建设上来，在这里真正需要的是全面的"生态—社会革命"。

但是，无论中国和世界，生态危机依然在恶化。生态治理本身也陷入了危机。

3. 生态治理危机的根源：驾着有生态破坏力的"船"治理生态危机

人类开始生态治理，已有半个世纪。但是，总的生态形势在恶化，气候在变暖，物种以更快的速度在消失。这是什么原因呢？我们反复思考，认为生态治理本身出现了危机，即必然正视人类的"生态治理危机"。所谓"生态治理危机"，就是人类现有的常规的生态治理手段，无法解决生态危机的

---

① 中华人民共和国环境保护部：《2013 年中国环境状况公报》，第 1 页，据百度网。

② 云南省人民政府：《中共云南省委、省政府关于争当全国生态文明建设排头兵的决定》，2013 年 8 月 23 日，云南网。

恶化，无法改变被生态覆灭的命运。我们认为，这和生态危机一词有同样的重要性。

出现生态治理的根源，用一种比喻的说法，在于传统工业生产是一种单纯追求经济增长的在自然界航行的船，正由于这一点，它是一种有生态破坏力的船。人类驾着这只生态破坏船进行生态治理，是导致生态治理危机的和地球生态系统走向崩溃的根本原因。这种生态破坏船有如下几个特征。

其一，这种生态破坏船的精神动力，是传统的经济主义和工具理性价值观对人们的精神统治和行为支配。中国有句富有哲学意蕴的批判性俗语说："人为财死，鸟为食亡"。它道出了人们普遍追求经济财富的这种动物本性。如果说，这是为了生存，为了脱离贫困，那从自然法则上说也是应当的，合理的。但是，自从资本主义产生之后，一种把自然界作为肆意征服的对象，一种无限追求资本增值、财富增值而不顾其他一切的经济主义价值观，成了人们的主导精神，支配了整个社会，也支配了国家精神。这就必然要把自然界作为肆意征服的对象，从而不能不造成生态灾难。实际上，它是人们统治他人、统治世界的专制主宰主义的经济表现，是人的一种动物本性的表现。正是这种价值导向，在人与人的关系中，不能不形成反生态的两极分化；在人与自然的关系中，不能不形成反生态的即断送人与自然界的和谐关系的生态危机。

其二，这种生态破坏船的主体构架，是资本逻辑对经济增长的无限追求以及传统的掠夺资源的工业增长生产模式。西方的传统工业文明，一是建立在不负生态责任而任意掠夺自然资源的基础上，二是以资本增值为核心动力而无限增长，这对于有限的生态环境来说，都是灾难性的。正如美国环境政治学创始人约埃尔·卡西奥拉说："整个西方工业文明的社会秩序都建立在对经济增长无限追求的基础上，但是，无限追求经济增长的后果却是非常危险的。从生态学角度来讲，无限制的经济增长是不可能的，其短期内的后果可能是灾难性的，从长期来讲对地球上所有生物——包括人类和非人类都会是非常致命的。"社会主义国家形成之后，既力求在短期内脱贫，又要与资本主义竞争，其极欲发展的意图，决定了新社会也只能建立在这种传统工业文明及其增长模式之上，走上了以 GDP 即经济增长代替资本积累的道路。而"资本积累和经济增长都会带来投资规模的不断扩大，而投资规模越大，对自然资源的开发和消耗就越大，对自然资源的破坏性就越大，环境污染的程度也就越大"①。所以，传统工业文明不能不是一种生态破坏船，只要驾着这只船，就不能不破坏生态，而不论是什么主义。

其三，这种生态破坏船的生态破坏力，在于富裕国家和富裕人群的超高消费和对资源的巨额耗费。当前，生态运动的强大呼声之一，就是抑制富国和富人的超高消费，人们称之为"滥费"。其极端表现是，一个人一生甚至10年20年可以挥霍掉10亿20亿美元的资产。正是人类中的一部分人的这种过度消费，大量耗费地球资源，导致了资源短缺和环境污染。不仅资产阶级这样消费，富裕起来的无产阶级也成了消费大军。我们知道，西方生态马克思主义者莱斯和阿格尔，指出了"异化消费"的具体情况，即："无产阶级通过消费奢侈品以补偿异化劳动过程中的艰辛和痛苦，追求所谓的自由和幸福；资产阶级在控制无产阶级整个消费的过程中也被消费所控制，整个资本主义社会因此而被消费品所异化。"② 这是一种完全不顾及地球生态资源的病态消费。所以，只占世界人口26%的发达国家，却消耗着世界75%以上的能源和80%以上的资源。不仅富裕的资本主义国家如此，发展中国家中富裕起来的一大批人也是如此，中国也是如此（中国成了奢侈品消费大国）。这种超高消费，是建立在生产异化和资源掠夺基础之上的生态帝国主义行径，它必然造成不可再生资源的枯竭和生态环境的破坏，是对地球资源和环境的生态侵犯，也是对其他人、其他国家的生态侵犯，从而威胁全人类的生存，因而实际上是一种生态犯罪。至于不义的战争更是如此。

其四，这种生态破坏船的人性基础，是人的动物性的自私本性，它使生态保护陷入"公共池塘悲剧"、"逐鹿困境"和扫雪行为之中。虽然生态危机已到了关键时刻，但是由于人的自私心理、类群伦理、国家伦理在生态保护中的盛行，由于生态伦理、环境伦理还没成为人们的普遍伦理思想，因而，在生态治理中，在每个国家内部以及在国与国之间，总是存在着公共池塘悲剧、"逐鹿困境"和扫雪心理。美国当代政治学家埃莉诺·奥斯特罗姆提出了"公共池塘悲剧"的现象，指出：公共池塘资源是一种人们共同使

---

① 王子坤：《生态危机的资本主义制度根源——生态社会主义的阐释》，《福建省委党校学报》2004年第3期。

② 转引自刘仁胜《生态马克思主义概论》，中央编译局出版社2007年版，第43页。

用整个资源系统但分别享用资源单位的公共资源。在这种资源环境中，理性的个人可能导致资源使用拥挤或者资源退化的问题，最终使池塘被毁，形成公共池塘悲剧。① 发达国家对于不发达地区资源的掠夺，企业为自身发展而不惜占用土地、砍伐森林，败坏环境，都是公共池塘效应的表现。让·卢梭的"逐鹿困境"说的是：五人正在围鹿，此时一只野兔出现吸引了围鹿者之一，此人弃鹿而追兔，鹿乘隙得脱，四人不得不忍受饥饿。它表明在缺乏有效机制约束的情况下，人们会为了个人利益而放弃公共利益。美国为了自己的经济利益退出《京都议定书》，一些国家至今不愿在保护大气的《京都议定书》上签字，正是"逐鹿困境"的国际表现。所以，生态治理并不理想。扫雪心理是我们对中国俗语的概括。中国俗语"各人自扫门前雪，休管他人瓦上霜"反映了人们的自私心理。只考虑自家门前清洁而把雪扫到公共地方甚至他人门前，与发达国家把污染输向海外没有两样，这可视为生态治理中的扫雪心理：只关注本地生态环境而不关注他地生态环境，甚至转嫁环境污染，就是扫雪行为的典型体现。所有这些只为自己着想而不顾公共生态环境和共同利益的动物式的心理和行为，使国际和国家从生态大局出发的众多生态法规，无法贯彻到一些国家、地区、企业和个人之中，从而使今天的生态破坏行为依然大于生态保护行动，生态危机在种种解救的努力中不断加重。此外，还有一种否认生态危机的所谓乐观心理与科技崇拜心理也广为存在，从而使整个世界的生态治理远远跟不上生态恶化的速度。

　　回眸和反思世界各国所实施的生态治理手段，都不外是坐在生态破坏船上的生态改良，是一种单向度的针对自然生态的治理，而把导致生态危机的社会生态危机保护起来，因而不能不是片面的改良主义的治理活动。它没有反思到人类自身的生存行为中来，没有治理人类造成生态危机的政治观念及其经济活动、经济制度和经济生活的现实中来，依然故我地坚持着资本逻辑对世界的统治，依然坚持着把生态成本外在化的传统工业生产、传统经济活动、传统价值观念和传统生活行为等生态破坏船。依然相信科学技术能够改变生态环境，相信人类的创造力可以超越自己的耗费污染力，而不知道首先

---

　　① ［美］埃莉诺·奥斯特罗姆：《公共事物的治理之道——集体行动制度的演进》，余逊达、陈旭东译，上海三联书店 2000 年版，中文版译序第 7 页。

在于克服资本逻辑和人类心中的致富魔影和自私本性。不从克服这种超过一切生态建设力量的生态破坏力着手，生态治理危机也就不能克服。当前和未来的灾难，正在于人们是坐在由资本逻辑驱动的生态破坏船上进行生态保护的悖谬行为，因而形成了生态治理自身的悖论。克服它的唯一办法，是以全人类的力量把传统工业文明转化为生态文明。

中国作为社会主义国家，为什么生态问题也这样严重并且也陷入生态治理危机呢？这里的原因有三。

其一，中国被迫选择了传统现代化模式。中国作为发展中国家，除了学习传统工业文明走现代化之途外，别无他途。但是，中国驾着这只有生态破坏力的船治理生态危机，同样是导致生态治理危机的原因。这种生态破坏船在中国的实施，又有自己的特点，吴兴智先生的如下两段话说得很清楚：

"从新中国成立以来，由于科学技术的落后以及客观条件的制约，我国工业化基本上采用了以低价获取竞争力的发展道路。在这种'低价工业化'道路中，我国政府为了加快工业化发展速度，保持国民生产总值的高速增长，有意压低了资源和劳动力价格以及企业支付的环境保护费用，以提高企业的利润，从而有利于提高积累率和吸引境外投资。这意味着，在经济效益的追求中，社会效益和生态效益被不同程度地漠视甚至损害。"①

"在我国改革开放30余年的发展中，由于采取了重国际市场、轻国内需求，重低成本优势、轻自主创新能力，重物质投入、轻资源环境，重物质财富增长、轻社会福利水平提高的选择性发展战略，带来了社会发展滞后于经济发展、区域发展不协调、出口依赖度大、内需不足以及贫富差距明显、环境急剧恶化等严重后果。可以说，这种由政府主导的'赶超型'发展战略走到今天，我国经济发展的结构性问题已经越来越突出。"②

这就是说，中国驾驭的是西方传统工业这只生态破坏船在中国的自然条件中航行，走的同样是掠夺资源的、以生态环境破坏为代价的道路。驾着这种生态破坏之船来发展生产和进行生态保护，有如以纵火的方式灭火，本身存在着不可克服的矛盾，必然导致生态危机和生态治理危机。

---

① 吴兴智：《生态危机与我国生态型政府建设》，《当代社科视野》2010年第9期。
② 同上。

其二，是中国的人口增长对资源环境的压力。人口增长必然对资源环境造成压力。新中国成立60年来，人口在后期的控制之中还增长了3倍，而根据人口每增长1倍而资源环境的压力增长3倍的方法计算，这至少是9倍。而中国实施的又是最严格的计划生育政策。所以，人口增长对生态环境的压力是刚性的，是任何生态保护政策限制不了的。而在这一过程中，中国民众的生活又不能不由贫穷向温饱、向富裕方向增长，这是社会主义性质、生产发展的性质决定了的，这种由低消费向"高消耗"的转变，对资源环境的压力又是多少倍呢？

其三，是追求国内生产总值GDP的高速增长对资源环境的破坏力。根据国家统计局历年GDP数据，中国1956年国内生产总值仅1000多亿元，第五个五年计划完成时的1980年，国内生产总值是4000多亿元，第六个五年计划后的1985年，翻了一番，达到9000亿元，第七个五年计划后的1990年，又翻了一番，达到1.8万多亿元，第八个五年计划完成后的1995年，翻了一番多，达到6万多亿元，第九个五年计划即2000年达到9万多亿元。第十个五年计划完成时的2005年，又翻了一番，达到18万多亿元，第十一个五年计划完成后的2010年，又翻了一番多，达到40万亿元，2011年达到47万多亿元。2012年国内生产总值突破50万亿元大关，2013年达到55万多亿元，比改革开放开始的1980年的国内生产总值增长了120多倍。根据国际上公认的算法，国民生产总值每增长1倍，矿产资源消耗量要增加4倍，向大气中排放的污染物的总污染量就要增加6倍以上。大家可以算一算，每五年国民生产总值增长多少？资源消耗和环境污染又要增加多少？30多年的经济快速增长达到一百多倍，矿产资源消耗量难道不增加四五百倍？向大气排放的污染物难道不增加六七百倍？如果说，人口增长对环境是个刚性的压力的话，那么，经济增长对环境更是个刚性的压力。改革开放把亿万人民的生产力解放出来了，也把各级政府的生产力激发出来了，每个地方的上上下下都在搞物质生产，而且是粗放的耗费资源和污染环境的物质生产，上上下下都在向钱看，讲发展，谋增长。在这种情况下，国家的环保政策，资源的消耗与环境的污染，就都不能不被急功近利的人们放在脑后。比起这种追求物质利益的疯狂力量，再刚性的环保政策都不能不被软化，消融。在这种情况下，生态治理怎么不能不陷入危机呢？

　　上述几个方面，组成了生态破坏船的主体。生态破坏船长期以正统思想的形式存在。驾着这艘生态破坏船进行生态治理，必然形成生态治理危机。这对任何国家都是一样，而不论你是什么主义。我们走的就是这种传统的不自觉的破坏生态的工业文明的道路。在这种蒙昧之中，在生态问题成为显性问题之前，人们把整个自然界作为取之不尽、用之不竭的无限体，一切理性、一切发展、一切科技，一切雄心壮志，都在于开发自然，创造社会财富，而一切的其他政治追求，也都建立在这一基础之上。西方生态主义者所说的西方的"发展病"、"超增长病毒"，也传染给了我们，特别是一些人，一些地方，到了疯狂的程度，国家的生态大政如何能够实现呢？

　　现在，是破除蒙昧走向觉醒的时候了。全世界已开始了这种生态觉醒，也开始从这种传统工业文明中觉醒过来。觉醒之后的道路怎么走，现在最有力的答案就是以生态文明代替工业文明，走生态发展的道路。这绝不是简单地要在今后的发展建设中，向重国内需求、重自主创新能力、重节约资源和保护环境、重视社会发展和社会公平等政策的实现所能解决的。但这却是第一步必走之路。这一步走好了，我们才能走上生态文明发展道路。

　　中国作为社会主义国家，某些生态建设已经开始走在世界前列。特别是中国在世界上先后率先制定可持续发展战略和提出进行生态文明建设，如能认真实施就有希望为世界文明的发展开辟新方向。中国的生态努力也为世界所称道。[①] 英国《卫报》在 2007 年 10 月 17 日发表评论说："19 世纪英国教会世界如何生产，20 世纪美国教会世界如何消费，21 世纪中国教会世界怎样实现可持续发展。中国在转变经济发展方式过程中所取得的理论进展和实践成效，不仅将造福于 10 多亿中国人民，而且将为世界经济可持续发展和经济学演进做出重要贡献。"当然，要能做出这种人类性贡献，关键在于对中国社会生态危机的克服。我们希望，中国真的能够教会世界怎样实现可持续发展，成为人类生态文明建设的开拓者。

　　总之，它们正是人类本身破坏自然生态的自我膨胀力量，人类在进行生态治理时不能放弃这种自我膨胀力量，并以此为根据进行生态治理，人类的这种自我膨胀力量，同样是一种"有生态破坏力的船"，驾着这只船进行生

----

　　① 张玉玲：《转变经济发展方式意义重大——访卢中原》，《光明日报》2007 年 10 月 24 日第 7 版。

态治理，怎么能不发生生态治理危机呢！

所以，人们当前的重大选择是：赶快从这种生态破坏船上跳出，选择生态文明的发展方向，这是具有根本意义的抉择。

但是，问题在于，人类今天还在竭力维持这种生态破坏船，并依靠它而实现今日的生存。对这种生态破坏船的反思和批判，还仅仅只是生态学家的事，还没有转化为政治实践行动，更谈不上治理。

正是由于这种治标不治根的生态改良行径，导致全球性的生态危机日益加剧，在整体上已危及人类自身的生存。生态学家指出，"在某种意义上，这也是人类共同体危机的表现。与过往不同的是，今天的危机已经不再是一个国家或者地区的危机，而是全球性的生态危机。整个人类结成了一个共同体，一损俱损，一兴俱兴。所以，一旦人类不能应对挑战，危机就不是一个国家、一个地区，而是整个人类文明的。同时，全球性危机不是一般的危机，而是具有高度风险性的危机，因为任何一种危机都将带来较以往更大的危害，甚至给人类带来毁灭性的灾难。这是真正的连根拔起，是可能从根本上动摇甚至毁灭人类文明甚至人类自身的危机"[1]。人类如果依然这样以反生态的生存方式生存下去，"人类文明的毁灭"真的要成为"不可逆转的"了。

四　解决危机的出路：根据地球生态承载力和 生态恢复力确立生态发展道路

上述情况表明，无论中国和世界，自第一次、第二次工业革命以来，传统的以资源能源的大量耗费为基础的发展方式已经走到了尽头，这种发展方式本身如果一直原样保持下去，地球的生态毁灭就不可避免。为挽救这种态势，20世纪80年代（1987年）联合国提出了可持续发展模式，但是，也未能挽救这种发展方式的异化，人类进一步陷入生态困境和生存危机之中。其根本原因不在自然界，而在于我们陷入传统工业发展模式之中、陷入经济主义之中、陷入世界竞争之中不能自拔。

---

① 魏波：《环境危机与文化重建》，北京大学出版社2007年版，第38页。

　　面对全人类的生态危机和生态治理危机这种生态困境，面对人类未来的、有被恶化的生态环境吞噬的生存绝境，面对我们在日益加强的生态治理中而日益严重的生态危机，我们只有猛醒，断然选择与传统工业文明不同的发展道路，这就是从自然生态治理到社会生态治理双管齐下的生态文明方向。推进全人类生存方式的生态文明转向，这才是解决人类生态危机、生存危机的根本出路。

　　今天，人们在生态觉醒之后终于认识到，地球的资源环境特别是土地和水的有限性和降解能力，生物生长能力的相对性，森林的保有率，大气的组成，生态关系的脆弱性（如世界年平均气温升高一度就会导致生态环境和生物群落的变化）等，组合起来也就是地球的生态承载力，生态恢复力。生态经济学的生态足迹和生态容量考察，已经可以计算出地球以及它的各个特殊地区即各种人—境生态系统（详后）的生态承载力和生态恢复力，它决定了人类活动的大限，如果不想在人的数量和生活质量方面都回到原始状态，那就只有走生态文明的发展之路。

　　生态文明作为继传统工业文明之后的、与生态环境协调一致的新式文明，在本质上是人的生存方式的全面的革命。它的发展不再是经济增长，而是根据各种生存环境中的人们的基本生存需要，在生态许可的前提下，通过生态科技创造能够满足人们的基本生存需要的价值物就适可而止。一切单纯追求财富的经济增长，即资本逻辑，不论是个人的、企事业的还是国家的或国际的，在生态文明面前，在生态价值尺度面前，都不能不成为非法的，不合理的甚至是有罪的，更何况这种经济增长大都集中到极少数富人手里。但要改变这一切，需要整个思想观念、生产方式、生活方式在个人和国家层面的全面转变，要求每个人与一切人的生存方式的转变。为生态而放弃富裕的发展，为生存而切除超绝欲望，这是"生态觉醒"之后应当有的生存觉醒。重要的是，这种觉醒不能太迟，一切都有个时间限度。就目前全世界的生态形势和各国传统的发展方式的逼迫来说，离地球生态崩溃已经不远。生态学家们的估计也就是几十年时间。在这几十年内要完成生态文明的根本转变，也就必须从现在就赶快开始。

　　先进的人们为这一天的到来，已经在全世界呼唤了半个多世纪了！让我们再一次强调：人类已经进入生态煎迫的时代！任何只顾自己的靠金钱权力搭建起来的生态保护墙都是纸墙，任何城市文明屏风都挡不住生态灾难的恶浪！不转向生态文明的发展方向，等待人类的只能是灭顶之灾！（本章林安云主笔）

第二章

生态觉醒：人们解救生态危机的
多方努力与面临的困境

【小引】为解救人与自然界之间日益严重的生态危机，生态主义和生态运动在全球发展起来，他们把自然界也纳入人的伦理关怀之中而构建了生存伦理思想。生态后现代主义更从精神世界观的深度对导致生态危机的根源展开了深入的批判。生态思想也由浅绿色生态思想发展到深绿色生态思想，而问题的关键还在于人类的社会生态危机及其根源——资本逻辑与权力逻辑的结合还统治着这个濒危的世界。基于这一认识，生态马克思主义和生态社会主义也发展起来。他们把批判矛头指向资本主义制度的反生态性，首先要求改变社会生态危机，这是马克思生态精神的当代发扬。所有这些思想都为生态文明的出场奠定了理论基础。

【新词】生态觉醒　生态伦理　生态一体世界观　生态中心主义　生态社会主义

自20世纪五六十年代生态危机开始爆发以来，引起了关心人类命运的人们强烈的关注。哲学家、思想家、生态学家、伦理学家、科学家、政治家等都从自己专业知识的领域提出了许多解救之道。特别是在美国生物学家蕾切尔·卡逊的《寂静的春天》和罗马俱乐部的《增长的极限》的警告之后，一系列的生态环保运动、绿色和平运动和绿党运动等，在世界范围内展开，理论界也形成了种种具有鲜明特色的、有丰富内容的理论学说。诸如大地伦理学、生态中心主义、生态女权主义、生态后现代主义以及生态整体主义等生态主义理论的出现，都力图解决人类面临的这种危机。而生态马克思主义、生态社会主义更把这些危机与改变资本主义联系起来，提出了彻底解决生态危机的马克思主义新理论。毫无疑问，这些思想理论，代表了我们这个时代的时代精神，他们要解决的问题，属于我们这个时代最为重大的问题，这些问题能否解决，关乎生态文明能否成为实在的方向，关乎人类在未来能否生存发展下去。

一　社会伦理思想向自然界的推广：从生态伦理到生态主义的产生

正像生态危机源于人对自然的暴虐一样，它从反面促进了人对自然的爱护。最早关注到人类应当爱护环境像爱护自身一样，并把它与人类伦理观念和行为联系起来的，是美国的奥尔多·利奥波德，他早在 1933 年的《资源保护伦理》一书中，就把伦理思想推广到自然界，创立了"大地伦理学"。他指出："迄今还没有一种处理人与土地，以及人与在土地上生长的动物和植物之间关系的伦理观。人和土地之间的关系仍然是以经济为基础的，人们只需要特权，而无需尽任何义务。"① 他把地球视为一种生命的有机体，把它纳入人的道德共同体之中，建立了爱护地球、尊重地球、不毁坏地球的道德思想。他在《沙乡年鉴》中，还提出了动物生存权利的思想。认为各种生物都有"生存下去的权利"，强调人类不过是生物共同体中的普通公民，因而应当关注人之外的生命形式在生命共同体或生态系统中的内在权利。这就把传统的只管人与人的关系伦理学，发展成为包含人与自然关系的生态伦理学的范畴上来了。他要求人们"像一座山一样思考"，即站在自然界的立场上思考，从是否有利于生命共同体的完整、稳定和美丽出发从事活动。从而建立了生态伦理的基本思想。

紧接着是施韦兹，他进一步提出了生命伦理学，主张一切生命都应当得到人在道德上的尊重。认为一切生命都是神圣的，因而人应当尊重生命，敬畏生命，这成了他的生命伦理学的理论基石。保尔·泰勒则进一步发挥了利奥波德和施韦兹的理论，明确提出了"尊重自然界的伦理学"，这就把整个自然界都包含在人的伦理关怀之内。在这些理论的基础上，阿恩·奈斯于

---

① 生态王诺的 BLOG（http://blog.sina.com.cn/ecoliterature）。

1972 年提出了与只注意环境保护的浅层生态学相对立的"深层生态学"理论，主张"生物圈平等"，一切自然事物都具有其内在价值，因而强调"人与自然的和谐共存"。他认为人类面临的生态危机，不能像浅层生态学那样仅仅从技术环保上加以解决，而不触动人类的传统价值理念和生产方式、生活方式。他正确地认为，人类必须在价值观念上发生改变，从传统的政治经济和文化机制方面解放出来，才能从根本上克服生态危机。他召唤人类的"生态觉醒"，认为人类应当从本能的自我到社会的自我，再发展到"生态自我"即"大自我"，追求生态自我的"自我实现"，把人与自然整体视为密不可分的同一个生存整体。他认为，从整个生态系统的稳定来说，一切生命都有"生存和繁荣的平等权利"。他把人的生存权利扩展为生物、"河流、大地和生态系统"的生存权利。认为生物的平等是"生物圈民主的精髓"。它表明，西方生态思想发展的最高形态是生态整体主义，它得到东西方许多人的赞同。其核心思想是：把生态系统的整体利益作为最高价值而不是把人类的利益作为最高价值，把是否有利于维持和保护生态系统的完整、和谐、稳定、平衡和持续存在作为衡量一切事物的根本尺度，作为评判人类生活方式、科技进步、经济增长和社会发展的终极标准。①

以上这些生态思想，实际完成了从传统的人类中心主义向新的自然中心主义的发展过程。其中的较深入的生态主义思想，实际上也就是自然生态整体主义价值观的建立。它有一系列的生态原则，如利奥波德提出了生态系统的"和谐、稳定和美丽"三原则。罗尔斯顿补充了"完整"和"动态平衡"两个原则，奈斯又补充了"生态的可持续性"原则。这些原则把生态系统的完整、和谐、平衡、稳定与持续存在这种生态系统的整体利益，作为最高价值尺度，以此来评判人类的经济增长、社会发展以及政治制度，建立了生态中心主义或生态整体主义的价值观。它与传统的人类中心主义价值观完全相反。它不仅超越了人类中心主义，更超越了传统资本主义价值观：它颠覆了"以人类个体的尊严、权利、自由和发展为核心思想的人本主义和自由主义，颠覆了长期以来被人类普遍认同的一些基本的价值观；它要求人们不再仅仅从人的角度认识世界，不再仅仅关注和谋求人类自身的利益，要求人们

---

① 生态王诺的 BLOG（http：//blog. sina. com. cn/ecoliterature）。

为了生存整体的利益而不只是人类自身的利益，自觉主动地限制超过生态系统承载能力的物质欲求、经济增长和生活消费"①。这些涉及改变西方传统自由主义价值观的思想，是人类生态意识、生态觉醒以及开辟生态文明方向的重要理论成果。但是，这种仅仅以自然生态原则为基础而解决社会问题的思潮，显然有它的片面性：其一，没有从思想世界观高度考虑导致生态危机的根源，所以，与此同时兴起的生态后现代主义、生态女权主义等，则从世界观层面，进一步深入揭示了生态危机的根源。其二，这种生态整体主义却没有把导致生态危机的人包含在内，只关心人和自然界的生态平衡，而不关心人类社会中人与人的生态平衡，而这却是生态问题的关键所在。这些思想还主要属于伦理观、价值观的发展变革，而它在社会行动上也主要是引起了一些生态改良主义的活动，如绿色和平运动等，但是，没有上升到世界观高度，更没有从制度上揭示生态问题的根源。基本上还只是针对性的就事论事的理论。但对于生态文明来说，这些思想是必要的前提转变，是人类走向生态文明的第一个思想精神台阶。

二　从生态伦理到生态世界观：
生态后现代主义的深入批判

人类的伦理精神的发展，是生态觉醒的一种重要体现。它从人自身的伦理关系向整体自然界的发展，可以说已经经历了五个阶段：即建立在个体伦理基础上的家庭伦理、类群伦理、国家伦理、世界伦理（人类伦理）向生态伦理（环境论理）的方向发展。在氏族、部落时代，人靠同群同类的家庭、氏族和部落的保护而生存，这一层决定了人的伦理精神不能不以家庭伦理、部落类群伦理为本位，即还没有完全走出动物本性的阶段。国家的出现，使人们超越了血统联系，人的生存发展从大范围上说依赖于国家的保护，这就使伦理精神上升到以地域的经济政治联系为主的国家的层次上来。于是，国家伦理观念发展起来。为国家而贡献生命的爱国主义精神成了最崇高的伦理精神。以国家伦理为本位，是人类精神的一次极大的提升，它超越

---

①　王诺：《生态整体主义》，转引自 2005 年 12 月 17 日"生态王诺的博客"。

了家庭伦理与类群伦理的狭隘心理。但是，国与国之间是互不承认的，每个国家都想扩充自己而覆没其他，因为一个国家的人不可能直接依靠别的国家而生存发展，除少数互相依赖的国家之外，国家之间大都是你死我活的对立关系。所以，每个国家都想扩展，吞并。在这个意义上，国家一般是不道德的，特别是侵略性国家（其最终结果，是两次世界大战的出现）。对于一个侵略成性的国家来说，其公民不能不陷入尼布尔所说的爱国主义的道德悖论：公民以牺牲个人这种无私的道德精神，换来的却是其国家的利己主义的不道德，侵略他国、贻害于他国的不道德。二战的日本和德国就是这样。所以，国家伦理在国与国之间出现了人类性的悲剧，它的局限也就不能不暴露在世界面前。而也正是这一人类悲剧的重大教训，使人们意识到承认和尊重别国的存在是自己生存的前提，加之世界性的经济文化交往的扩大，迫使人类进入了"世界历史"时代，于是，二战之后世界伦理即人类伦理精神便发展起来，它表现为基于国家伦理的帝国主义、殖民主义不能再公然盛行，世界性的非殖民化，世界性的民族独立，是世界伦理即人类伦理走向前台的表现。正是世界伦理的高涨，世界才开始走向和平、发展、环境与合作的时代。但是，世界伦理虽然日渐盛行，但还没有进展到以世界伦理、人类伦理为本位的时代。所以，一方面人类开始进入全球化时代，一方面国家伦理还潜在地发生着决定作用，例如，在这个生态危机时代，发达资本主义国家的国家伦理，使他们在对本国的环境和资源严加保护的同时，疯狂掠夺不发达国家的资源，并把污染转嫁到不发达国家。另一方面，作为国家伦理的扩大形式的"主义伦理"又在分裂世界。虽然如此，人们还是认识到，任何国家都有不容侵犯的生存权利，承认别国的和平与生存，是自己和平与生存的前提。但是，只强调世界伦理即人类伦理也有它的局限：它只注重人类自身这一物种的生存发展，而把自然界视为任人宰割的对象。其结果，是生态灾难的暴发，它惊醒了人们无限发展的春梦。因此，自20世纪中期以来，先进的人们开始了生态觉醒，到五六十年代，人们终于开始普遍意识到，人的生存发展不能不依赖于自然界，良好的自然生态环境是人类生存发展的前提，它关系到"每个人与一切人"的健康生存。利奥波德的先觉，就在于首先认识到，各种生物（包括人类）和无机的自然环境组成大地共同体，其中每种事物都是一个活生生的、富有生命力的、不可分割的活的存在，从而把包括人在内的大地视为一种生存机能整体。于是，生态伦理便首先以"大地伦理"的形式发展起来，现今人类已进入生态伦理或者说环境伦理时代。虽然还未能上升到以生态伦理为本位，但人类终究会上升到以世界伦理、生态伦理为本位的时代。① 生态文明，便是人类自觉走向以生态伦理为本位并把生态伦理转化为实践力量的生态实践时代。只有以生态伦理实践为本位，人们才能逐步走上生态文明的道路。

生态伦理的觉醒是人类超越自身的动物界限的觉醒。如果说，此前人们只知道人是社会主体，把整个自然世界、客观世界作为自己征服的对象，用以构建自己的社会经济系统，并通过追求经济合理性而使经济活动遵守经济运行规律而达到生存发展目标的话，那么，在生态觉醒之后，人们才知道，人作为自然存在物，不过是整个地球生物圈共同体中的一员，不过是自然生态、自然物种之中的一员，但却是一个有自觉意识、自我控制力的一个物种。因而，人的生存发展不仅仅由人自身所决定，它还必须受自然系统的整体规律所支配。因而，人的生存发展必须遵守生物圈的自然规律即生态规律而活动，否则，人类作为一个自然物种就无法健康生存。罗马俱乐部在1972年的《增长的极限》中就已经认识到这一层，它提供了一种生存伦理方案，"其核心是从整体上看人，从人的生活的连续性看人的生活。它要求我们用尊重自然的态度取代占有自然的欲望，用爱护自然的行为取代征服自然的活动，用人类对自然的自觉调节取代自然本身的自发演化，用保持自然之统一的情感取代瓜分自然的恶劣行径，用对自然的责任感、义务感取代对自然的统治和掠夺，用适度消费取代无度消费，用节制生育取代放任生育，用经济的有机增长取代经济的盲目增长"②。

罗马俱乐部的研究表明，生态问题不仅仅是伦理学、价值观的问题，它更是一种新世界观的建立问题。建设性后现代主义作为一种力图克服现代性局限的学说，它不像生态主义那样主要从自然侧面、伦理学侧面思考问题，而是深入一步从为什么会导致生态危机的世界观和方法论高度上，展开了对传统现代性的批判。从而出现了力图解决现代生态危机的生态后现代主义思

---

① 刘思华：《论以生态为本位的科学依据与理论框架》，《中南财经政法大学学报》2002年第4期。

② 张云飞：《罗马俱乐部的生态道德观评述》，《道德与文明》1989年第5期。

潮。他们认为："我们可以，而且应该抛弃现代性，事实上，我们必须这样做，否则，我们及地球上的大多数生命都将难以逃脱毁灭的命运。"① 就其合理性而言，它的批判主要集中在三个方面。

首先，针对造成现代性危机、生态危机的精神源头——机械主义世界观的批判，认为这是最终导致今日生态危机的世界观根源。的确，机械主义自然观源远流长，从古代的原子论、近代的单子论到以牛顿力学为基础的宇宙观，为机械论世界观奠定了坚实的自然科学理论基础。一位著名物理学家曾经说过："给我一个支点，我就可以撬动世界。" 在这一强大观念的影响下，甚至把人也视为一种机械的东西："人只是一个物理机械装置"而已。在这种观念看来，"精神状态也只不过是中枢神经系统的物理状态罢了"。因此，一切都可以分析到最初的分子原子基本粒子，由它们的性质再机械地结合成万事万物。但是，今天看来，这不过是人对物理世界的片面的浅层的认识。它不能不以实体事物的性质来理解世界的性质，认为世界不过是实体事物的机械总和。问题在于，这样一种分离割裂的世界观也就导致了孤立割裂的方法论，在这种机械观和方法论的规定下，事物的另一面——由事物内部的内在联系和相关性、辩证性而形成的整体性、系统性联系，特别是生态系统的互动性，就都被分割和消解掉了。这种片面的世界观和方法论，必然支配人们片面地行动，成了人们以个人主义、自由主义和男性征服主义征服世界的哲学基础。生态后现代主义通过对这种机械主义世界观的批判，而力图弘扬与其相反的整体性的有机论世界观。

其次，是对造成生态危机的人与自然界相对立的二元论和其认识论的批判。二元论是机械论世界观在人与自然界关系中的体现。它把主观和客观、主体和客体、人与对象世界视为机械对立的双方，把主观、主体、人视为高于自然界的并与自然界相对立的主人，人的目的和人的使命，就是利用自然，支配自然，让自然界为人类服务，这就不能不形成人类中心主义及至人类沙文主义的思想。正是这些似是而非的思想，形成了西方世界的建立在掠夺自然基础上的工业化和现代化。其基本价值取向，是无限制地利用自然以实现资本的增殖。这种二元对立论和人类中心论，是西方现代化的精神支

---

① ［美］大卫·雷·格里芬编：《后现代科学》，马季方译，中央编译出版社 1998 年版，第 19 页。

柱，它认为只有人才是价值的主体，自然界是没有价值的，其价值是以人类的需要为前提的。从而给个人主义、自由主义和男性征服主义以及经济主义插上了翅膀和提供了翻飞的空气。但是，由于人类的需要是无止境的，人的需要越是增长，对自然界的掠夺就越是加剧，随着人类数量的巨大增长，随着科学技术深入自然界内部而从本质上改变自然界的强大魔力的滋长，最终导致了全球性生态危机的出现。所以，生态后现代主义强烈要求以人与世界、主体与客体的整体有机论世界观克服机械论、二元论世界观。

最后，是对由资本主义造成的经济主义价值观和人生观的批判。他们指出，二元论、人类中心主义和资本主义的结合，必然会形成经济主义的价值观和人生观。对经济的无止境的追求，不仅成了个体也成了集体和国家的最高理想和根本目的。整个资本主义就是建立在"经济人"或人是"经济动物"这种观念的基础上的。人成了唯利是图的动物并且被认为是合理的。与此相联系的，是对作为经济主义的生活体现的消费主义的批判。消费主义超越人的生存发展的实际需要，怂恿无节制的高消费，高挥霍，以便反过来促进生产的发展。人成为片面的物欲化的"单面人"。而对于今天来说，正是这种高消费，加剧了生态灾难的来临。大卫·雷·格里芬从许多学者那里概括了这种灾难的思想来源："从亚当·斯密到今天的所有经济学家们（其中既有资本主义的捍卫者，也有批判者）罗列了资本主义的一系列灾难性后果，诸如取消了人的个性、摧毁了社区、培养了帝国主义、生产了贫富悬殊等等。其中有些经济思想家（尤其是 H. 达利）还把资本主义对环境的破坏也列入这些后果当中。但所有这些'副作用'在当初的论证中都被证明是合理的，也就是说，资本主义有能力生产更多的公共善（所谓公共善，在今天很大程度上已等同于经济财富），这种公共善完全可以超过它不可避免地带来的恶。"① 其结果是整个社会

---

① ［美］大卫·雷·格里芬编：《后现代精神》，王成兵译，中央编译出版社 2005 年版，第 15—16 页。（根据注释，这段话是格里芬对海尔布鲁纳、加尔布瑞思等五位作者的六部著作中相关主题的概括，所表达的当然也是他自己的思想，它通过三个复杂的注释表明他的这一思想的来源和根据。对这些很长的注释，引文不得不从略，否则就得像格里芬一样考证这些思想的来源了，这不是本文的主旨，下同。）

"从属于经济，而不是经济从属于社会"①。

人类今天的生态灾难和贫富悬殊，证明了这种经济主义、"公共善"不过是一种以神话面目出现的鬼话。

总之，生态主义与生态后现代主义从人类行为的精神基础上，提出了如何克服生态危机的精神世界观问题。然而，这些思想以及由此产生的种种生态运动甚至生态绿党的产生，都未能阻止人类整体破坏生态的步伐，比起生态危机日益严重的程度来，这些都还显得苍白无力，只产生了种种生态改良运动，而改良主义从来不能从根本上解决问题。生态文明还得寻找新的理论根据，还有待于马克思主义的生态开拓。

三　从自然生态到社会生态：生态马克思主义与生态社会主义的产生

生态后现代主义虽然深入批判了导致生态危机的现代性的思想世界观根源，但是，像生态主义一样，未能触及资本主义的核心问题，而生态马克思主义、生态社会主义的出现，就弥补了这一缺陷。他们是西方马克思主义面对当代生态问题的新发展。还在 20 世纪 40 年代，法兰克福学派的 M. 霍克海默和 T. W. 阿多尔诺，就开始关注人与自然界的关系问题，② 他们把人同自然的矛盾关系作为新的人类问题加以研究。指出在资本主义社会，由于工具理性的泛滥，科学技术成了资本掠夺自然界的有力手段，从而造成自然界的异化，而"自然异化"成了人类解放的新的阻力。他们以马克思的异化劳动的分析方法，分析资本主义所引起的自然异化现象。认为人类要想解放，既要克服劳动异化导致的人与人关系的异化，又要克服消费异化导致的人与自然关系的异化。H. 马尔库塞在《单向度的人：发达工业社会意识形

---

① ［美］大卫·雷·格里芬编：《后现代精神》，王成兵译，中央编译出版社 2005 年版，第 19 页。根据注释，这句简短的话，是格里芬对杜蒙特《从曼德维尔到马克思》一书中的第 33、54、59—60 页思想的概括，不是原文引用，是表明他这一说法是有根据的。接着（在这条注释中）用了一整页的篇幅引证他的这一思想的根据。

② 马克斯·霍克海默、西奥多·阿多尔诺：《启蒙辩证法：哲学片断》，上海人民出版社 2006 年版。

态研究》① 中，指出"技术的资本主义运用"和追求利益最大化，从而不能不造成对自然的污染。他在《反革命与造反》一文中，进一步指出资本主义造成了"商业化的、受污染的、军事化的自然，不仅从生态的意义上，而且从生存的意义上，缩小了人的生活世界……使人不可能在自然中重新发现自己……也使人不可能承认自然是自生的主体"②。所以，他呼吁"自然的解放"，认为"自然的解放是人的解放的手段"。他所指出的资本主义为了追求利益最大化而导致的"异化消费"，成了从生态上批判资本主义的最有力的武器之一。这种把人类解放进一步置于自然异化的克服之上，是一种重大的补充，指出了人类解放在今天面临的最为重要的问题是生态问题。但是，所有这些，还主要只是在理论层面提出了问题。

加拿大学者本·阿格尔，在宣布了马克思主义者针对生态危机的解决之道的生态马克思主义的诞生《西方马克思主义概论》中，他认为，传统马克思主义理论主要是针对生产领域的经济危机的，而没有涉及消费领域。而今天资本主义的危机已从生产领域转到了引发生态危机的消费领域：

> 历史的变化已使原本马克思主义关于只属于工业资本主义生产领域的危机理论失去效用。今天危机的趋势已转移到消费领域，即生态危机取代了经济危机。资本主义由于不能为了向人们提供缓解其异化所需要的无穷无尽的商品而维持其现存工业增长速度，因而将触发这一危机。③

到了90年代，德国学者瑞尼尔·格伦德曼和英国的戴维·佩珀，进一步把生态马克思主义发展为生态社会主义。他们不仅指出资本主义制度造成了生态危机，而且强调资本主义把生态危机外在化而出现了生态帝国主义和生态殖民主义，把生态危机扩展到全世界。这些批判无疑是积极的，有针对

---

① ［美］H. 马尔库塞：《单向度的人：发达工业社会意识形态研究》，刘继译，上海译文出版社2008年版。

② ［美］H. 马尔库塞等：《工业社会和新左派》，任立编译，商务印书馆1982年版，第128页。

③ ［加］本·阿格尔：《西方马克思主义概论》，慎之等译，中国人民大学出版社2003年版，第486页。

性的。他们以生态危机取代资本主义制度的经济危机，认为通过"稳态经济"的构建和消费的"期望破灭辩证法"，以及非暴力的政治参与和基层民主，就可以克服资本主义的矛盾而实现生态社会主义，进行"生态重建"，即："克服追求利润的经济理性、强化尊重契约的社会理性，健全创造性劳动而非异化劳动的生态理性。在上述总原则之下，按照社会生态标准（而非经济标准），彻底改造传统的生产、交换、消费等环节，实现经济发展、社会发展与生态发展的统一。实现生态社会主义现代化。"① 这些思想比以前的各种生态理论都更深入了一步，这就把注意力转移到生态危机的社会根源、资本主义根源或者说社会生态危机上来了。它要求通过改变人类社会的生产和消费来适应自然生态的要求，这不能不是解决生态危机问题的一个重要的方面。诚如 R. 格伦德曼所说，这是一种"更宽泛的历史唯物主义"立场。

　　生态马克思主义的更为重要的贡献，是从资本主义的生产方式与消费方式，深入到资本主义经济与自然界的紧张关系。奥康纳在《自然的理由：生态学马克思主义研究》一书中，提出资本主义的二重性矛盾。第一重矛盾就是资本主义的生产力和生产关系之间的经济性矛盾，这是马克思所揭示的，这种矛盾造成了广大工人的需求不足而形成"生产过剩"式的经济危机；奥康纳的创造性在于，他在此基础上提出了资本主义的生产力、生产关系即生产方式进一步与其生产条件之间即自然资源的矛盾，这第二重矛盾造成了今日的生态危机。因为资本主义的本质在于资本的无限积累和扩张之上，这就会导致对自然资源越来越高的消耗，而客观的生产条件即自然资源又是有限的，其必然结局就是造成自然资源的紧张和越来越严重的污染。

　　"资本主义与其他社会制度相区别的特征是它的一心一意的顽固的积累资本的念头"。为了积累资本，资本主义必须不停地扩张。有利于资本扩张的技术会得到支持，反之则被排斥。因而"资本主义呈几何级数的增长及与之相伴随的对稀有资源的不断增长的消耗导致了快速复杂

---

① 转引自张时佳《生态马克思主义刍议》，《中共中央党校学报》2009 年第 2 期。

化的环境问题"。①

从这种二重矛盾出发,生态运动就找到了问题的关键所在,生态批判就转化为对资本主义的政治批判,生态运动与社会主义运动就找到了结合点。

约·福斯特深入研究了马克思的生态思想,认为要"理解人类与自然之间不断深化的物质关系"这一困难问题,可以在马克思的人与自然界的"新陈代谢关系"中找到思路。② 指出马克思强调的人与自然界的新陈代谢关系就是生态关系,而资本主义生产却破坏了这种新陈代谢关系,造成"新陈代谢断裂",这就进一步深化了对资本主义导致生态危机的制度性认识。他指出:

> 这种把经济增长和利润放在首要关注位置的目光短浅的行为,其后果当然是严重的,因为这将使整个世界的生存都成了问题。一个无法逃避的事实是,人类与环境关系的根本变化使人类历史走到了重大转折点。③

要解决生态危机,就要变革资本主义制度。在此基础上,福斯特强调提出既要进行生态革命,又要进行社会革命这种最进步的思想。

同时,福斯特在其《马克思的生态学——唯物主义与自然》一书中,进一步奠定了"马克思生态学"的理论基础,它使生态马克思主义发展到了一个更深入的阶段,开始向马克思的生态哲学思想或者说生态人类学方向发展。为生态文明的出场找到了最重要的理论基础。

如果说,生态主义、生态后现代主义主要从伦理学、哲学层面为生态文明的出场构建了自然生态批判和哲学生态批判的理论基础的话,那么,生态

---

① 崔文奎:《论福斯特〈马克思生态学〉的生态政治哲学思想》,《科学技术哲学研究》2010 年第 27 卷第 3 期。

② [美] 约·B. 福斯特:《马克思的生态学——唯物主义与自然》,刘仁胜、肖峰译,刘庸安校,高等教育出版社 2006 年版,第 12—13 页。

③ [美] 约·B. 福斯特:《生态危机与资本主义》,耿建新、宋兴无译,上海译文出版社 2006 年版,第 60 页。

马克思主义、生态社会主义则进一步上升到社会制度层面的批判上来，为生态文明的出场建立了社会生态理论批判基础，这就有可能使生态文明以双脚站在地上，从而走上历史舞台。

毫无疑问，由生态危机所催生的上述种种生态思潮，是当代最为重大的思潮，它促使全人类走向生态觉醒，它想解决的问题，也是人类在以前的历史时代没有遇到过的关涉人类未来能否生存发展的最为重大的世界性难题。但是，真正讲来，这种以生态危机的形式爆发出来的问题，根源却在人类社会的内部。"如果抛开人类社会内部的公正、民主、良知与和谐秩序"，抛开主宰世界的资本和权力，那就会"导致对造成生态危机的最大责任者的放任"和根本原因的掩盖，从而在拯救生态危机的积极活动中进一步陷入生态灾难之中。

生态马克思主义、生态社会主义思潮的出现，其意义正在这里。陈学明、王风才二位先生正确指出：

> 面临日益严重的生态危机，马克思主义态度如何，红的能否兼顾绿的，绿的能否认同红的，成为人们关注的焦点，生态社会主义者不失时机地在派系林立的绿色运动中树立起了马克思主义旗帜，他们这样做，其意义不仅在于使生态运动有了马克思主义的理论指导，而且还在于使马克思主义面对了当代最重大的现实问题，从而使其从教条化的倾向中摆脱了出来。[①]

如何吸收生态马克思主义、生态社会主义的进步思想，以及生态主义和生态后现代主义的合理思想，构建社会主义生态文明建设的理论基础，以有利于生态文明建设的深入发展，是我们面临的重要理论课题。国际上广泛的"红、绿结合"的思潮，说明生态主义的彻底化必然走向社会主义方向，而今天的社会主义也必然要走向生态主义方向。

---

① 陈学明、王风才：《西方马克思主义前沿问题二十讲》，复旦大学出版社 2008 年版，第 305—306 页。

四　人类解救生态危机、建设生态文明面临的主要困境

前面的讨论表明，生态主义构建了生态伦理观和生态价值观，生态后现代主义构建了生态性的世界观，生态马克思主义构建了生态政治观。但这些离解决人类的生态危机都还很远。

生态马克思主义的重要贡献，在于它把人们一致向外的即投向自然界的生态治理目光，转而投向了资本主义制度——即为了资本增值的制度本身。这就触及了人类的社会生态危机。这不能不使人想到，人类解救生态危机的真正困境，不在于自然界，不在于人对自然界的态度，不在于人自身改变生态恶化的力量不足，而问题的关键在于人类无法跃出资本的逻辑统治，无法跃出他自己对财富的追求，这是人类自己乘坐的生态破坏之船。人类想坐在这个生态环境破坏船上消除生态危机，正像自己提着自己的头发要上天一样。

当今世界依然是资本逻辑所操纵的生态破坏船的统治。一方面，是广大的发展中国家，为了改善自身的贫困生存状态而不得不发展工业、走便捷的传统工业化道路，他们越是想尽早摆脱贫困，就越是不能不走伤害生态的道路，不能不去驾驭生态破坏船，谁又能说这是不合理的呢？另一方面，是发达国家不愿放弃自己有着巨大能量的破坏生态的资本增长。例如，美国作为世界上最发达的国家，作为最大的温室气体排放国，作为其生态足迹已达到人均 10 公顷的国家（世界人均地球生态容量是：人均生态足迹不超过 1.8 公顷。中国的人均生态足迹是 1.6 公顷左右，美国的人均生态足迹，在 2003 年就达到了人均 10 公顷左右），却不愿意在最为重要的限制温室效应的《京都议定书》上签字，1998 年被迫签了字，2001 年又以给美国经济发展带来过重负担为由，退出《京都议定书》。为什么会这样呢？这正是资本逻辑在政治上的表现。余佳樱同志注意到的以下事实证明，资本逻辑或者说资本主义的本性一直是一种反生态力量："20 世纪 50 年代末，参加美国反对污染、保护环境工业会议的 200 家最大的垄断资本家发表声明，断言保护自然界的措施可能延缓技术进步，破坏企业制度的竞争结构，因而不愿支付保护环境

的经费。"① "20 世纪 90 年代以来，发达国家出现一股反对环境保护的思潮。他们认为所谓环境问题是环境保护主义者臆造出来的产物，整个地球状态安好。因此，政府的环境保护投入是一种可耻的浪费。针对政府的环境保护措施，他们提出，如果我们能就此醒悟并且使政府不去干预公司的话，情形就会变得更好。在资本的这一要求下，布什政府上台后采取重开发轻保护的环境政策，削减 2002 年联邦政府用于环境保护项目的费用，并决定不实施（退出）旨在遏制全球气候变暖的《京都议定书》，反生态、反环境运动取得了政治成功。以上事实说明，以追求利润、让自身增殖的资本的本性在本质上与环境保护是相互矛盾的。"② 与此同时，他们只顾自己而把污染转移出去，"自 20 世纪 80 年代以来，世界性的废弃物船运出口事件有禁无止，愈演愈烈，发达国家的工业、生活垃圾大量转移到第三世界"③。

　　这段事实表明，迄今主宰世界的经济政治力量，即资本逻辑与权力逻辑的结合力量，是一种最为强大的反生态力量。只要这股力量没有被生态危机所改变，生态文明就不可能走向实现。

　　在今天的世界上，一方面是每个人都想致富，每个企业家都在讲竞争，讲开拓，每个地方官员都在讲发展，每个政府如果没有提高国民生产总值，满足人们收入增长的需要，就会成为"不合法"的政府，每个人每个团体，都想在即将枯竭的公共池塘中获益，都不愿意牺牲自己的丰足消费、过度耗费而为生态献身，这就是反生态的经济主义、物欲主义、无限发展主义价值观对人的统治，对社会和国家的统治，这是人类当前无法克服生态悲剧的真正根源，即人类难以自己逾越自己。而更重要的是，资本逻辑、权力逻辑、物欲逻辑还在统治我们这个世界，还没有意识到它对生态的破坏也就是对它自身的破坏以及对人类生存条件的破坏。人们还没有看到传统工业文明已经走到了生态悬崖，整个人类还没有觉悟到生死存亡的危机。或者已经看到了，要么寄希望于科技的发展，要么抱着路易十六的态度："我死后管他洪水滔天！"而不愿节制自己对富有生活、对利润的追求，等等。因此，社会生态危机依然肆行世界，这正是当代的生态治理难以把人们从生态危机的水

――――――――――

① 余佳樱：《马克思交往理论视野下的生态哲学思想》，硕士学位论文，厦门大学，2009 年。
② 同上。
③ 同上。

火之中解救出来的社会困境。

好在，吸收了生态主义思想的生态社会主义思潮和运动，有望星火燎原。诚如美国绿党学者乔尔·科维尔所指出的：

> "目前在全世界范围内，一场生态社会主义运动正在蓄势待发，尽管力量微小，但今后一定会壮大。"其"国际生态社会主义联盟"也会不断加强。①

只要原有社会主义国家特别是中国能够加入这一趋势，就有可能使生态文明及早红遍世界。好在中国的核心政治力量已经在世界上率先提出并开始了实际进行的生态文明建设问题。（本章苗聪主笔）

---

① ［澳］乔尔·科维尔：《马克思与生态学》，《马克思主义与现实》2011 年第 5 期。

第三章

马克思的人类学生态学立场及其
世界观价值观的创立

【小引】马克思是最早的生态哲学家，他的哲学思考，其一，从"人所引起的自然界的变化"开始，这就既有自然性，又有人类性，从而为自然主义和人本主义这种态度奠定了基础。其二，马克思强调要从"自然主义和人本主义"把握世界，由此形成了马克思的人类学生态学的双重一体的哲学立场。其三，马克思强调人类学的自然界和自然界的人类性，并由此把人与自然界视为同一个生态整体，这就形成了马克思的人与自然界的辩证生态一体性的生态世界观，从而既超越了导致生态危机的机械论二元论世界观，又为今天解决生态问题奠定了世界观基础。其四，马克思构建了符合人类学生态学要求的价值观，这就为批判资本主义金钱物欲消费价值观奠定了理论基础。这四个方面为解救当代世界的生态危机奠定了哲学理论基础。但是，所有这一切，都是建立在马克思的人类学、生态学、经济学三位一体的哲学立场上的。

【新词】三位一体的哲学立场　在经济学基础上的人类学生态学视野
自然主义与人本主义　生态一体世界观　对机械论二元论的超越　人类学生态学价值观　对金钱物欲价值的超越　生态世界观

当代人类面临的生态危机，当代人类进步思潮对于如何解决危机的急迫探求，以及全人类面临的生存发展困境，都要求我们回过头来求教于最关心人类命运的马克思。马克思哲学与当代种种生态主义的不同，它对于解决今天人类生态危机的重要性，在于他从一开始就是从人类学生态学双重一体的价值立场思考问题的，正是凭借这一立场，他构建了适应生态时代要求的新哲学，并为他的生态哲学奠定了理论基础。认识这一点对于解决人类今天共同面对的生态危机问题有非常重要的意义。

人类今日之所以陷入生态危机，从哲学层次上说，主要在于整整一个时代，走向工业文明的国家受机械论二元论世界观所统治，把人与自然界视为对立的两方而无限地加强人对自然的统治和掠夺，从而导致资本逻辑和霸权逻辑横行世界，最终导致今日的生态灾难。

当前，生态危机已成了全人类的生存危机。要解决这一危机，使其不致危及当代人和子孙后代的健康生存，这就首先需要一种站在自然史、人类史的高度上的哲学立场的主导。而马克思明确宣告，他是从自然史和人类史的高度看待人类问题的。正是这一哲学高度为今天的生态理论需要做好了哲学准备。

一　马克思的自然主义与人本主义：人类学、
　　生态学双重一体的哲学立场

谈到马克思的哲学立场应当看到：马克思在《1844 年经济学—哲学手稿》中，创立了一种当时没有人意识到而在今天也还没有被认识到的人类学、生态学、经济学三位一体的哲学立场，即马克思的这一《手稿》，主要是讨论经济学的。但是，为了说清"经济学"的根基，他既从人的生命本性（自由自觉的活动）这种人类学立场出发，又从人与自然界的生存关系这种生态学立场出发；而为了说清"人类学"问题，他既从人与自然的关于这种生态学立场出发，又从人的生命要通过生产满足自己的生存需要这种经济学立场出发。同样地，为了说清人与自然的关系这种"生态学"问题，他既从人的生命本性这种人类学立场出发，又从人与自然的物质变换即"生产"这种经济学立场出发。马克思不是有意识地要这样做，而是由于他抓住了三者共同的根子——人的个体生命的生存。从而，他的人类学、生态学和经济学在理论深处不能不是互根的。因而，这不是三个立场，而是同一个立场的三个表现或者说是三位一体的哲学立场。[①] 对这种三位一体的哲学立场

---

①　重要的是，这种三位一体的哲学立场的重大结果，就是为马克思的三大哲学构建即分别是以人类学为根基的哲学——人类学哲学即人类哲学、以生态学为根基的哲学——生态学哲学即生态哲学和以经济学为根基的哲学——经济学哲学即经济哲学奠定了理论基础。

的论证是另一著作的任务。这里仅仅能够指出：对这种三位一体的哲学立场，本书并不能全面论述，一则由于本书的性质，二则为了讨论的问题相对集中，我们在大多数场合，只是集中讨论他的人类学生态学这种双重一体的生态哲学立场，仅仅这一点，就使马克思的生态哲学与任何一种生态哲学、生态理论都区别开来。而只是在特定场合，才讨论他的经济学立场或三位一体的哲学立场。

1. 马克思哲学的历史起点：从人所引起的自然界变化开始

要克服人类文明发展所遇到的生态危机，实现人类文明的生态转向，有许多理论和方法。其中最彻底的，我们通过比较，还是马克思的理论和方法。马克思从一开始思考人和人类世界的问题，他的理论起点，既不是从直接的本来的自然界开始，也不是从脱离自然的人开始。他找到了自然史与人类史的结合点，这就是人的活动所引起的自然界的变化。马克思对费尔巴哈的基本批判之一，就是他从"先于人类历史而存在的那个自然界"开始讨论人类问题的错误。他强调：

> 先于人类历史而存在的那个自然界，不是费尔巴哈生活于其中的自然界，这是除去在澳洲新出现的一些珊瑚岛以外今天在任何地方都不再存在的、因而对于费尔巴哈来说也是不存在的自然界。①

在马克思看来，整个地球的表面、气候、植物界、动物界以及人本身都发生了深刻的变化，并且这一切都是由于人的活动，这也就是恩格斯所说的"人所引起的自然界的变化"②。这与马克思的"自然界的人化"思想本质上是同一回事。所谓"人化了的自然界"，就是为"人的活动"所影响和改变了的自然界。这种改变的开始也就是马克思所说的从"自然史向人类史"转化的开始。马克思从这个开始点的"人的活动所引起的自然界的变化"考察世界，是马克思哲学的真正的历史唯物主义起点。

---

① ［德］马克思、恩格斯：《德意志意识形态》（节选本），人民出版社 2003 年版，第 21 页。
② 《马克思恩格斯选集》第 4 卷，人民出版社 1995 年版，第 329 页。

由此可以看出，马克思恩格斯的"人的活动所引起的自然界的变化"是一个非常重要的概念，它既是马克思哲学思考的起点，也是他的生态问题的开始点。在这样一个概念里，既涉及自然性（自然变化），又涉及人类性（人的活动），因而从这里出发的哲学，就既是从自然界出发的哲学，又是从人类性出发的哲学。问题在于，从自然界出发，就不能不产生自然主义，从人类性出发，就不能不产生人本主义。这就为进一步思考人类世界的问题埋下了双重支架。

2. 人的双重存在与双重生存关系：自然主义与人本主义的产生

马克思哲学思考的这种自然的与人类的双重性，在更早就体现出来。1842 年，马克思在初出茅庐而从事哲学思考时就感到：既不能再以传统的宗教神学精神观察理解世界，也不能再以绝对理念的哲学精神观察理解世界，而提出要以"人类精神的真正的视野"① 观察理解世界，这种"人类精神"，就是马克思站在"人类史"的高度观察人类世界的人类学精神，它既与宗教神学精神相对立；又与黑格尔的绝对理念精神相对立，是一种革命性的新思想。从这里出发，就可以正确地把握人类世界。

首先，从这一高度看待人类世界，马克思看到的就不仅仅是存在主义的"人的存在"，他看到的是人的自然存在和人的社会存在这种更深入、更具体的存在。这特别体现在《1844 年经济学—哲学手稿》中。马克思既指出"人是自然存在物"，又指出"人是社会的存在物"，② 并且，马克思把人的这种双重存在，视为理解人类世界的理论基点。马克思的整个哲学思考，就是建立在人的自然存在和人的社会存在这种双重存在基础上的。

其次，马克思从"人是自然存在物"出发，发现了人与自然的生存关系，即"人依赖自然界而生存"，他把这视为人类赖以生存的最基本的关系，这成了马克思的"自然主义"态度产生的基础；马克思从"人是社会存在物"出发，发现了人依赖人的人类学生存关系，强调人只有在人与人的关系中才能生存，这同样是人类赖以生存的最基本的关系，由此产生了马克

---

① 《马克思恩格斯全集》第 1 卷，人民出版社 1956 年版，第 116 页。
② 马克思：《1844 年经济学—哲学手稿》，刘丕坤译，人民出版社 1979 年版，第 76、120 页。

思的"人本主义"态度。这种从人的人类学精神出发，既看到人是自然存在物又看到人是社会存在物，既看到人的自然生存关系又看到人的人类学生存关系，是对于人的生命的生存基础的思考，是基于人的生命理性精神的生存思考，这一思考构建了马克思生态哲学思想的基础工程。

再次，人的这种自然的与社会的双重生存关系是什么关系？一句话，是人的生态生存关系，是生态关系。因为马克思强调：人的存在不是孤立的存在，他的自然存在和社会存在都是"互为对象"的存在，所谓"互为对象"，就是在生态一词还没有在科学和哲学上出现时，马克思对于人与自然、人与人的生态生存关系的把握。人与自然事物以及人与人"互为对象"，就是他所把握到的生态学事实，从这种事物"互为对象"出发看待世界，就是从生态学视野出发。这表明，在马克思哲学视野的人类学根基处，同时又是生态学视野的。这也就是说，马克思的"人类精神的真正的视野"所体现、所发现的，既是人类学视野，又是生态学视野。这是马克思的人类学精神的完整体现。在今天，任何有意义的生态哲学，都不能不从人的这种双重本性、双重生存关系和双重视野开始。这也就是说，在今天的生态危机时代，在全人类需要团结合作解决生态问题的时代，最重要、最需要的哲学精神，就是马克思的这种人类学生态学精神，以及以它观察把握世界的人类学生态学视野。这是全人类走向生态文明新时代的最重要的哲学精神和哲学视野，是马克思的生态正义、生态理性思想的哲学起点。

确认马克思的哲学精神是人类学生态学哲学精神，马克思的哲学视野是人类学生态学视野，对其强调的"自然主义"和"人本主义"就会有个正确的看法。

3. 自然主义与人本主义：生态学与人类学的双重追求和双重立场

这里，让我们先看看马克思在他的《1844 年经济学—哲学手稿》中对自然主义与人本主义的强调，诸如：

社会是"人的实现了的自然主义和自然界的实现了的人本主义"①。

---

① 马克思：《1844 年经济学—哲学手稿》，刘丕坤译，人民出版社 1979 年版，第 75 页。

　　"无神论是通过对宗教的扬弃这个中介而使自己表现出来的人本主义，共产主义则是通过私有财产的扬弃这个中介而使自己表现出来的人本主义。"①

　　共产主义，"作为完成了的自然主义，等于人本主义，作为完成了的人本主义，等于自然主义"②。等等。

　　如何理解马克思在这里强调的"自然主义和人本主义"？人们一是仅仅直观地把它视为对共产主义特征的描述，并称之为哲学共产主义，正像字面直接表现出来的那样。二是认为"自然主义"、"人本主义"不过是费尔巴哈哲学思想的再现，因而把这些思想排斥在对马克思思想的经典理解之外。许多人仅凭马克思使用了"自然主义"、"人本主义"、"人道主义"这些词，就认为马克思哲学是西方传统的人道主义或人本主义甚而是民主主义的，从而看不到马克思独特的哲学思想。他们不知道，马克思从一开始就超越了这些历史上的既有思想观念。

　　我们应当知道，马克思的自然主义，是说人具有自然性，人的实现与自然不可分割，是指让人的自然本性的充分发挥；他的人本主义，是指人具有人类性，人本性，是指让人的人本性、人类学特性充分实现。人在这种根基上的二重性，使二者一方的实现依赖于另一方，这是人与自然界高度一致的辩证法思想。他以自然主义与人本主义的互相实现，来表达他的人类学生态学相统一的哲学思想。这是马克思理解人和人类世界的纲领性立场，也是理解《手稿》的钥匙。可以认为，马克思从他所理解的自然主义和人本主义观察自然，观察人，观察人与自然的关系和建立其上的人的社会经济生活，这是《手稿》的本质特征。马克思之所以创作他的《手稿》，在于深感人类世界的不合理性，即人与人的关系因为经济对立而相异化，以及由此而产生的人与自然界关系的异化，即"人和自然界之间、人和人之间的矛盾"③ 不能解决。所以，马克思力图为解决这种矛盾找出一条道路，他所找到的理论立场就是其"自然主义和人本主义"互相实现的理论立场。其本意，在于

_____

① 马克思：《1844 年经济学—哲学手稿》，刘丕坤译，人民出版社 1979 年版，第 127 页。
② 同上书，第 73 页。
③ 同上。

克服人与自然界的对立和人与人的对立；其目的，正如恩格斯所说，是为了达到"人类同自然的和解以及人类本身的和解"①，明白了这样一种思想背景，再来看马克思提出的"自然主义"与"人本主义"要求，它就远远超越了费尔巴哈的原有意义。

因此，在人类学生态学的视野之下，马克思的自然主义要求，不过是对人与自然关系的生态学立场和生态学价值追求；马克思的"人本主义"态度，不过是对人与人的社会关系的人类学立场和人类学价值要求。这就是说，马克思"自然主义"一词所表达的，实际上是一种生态学价值立场；而"人本主义"一词所表达的，实质是一种人类学价值立场。在马克思的哲学精神理念里，二者实际上是渗透在一起的，并共同形成了马克思的人类学生态学价值立场。当马克思强调自然主义与人本主义是同一个东西时，它实际上表明了一种人类学意义和生态学意义的本真统一性的哲学价值立场。因而，马克思所说的"完成了的自然主义，等于人本主义"，"完成了的人本主义，等于自然主义"，可以这样从人类学生态学上加以理解：实现了的生态学价值要求，等于对人类世界的人类学价值要求；实现了的人类学价值要求，等于对自然界的生态学价值要求，即自然主义与人本主义在互动中相互实现，在相互实现中走向相互统一。这是在没有"生态"一词的情况下，马克思不得不借这种方式来表达他的生态学与人类学的双重一体的价值立场的。在这个意义上，马克思的"社会"是"人的实现了的自然主义和自然界的实现了的人本主义"就有了确解：社会既是人与自然生态的统一，又是自然生态与人类学价值要求的统一，这就是理解今天人类的生态问题的哲学起点。马克思在哲学上的重要贡献之一，就是他所强调的这种自然主义与人本主义相统一的哲学立场。这一立场是解决21世纪的生态问题的根本哲学立场。然而，即使西方最进步的生态马克思主义者生态社会主义者，也都还没有认识到马克思的这种双重一体的哲学立场对于今天的重要性。

---

① 《马克思恩格斯全集》第 1 卷，人民出版社 1960 年版，第 603 页。

二 从马克思的人类学、生态学立场到
人与自然界的生态一体世界观

1. 马克思人类学生态学的双重立场：解决生态问题的根本立场

马克思的这种人类学、生态学哲学立场，作为世界历史发展的需要，它在 20 世纪有了科学的发展。美国人类学家朱利安·斯图尔德等，在 20 世纪 50 年代把生态学应用于人类学研究，创立了生态人类学（或称文化生态学），主要考察人与环境的相互影响。从而，人与自然环境的生态关系得到了科学的研究。但是，马克思则早在 19 世纪 40 年代，就站在人与自然界的生态生存关系的哲学立场上，研究人和人类世界在自然界的生存发展问题，即研究人与环境的相互影响问题，因而可以视为对生态人类学或者说人类生态学的早期哲学开创。但是，马克思的理论却不能仅仅概括为生态人类学，它在本质上是一种生态哲学，这种生态哲学与后来的一切生态理论既有相同的一面，这就是从自然生态和人与自然的生态关系出发的生态学立场，又有不同的一面，这就是从人与人的生态关系出发的人类学立场。而当代世界的生态理论，其基本缺陷就是缺乏人类学立场。他们仅仅从生态学和伦理学出发解决生态问题，因而是不彻底的，不能不导致生态治理危机。当代世界的生态主义、生态后现代主义、生态女性主义等大都是这样。仅仅的生态学、伦理学立场，只是一种技术性价值性立场，只能局限于技术层面和伦理价值的以及法律层面讨论问题，而不能推动人类世界发生革命性变化。只有同时彰显人类学立场，即从解决社会生态的不平衡问题入手，生态问题才能成为人类的政治问题，成为社会的生态革命问题，从而成为全球政治界、实践界的问题，才能超越民族的、国家的、地区的局限，超越生态问题上的"囚徒困境"等，才不致出现"污染输出"的生态帝国主义行径等。所以，就当代人类共同面对的生态问题来说，就当代世界的资本统治和生活消费方式的革命变革来说，首先需要一种人类学的生态哲学立场。如果说，当代需要一场哲学革命的话，那么，这就只能是一种在人类学生态学立场上的革命。这是由于，我们的时代由于全球生态危机，由于全球化，已经提前进入了人类学时代，这个时代唯一正确的哲学立场，就是人类学、生态学并举的哲学立

场。因为生态问题在本质上是社会问题。

由此可以看出，仅仅从马克思开创的这种人类学、生态学的哲学立场看，这是一种对当代人类世界有根本意义的哲学立场，可以说，马克思在19世纪中叶就创立了20世纪人类还没有完全达到甚至还没有完全认识到的哲学立场。这是需要人类在21世纪及其以后彻底实践的哲学立场。面对当代人类的严重生态危机以及解救生态危机的诸般努力，面对生态不断恶化以及生态治理遭遇的困境和人类的生存危机，我们必须在哲学精神深处发生革命，只有从马克思的人类学生态学双重一体的哲学立场出发，才能解决今天的生态问题。

2. 从人类学生态学的双重立场到人化自然观的创立

正如同一切生态理论都不能不从自然界和人与自然界的关系开始那样，马克思的生态哲学思想立场，也是从自然界以及人与自然界的关系开始的。但是，马克思不是从本来的、原初的与人无关的自然界开始，因为，从人类学视野看来，那种原初的、在人类历史之外的自然界已不是我们所面对的自然界。我们所面对的自然界，是已经被人类以他自己的本性所改变了的自然界，即"人化的自然界"，"人类学的自然界"，与此同时，人也不能不成为"自然界的人"，即由自然界所规定的生命存在物。只有这种既是人的自然化又是自然界的人化的"人化的自然界"，才是处于人与自然界的生态生存关系中的自然界。也只有这种自然性的人，才是与自然界处在生态一体关系中的人。所以，马克思的人化自然观是一种人与自然互化的自然观。那么，马克思的这种人化自然观是怎样形成的呢？

马克思的人类学哲学视野，使他得以从人类学高度强调，人是一种对象性的存在物，即要借助于其生存对象即自然界的存在才能存在的存在物。人的这种对象性存在，使人与自然界在性质上统一成为一体，如耳朵之于空气的、物体的震动，眼睛与光波的色彩和物体的形象，身体与物体的温度等，使主体与客体、人与对象在存在方式上成了共同的东西。马克思就此指出：

眼睛对对象的感受与耳朵不同。而眼睛的对象不同于耳朵的对象。每种本质力量的独特性，恰恰是这种本质力量的独特的本质。因而也是他的对象化之独特的方式，它的对象性的、现实的活生生的存在方式。因此，人不仅在思维中，而且以全部感觉在对象世界中肯定自己。①

这是站在人的生理本性与自然界的物理本性在生成上相统一的高度，强调人的对象性存在。人作为对象性的存在物，其对象化的结果是"对象成了他本身"，人和对象成了一体性的存在，人物共在。这里，无论从本体论还是认识论、实践论、感性存在论角度，都没有任何二元论的容身之地，人的对象性存在是对二元论的超越。

人的这种对象性存在，在人的生命活动中就进一步转化为"对象性活动"。前者（对象性存在）是 1844 年在《手稿》中提出的，后者是 1845 年在《提纲》中的进一步发展。马克思指出，他与费尔巴哈（以及所有旧唯物主义）的本质区别，在于能不能"把人的活动本身理解为对象性的活动"。人是进行对象性活动的存在物。所谓"对象性的活动"，就是说，它是人作为自然界的一部分力量而又作用于自然对象的活动，人的活动不是单纯的人自身的主观的活动，而是人与对象即人与自然界的共同的"互为对象的"客观性的互动，是人依存于自然对象而又主动作用于自然对象的活动。这是对二元论的进一步超越。这种对象性活动的重大结果是：

> 一切对象对他来说成为他自己的对象化，成为确证和实现他的个性的对象，成为他的对象，这就等于说，对象成了他本身。②

这就是人的自然化和"自然界的人化"，就是马克思所说的通过"人的本质力量的对象化"和"自然界的人化"所形成的人化自然观。这种人化过程是在人与自然的互动历史中发展着的。马克思正是以这种人化自然观为起点来看待自然、看待世界的。而这也就是生态哲学特有的眼光，此其一。

其二，马克思强调，通过这种人的本质力量的对象化及其导致的自然界的人化，人与自然界就成了生态一体性的存在，以至于可以说成了"人对人

---

① 马克思：《1844 年经济学—哲学手稿》，刘丕坤译，人民出版社 1979 年版，第 79 页。
② 同上书，第 77—79 页。

来说作为自然界的存在和自然界对人来说作为人的存在"①，即人是自然的
存在而自然也是人的存在，是自然存在与人的存在的一体性、整体性存在，
这就把"自然界的属人的本质，或者人的自然的本质"② 视为同一个东西。
这是对人与自然界之间的互动、互为、互成关系的发现。同时，也正是基于
这种人与自然界的生态性的互动、互为、互成关系，马克思才能把自然主义
与人本主义视为互相完成的同一个东西：即"完成了的自然主义等于人本主
义，完成了的人本主义等于自然主义"③。这是从哲学上对人与自然界的共
同本性的高度概括。从这种人与自然界的互动、互为、互成关系看世界，就
会看到人的自然性和自然的人类性，看到人与自然界的同一性和相互改变的
人化自然观；而从这种人化自然观出发，就会通向人与自然的生态一体世界
观，这是理解马克思的其他一切生态原理的理论基点。

三　马克思的生态一体世界观及其对机械论、二元论世界观的超越

如果说，从人类学、生态学的双重立场观察自然，就形成了人与自然互
化的人化自然观的话，那么，从更深一层看，人与自然的互化，就会把人与
自然界结成一种生态整体，这就走向了人与自然界的生态一体世界观。

1. 马克思对人与自然界的生态一体世界观的创立

像一切重大的哲学变革都是一种世界观、价值观的变革一样，马克思生
态哲学思想的形成，也是一种世界观与价值观的变革，以及与此相联系的一
系列精神理念的和方法论原理的形成。而这一变革说来很轻松，它不过是马
克思从其已经形成的人类学生态学立场观察世界的自然结果。

世界观，不过是人对世界的理解和解释。马克思人类学世界观的形成，
就像海德格尔所说的那样，就在于对人所面对的世界，要"根据人的形象"

---

①　马克思：《1844 年经济学—哲学手稿》，刘丕坤译，人民出版社 1979 年版，第 84 页。
②　同上书，第 81 页。
③　同上书，第 73 页。

来理解、来解释、来对待。而人化自然观，就是"根据人的形象"来理解的自然观。这是哲学高于科学的地方。至于世界本身的物理本质究竟是什么，这是自然科学而不是哲学的问题。因此，马克思的生态学世界观，就是根据人与自然界的生态关系的原理来理解、来解释、来对待世界的世界观。它既是站在马克思的人类学生态学的哲学立场观察世界的必然结果，也是人化自然观特别是人与自然界的互动、互为、互成、互化关系的自然结论。

那么，马克思的人类学生态学世界观是什么呢，有些什么内容呢？这是一个复杂问题。这里，从直接性上说，这种世界观首先体现为马克思的人与自然界的辩证生态一体论。

马克思的一个基本哲学思想认为，"一切存在物"都是"互为对象"的存在物，人与自然物之间，也是互为对象的关系。这同时是一种纲领性的世界普遍联系的辩证法思想。马克思举太阳和植物互为对象为例，揭示了太阳与植物之间、一切生命存在物之间的互依互济互生互成的生存关系，这是马克思以"一切存在物互为对象"所表达出来的辩证的生态关系。如下一段话充分表明了马克思的这一思想：

> 说人是有形体的、赋有自然力的、有生命的、现实的、感性的、对象性的存在物，这就等于说，人有现实的感性的对象作为自己的本质、自己的生命表现的对象；或者等于说，人只有凭借现实的感性的对象才能表现自己的生命。说一个东西是对象性的、自然的、感性的——这就等于说，在它之外有对象、自然界、感觉；或者等于说，它对于第三者说来是对象、自然界、感觉。①

这些话所说的，不外是说人的主体的感性与客体的感性在存在上的统一，一致，一体化，这是对于二元论的再次超越。这种人的感性生命与其现实的感性对象的一体性，说的正是人与自然界的生态一体性存在、生态整体性存在。是从人类学生态学立场来看待的人与自然的生态生存关系的哲学写照。这里的"现实的感性的对象"，就是在人之外的作为人的生命借以实现

---

① 马克思：《1844年经济学—哲学手稿》，刘丕坤译，人民出版社1979年版，第121页。

的自然界即人的对象物，人只有凭借这些自然界的对象物，才能"表现"即实现"自己的生命"。而人作为自然存在物，它对于第三者即自然界的存在物来说，也是它们的"对象、自然界、感觉"，即人同样是自然事物的生命对象。这种人与自然界互为对象的思想，表达了一个深刻的生态原理：即人与自然界是同一个生态整体。

重要的是，马克思有深厚的辩证法思想，不会把人与自然界的生态整体，视为静止的、僵死的整体，而是看到自然界和人各自都发挥自己的生命本性而实现的辩证法关系。马克思从多方面指出了这种辩证法的关系。一方面，是人的能动性在自然界中积极活动，展开，通过作用于对象而实现人的生存；另一方面，是人又不能不受人自身的和人之外的自然给他的限定，制约，阻挡，使他不能自由活动，此即受动性，被动性。马克思的原话是：

> 人作为自然存在物，而且作为有生命的自然存在物，一方面具有自然力、生命力，是能动的自然存在物；这些力量作为天赋和才能、作为欲望存在于人身上。另一方面，人作为自然的、肉体的、感性的、对象性的存在物，和动植物一样，是受动的、受制约的和受限制的存在物。①

马克思表明，人总是在这种"能动性与受动性"的矛盾中积极开辟自己的生态生存道路的。

进一步看，这种"能动性与受动性"的关系，是在实践中展开的，这种实践展开的矛盾是"人的尺度"和"物的尺度"的矛盾统一：人总是能动地以他的人的尺度要求自然物，改变自然物，但人的这种要求和改变又不能不"受动地"遵从"物的尺度"即自然物种的性质、规律和要求来改变自身的活动。马克思强调：

> 动物只是按照它所属的那个物种的尺度和需要来进行塑造，而人则懂得按照任何物种的尺度来进行生产，并且随时随地都能用内在固有的

---

① 马克思：《1844年经济学—哲学手稿》，刘丕坤译，人民出版社1979年版，第120页。

尺度来衡量对象。①

这里所说的"内在的尺度"就是人自己要求的尺度。它要和"物种的尺度"相统一，才能有效地改变自然。不仅如此，马克思还以人与环境的关系来强调人与自然的辩证关系：

> 实际创造一个对象世界，即改造无机界，这是人作为有意识的类存在物的自我确证。②
> 环境的改变和人的活动或自我的改变一致，只能被看作是并合理地理解为革命的实践。③

所谓自我确证，就是自己通过在客观上的实现而证明自己，实现自己。这就是说，马克思是从人与自然、人与环境的辩证关系来看待人、看待自然界的。这里体现出马克思尊重自然、要求按照自然的"物种的尺度和需要来建造"人类生活的生态态度。因而，人与对象的生态整体不能不是辩证的生态整体。

概括以上几点，可以说，马克思构建了人与自然界的辩证生态一体论。它既把自然界视为人类学的自然界，又把人视为自然界的人，强调二者在活动中的相互依存的辩证一体关系，马克思把这种关系视为一种"身体"关系，强调"自然界是人为了不致死亡而必须与之持续不断地交互作用的人的身体"，这里强调的实际上不能不是生命有机体与其环境的辩证关系。可以说，马克思通过一系列的关于人与自然的辩证关系的讨论，形成了一种以人与自然界的辩证关系为根据的辩证生态一体论。

说马克思的人与自然界的生态一体论是辩证生态一体论，更在于马克思是一位辩证法大师，他不是把辩证法引用到物质对象世界中去，而是首先应用到人与自然界之间、人的对象性活动与他的对象世界之间，把二者理解为

---

① 马克思：《1844 年经济学—哲学手稿》，刘丕坤译，人民出版社 1979 年版，第 50—51 页。
② 同上书，第 50 页。
③ 《马克思恩格斯选集》第 1 卷，人民出版社 1995 年版，第 55 页。

辩证一体的关系，所以他能够把人的对象性活动理解为辩证的活动，这就构建出了一种反对和克服机械论、二元论的辩证生态一体世界观。在一定意义上可以说，无论从马克思的哲学精神和哲学立场来看，还是从马克思的人化自然界观来看，这种人类学生态学的世界观和实践观，都是不能不生成的。

这样一种人类学生态学世界观，是把人类与自然、主体与客体、人与物、人的活动本身与活动的对象物等结合一体的世界观。它既是自在的，因为人类从来只能从人的立场观察理解世界；又是自为的，因为人是"属人的存在物"，它要以人类的实际生存活动与价值要求来理解和改变世界。它既要求人以自己的人类学要求改变自然界，也要求人依自然界的生态学要求改变人自身，此即马克思所说的"环境的改变与人的活动的改变"相一致。如果说，面对当代世界的生态危机和生态治理危机，既有的理论还不足以解决问题的话，那么，马克思的人与自然界的辩证生态一体论世界观和实践观，则从世界观高度，为人类走出生态困境找到了坚实的世界观实践观基础。把这一种生态一体世界观运用于具体的社会生存关系，就体现为人类经济活动与自然条件的密切关系。马克思强调的"劳动生产率是同自然条件相联系的"。这种自然条件就是生态环境，就是人类生存所依赖的"自然富源"。他认为：对于人类生存来说，这些"自然富源具有决定性的意义"。由此可以看出，马克思是在现代生态学意义上，强调人对自然界的生存依赖性的。这就自然会上升到人对自然的生态关系上来。

2. 马克思对机械论、二元论世界观的超越

马克思的人与自然界的辩证生态一体论，作为一种新的世界观，有一种重要的性质，就是人与自然界不可分离，主体与客体不可分离，人的活动本身与活动的对象物不可分离，因为二者之间是辩证地有机地联系在一起的，是一个人类学与生态学意义的整体。这样一种世界观，既超越了当时的任何一种唯物主义或唯心主义哲学，也超越了当时由自然科学发展起来的机械论的自然观、世界观。更超越了自从笛卡尔以来的二元论世界观以及它们的实践论与方法论，从而为马克思的生态哲学思想以及当今的生态世界观奠定了理论和方法论基础。

机械论的自然观和世界观，把机械结构和机械力置于首位，认为人与自

然界都不过是一种力学的机械结构。从而产生了人对自然界的机械性的控制和征服态度，切除了人与自然界的一切脉脉相关的人性关系，并以此满足人类的不断膨胀的征服欲望、物质欲望，它是近代工业的精神根源。如果说，机械论主要产生于近代自然科学的话，那么，二元论则主要产生于近代哲学，它实际上是机械论的思想方法论。我们知道，自从笛卡儿把主体理解为思维而把客体理解为广延性从而确立了主体对客体的优越性以来，主客对立的二元论就成了人们理解人与自然关系的基本理念，早先历史中的那种人与自然的朦胧统一，就日渐为人与自然相分离、相对立的机械论二元论世界观所取代。这就把人对自然界的征服、掠夺与肆意破坏，视为理所当然的。而马克思则以人与自然界的生态一体论，代替和更正了机械论和主客对立二元论，为今天构建人与世界的生态生存关系奠定了世界观与方法论基础。今日西方的生态理论，是经过长期的讨论才达到了这一点的。马克思早就以人与自然的生态一体论宣告了机械论二元论及其导致的人对自然界的征服态度的非法性，为解决生态危机奠定了世界观方法论基础。

今天人们公认，机械论世界观是导致生态危机的世界观根源。联合国教科义组织在 1989 年的《温哥华宣言》中就指出："我们已面临生态危机，造成这种困难的根本原因是传统的机械论，它赋予人类一种驾驭大自然的能力。"在这方面，生态后现代主义的批判是有益的。他们指出机械论世界观及其主客对立的二元论，是形成人对自然的征服态度和导致生态危机的思想精神根源。这一探索，应当说是深刻的。然而，马克思在一个更深、更广的意义上，表明了机械论世界观以及其主客对立的二元论的非法性。他的深刻性和超越性，使他早就创立了适应于生态时代所需要的人类学生态学世界观。而辩证生态一体论，就是这种人类学生态学世界观的主体。

今天，需要克服的错误世界观是复杂多样的。在生态危机的今天，我们不仅需要超越早就过时的机械论二元论旧哲学，更需要以人与自然界的生态一体世界观，来克服那种只顾人类自身发展实际只顾某些人发展的发展主义的世界观、人生观；克服和埋葬经济主义、消费主义的世界观、人生观；克服和埋葬那种任意掠夺自然、掠夺他人的自绝性的竞争主义、征服主义世界观、人生观。所有这些都需要以一种新的哲学立场和哲学精神，来构建一种人与自然、人与人的和谐共生、命运攸关的新境界。马克思的生态一体世界观，为这种生态哲学的出现奠定了思想理论基础。

四　马克思的人类学、生态学价值观

马克思的人类学生态学的哲学立场，哲学世界观，为马克思形成人类学生态学的价值观奠定了基础。

主要由西方发达国家造成的生态危机，不仅有其世界观方法论根源，有社会性的生产、分配与消费根源，更有其价值观的根源。他们根据人与自然界相对立的二元论，把自然界作为人类征服掠夺的对象，把整个自然界都视为人的无止境的欲望的对象。同时也把其他后进国家视为征服统治的对象，把劳动人民视为其资本增值的工具。这种建立在主客对立、人与人对立基础上的物欲价值观，征服价值观，剥削价值观，是资本主义、帝国主义支配一切的价值观，是造成生态危机的思想价值观根源。

1. 马克思的互相实现的人类学、生态学价值观

马克思的哲学思想，是完全反对这些价值观念的。他的一切哲学思考，都是"因为人而为了人"、"通过人并且为了人"① 的哲学思考，而这种"因为人而为了人的"哲学思考不能不是一种人类学意义的价值性思考。众所周知，马克思认为："任何一种解放都是把人的世界和人的关系还给人自己。"② 又说，"解放者的角色"在于"从社会自由这一必要前提出发，创造人类存在的一切条件"。③ 这些正是他的人类学价值思想的集中体现。马克思在一切思考中所肯定的东西，也就是他所崇尚的具有人类学价值意义的东西。而他所批判的东西，也就是从价值上看来不利于全人类生存发展的东西。马克思的新哲学，在本质上是一种有利于全人类的生存发展的价值追求哲学。从自然价值即生态价值的追求方面，主要体现有：

其一，马克思把自然界作为人的身体来看待，表明人与自然界是生态一体性存在。马克思强调了人与自然界的生态一体性：

---

① 马克思：《1844 年经济学—哲学手稿》，刘丕坤译，人民出版社 1979 年版，第 77 页。
② 《马克思恩格斯全集》第 1 卷，人民出版社 1956 年版，第 443 页。
③ 同上书，第 465—466 页。

实际上，人的万能正是表现在他把整个自然界——首先就它是人的直接的生活资料而言，其次就它是人的生活活动的材料、对象和工具而言——变成了人的无机的身体。自然界就它本身不是人的身体而言，是人的无机的身体，人靠自然界来生活。这就是说，自然界是人不致死亡而必须与之形影不离的身体。①

所谓自然界是人的"无机的身体"，就是在还没有生态一词时，指人与自然的生态生存关系。也是说自然界是人的生命扎根的土壤，离开这个土壤人的身体即不能存在。在马克思看来，自然界，植物、动物、石头、空气、光等，是人的食物、燃料、衣着、居室这些实际生存价值要求的构成部分，也是人的意识、人的精神、人的艺术追求和价值实现的实际体现。因而，这些生态性的东西也就是人的价值追求的东西。这种生态性的价值思想在这样一段话中更明显地体现出来：

人（和动物一样）依赖无机自然界来生活，而人较之动物越是万能，那么，人赖以生活的那个无机自然界的范围也就越广阔。从理论方面来说，植物、动物、石头、空气、光等等，或者作为自然科学的对象，或者作为艺术的对象，都是人的意识的一部分，都是人的精神的无机自然界，是人为了能够宴乐和消化而必须事先准备好了的精神食粮；同样地，从实践方面来说，这些东西也是人的生活和人的活动的一部分。人在肉体上只有依靠这些自然物——不管是表现为食物、燃料、衣着还是居室等等——才能生活。②

这一表述所透露的思想是深刻的，它必然把整个自然界作为人类的物质生存与精神生存的价值世界来看待。因为，这种自然生态不仅是"人的本质力量的新的显现和人的存在的新的充实"③，也是人的实际有物质生活与精

---

① 马克思：《1844 年经济学—哲学手稿》，刘丕坤译，人民出版社 1979 年版，第 49 页。
② 同上。
③ 同上书，第 85 页。

神生活的实际体现。

其二，马克思把人与自然界理解为互通互为、生存一体的共在。马克思从人的自然存在的高度，和自然界形成为人的生态学人类学高度，来观察自然界和人类世界，从而既在自然界那里发现人的本质，又在人那里发现自然的本质，这就把人与自然界视为互为互通的一体性的东西。因而既从人出发达到了极高的自然境界，又从自然出发达到了极高的人的境界。这两方面的统一，应当视为一种人类学、生态学结合一体的价值观。这种双重一体的价值观体现在他的许多论述中，诸如前面一再引过的话：

> "自然界的人的本质，或者人的自然的本质"，"人对人来说作为自然界的存在以及自然界对人来说作为人的存在"，"抽象的、孤立的与人分离的自然界，对人来说也是无"。"完成了的自然主义，等于人本主义，完成了的人本主义，等于自然主义。"① 等等。

一些人把马克思的这种表述视为一种神秘，其实是以辩证哲学语言对于人与自然的统一性、一体性的表达：所谓"自然界的人的本质，或者人的自然的本质"，是建立在人与自然互相体现的基础上的。所谓"人对人来说作为自然界的存在"，是说每个人都以一个自然存在物呈现在人面前；所谓"自然界对人来说作为人的存在"，是说自然界在人的社会关系中成了人本身的实现。这些是对人与自然界的深刻统一、互相实现这种本质的表达。最后一句所说的"完成了的自然主义，等于人本主义"云云，是进一步讲人与自然界的互相实现、互为对方和互相走向对方的完成。这种把自然主义（自然生态的价值方向）与人本主义（人类学的价值方向）视为同一个东西的价值哲学理念，是马克思的人与自然界的生态一体性的基本价值理念。

其三，马克思直接追求人与自然、人与人的双重和谐这种人类学生态学的价值理想。在把人与自然界、人与人理解为互为对象、互相实现的生态整体观的基础上，马克思特别强调人与自然界的和人与人的和谐。在这方面，

---

① 马克思：《1844年经济学—哲学手稿》，刘丕坤译，人民出版社1979年版，第81、84、131、73页。

恩格斯有很好的概括，他把马克思的整个哲学乃至整个理论，理解为是为了"人类同自然的和解以及人类本身的和解开辟道路"① 的新理论新哲学。在今天，人类同自然界的和解，就是要克服自然生态危机；而人类本身的和解，就是要克服社会生态危机。马克思的人类学生态学价值观，在这两方面都开辟了道路。事实上，建立在人与自然界的辩证生态一体论之上的价值观，只能既是人类学价值观，又是生态学价值观。在这个意义上，可以说，马克思生态哲学思想的基本价值追求，是人与自然界、人与人的生态价值追求。只有以这样的价值观和价值精神面对人类今天的生态困境，才有可能开辟人类活动的生态价值方向，才有可能反对一切危害广大民众健康生存的反生态行为。

马克思的这种追求生态和谐的价值观，最早体现在他对城乡分离的批判中，因为城乡分离使人与自然界的"新陈代谢"即生态循环发生了生态断裂：破坏了人与自然界的生态和谐。在《资本论》第一卷中，马克思就指出：

> 资本主义生产使它汇集在各大中心的城市人口越来越占优势，这样一来，它一方面聚集着社会的历史动力，另一方面又破坏着人和土地之间的物质变换，也就是使人以衣食形式消费掉的土地的组成部分不能回到土地，从而破坏土地持久肥力的永恒的自然条件。②

马克思在这里揭示了资本主义的二重性矛盾：它一方面通过城市创造着历史发展的动力，一方面却以牺牲人与自然之间的生态循环和生态平衡为代价，从而一方面揭示了资本主义的反生态性，一方面提出了自然界之间、人与自然界之间的最基本的生态原理。马克思之所以能提出这一批判，表明他是以生态价值观来看待城乡分离、看待资本主义的生态破坏性后果的。

重要的是，要面对今天的生态危机，马克思的这种生态价值观的树立是首要的前提。马克思把自然界视为"人的无机的身体"的思想，把人本主

---

① 《马克思恩格斯全集》第 1 卷，人民出版社 1956 年版，第 603 页。
② 《马克思恩格斯全集》第 23 卷，人民出版社 1972 年版，第 552 页。

义实现于自然主义而又把自然主义实现于人本主义的思想，都是从根子上确立的人类学生态学意义上的生态价值观。今天的生态主义的一系列理论，都还停留在单纯的自然生态的意义上，还没有上升到马克思的这种人类学生态学一体的价值观念上来。

2. 马克思从人类作为宇宙的最高存在物来看待人

马克思人类学生态学的世界观价值观的最高体现，就是把人理解为人的最高本质，他用费尔巴哈的词语，来强调人应当把人作为最高的人类学价值物来对待：

> "人是人的最高本质"①。"人的根本就是人本身。"② "我们现在假定人就是人，而人跟世界的关系是一种合乎人的本性的关系，那么，你就只能用爱来交换爱，只能用信任来交换信任。"③ 等等。

所谓"人是人的最高本质"，是说人的最高本质不是神，不是宇宙精神，而就是人自己。马克思提出的"人的本性"，"人类本性"，都是在人作为人这种人类学高度来理解的，都是指人类作为宇宙的最高存在物这种崇高的人类学意义上来理解的。正是在这个意义上，才可以说人是人的最高本质、"人的根本"不是神，不是上帝，也不是某种抽象价值物，它就是人自身的人类学本性，是在人与人之间体现出来的信任、爱护、关心等人类学关系。由此看出马克思给人以崇高的地位。

马克思创立的人类学生态学的世界观、价值观，与当时社会中实际盛行的资本主义的世界观价值观是完全对立的。所以，马克思不能不批判资本主义的反生态的、非人性的金钱物欲价值观。这种批判从《巴黎手稿》一直到《资本论》都存在。《巴黎手稿》开始批判资本主义的金钱货币崇拜和物欲价值观。《资本论》进一步批判它的商品拜物教，批判资本主义对物的崇拜压抑了人，异化了人，使人成为只知道追求金钱货币物质财富的动物。这

---

① 《马克思恩格斯选集》第1卷，人民出版社1995年版，第45或52页。
② 同上书，第45页。
③ 马克思：《1844年经济学—哲学手稿》，刘丕坤译，人民出版社1979年版，第108页。

与马克思对人的理想是完全对立的。

重要的是，马克思的这些价值观念，又是为人与人的合理生存关系服务。马克思的新哲学，就是从人与自然界的生态一体关系出发，进而通过人与人的社会生态合理性的实现，而实现人的生存合理性的哲学。而社会在生态上的最高合理性，不外就是"每个人与一切人"的生态性的合理生存、健康发展与走向自由解放的分步实现。所以，马克思的生态哲学思想，其核心问题，就是人类的生存合理性问题如何在自然生态、社会生态以及精神生态中的实现问题。正是这一特质，使它成了今天解决生态问题的最重要的哲学。（本章谢青松主笔）

第四章

马克思的四大哲学精神：开启生态时代的生态性哲学精神

【小引】马克思哲学作为最关心人类命运的人类学哲学，其基本哲学精神都是有利于开辟生态时代的哲学精神。主要体现是：其一，马克思要求从现实的有生命的个人本身出发把握人类世界，从而构建了一种关怀人类生存命运的生命理性精神，它包括生存理性、共存理性精神，这是进行生态思考的前提性哲学精神；其二，马克思追求人类学意义的自由、真理、正义、平等精神，这既是可经开辟生态时代的人类学哲学精神，也是坚持对一切不合理非法性关系、一切反生态问题的批判态度的哲学精神；其三，马克思的人类学的全方位正义精神——政治正义、经济正义和社会正义精神，既是生态正义的理论基础，也是解决一切非正义、反生态问题的理论根据；其四，马克思的社会公共人本价值精神，决定了它反对一切危害广大民众健康生存的反生态行为。马克思人类学哲学的这四大哲学精神，是人类开辟生态时代的前提性哲学价值精神。

【新词】马克思的哲学精神　人类学精神　人类学生态学视野　人的生命理性　生存理性　共存理性精神　自由、真理、正义、平等精神　全方位正义精神　社会公共人本价值精神

面对当代的生态困境，从马克思的人类学生态学立场出发，我们就会发现马克思的人类学哲学精神，包含着可以开辟生态时代的基本哲学精神。

我们应当注意到，马克思在 19 世纪就奠定的建立在经济学基础上的人类学生态学的双重哲学立场，正是 20 世纪沸腾起来的生态主义者所缺乏的立场。他从人的活动所引起的自然界的变化开始，这既是一种自然生态学的

开始，也是一种社会人类学的开始。由此开始的哲学精神，既有自然生态学精神，又有社会人类学精神。上章主要讨论了前一方面，本章集中论述后一方面。在这里我们发现，除了生态马克思主义和生态社会主义所看到的东西如马克思的生态批判、新陈代谢断裂等之外，在马克思那里还有成体系的有利于开辟生态时代的哲学思想未被发现，而这些思想恰恰能为我们走出生态危机、走向生态文明新时代奠定生态哲学的理性基础。事实上，生态精神，生态哲学，不是凭空而立的，它建立在某种亲和自然、关怀人类的人类学精神之上，马克思哲学就是这样的哲学。

一　马克思的生存理性精神：人的生命理性、
　　生存理性、共存理性精神

1. 马克思时代的时代精神转换与哲学精神变革

对马克思的哲学思想，如果我们能够超越东西方的传统观念的束缚而置之世界历史中就会发现，在马克思那里从一开始就有一种强烈的伟大的生存理性精神，这种精神诚如海德格尔所说，既不是指关于人的自然科学研究，也不是指在基督教神学中被确定下来的关于受造的、堕落的和被拯救的人的学说，[①] 而是自文艺复兴以来人类日渐成为社会历史主体的产物。因为马克思出现在世界历史的这样的三大解放时代：其一是人在精神上从宗教神学中解放出来，如费尔巴哈的人本论哲学。其二是人从神圣的封建等级桎梏中解放出来，如法国大革命。其三是随着自然科学的发展人从神和自然界中的解放，如进化论等。第一个解放使人由神的奴隶转变为独立的精神的主体。第二个解放使人由社会的奴隶转变成社会历史的主体。第三个解放使人由自然的奴隶转变为自然的主体。人第一次在世界历史上站了起来。人一旦成为自然的社会的和精神历史的主体，就会自觉不自觉地形成一种以人为核心的人类学精神，这是一种包含着对人的生命"崇拜"在内的人格尊重、生命关爱、道德信任、整体命运、良好祝愿和无限期望的人的生命理性精神。这种精神作为一种自觉不自觉的时代精神，改变了哲学的关怀方向：哲学历来把

---

① 《海德格尔选集》下卷，孙周兴选编，上海三联书店1996年版，第903页。

世界和人对世界的认识作为主体，作为第一哲学，而这时却不自觉地开始把人作为哲学的主体。过去（古代哲学和近代哲学）是根据世界来理解人，现在（现代哲学）是根据人来理解世界（如世界是人的意志和表象），人成了第一哲学，而世界不过成了人所认识的图像。海德格尔所说的"世界要根据人的形象来解释，形而上学要由人类学来取代"①，就是对这种生命理性精神导演的哲学转向的概括。马克思是最先感受到这种时代精神并把它作为自己的生命理性精神的少数几个先驱者之一，他正是从他在世界历史中吸收的生命理性精神或者说生存理性精神，来观察世界、观察人并形成他的人类学哲学的。认识这一点是我们正确理解马克思和马克思哲学的前提。

2. 马克思的生命理性精神：人类的生命理性、生存理性、共存理性精神

众所周知，马克思青年时代就对当时的任何哲学都不满意，提出要创立"真正的哲学"，"当代世界的哲学"。而上述时代精神对他开创新的哲学起了决定性作用。

那么，马克思是如何创立他的"真正的哲学"的呢？这里，首先是对作为哲学思考起点的观察把握世界的哲学精神和哲学视野的创立。1842 年，马克思在初出茅庐而从事哲学思考时就感到：既不能再以传统的宗教哲学精神观察理解世界，也不能以绝对理性精神观察理解世界，而提出要以"人类精神的真正的视野"② 观察理解世界。所谓"人类精神"，当然不是指人类已经形成的各种思想理论，各种精神理念，也不是指人的心理意识或任何一种既有的哲学观念。要理解马克思这句话的深意，就要上升到"人类史"或"世界历史"的高度来理解。这就是说，马克思当时所自觉到的"人类精神"，一是指人类从千年宗教统治中解放出来而挺立于世界的、与神学精神相对立的生命理性精神，二是从黑格尔的宇宙精神、绝对精神摆脱出来之后，回归到现实的人和人类世界的生存理性精神，三是指人类作为人类的高尚情怀的共存理性精神。在马克思看来，宗教神学精神、宇宙精神都不再是合理的哲学精神，也不再是合理的哲学视野，因而不能再以它观察世界。马

---

① ［德］海德格尔：《尼采》下卷，孙周兴译，上海商务印书馆 2002 年版，第 762 页。
② 《马克思恩格斯全集》第 1 卷，人民出版社 1956 年版，第 116 页。

克思针对性地提出要以"人类精神的真正的视野"观察世界，这是历史形成的新的人类学精神的集中体现，是一种革命性的哲学新思想，这种人类学精神首先就体现为人的生命理性、生存理性、共存理性精神的三位一体哲学精神。

认识这一层对理解马克思是非常重要的。马克思对这三种精神都有强调：第一，他指出，"符合现实生活的考察方法"，是"从现实的有生命的个人本身出发"，在考察历史时，他也强调要从有生命的个人出发："全部人类历史的第一个前提无疑是有生命的个人的存在"①，这表明，马克思是以人的"生命理性精神"观察世界、观察历史的。第二，马克思以生命理性精神批判旧的经济学，指出它"对人的漠不关心"，它认为"人是不足道的"②；批判他们把"关于人的生存的问题""宣布为无关紧要的"③，这里表现出马克思关注的是人的生存，是在生命理性基础上进一步表现出来的人的"生存理性精神"。第三，马克思强调"人是类的存在物"，在谈到未来的理想社会时，强调"每个人与一切人"的共同的自由发展，表现出主导马克思思想的是以个体存在为根基的人的"共存理性精神"。这三大精神，可以概括为马克思的生命理性精神。这是马克思创立的全新的哲学精神和哲学视野，马克思以这种"生命理性精神"观察理解世界，为马克思的人类学哲学奠定了理论基础。

生命理性精神，是全人类走向世界历史时代的产物。在封建时代由于人类在各个孤立的地区发展着，生命理性精神还不可能产生。但在资本主义开辟了世界市场之后，在现代化全球化开始的时代，这种精神就应当成长起来。这是一种逐步超越阶级、民族、国家和宗教的全人类共同一体的生存价值精神，是全人类随着世界一体化和生态危机的出现而日渐需要的全人类的共存理性精神，是人类进入人类学生态学时代所必需的时代精神。当前，必须以一种全人类生死与共的人类学生态学价值精神，克服狭隘的民族本位、国家本位以及把生态祸害转嫁到第三世界的反人类反生态的资本逻辑行径，从而从民族伦理、国家伦理走向世界伦理、生态伦理所必需的哲学精神。

---

① ［德］马克思、恩格斯：《德意志意识形态》节选本，人民出版社 2003 年版，第 11 页。
② 马克思：《1844 年经济学—哲学手稿》，刘丕坤译，人民出版社 1979 年版，第 27、28 页。
③ 同上书，第 59 页。

二　马克思的自由、真理、正义、平等精神：
　开启生态时代的人类学哲学精神

马克思人类学哲学的基本哲学精神，如我们在其他著作中所论证的，就是人类学意义上的自由、真理、正义、平等精神，它是人的生命理性、生存理性和共存理性精神的社会哲学表现，社会价值追求。马克思的哲学作为发生于不合理世界并力图改变不合理世界的哲学，它从一开始就是以批判开辟道路的。而要批判，就要有所本，就要有批判一切所本所据的精神理念根据。那么，马克思"批判一切"的深层理念根据是什么呢？我们认为，不是黑格尔的辩证理念哲学，不是费尔巴哈的自然人本哲学，也不是伊壁鸠鲁的原子自由运动哲学，但又是有这些映影的他自己的、站在全人类的自由和幸福的人类学价值立场上形成的追求全人类的自由、真理、正义和平等的哲学理性精神，正是这一精神，使他后来发现了唯物史观和剩余价值理论。这里要注意的是，马克思的"自由"，不是自由主义的自由，而是人类精神的自觉自为自主自动的超越约束的积极进取状态，是个人与类群都能得到"自由发展"的自由。马克思的"真理"，不是某种科学、某种局限范围的真理，而是全人类生存发展和社会历史运动的真理，是社会各因素都能得到展现和共赢的科学原则；是自然界和人类社会都能得到合理发展的真理。马克思的"正义"，也不是某种抽象的正义，而是由当时劳动者的非人生存境遇而激发起来的反对对人的一切不合理、非法性统治的人类学的正义精神，是作为人类学价值原则的正义，是每个人与一切人的合理利益都能实现的正义。马克思虽然没有明确强调他的这种自由、真理、正义、平等精神，但却体现在他的整个人格理性精神和全部理论追求之中，是他站在人类学生态学价值高度上的哲学精神。正是本着这种崇高的人类学生态学价值精神，马克思的批判才能横扫当时社会中存在的一切经济生态危机、政治生态危机、精神生态危机和自然生态问题。马克思的整个理论与革命的实践活动，都在于他的这种伟大的人类学生态学意义的自由、真理、正义的哲学理性精神的支撑。这是马克思的主观战斗精神，也是他的人格理性精神，更是他的哲学所开创、所追求的人类学价值精神。它充分体现在马克思的哲学之中，成了马克思哲学所追求的基本价值精神。正是凭借这一精神，他才能反对资本对劳动的剥削，为无产阶级的解放奋斗；也正是这一精神，才能对一切不合理、非法性的东西展开彻底的批判，成为批判一切的革命精神。当然，从逻辑上看，这一精神是建立在马克思的人的生命理性、生存理性和共存理性精神之上的。正是以人的生命理性、生存理性和共存理性这种人类学精神为本，马克思才追求人类世界的自由、真理、正义、平等精神。

马克思的追求人类学生态学意义的自由、真理、正义、平等精神，决定了他对一切不合理非法性关系、一切反生态问题的批判态度。从世界历史发展来看，今日人类面临的生态危机，既是由资本对生产、对人的奴役造成的，又是由其他非正义、非真理因素对人的社会生活的统治造成的。而这一切问题的解决，都需要本着马克思的这种人类学生态学意义的自由、真理、正义、平等精神，对一切导致生态危机的根源展开彻底的批判。而也只有这种批判，才能为改善人与自然界的生态关系、人类社会内部的生态关系打开道路，为开辟未来的生态文明方向打开道路。在全人类面临生态危机的今天，如果想走上真正的解决道路，我们就需要并且也只有超越地区性的、民族性的、阶级性的、政党性的、宗教性的、国家性的沟与壑，走全人类团结起来、共同对一切导致生态危机的不合理、非法性的东西展开理论批判和政治革除，而这只有坚持马克思的人类学生态学精神，坚持自由、真理、正义、平等的哲学精神，方能成功。没有这样的哲学精神或人类学精神，生态问题不可能得到正确认识和正确对待，更无从开辟解决的道路。在这个意义上，它也就是人类进入生态时代的前提性的基本哲学精神。

三　马克思人类学的全方位正义精神：解救人类第三次正义危机的公平正义精神

马克思的自由真理正义精神，作为一种人类学精神，是一种以自由和真理为根基的全方位正义精神。所谓全方位正义精神，一是由于马克思是站在世界历史高度因而也是从人类学高度看问题的，它的涵盖面是全人类性的。二是由于马克思的正义精神所针对的，既是反对封建统治和阶级统治的政治正义精神，也是反对资本统治的经济正义精神，更是一种从人类学高度来看的社会正义精神，这种正义把人与自然和人与人的矛盾作为同等重要的矛盾来处理，因而是一种最高的社会正义精神。正是这三大正义精神，既可以批判历史上的一切非正义的东西，也可以针对今日人类面临的生态危机发挥全面的批判和规范作用。这从马克思的实际批判斗争范围中就可以看出来。从他的实际斗争范围可以看到，马克思实际创立了一种包括政治正义、经济正义和社会正义的全面的正义批判精神。

导论中已经提出，人类文明的生存发展遇到了三次正义危机，这三次正义危机从生态学上看，第一次正义危机可以理解为政治生态危机，即把社会公权据为私有的封建专制特权制度在新的历史面前的非正义性危机。它的非正义性，通过资产阶级民主政治革命而得到了相对的解决。第二次正义危机也可以理解为经济生态危机，即把生产资料据为私有的资本与劳动相分离而导致的无产阶级非人生存的危机。马克思主义就是针对这种由于生产资料占有关系的非正义性而导致的经济生态危机而产生的。同时，它对这种非正义的经济生态危机的批判，是在承继第一次的政治生态危机的历史解决道路上展开的。马克思对导致这两类危机的根源都做了批判：在《博士论文》和《莱茵报》时期，以及《德法年鉴》时期，主要是批判德国封建专制特权制度的政治生态危机时期，他称专制特权的统治是"动物世界"，足见他对这种旧制度的深恶痛绝，这是他的政治正义精神的集中体现。而在此基础上，主要从《巴黎手稿》开始，马克思从经济学上展开了对资本主义导致的经济生态危机的批判，他后来长期致力于这一批判，《资本论》就是他的经济正义精神的集中体现。而政治正义、经济正义在社会制度、社会问题中的表现，也就是社会正义。马克思以如下的话表明了他的这种强烈的出于全面正义精神的怒吼：

　　"绝对命令：必须推翻那些使人成为受屈辱、被奴役、被遗弃和被蔑视的东西的一切关系"①，"把人解放成为人"。

马克思在这里借用康德的"绝对命令"，强调要消灭人类世界的不自

---

① 《马克思恩格斯选集》第 1 卷，人民出版社 1972 年版，第 9 页。

由、反真理、非正义和不平等现象。这里的"受屈辱、被奴役、被遗弃和被蔑视",既是针对封建专制特权制度对人的奴役的,即反对政治生态危机的;又适应于在资本奴役之下的劳动者的非人生活状态,即反对经济生态危机的。马克思把它视为"必须推翻"的"绝对命令",表明了马克思既反对封建专制特权制度对人的蔑视,又反对资本对人的奴役的双重战斗精神,而这正是马克思最重要的战斗精神。

这里要强调的是,这一全方位正义精神对解决人类第三次正义危机即今天的生态危机尤其重要:其一,在于第一次的政治生态危机的解决是不彻底的,在今天的世界上依然存在着被马克思视为"动物世界"的封建专制特权制度,而任何专制特权制度都不能不是少数人统治自然和统治人的、因而实际上是反民众、反生态、非正义、不平等的制度。他们总是垄断大批的政治资源、经济资源和生态资源,使广大民众、使自然界不能得到解放,因而是人与人和人与自然界不能和谐生存的政治经济根源。其二,人类第二次的经济生态危机——即资本对人的统治,不但依然存在,而且资本主义制度还是这个世界的主流并且要"全球化"。人类世界的整个社会生产和社会分配,都还被资本逻辑所统治。而资本逻辑即资本的无限追求增长的本性与活动,正是今日生态危机的最深刻、最重要、最直接的经济政治根源。同时,如同本书所讨论的,马克思还对人类的第三次正义危机即生态危机的苗头展开了批判,这是他的全方位正义精神的集中体现。

所以,马克思不仅反对专制特权对人的统治,他尤其反对资本对人的统治;他不仅反对资本对人的统治,他的社会正义也反对那种对自然界的生态掠夺和生态破坏给自然界和人类造成的灾难。这样一种既反对政治生态危机的政治正义精神、又反对经济生态危机的经济正义精神,更反对破坏自然生态的社会正义或者说生态正义精神,特别适用于今天的生态危机时代,因为生态危机正是由这种危机造成的——或者说,今日之生态危机中仍然包含着这三重危机。所以,马克思的全方位正义精神,正是生态时代最重要、最需要的正义精神。

马克思的这种政治正义、经济正义和社会正义的全方位正义精神,是马克思新哲学的基本哲学精神和价值追求。特别是社会性的政治正义和经济正义,并非直接就是生态正义,但它却是社会生态正义的精神前提。因为一个没有政治正义和经济正义的人，更不能坚持生态正义。

今天看来，马克思主义的丰富性还在于：它针对人类第二次正义危机的主要解决理论（即科学社会主义与政治经济学说等），不仅仅是为无产阶级解放服务的，更是为全人类的解放或人的全面解放服务的，不仅仅是为人的社会解放服务的，也是为人的自然解放服务的，因而也是能针对人类第三次正义危机发挥重大作用的理论。马克思的这种人类学意义的全方位正义精神，既是反对人类社会的经济不公和政治不公的正义精神，又是反对人类社会的生态不公的生态正义精神，正是这方面使它成了当代人类走向生态时代的最重要的哲学精神。

更为重要的是，根据马克思的人与自然界的关系是通过人的社会关系而发生作用的思想，撇开政治正义和经济正义而仅仅实现生态正义是不可能的。也正是这一层，为解救人类今日面临的生态危机提供了最为重要也最为全面的理论规范：在生态危机的今天，不能像西方生态主义者那样，仅仅局限于生态正义，仅仅专注于自然生态危机的解决，而必须同时着手解决这三大生态危机，特别是两极分化的经济生态危机，才能从根本上解决人类面临的生存危机，开辟生态文明新时代。所以，马克思的全方位正义精神，是新的生态时代的基本哲学精神之一。这就是说，马克思的新哲学，至少它的哲学精神，既是站在人类学价值高度上反对一切政治生态危机和经济生态危机的哲学，也是站在人与自然界是同一个生态整体这种生态立场上反对自然生态危机的新哲学——即它是反对一切不合理、非法性存在和关系对人的统治的新哲学。因而，它是一种全面坚持政治正义、经济正义和生态正义的新哲学。

四　马克思的社会公共人本价值精神：生态时代的 生存理性、共存理性价值精神

马克思在哲学上的更重要的理论构建，是他对社会公共人本价值精神的构建。这是适应生态时代的生存理性和共存理性价值精神。

如果说，从人的发展解放视野来看，在前资本主义时代，在人的依赖关系时代，人的发展还主要是整体性的、类群性的而不是个体性的话，那么，

到了资本主义时代，作为"以物的依赖性为基础的人的独立性时代"，人的个性、个人主义在物的支撑之下得到了极大地张扬，个人能力的发展达到新的高度，而整体、类群的发展、人类的发展，反而被个体、个人的张扬所淹没。所以，从价值目标上说，资本主义就是个人主义，就是个人自由发展主义，有的个人依赖物质财富而得到极大的自由发展，而有的个人由于没有物质财富的支持，不得不沦为雇佣工人受人剥削，个人的合理生存已不可能，更谈不上个人的自由发展。这是人类不平等在资本主义条件下在个体身上的体现。所以，资本主义的价值目标就是不要整体、不要类群、不要他人的个人主义和自由主义。而马克思的作为历史发展方向的社会主义，当然是对这一方向的否定，但这既不是对个人主义的简单否定，也不是向整体主义的简单回复，而是作为历史发展成果的个体与整体、个人与类群在新的历史高度上的统一。马克思的这一思想，特别体现在他的《共产党宣言》中：

> 代替那存在着阶级和阶级对立的资产阶级旧社会的，将是这样一个联合体，在那里，每个人的自由发展是一切人的自由发展的条件。①

在这样一个命题中，"每个人"，是每个民族每个国家的每个"个体生命存在"，而"一切人"，既可以理解为一切民族国家的一切个人，更可以理解为全人类共同体中的一切个人。因而，这里的"每个人与一切人"之间，包括个体与个体、个体与类群、类群与类群之间的关系即全人类在内。②所以，马克思的"每个人与一切人"的共同发展，强调的是"个—群"并重的人类学价值观，是一种生存理性和共存理性价值精神。这既与那种只要个体的个人主义不同，也与那种只要整体或类群而不要个体的短视的"集体主义"不同——它虽然是个人主义的对立面但却因而走上了另一种相反的片面性：集体性。而是吸收了历史发展的双重合理性因素的新的社会公共主义价值精神，是一种既要个体又要类群，既要每个人又要一切人的公共主义的

---

① 《马克思恩格斯选集》第 1 卷，人民出版社 1995 年版，第 294 页。
② 马克思为什么不用"全人类"这个意味着整体性的概念，而用"每个人与一切人"这个意味着个体集合的概念呢？它表明马克思强调的自由发展是以个体为根基的自由发展观，而不是牺牲个人的整体或集体发展观。

生存理性和共存理性精神，社会主义，共产主义，都不过是马克思的这种公共主义共存理性精神的社会经济体现。而同时，这也是适用于全人类的人类学价值精神。这是从历史发展高度上提出的个体与共同体乃至全人类都能得到自由发展的最全面的人类学价值精神，认识不到这一层，就没有认识到马克思主义的真谛。

我们知道，恩格斯在 1894 年 1 月 9 日致卡内帕的信中说，应《新世纪》周刊的请求，"用简短的字句来表述未来的社会主义纪元的基本思想"时，他从马克思浩如烟海的文献中，摘下了这句话作为社会主义的精神旗帜，并且说："除了从《共产党宣言》中摘出上面这句话，再也找不出合适的了。"由此可以看出，马克思恩格斯认为，"每个人的自由发展是一切人的自由发展的条件"，即通过每个人的自由发展而达到一切人的自由发展——可简称为每个人与一切人的自由发展，是社会主义区别于其他一切主义的显著特征和根本标志，是马克思主义的根本价值追求，是以人的自由解放尺度来衡量文明进步的标志。马克思的社会公共人本主义价值精神，即生存理性和共存理性精神，特别体现在"每个人与一切人"这一共存原则之中。

这种共存原则，这种社会公共主义，也就是马克思的以人为本的人本主义，全称就是社会公共人本主义价值精神。的确，马克思没有直接提出"社会公共人本主义"或生存理性和共存理性这些词，但正像他没有直接提出"生态"一词一样，生态思想却在他的哲学乃至许多理论和追求目标中表现出来。有人就因为没有在马克思文本中找到"公共主义"这样一个概念词汇，就否认马克思有公共主义思想。实际上，马克思的理论，都是关于人和人类世界的理论，人本性是它的典型特征。社会性、公共性和人本性，在马克思那里是三位一体的，因而可以概括为"社会公共人本主义"。在一定意义上，社会主义也就是公共主义，是公共的人本主义。共产主义，也就是从经济上来看的公共主义，共生主义。这是马克思最重要的价值追求之一。马克思虽然没有这样概括自己的思想，但却是他的理论的基本精神。难道马克思所讲的"每个人与一切人"之间的关系，不是一种社会公共关系？在"每个人的自由发展"与"一切人的自由发展"之间的协调，必然是一种包含"每个人与一切人"的公共价值原则，人本价值原则，而不可能是个人主义的自我膨胀或扼杀个性的整体主义一统天下的僵硬原则。何况马克思大量使用了公共一词，如"公共需要"、"公共经济"、"公共福利"、"公共利益"、"公共财产"、"公共生活"、"公共机构"等。因而，我们认为，马克思的这句经典命题，是他的社会公共人本主义价值精神的集中体现，是追求人的共同生存、合理生存的生存理性和共存理性精神的集中体现。马克思把这种包含公共关系的整体叫作"共同体"，即公共体。因此，马克思的哲学思想是包含公共性、共存性、人本性哲学思想的。而这种社会公共人本主义价值精神，是今日解决生态问题的最重要的哲学精神。

这种哲学精神对今天之所以重要，在于以这种价值精神面对人类今天的生态危机，那就必然会反对一切危害广大民众的——即危害"每个人"和"一切人"的健康生存的反生态行为，从而为生态时代的形成开辟道路。如果没有这种社会公共人本主义价值精神，只顾自己或少数人的资本增长和生态安全，或发达国家只顾自己的生态安全而滥用科技力量，像现今许多富人、富区和富国所做的那样，任由不发达国家和不发达地区陷入贫困和生存危机之中，那就不可能从根本上克服生态危机。没有这种社会公共人本主义价值精神，也就不会有全面的生态正义和生态实践，生态问题就不可能解决。因此，社会公共人本主义价值精神虽非生态伦理精神，但它是生态伦理精神得以成立、得以实践的前提性的哲学精神。因而应当成为解决生态问题、开辟生态文明新时代的基本哲学精神。未来的生态世界不是自由主义、个人主义或集体主义、整体主义的旧世界，而是社会公共人本主义价值精神的新世界。

同时，马克思的社会公共人本主义价值精神，也包含着一种人人平等精神。马克思的"每个人的自由发展是一切人的自由发展的条件"这句话，其意义是很丰富的，我们这里仅仅从人人平等的层面来看，就应当注意到：马克思的"每个人与一切人"之间是什么关系？除了公共关系之外，就是每个人与每个人之间，从而每个人与一切人之间，都能得到自由发展的人人平等关系。显然，这里既不可能有政治的等级关系，特权关系，我发展而你丧失发展的关系，也不可能有经济的我剥削你或我极富而你极贫的对立关系，那样都不可能有"自由发展"。所以，马克思在这里实际上宣示了一种每个人与一切人的平等精神，人类学意义上的人人平等精神。正是这种真正的平等精神，才能保障每个人与一切人都能得到自由发展。这种平等，当然不仅仅是人格平等，而且是人与人在经济上、政治上、生态上的基本平等。马克思关于社会主义、共产主义的每个人与一切人都能得到自由发展的概括，表明了他对"平等政治学"的追求。只有人人平等，社会公共人本主义价值精神才能实现。当然，这里的平等应当理解为有差别的平等关系，因为马克思说过，真正的平等是在差别中折射出平等的光辉，而不是也不可能是绝对平等的乌托邦关系。

以上的人类学意义的平等精神，对于今日之生态理性特别重要。今天人们在生态意义上谈论人与人的平等，生命的平等甚至人与动物的平等，人与生物圈万物的平等，人与人在占有生态资源上的平等，所有这些都表明，生态理性不能不以人人平等的哲学精神为前提。而马克思主义的基本精神，就是平等精神，就是每个人与一切人的平等精神。这在人类学与生态学的双重意义上，都是开辟生态文明新时代的前提性的哲学精神。此外，马克思的旨在消灭贫困的生产力发展观，以人的自由解放为核心的人的能力发展观，人的精神力量的发展观等，都是走向生态文明新时代的很重要的哲学精神。

总之，马克思哲学精神的深层合理性，诚如生态学马克思主义者所论证，大都是符合生态学原理的，因而，马克思构建了一系列的有生态意义的哲学原理，哲学精神，这就为解决当代生态危机提供了马克思主义的哲学理论根据，从而既能使马克思主义站到解决当代人类的生态问题的最前沿，更能够为未来的生态时代提供有力的哲学理论根据。

第五章

马克思从人类学生态学立场对资本主义非正义反生态的批判

【小引】马克思从人的生命生存的能动性和一般本性出发形成了其人类学立场；从生命生存与自然界的关系出发，形成了其生态学立场；从生命生存到它的实现手段即生产出发，形成了其经济学立场。所以，他创立了从人类学生态学经济学三位一体的哲学立场把握世界的人类学哲学方法论。他的以人的生命理性为本的哲学精神，他的人类学的世界观和价值观，都不能容忍资本主义的生态破坏。所以，他能针对当时的资本主义在经济上的不合理和反生态本质，展开生态批判。这一批判集中于三方面：对资本本性的非正义、反生态性批判；对资本主义制度的生态悖论和反生态性的批判；对资本现代性的非正义、反生态性的批判。马克思的辩证批判态度，使他既看到资本现代性有推动社会走向现代化的合理一面，又批判资本逻辑对人的合理生存逻辑的侵吞，既批判资本的超绝欲望和狼性态度对社会、对自然的统治，又批判它所导致的物本主义和拜金主义，从而在价值观高度批判了导致生态危机的资本根源。马克思的批判表明，正是资本的反生态本性的肆无忌惮，导致了人与自然关系的生态异化和人与人的关系的生态异化，出现了自然生态危机和社会生态危机。因而，在任何社会都革除资本逻辑的统治，是解决生态问题的关键。马克思的这种批判为构建非资本主义的生态现代化和生态文明开辟了思路。

【新词】资本本性的非正义、反生态性　资本主义制度的生态悖论　资本现代性的反生态性　资本的超绝欲望与狼性态度　生态现代性　资本与生态问题的同步消长马克思的人类学生态学的哲学立场与哲学精神，与资本主义是格格不入的。他的以人的生命理性精神和人类学意义的自由、真理、正义、平等精神，他的政治正义、经济正义和社会正义精神，他的社会公共人本主义价值精神等，决定了他必然反对一切危害自然界和广大民众健康生存的非正义、反生态行为。所以，马克思必然会自觉不自觉地站在他的哲学立场和哲学精神之上对资本主义的非正义、反生态性展开批判。

但是，马克思对资本主义的生态批判，不仅仅是从他的哲学立场和哲学精神出发的。在《1844年经济学—哲学手稿》中，马克思在构建人类学、生态学的哲学时，同时也开始了从经济学立场出发解决人类世界的不合理问题。正由于这种新哲学方向的开辟，他才能深入资本主义经济活动中对资本主义展开具体的、深刻的生态批判。或者说，马克思的人类学生态学批判，不是空洞的批判，而是落实在对作为人类基本生存活动的经济学理论中的批判。这种实在的以经济学为根基的批判，走在了一切生态主义的前面，也为今天的生态马克思主义、生态社会主义开辟了道路。可以说，不从经济学中展开生态批判，就没有真正的生态批判。这种批判贯穿于马克思生态思想的始终，是马克思生态哲学思想的本质特征。

一　对资本本性的非正义、反生态批判

1. 资本的本性：一种追求无限增值的具有双重破坏性的怪物（资本逻辑）

资本来到世间，从一开始就是凭借非正义反生态来开辟增长道路的。从人类学生态学出发看待资本，就是既从生态学上看到资本对于自然生态的破坏，又从人类学上看到资本对于社会正义、社会生态的破坏。这是全面揭露资本的反生态性的双重方法。

在马克思看来，资本主义创造了一个人间怪物：即以物质财富为外壳而以人的欲望为内在动力的具有自我扩张本性的资本，它形成了以剩余价值的不断增长为表现形式的扩张逻辑——资本逻辑，这是一种不顾一切追求自我增值的逻辑，这个增值的内在动力是资本家发财的欲望，它是人格化、资本化的即物质与精神的混合怪物。其增值的主要方式，是以人的劳动力和技术的机械力相结合，即心力与物力相结合，最大地攫取自然力和自然资源，最大地榨取劳动力和社会资源，通过工农业生产创造利润而实现资本的增值。而这一特性也就是资本主义的生产方式的特性。资本不惜在破坏自然和败坏社会公正中增值是其终极目的和"绝对存在"。无止境地追求利润成了它存在的内在必然性：

> 对剩余价值或者说利润的无限贪欲，驱使人格化的资本家不停地进行资本积累，不断地把剩余价值资本化。为了获取更多的利润，各个资本家竞相扩大生产规模，无限度地提高劳动生产率。因此，生产剩余价值或赚钱，不仅成了资本主义生产方式的直接目的和决定动机，而且成为这个生产方式的绝对规律。①

"资本"的这种"无限贪欲"、自我增值的本性，使资本的破坏性成为双重破坏性——即成为既砍向自然生态又砍向社会正义和社会生态的双刃剑，它的本性就在于从自然与社会两方面攫取资源和能量，实现利润的最大化。这就决定了资本在本性上就是反生态的，即既破坏自然生态又破坏社会生态的。因此，对资本的批判，必须同时从人类学和生态学双重立场进行批判。马克思正是这样做的。

2. 资本对社会正义、社会生态的破坏：以超绝欲望和狼性态度导致人间灾难

资本逻辑的产生，在于资本的根本性质。资本的本性就是它为强力增值的超绝欲望和狼性态度。这特别体现在它对社会正义、社会生态的破坏方面。资本家统治一切的野心与资本这种物质力量的结合，就形成一种"超绝欲望"，它一般体现在企业顶层或政治顶层的代表人物身上。资本的"超绝欲望"本身是人性的一种物化和异化，这种物化和异化导致人的动物本性对自然和对人的统治，它对社会、对他人来说是一种破坏性力量，造成异化的力量，是引起社会的矛盾、冲突、灾难、不幸的力量，是破坏人的健康生存

---

① 张进蒙：《马克思恩格斯生态人类学思想的运思理路》，《东岳论丛》2009 年第 11 期。

与健全发展的物本元凶，而对自然界来说也是这样，正是这两方面导致了今天的自然生态危机和社会生态危机。

超绝欲望的原则不是尊重他人的商讨原则，而是唯我独尊的霸权原则，不是人性原则而是狼性原则。它通过对人对物的狼性的掠夺态度，来拓展边界和追求利益的实现，从而使它所统治的社会成为狼性社会，即马克思所说的"动物世界"。人本来就有动物性、非人性或者说人的"狼性"的一面。这一面一旦与人的"超绝欲望"结合起来，就成了对社会、对他人也对自然的狼性态度。正是由于人的这种狼性态度的肆虐，人对人的奴役才千年难除。正是这些非人的动物性的东西，才强化了社会中的统治——从属关系和对自然界的掠夺，形成社会中的种种罪恶，扼杀了人的自由和创造性，出现了贫富对立和种种社会灾难以及自然灾难。

超绝欲望作为一种恶在（恶的存在），它与"善在"相对立。自然界和社会的一切不幸，都产生于一些人的超绝欲望，经济上它是私有制和资本家的成因和动力，政治上它是独裁者、野心家的成因和动力，军事上它是一切征服和侵略的成因和动力，每个征服将军的胜利都是以己方和彼方的成千上万的生命牺牲构筑起来的。资本主义从原始积累以来对自然生态和社会生态的破坏，正是资本以超绝欲望和狼性态度对待他人和对待社会的结果。

超绝欲望总是通过对别人的剥夺膨胀自己，他的自我膨胀的界限，就是以自己的狼性态度不断突破人性原则，即突破别人的利益边界与健康生存边界，从而成为危害他人、危害社会正义的恶性力量。狼性态度除了明显的强取豪夺（如价格垄断）之外，它的隐秘表现就是狐性心理，它的伪善形式我们不妨称之为"狐性伎俩"，如果超绝欲望不能公然横行，即违背公理正义受到反对，它就转化为狐性伎俩。即以伪善方式曲折实现。在社会生活中表现为欺诈，贿赂，受贿，贪污，盗窃等，于是，一个社会不但因腐败而陷入非生态状态，而且也总是陷入贫富两极对立的反生态状态，造成社会正义和社会生态的严重危机。

说到这里，何为资本逻辑？资本逻辑为何可恶？这已一目了然：资本逻辑一般都是由人的超绝欲望和狼性态度支配的物的扩张逻辑：它不断扩张，不断征服，不断突破人对自然的和人对人的合理性边界，直到无以复加。这种恶性膨胀，就一定会导致一个社会内部的高度的剥削和其他严酷的政治统治，其在国际上的表现，就会导致国际冲突和帝国主义战争（如两次世界大战），从而造成自由、真理、正义、平等精神的消失和社会生态危机。这对社会、对人类都是悲剧之源，使人不能合理生存；也是自然界的悲剧之根，使自然生态受到破坏。任何超绝欲望的实现，都以对他人、对社会、对自然的利益边界的牺牲为代价。所以马克思说，"资本来到世间，从头到脚，每个毛孔都滴着血和肮脏的东西"①。超绝欲望和狼性态度的本性是暴力，暴力只有以暴力来克服。所以，马克思不得不主张以暴力推翻资本主义社会。

3. 资本对于自然生态的破坏：以超绝欲望和狼性态度掠夺自然界，造成自然灾难

资本这样一个世间怪物，不仅打破了人与人之间的天然联系和脉脉情怀，它也打破了人对自然界的天然联系以及人性的或神话的关系，把人与自然界的生态整体关系转变成为资本对自然界的侵犯、支配与掠夺的破坏关系。从而使自然界的有效物质和自然力源源不断地通过资本生产这一管道流向社会，自然资源、自然力就在资本逻辑的作用下转化成了资本，主要成为资本家的私人财富。这是通过资本主义生产方式及其所掌握的科学技术力量和工业技术体系这一手段而实现的。马克思指出：

"资本主义生产方式以人对自然的支配为前提。"② "只有在资本主义制度下自然界才真正是人的对象，真正是有用物；它不再被认为是自为的力量；而对自然界的独立规律的认识本身不过表现为狡猾，其目的是使自然界不管是作为消费品，还是作为生产资料，服从人的需要。"③ 即服从资本增值的需要。

这样一来，自然界就成了资本自由掠夺的对象，自然界本来的"自为的力量"即他的规律、要求和生命完整性以及自成系统的生态联系等都被漠视，破坏，都成了掠夺的对象。在这种掠夺有效物的同时，又不能不把无效

---

① 《马克思恩格斯全集》第23卷，人民出版社1974年版，第828页。
② 《马克思恩格斯全集》第26卷（三），人民出版社1974年版，第462页。
③ 《马克思恩格斯全集》第30卷，人民出版社1995年版，第390页。

物和有害物遗弃给自然界，这种对生态的双重破坏历程，就在人与自然界这个生态整体中划开一条裂缝，造成了人与自然界关系的断裂和异化：自然界既然成了人们征服、掠夺、污染的对象，这些贫困物和污染物也就会反过来惩罚人。

表面上看，自然资源服从于资本增值的需要是无代价的。因为自然不言，国家激励，资本就成了无偿掠夺自然资源的力量。马克思指出了这种掠夺的特征在于：

> 生产上利用的自然物质，如土地、海洋、矿山、森林……各种不费分文的自然力，也可以作为要素，以或大或小的效能并入生产过程。它们发挥效能的程度，取决于不花费资本家分文的各种方法和科学进步。①

这里指出了这种资本主义工农业生产对于自然资源如土地、海洋、矿山、森林等地球生态物质的"不费分文"的无偿利用。但是，自然资源的有限性，生态环境的整体性，这些天然东西的破坏，也就是对地球生态系统的破坏，人类生存家园的破坏，是以整体生态系统的生命、整个人类生命的生存与否为代价的。从这个生态视野来看，资本对于"不费分文的自然力"的掠夺所积累的财富同时也是积累起来的生态大罪。

资本对于自然资源的掠夺，不是赤手空拳地进行的，而是通过对技术的"资本主义运用"而实现的。资本家为了增加其财富，利用资本的逻辑力量，不仅占有劳动力的创造，更占有人们所创造的科学技术，把科学技术资本化，迫使它为资本增值服务，并借助科技的力量导致自然资源的枯竭。所以，资本借助科技成了资本增值的最有效率的机器。马克思指出：

> "自然力作为劳动过程的因素，只有借助机器才能占有，并且只有机器的主人才能占有。"② 通过这种"机器体系形式上的资本"，"资本

---

① ［德］马克思：《资本论》第2卷，人民出版社2004年版，第394页。
② 《马克思恩格斯全集》第47卷，人民出版社1979年版，第569页。

家才能攫取这些无偿的生产力：未开发的自然资源和自然力"。①

资本通过工业技术对这些自然力的占有和掠夺，从其直接目的上说，既不是为了社会发展也不是为了人的合理生存，只不过是为资本的无限增值服务的。因此，它从一开始就不能不既破坏人与自然界的合理关系，又破坏人与人的合理关系，从而不能不既形成自然生态危机，又形成社会生态危机。资本的无限增值逻辑，以对自然、对人的无限掠夺为前提。

今天，人们把这种资本主义生产概括为耗费资源和污染环境的盲目的"大量生产—大量消费—大量废弃"的生产方式和生活方式。它是资本逻辑的实现形式。正是资本逻辑的这种越来越大的规模性的侵犯自然、破坏生态的力量，超过了自然生态的循环、恢复、平衡力量，造成了今日的自然生态危机。

二　对资本主义制度的反生态性与其生态悖论的批判

1. 资本主义制度的反生态性

资本按其本性来说，它对于利润极值的追求不能不以牺牲自然生态和社会生态为代价，这就决定了资本主义的双重反生态性。在发现和论证了资本追求剩余价值的《资本论》中，马克思指出，资本"按其本质来说，它是对无酬劳动的支配权"②，即对剩余价值的支配权。攫取剩余价值，"是资本主义生产的直接目的和决定性动机"③。正是这种无限追求剩余价值即利润的动机，决定了资本主义对自然力资源和劳动力资源的双重掠夺。马克思明确指出：

　　"大工业和按工业方式经营的大农业一起发生作用。如果说它们原来的区别在于，前者更多地滥用和破坏劳动力，即人类的自然力，而后

---

① 《马克思恩格斯全集》第47卷，人民出版社1979年版，第553页。
② 《马克思恩格斯全集》第46卷上，人民出版社1979年版，第24页。
③ 《马克思恩格斯全集》第25卷，人民出版社1974年版，第271页。

者更直接地滥用和破坏土地的自然力。那末，在以后的发展进程中，二者会携手并进，因为农村的产业制度也使劳动者精力衰竭，而工业和商业则为农业提供各种手段，使土地日益贫瘠。"① 一方面它造成"森林、煤矿、铁矿的枯竭等等"②，另一方面它还"靠牺牲工人而实现的劳动条件的节约"而造成了劳动者生产生活环境的恶化。马克思具体描述道："人为的高温，弃满原料碎屑的空气，震耳欲聋的喧嚣等等，都同样地损害人的一切感官，更不用说在密集的机器中间所冒的生命危险了。"③ 的确，正如马克思所说，"劳动本身，不仅在目前的条件下，而且一般只要它的目的仅仅在于增加财富，它就是有害的、造孽的"④。

在这里，马克思指出了资本主义对于自然资源和社会资源的这种双重性的"滥用和破坏"，是导致生态危机的根源："直接地滥用和破坏土地的自然力，使土地贫瘠"，"直接地滥用和破坏劳动力，使劳动者精力衰竭"，以及对于自然资源"如土地、海洋、矿山、森林"等自然物质的无偿滥用，造成了自然生态的"无法弥补的裂缝"，既阻断了自然界的生态循环与新陈代谢，又造成了劳动者本身的生活低劣和健康伤害，从而导致自然生态与社会生态的双重破坏。而这一切源于资本追逐利润的自发性和对公共资源的滥性掠夺，如下两段话把这一层说得更清楚：

> 资本主义经营本质上就是私人经营，即使联合的资本家代替单个资本家，也是如此。文明和产业的整个发展，对森林的破坏从来就起很大的作用，对比之下，对森林的护养和生产，简直不起作用。⑤
> 在现代农业中，也和在城市工业中一样，劳动生产力的提高和劳动量的增大是以劳动力本身的破坏和衰退为代价的。此外，资本主义农业的任何进步，都不仅是掠夺劳动者的技巧的进步，而且是掠夺土地的技

---

① 《马克思恩格斯全集》第25卷，人民出版社1974年版，第917页。
② 同上书，第289页。
③ ［德］马克思：《资本论》第1卷，人民出版社1975年版，第466页。
④ 《马克思恩格斯全集》第42卷，人民出版社1979年版，第55页。
⑤ ［德］马克思：《资本论》节选本，人民出版社1998年版，第281页。

巧的进步。①

总之，资本主义制度建立在劳动与资本对立的基础上，实现的是资本对于劳动者的盘剥，因而它同时导致了"劳动力本身的破坏和衰退"，"破坏了城市工人的身体健康和农村工人的精神生活"。由这些话可以看出，马克思处处都在同时强调资本主义对自然的和对人的双重破坏性，这是由马克思的人类学与生态学的双重哲学立场所决定的。今天的生态主义，一般也都批判资本主义，但主要是站在生态立场上批判它对于自然生态的破坏。而马克思对资本主义的生态批判，由于既有人类学立场又有生态学立场，因而要同时批判它对自然生态与社会生态的双重破坏。在马克思看来，资本主义由于它的剥削本性，既要把剥削实施于社会，形成对社会生态关系的破坏，并导致人与人的关系的异化，更要把剥削实施于自然界，造成自然生态的破坏，并导致了人与自然关系的异化。资本的这种双重破坏，是由资本这种自私而盲动的力量所导致的。马克思在 1869 年 3 月 25 日给恩格斯的信，以一句话概括了资本作为盲目力量对社会文明的灾难性后果：

> 文明，如果它是自发的发展，而不是自觉的，则留给自己的只是荒漠。②

生态危机正是资本主义自发发展的结果。今天，再也不能让这个荒漠继续扩大了，它会成为淹没人类的生态灾难之海。转向自觉的生态文明建设方向，成了人类唯一的出路。

从总体上看，资本主义是一种"一方面使社会失去的东西（生态资源和财富——引者注），就是另一方面使单个资本家获得的东西（利润——引者注）"③。这就是说，资本主义的本质特征，是把公共自然资源和本应属于众人的财富，转化为私人资本。而由于它同时是在一种自私的"盲目的力

---

① 《马克思恩格斯全集》第 23 卷，人民出版社 1972 年版，第 552 页。
② 《马克思恩格斯信札选》，1948 年俄文版，第 202 页。
③ ［德］马克思：《资本论》第 3 卷，人民出版社 1975 年版，第 102 页。

量"支配下进行的，它就在创造私人财富的同时给公共世界即自然界和社会留下"荒漠"。奥康纳有感于此，以"水龙头"和"污水池"的比喻，表明资本主义的这种吸干人类共有自然资源和败坏了人类共同的生态环境而自肥的特征：

> 自然界对经济来说既是一个水龙头，又是一个污水池，不过，这个水龙头里的水是有可能被放干的，这个污水池也是有可能被塞满的。自然界作为一个水龙头已经或多或少地被资本化了；而作为污水池的自然界则或多或少地被非资本化了。水龙头成了私人财产；污水池则成了公共之物。①

即资本主义私有制度导致对公共生态资源的破坏，它靠榨取自然资源和社会资源为私人资本增值服务，这是它破坏生态的制度根源。

资本主义的根本问题在哪里？由前面的讨论可以看出，资本主义由过去的"拜神教"转向"拜物教"，从而由神对人的奴役，转向物对人的奴役，特别是资本对劳动的奴役。这就是资本统治的不合理性之所在。因为正是这种物的奴役使人异化为物，正是它导致了人的物化与物化的人，制度的物化与物化的制度。对无产者来说，他为其起码的物质需要而不得不出卖自己的劳动力，成为不自由的不能过正常人的生活的"非人"，不能过人的生活而成为追求脱贫的奴隶；对于资产者来说，他为其物欲的膨胀而失去人性，同样成了物质统治的奴隶。马克思的哲学批判精神，就是对这种时代性问题进行审思，对人的劳动异化、经济异化、政治异化以及生态异化进行揭露，对不合理、非法性的社会进行批判，对错误性、消极性的理论进行质问，对劳动者的非人境遇进行抗争和改变，以及在实际的审思、揭露、批判、质问、抗争与改变中，消解不合理、非法性东西的统治等，由这些批判可以看出，马克思的生态理性的第一层规定性，就是反对物对人的统治，把人从物质贫困和物欲统治中同时解放出来。这种生态理性精神，在当今的西方发达世界

---

① ［美］詹姆斯·奥康纳：《自然的理由——生态学马克思主义研究》，唐正东、臧佩洪译，南京大学出版社 2003 年版，第 296 页。

同样适用：西方发达社会里劳动者虽然摆脱了贫困而成了消费大军，但是，其贫富两极分化不断扩大，其资本逻辑以金融资本的形式榨取第三世界的物质财富，其物欲进一步以异化消费的形式凸显，正是异化消费对于物质资源的耗费，严重破坏了自然生态与社会生态的平衡。这些表明资本逻辑的本性依然未变，并且正是这些方面导致了世界性的生态危机。所以，马克思反对物欲崇拜和物质贫困的生态理性精神，同样适用于今天的资本主义发达世界。

2. 资本主义制度导致的生态悖论

马克思对资本的反生态性的批判，实质上也就是对资本主义制度的批判。资本主义制度，就是实现资本本性的制度，由于资本的上述本性，它在实现其本性的过程中就不能不导致生态悖论。资本本性的实现，一般来说，是资本家通过资本购买劳动力，让他在资本家的生产资料中劳动生产，创造超过劳动力生命需要的剩余价值并且归资本所独占，从而掠夺劳动者创造的生存价值，形成资本家的巨大财富。资本在它的这一实现过程中，它在人与人的关系（主要是劳动者与资本家的关系）中就（由于私有制和劳动异化而）不能不出现这样的社会生态悖论：

> 一个现有的经济事实是：劳动者生产的财富越多，他的生产的能力和规模越大，他就越贫穷。劳动者创造的商品越多，他就越是变成廉价的商品。随着实物世界的涨价，人的世界也正比例地落价。[1]
>
> 按照国民经济学的规律，劳动者……创造的物品越是文明，他自己越是野蛮；劳动越是有力，劳动者越是无力；劳动越是机智，劳动者越是愚钝，并且越是成为自然界的奴隶。[2]
>
> 劳动为富人生产了珍品，却为劳动者生产了赤贫。劳动创造了宫殿，却为劳动者创造了贫民窟。劳动创造了美，却使劳动者成为畸形。[3]

---

[1]　马克思：《1844年经济学—哲学手稿》，刘丕坤译，人民出版社1979年版，第44页。
[2]　同上书，第46页。
[3]　同上。

这种资本主义生产造成的相反结果，是它本身的不可克服的自相矛盾，是体现在人与人的社会关系、生产关系中的悖论。这种悖论造成社会正义的丧失和社会生态危机以贫富对立形式出现。

马克思对资本主义的生态批判的深刻性，还在于他同时发现了资本在实现其本性中所导致的自然生态问题：

> 资本主义生产"在一定时期内提高土地肥力的任何进步，同时也是破坏土地肥力的持久源泉的进步。一个国家，例如北美合众国，越是以大工业作为自己发展的起点，这个破坏过程就越迅速。因此，资本主义生产发展了社会生产过程的技术和结合，只是由于它同时破坏了一切财富的源泉——土地和工人"①。产业越进步，这一自然界限就越退缩。

这种提高土地肥力的进步同时又是对土地肥力的破坏，是资本主义不可克服的生态悖论，即资本主义越是推动生产发展，就越是一种生态破坏和走向生态死亡的倒退。这就在资本主义早期预言了生态危机或迟或早的出现。更为重要的是，马克思甚至指出了生态治理的危机，他强调：在与破坏"对比之下，对森林的护养和生产，简直不起作用"。为什么会这样呢，马克思表明，资本作为一种追逐私人利润的力量是一种既没有理性又不符合自然规律的"盲目的力量"。正是这种不受人类理性控制的"盲目的力量"，导致资本主义在不断进行物质财富的创造时，又不断导致荒漠化的到来。恰如奥康纳所分析指出的：

> 不依赖于任何独特的自然条件而独立运转的资本，用斯尼德的话说，足以毁坏整个生态系统。②

我们知道，今天西方的生态主义者，构建了丰富的生态理论，严厉批判生态破坏现象。但是，他们往往只批判掠夺性的传统工农业生产，而不批判

---

① 《马克思恩格斯全集》第23卷，人民出版社1972年版，第552—553页。
② ［美］詹姆斯·奥康纳：《自然的理由——生态学马克思主义研究》，唐正东、臧佩洪译，南京大学出版社2003年版，第290页。

资本主义制度，更不批判导致社会生态危机的资本积累。与此不同，生态马克思主义者既批判其所导致的自然生态危机，又批判资本主义制度和它导致的社会生态危机，从而要求革除资本主义制度，这无疑是对马克思理论在当代条件下的新发展。要知道，作为马克思两大发现之一的"剩余价值"这一基本范畴，主要就是批判资本主义制度和当时极端严重的社会生态危机的范畴。这些批判对我们的最重要的启示，就是在批判资本主义对自然生态的破坏时，同时更要批判它所导致的社会不公和社会生态危机。事实已经表明，任何单方面的批判和努力，都不能克服当代世界的生态危机和生态治理危机。这一方面特别值得社会主义国家的对照和注意。如何克服已经形成的社会生态危机，是生态文明建设的核心要求之一。

马克思这些生态批判的深层意义，在于昭示了不批判反生态的资本主义旧制度，就不能构建生态性、人类性的新制度。这种批判是由为资本服务的工业文明，转向为每个人与一切人的和谐生存服务的生态文明的革命性环节。

当然，对于人类文明的生态转向来说，无论马克思当时的生态批判，还是生态觉醒之后全世界的生态批判，都还是很不够的，还不足以促使人类精神发生生态革命，更不要说实践和行动的生态革命了。所以，对于走向生态文明方向的人类历史发展来说，当务之急，还是要发挥马克思的革命精神，对资本逻辑、对经济主义展开彻底的革命性的大批判，并结合实践推动全世界的生态文明转向。这是一项历史性任务。

3. 资本主义形成了反生态的金钱物欲消费价值观

马克思对资本主义的生态批判，不仅仅是对制度本身的批判，更批判了导致其反生态的价值观念的批判。这特别体现在 1844 年《手稿》中第三手稿的"货币"一节中：

> 货币能"把一切人的和自然的性质加以颠倒和混淆，使各种冰炭难容的人亲密起来"①，"它足以使黑的变成白的，丑的变成美的/邪恶变

---

① 马克思：《1844 年经济学—哲学手稿》，刘丕坤译，人民出版社 1979 年版，第 107 页。

成良善，衰老变成年少/怯懦变成英勇，卑贱变成崇高"，甚至"能把
祭司诱离神坛"。①

这样的批判在《手稿》中大量存在。马克思还通过援引歌德和莎士比
亚的诗，刻画了人们的金钱价值观的丑态。足见马克思对于无限追求物欲的
经济主义价值倾向的憎恨。

另一方面，马克思也批判了那种由于这种观念而导致的对于物质财富的
毫无人性的浪费：

> 享受那种仅仅用于享乐的、非生产性的和浪费的财富的人，只是过
> 着醉生梦死的、荒唐放荡的生活，并且把别人的奴隶劳动，人的血汗看
> 作自己的情欲的卤获物，因而把人本身——从而也把自己本身——看作
> 毫无价值的牺牲品。②

> 对人的蔑视，既表现为对那种足以维持成百人生活的东西的挥霍，
> 也表现为这样一种卑鄙的幻想，即仿佛他的这种不知节制的挥霍和放纵
> 无度的非生产性消费决定着别人的劳动，从而也决定着别人的生存。③

这是马克思在一个半世纪前就指出的资本主义的异化消费。他指出这种
享乐、浪费、醉生梦死、荒唐放荡的生活与消费，这种金钱货币崇拜以及由
它带给人们的放纵无度的异化消费，即资本决定一切的拜金主义，与人的良
善本性是背道而驰的。这也就是今天的生态马克思主义所批判的"异化消
费"，以及生态后现代主义所指出经济主义和消费主义。在马克思看来，这
是人的精神空虚和人格堕落而丧失"人的本性"的表现。

与此相联系，马克思也指出了资本主义工业对人的这种不合理消费的助
长以及由此产生的工业异化即生产异化：

> "产品和需要范围的扩大，成为对不近人情的、过于讲究的违反自

---

① 马克思：《1844年经济学—哲学手稿》，刘丕坤译，人民出版社1979年版，第104页。
② 同上书，第95页。
③ 同上。

然的和想入非非的欲望的精心安排和总是考虑周到的迎合。"从而"激起他的病态的欲望，窥伺他的每一个弱点，以便然后为这种亲切的服务要求报酬"。①

　　马克思在这里批判了资产者的消费异化和工业推动者们为了迎合和刺激这种异化消费（"病态的欲望"）而反过来导致的工业生产的病态和异化，指出它们的非人性和反自然的双重危机程度。"生产"是从自然富源转化为社会财富的正的端点，"消费"是从社会财富转化为自然废物的负的端点。马克思从人类学生态学价值高度指出了当时世界上的生产和消费这两个端点的不合理性，由此也奠定了当代生态马克思主义者以及生态主义者所批判的资本主义的生产异化和消费异化的理论基础。这些表明，马克思所希望的作为人类生命的生存方式的生产和消费，应当是一种合理的生产和"合理消费，科学消费，文明消费，使对需求和消费的满足有利于人的素质的提高和人的全面发展"的消费，② 即有利于人在合理的自然生态和合理的社会生态中的生存发展的消费。

　　今天看来，正是马克思所批判的这种醉生梦死的物欲价值观，消费价值观，导致了自然资源的规模性浪费，形成了今日的生态危机。这里体现了马克思深刻的社会生态主义价值精神。它为颠覆经济主义、消费主义即经济异化、消费异化，从而克服资本主义的精神生态危机——或者都是一样——生态危机的价值观根源，奠定了思想理论基础。所以，马克思的人类学生态学价值观，是反对今天的金钱货币崇拜、反对拜物教，反对经济物欲主义、拜金主义、消费主义价值观的最有力的思想观念，它为克服精神生态危机奠定了思想价值观基础。

　　重要的是，马克思的这些价值观念，又是以人与人的合理生存关系为前提的。马克思的新哲学，就是从人与自然界的生态整体关系出发，进而通过人与人的社会生态合理性的实现而实现人与自然界的生存合理性的哲学。而社会在生态上的最高合理性，不外就是每个人与一切人的生态性的合理生

　　① 马克思：《1844 年经济学—哲学手稿》，刘丕坤译，人民出版社 1979 年版，第 86 页。
　　② 陈先达：《马克思哲学关注现实的方式》，《中国社会科学》2008 年第 6 期，第 44—54 页。

存、健康发展与走向自由解放的分步实现。所以，马克思的生态哲学思想，其核心问题，就是人类的生存合理性问题，即如何在自然生态、社会生态以及精神生态中的实现问题。正是这一特质，使它成了今天解决生态问题的最重要的哲学。

由马克思对不合理消费的批判可以看出，他的批判首先针对的是社会生态的不合理现象。但这种不合理特别是过度消费，又是建立在针对自然界的过度生产之上的。这就不能不引起人与自然之间的物质变换也处于不合理状态，从而引起自然生态的异化。从马克思要求克服了资本统治的"联合起来的生产者，将合理地调节他们和自然之间的物质变换"这一层看，马克思是有这一思想的。所以，马克思对人的合理需要、合理消费的要求，即对人的生存合理性要求，是在人与自然、人与人的双重意义立论的。因而，他的社会生态批判同样也是自然生态意义的批判。其生存合理性要求既集中体现在人与人的社会生态关系中，也最终体现为人与自然界的合理的生态关系即合理的物质变换中。

三　对资本现代性的反生态性批判

1. 马克思对资本现代性的辩证态度：批判现代性的确立

但是，资本并不是完全消极的。资本不仅是现代性的产物，它也是现代性的开拓力量。它打破一切封建的等级和特权，一切光辉的和神圣的东西，把一切都浸没在冰冷的攫取利益的效率计算之中。它所追求的，在生产方面，是以机械力和科学技术为主的生产活动；在经济方面，是通过资本主导的市场经济积累财富和打开世界局面；在政治方面，是以资产阶级民主制度征服世界；在精神方面，是工具理性主义、经济主义和金钱物欲价值观的支配；在生活行为方面，是个人主义、自由主义和消费主义对于人的社会生活的支配；在社会方面，就其合理性而言，是追求法律之中的公平正义。这些被认为是整个社会历史和人类进步的现代化方向，并为科技、工业和政治提供了不断革新的动力。但是，从一开始，它的金钱崇拜，它的建立在资本对劳动的剥削、资本对自然的掠夺之上的经济政治制度，特别是它的资本逻辑的统治，本身就是非正义、反生态的。是个人主义而非公共主义、人类主义的。所以，它在创造世界局部的空前经济繁荣的同时，却日渐引起广大世界的贫困和生态问题，终致出现危及整个人类生存发展的生态危机。所以。马克思作为一位深刻的辩证思想家，对资本所导致的现代性做了深邃的辩证批判：

> 在我们这个时代，每一种事物好像都包含有自己的反面。我们看到，机器具有减少人类劳动和使劳动更有成效的神奇力量，然而却引起了饱和过度的疲劳。财富的新源泉，由于某种奇怪的、不可思议的魔力而变成贫困的源泉。技术的胜利，似乎是以道德的败坏为代价换来的。随着人类愈益控制自然，个人却愈益成为别人的奴隶或自身卑微行为的奴隶。甚至科学的纯洁光辉仿佛也只能在愚昧无知的黑暗背景上闪耀。我们的一切发现和进步，似乎结果是使物质力量成为有智慧的生命，而人的生命则化为愚钝的物质力量。以现代工业和科学为一方与现代贫困和衰颓为另一方的这种对抗，我们时代的生产力和社会关系之间的这种对抗，是显而易见的、不可避免的和毋庸争辩的事实。①

"现代性"和由它导致的落后性同时并存的自相矛盾现象，在于它是由"资本"这个人间怪物推动起来的。马克思处在人类走向现代科学技术、现代工农业生产、现代社会和现代思想的开端，但他深刻地看到这种资本现代性的另一面。这一批判表明，他从一开始就既赞美现代性，又批判现代性，因为现代性与它的负面效应是同时出现的。他的批判集中到一点，就是以资本为动力的现代性对于人的生存合理性的侵犯，使广大的没有资产保护的人无法健康生存：引起了无产者的饱和过度的疲劳，引起了现代贫困和人的衰颓，既造成了当时的由经济生态危机导致的人的社会的生存危机，又导致了自然生态危机。

马克思的这种辩证法思想和对事物的辩证态度，使他深入发现了资本现代性的二重性。这首先表现在他对现代性的世界历史作用的充分肯定：

---

① 《马克思恩格斯选集》第 2 卷，人民出版社 1995 年版，第 775 页。

大工业"首次开创了世界历史，因为它使每个文明国家以及这些国家中的每一个人的需要的满足都依赖于整个世界，因为它消灭了各国以往自然形成的闭关自守的状态"①。

又说，"资产阶级，由于开拓了世界市场，使一切国家的生产和消费都成为世界性的了。……过去那种地方的和民族的自给自足和闭关自守状态，被各民族的各方面的互相往来和各方面的互相依赖所代替了"②。

"各民族的精神产品成了公共的财产。民族的片面性和局限性日益成为不可能，于是由许多种民族的和地方的文学形成了一种世界的文学。"③

马克思在这里所强调的现代性，主要是建立在现代工业生产和市场经济基础上的各民族的互相交往对于其封闭落后状态的克服，即由生产现代性发展出来的交往现代性。普遍交往的发展就是人类的生产和生活的丰富性的发展，人类能力的提高和不断创新的发展，也是个人能力丰富增强的过程。马克思对这种交往现代性是完全肯定的。他指出：

只有当交往成为世界交往并且以大工业为基础的时候，只有当一切民族都卷入竞争斗争的时候，保持已创造出来的生产力才有了保障。④

进而，马克思批判了这种现代性在基础上的不合理性：它建立在产权私有制即资本统治一切的基础上。这种建立在私有制基础上的资本现代性，是在无限追求资本扩张和资本增值的前提下展开的，从而造成了一种人们不能控制的"资本"这种"异己力量"，这种异己力量反过来控制人，首先使人的交往现代性走向反面，成为悖论：

单个人随着自己的活动扩大为世界历史性的活动，越来越受到对他

---

① 《马克思恩格斯选集》第 1 卷，人民出版社 1995 年版，第 114 页。
② 同上书，第 276 页。
③ 同上。
④ 同上书，第 108 页。

们来说是异己的力量的支配（他们把这种压迫想象为所谓宇宙精神等等的圈套），受到日益扩大的、归根结底表现为世界市场的力量的支配，这种情况在迄今为止的世界历史中当然也是经验事实。①

正是这种资本私有性的存在，使资本在发展中转变成为异己力量，所以，现代性所带来的不是全民的幸福，而是资本带来的人的分裂，社会的分裂，是经济生态危机，是大多数劳动者的生存危机。所以，马克思对资本现代性又抱着批判态度。他批判的重点是：

> "在大工业和竞争中，各个人的一切生存条件、一切制约性、一切片面性都融合为两种最简单的形式——私有制和劳动。"② 一方面，是资本家的"一切肉体的和精神的感觉都被这一切感觉的单纯异化即拥有的感觉所代替"③，另一方面，是工人"一切属于人的东西实际上已完全被剥夺，甚至连属于人的东西的外观也已被剥夺"④，过着非人的生活，动物般的生活。

马克思站在全人类的自由解放即社会公共人本主义的立场上，站在劳动人民的生存合理性立场上，提出了克服这种社会生态危机、克服这种现代性悖论的根本方法：

> "对私有财产的扬弃，是人的一切感觉和特性的彻底解放；但这种扬弃之所以是这种解放，正是因为这些感觉和特性无论在主体上还是在客体上都成为人的。"⑤ 扬弃私有制，这就是人的解放的核心问题。

这里把扬弃私有财产与人的特性的解放联系起来，在于私有财产无论对

---

① 《马克思恩格斯选集》第 1 卷，人民出版社 1995 年版，第 89 页。
② 同上书，第 127 页。
③ 《马克思恩格斯全集》第 42 卷，人民出版社 1979 年版，第 124 页。
④ 《马克思恩格斯文集》第 1 卷，人民出版社 2009 年版，第 261 页。
⑤ 《马克思恩格斯全集》第 3 卷，人民出版社 2002 年版，第 303 页。

所有者还是非所有者来说，都是对人的异化和奴役，也就是"物对人的奴役"；扬弃这种奴役，人的感觉和特性就会既从主体身上也从客体身上解放出来，因而是"人的一切感觉和特性的彻底解放"，使人真正成为人。这是马克思解放理论的核心理论，也是他进行现代性批判的根据。

马克思对资本现代性的批判就是以此为根据的。这表现在他批判了由于私有制而导致的"市民社会"中的"个人生活与类生活之间、社会生活和政治生活之间的二元性"对立，认为这是由在私有制基础上的政治解放所必然造成的矛盾：在私有制的前提下，他有"占有财产的自由"，因而作为个人他是利己主义者；但是，财产也占有了他，奴役了他。在这种情况下，他"不是类存在物"，而是一个私有者个体，从而与人性相对立。他从宗教的"神役"中走出，却陷入资本的"物役"之中。所以，在私有制的条件下，人必然要陷入"物役"与人性的矛盾之中，个人与类群的矛盾之中。所以，马克思要求社会从私有制的奴役中、从资本的奴役中解放出来，从物对人的贫困奴役和富有奴役中解放出来。这实际上是要求从政治解放走向经济解放。没有经济解放的政治解放，对于广大劳动者、无产者来说，还不是真正实现的解放。他要求资产者与无产者都从物对人的奴役中解放出来，这在今天，应当是解决生态问题的大纲。它和今天的反对经济主义、物欲主义的生态主张，是从两种立场所说的同一种语言。事实证明，现代性的问题，生态危机的问题，就出现在马克思所批判的物对人的绝对统治和人对物的无限追求之中，即资本现代性对人的统治之中。

马克思从世界历史发展上对现代性的赞扬和他从物质制度方面对现代性的批判，表明他对现代性的辩证批判态度，从而表明他的现代性是批判现代性。这应当成为我们对现代性的基本态度。我们不能因为我们自己在走向现代化，而对现代性的负面效应也失去警惕而赞美起来，放弃马克思的批判现代性而供奉资本现代性。因为资本现代性是把双刃剑，它同时导致了自然生态危机和社会生态危机，是现代恶的根源。

2. 批判"资本现代性"的不合理性及其双重反生态性，走向生态现代性

马克思借以立足的社会是"现代社会"，"文明社会"，是"以物的依赖性为基础的人的独立性"的社会,它早已不是德国的专制特权社会,因而是建立在"公民"、"经济人"、"人的独立性"之上的现代性社会:它的科学技术、经济活动、政治制度、文化形态、价值观念和与其相应的社会交往、社会关系、社会生活,都具有世界历史性的进步性。这就是说,马克思承认了这种世界历史发展的现代性。但是,对于马克思来说,这种现代性还潜在着内在的根本性的不合理性。

其一,是把工具合理性绝对化而走向了片面性。如经济上只考虑投资与收益,既不考虑资源与环境的承受力,又不考虑劳动者的合理收益;政治上把科层制的制度形式绝对化,成为官僚制度,从而成为架在社会和自然之上的统治制度;精神文化在资本面前的"祛魅",即以金钱意义消解一切神圣的东西及其重要意义。以工具理性统治一切,以及不计一切的"效率"追求,把物质价值的增殖放在压倒一切的地位,从而使人类社会成了物类社会,使人失去社会应有的价值方向而陷入拜金主义与个人欲望之中。

其二,是公共理性、价值理性一直被压抑,社会失去了公共性、人本性的价值观。可以说,现代性的危机根源之一,主要在于资本现代性中缺乏"平民"的社会公共人本价值精神,即缺乏让每个人都能健康生存、让全社会形成一种生态和谐关系的社会公共生态精神。这就是建立在社会公共人本主义精神之上的生态现代性精神。它以每个人与一切人的自由解放为最高价值方向。

其三,是资本现代性的自身矛盾。即现代性作为历史成长性方面的历史合理性,即作为"历史之善"的东西,由于资本私有制的扭曲,而不能不以"历史之恶"即以不合理的形式展现出来。所以,现代性总是在辩证的自身否定性即矛盾运动之中展开的。它们根源于人的自身与他人的利益对立、自我与非我的生存对立,因而,它是人们自身的利益对立性和人性的非完美性在历史中的体现。侯才教授称之为"主体性缺位",即人还没有"成为自身的主人"。这种"缺位"反映在资本现代性的历史之中,成为一种自身无法挣脱的矛盾。马克思的批判深刻地揭露了这一历史实质,其目的是通过对不合理性的斗争和克服,为历史开辟合理性的发展空间。

其四,资本现代性在根子上的不合理性:即一部分人通过资本在经济上奴役另一部分人的不合理性。马克思提出了解决这种不合理性而使其成长变革为后资本主义现代性——通过社会所有制而转变为社会主义即社会公共主义有现代性主张。这是任平所说的"现代性视域的一次大变革"。它走出了绝对理性和抽象人性的现代性固有视点，而走向了相对理性和感性活动即进行感性生存活动的人。

其五，是"物本主义"的统治。或者如上文所说的，是以"超绝欲望"促进资本无限增殖，即物质利益最大化、统治利益最大化。资本主义就是物本主义，物本主义只能导致物神圣化，"物"神圣化也就必然会出现"人的物化"，"人被遗忘"，这就造成了物对人的统治，使人陷入资本逻辑的统治之中，陷入新的奴役之中。它在马克思时代表现为货币崇拜和"商品拜物教"，在今天表现为资本帝国崇拜（如跨国公司），GDP 增殖崇拜，即经济主义崇拜。它在思想上就表现为以物本思维方式而不是以人本思维方式支配社会发展，这一现象从资本主义时代开始起，直到今天并没有什么本质的改变。人以资本（物）为目的，为最高追求；物成了神圣的东西，"人为财死"等。马克思的批判表明，人类必须由资本至上的金钱物欲价值观转向民本至上的人本价值观，即由以"资本"为本位转向后资本的以"人本"为本位，即大众化、"平民化"了的社会公共人本主义价值精神。他批判资本主义的物化性、物本性，而力促其向人化性、人本性转变：即由"物的依赖"向"人的自由个性"和人的自由而全面发展的转变。重要的是，没有这种价值方向的转变，就不可能向生态方向转变。

其六，是资本导致的双重生态危机。事实证明，正是资本现代性对物的无尽追求而突破了地球的生态界线和人与人的和谐生存的界线，导致了自然生态危机和社会生态危机。因为物本主义必然导致以狼性态度对自然、对社会的统治，从而既导致人与自然关系的异化，又导致人与人关系的异化。因而，"资本现代性"在本质上不能不是一种在自然性与社会性的双重意义上的反生态力量。

所以，要克服人类当前的第三次正义危机即生态危机，要想相对地解决这一问题，不能像生态主义者那样仅仅从生态维度着眼，而应当像生态马克思主义者那样，从自然生态与社会生态双重维度着眼。从彻底性上说，它必须通过对人类社会的政治不平等与经济不平等（二者都包括人与人的和国与国的范畴）所导致的政治生态危机和经济生态危机，才能从根子上相对铲除生态过耗，消耗过耗，从而全面解决生态危机，开辟继工业文明之后的生态文明时代。而这就需要以马克思的人类学、生态学和双重价值观为根据批判一切，并由此开辟新的生态现代性方向。

马克思的现代性批判的锋芒所指，总是指向那压抑人、统治人、使人不能得到自由发展的"异己力量"对人的统治，特别是资本逻辑与专制逻辑对人的奴役和压抑。因而，他的批判都是以人为本、以人的正常生存为本的社会人本主义批判。人和人的自由发展，人的合理的劳动与生活，人在社会中和自然界中的合理生存，即人与人、人与自然界的合理的生态关系，人的自由解放问题，是马克思生态理性批判中的最重要方面。这些批判表明，马克思生态理性精神的核心，就是既反对人对人的统治，又反对物对人的统治，以实现人的合理生存与自由解放。这里的"人"，不是抽象的人，而是历史地生存发展着的"从事实际活动的人"，是"现实的个人"，即具体地存在着生活着的个体人。从这一视角说，马克思的生态理性精神，主要是力求把人从政治生态危机与经济生态危机中解放出来而实现人的生存合理性的精神。从今天的生态危机的观点看，人类社会如果没有这些批判和所批判的问题的相对解决，也就不可能解决生态危机问题，因为那正是导致生态恶化的最重要的根源。所以，马克思对资本现代性的这种非人性的批判，也就是马克思生态理性精神的生成。

总之，马克思是以他的人类学生态学意义的哲学精神，深入批判了资本现代性的核心问题，即资本把人从自然的奴役、从神的奴役、从专制制度的奴役中解放出来之后，又投入物对人的奴役、资本对劳动的奴役以及人对自然的奴役之中。这是它的一切不合理与非法性的总根源。马克思的批判表明，正是资本的这种反生态本性，导致了人与自然关系的异化和人与人的关系的异化。而这是导致自然生态危机和社会生态危机的真正的根源。因而，在任何社会都革除资本逻辑的统治，是解决生态问题的关键。马克思的这种批判现代性，为构建非资本主义的生态现代性开辟了道路。

四　资本问题与生态问题的同步消长

马克思对生态问题的批判的深刻性，还在于指明了生态问题与资本问题的同步消长性。在马克思那里，生态批判与资本批判是同一个逻辑过程的两面。它经历了同步发展的四个历程。

第一，从起点上看，马克思认为，人与人、人与自然界本来就是一种辩证生态整体，人与人、人与自然本来就处于自然生成的、互为对象的、相对和谐的状态。因为人本来就是自然界的一部分，而人与人（在没有资本介入的情况下）本来也是互相依存的，这是进行生态批判的理论前提。

第二，是资本问题和生态问题的同步产生。这是由于私有制的集中出现了异化劳动，劳动异化一方面导致劳动与资本的对立，导致人与人相对立，另一方面导致人与自然相对立，人的异化与自然的异化同步出现。这既是对人与人的和谐关系的破坏，也是对人与自然的和谐关系的破坏。马克思明确指出：一方面，"人的异化劳动，从人那里……把他本身，把他自己的活动机能，把他的生活活动异化出去，从而也就把类从人那里异化出去"，这就是异化导致的人与人的分离；另一方面，"人的异化劳动从人那里把自然界异化出去"①，即导致人与自然相分离。这种分离破坏了人与自然界的辩证生态整体关系。所以，马克思的批判既是对资本的批判，也是对资本导致的生态破坏的批判。

第三，是资本统治与生态问题的同步严重化。马克思明确指出，随着资本主义的发展，资本和人口在大城市的集中和在农村的稀少化，"破坏着人和土地之间的物质变换，也就是使人以衣食形式消费掉的土地的组成部分不能回到土地，从而破坏土地持久肥力的永恒的自然条件"②，从而"在社会的以及生活的自然规律决定的物质变换的过程中造成了一个无法弥补的裂缝"，即自然生态循环的破坏和"断裂"，而这同时也是社会生态的破坏和断裂：它"同时就破坏城市工人的身体健康和农村工人的精神生活"。③ 马克思从人类学生态学高度，描述了生态破坏对劳动者的影响：

> 光、空气等等，甚至动物简单的爱清洁的习性，都不再成为人的需
> 要了。肮脏，人的这种腐化堕落，文明的阴沟（就这个词的本义而

---

① 马克思：《1844年经济学—哲学手稿》，刘丕坤译，人民出版社1979年版，第49页。
② 《马克思恩格斯全集》第23卷，人民出版社1972年版，第552页。
③ 同上。

言），成了工人的生活要素。完全违反自然的荒芜，日益腐败的自然界，成了他的生活要素。他的任何一种感觉，不仅不再以人的方式存在，而且不再以非人的方式因而甚至不再以动物的方式存在。①

这是生态恶化与资本恶化导致的严重的自然生态与社会生态问题，使工人和农民都不能合理生存，健康生存。它表明，资本主义的商品生产，是为剩余价值的增长而生产，资本对剩余价值的独占，导致无产阶级与资产阶级的对抗，也导致人与自然界的生态循环、生态平衡关系的断裂，导致人与人的以及人与自然界的不合理的生存关系的出现，它既使社会生态失衡，又使自然生态失衡，从而违背了自然的与社会的双重生态规律。

第四，是资本与生态问题同步走向解决。在马克思看来，资本主义生产方式的矛盾激化，最终会导致资本主义统治的解体，而资本这种“盲目的力量”对于自然生态的破坏，也会相应消除，这就使人与人、人与自然的物质变换关系走向合理化，人统治人、人统治自然这种不合理状态也就逐步消解。这当然是一个不短的矛盾发展过程，但却是资本问题与生态问题同步解决（走向共产主义即社会公共人本主义）的历史过程，是人与人、人与自然的生态生存问题最终实现和解的历史过程。马克思的全部理论，都不外是为实现这一目标服务的。所以，恩格斯把马克思的理论，概括成是“为人与人、人与自然的和解开辟道路”的理论，这也就是自然主义和人本主义的同时实现，即社会公共人本主义的实现过程。

上面对资本与生态问题的双重历程的批判，只有站在世界历史高度、只有站在人类学生态学的双重价值高度，才可以理解。正是在这样的总体性的生态批判与资本批判的双重合一的逻辑历程中，马克思构建了他的一系列的生态哲学原理。（吴茜主笔）

① 《马克思恩格斯全集》第42卷，人民出版社1979年版，第133—134页。

第六章

马克思哲学的双重价值追求：生态文明时代的根本价值方向

【小引】人和人类世界一直处于这样的矛盾之中：一方面是一种强大的自然力量和社会力量使人不能合理生存，这既包括原始的自然界和被人异化了的自然界，更包括人类世界的资本逻辑与权力逻辑的恶性膨胀，以及人的动物本性给社会造成的社会生态异化问题；另一方面是由人自身的生存张力与发展张力所推动的人对双重生存合理性的追求，即通过不断克服自然的与社会的生态异化而走向人在自然界和社会中的合理生存、健康发展与自由解放。马克思哲学就是指向克服自然的与社会的双重生态异化、实现人的双重生存合理性要求的哲学。人的社会生态的合理性发展，建立在人与自然界的生态合理性之上，而人的自然生态的合理性发展，又建立在人与人的生态合理性之上。马克思哲学就是为克服这种双重不合理根源而为人类的双重生存合理性的实现而斗争的哲学。而这本身就是生态文明建设的最高要求。因此，马克思哲学是人类走向生态文明时代的最重要的生态哲学。

【新词】人类世界的不合理性　人类生存的双重价值目标　合理生存　健康发展　自由解放　人的生存张力与发展张力　合理性与不合理性　人的生存逻辑

马克思的四大哲学精神，马克思在人类学、生态学和经济学立场上对资本主义反生态性的批判，以及他的生命理性、生存理性、共存理性精神等，其目标都指向一点，就是人在自然界和社会中的双重合理生存，而这也就是马克思哲学的双重价值追求。马克思所说的"共产主义"、"人的自由而全面的发展"、"人的解放"、"全人类解放"等，都建立在人的这种双重合理生存问题的解决之上。人在自然界和社会中的双重合理生存，既是个体的也是共同体的现实目标，更是他们的历史性的永恒追求。

一 人类世界不能合理生存的状况与根源

人的生存世界，人的生存要求，作为受制于自然必然性（自然条件）和社会必然性（历史发展条件）的存在，作为人类生产、人类利益和人类意识的产物而不是自然规律的生长物，总会既有它的合理性又有它的诸多不合理性。这种不合理性，与合理性一道，是在历史发展中形成的。

1. 历史发展中的不合理性

从历史上看，人类社会的不合理性，主要集中在经济方面、政治方面和由于观念误导而出现的行为方面。政治方面的不合理性，主要是权力逻辑的扩张或特权对人民群众利益的侵吞。经济方面的不合理性，主要是私有制扩张导致的两极分化。社会分裂为日挥万金的资产者和一无所有的无产者。人类的动物本性在这里以本能的形式集中爆发出来。由于社会还没有找到约束它的形式，它就以最残酷的剥削形式表现出来：掌握生存资源的人以动物本性把没有生存资源的人当成动物：强迫无产者每日劳动 14 个小时，还只能过着非人的动物式的生活。于是，无产者的生存问题，就成了当时社会最尖锐、最严重的不合理问题。针对人类世界的这种不合理与非法性的统治，马克思从经济基础、上层建筑和意识形态全方位展开了批判，这些批判的终极指向，就是为了追求人的生存合理性的实现，而这又是由人的生存发展辩证法的总体趋势所规定了的。大体说来，人的生存世界的矛盾辩证法，社会历史的辩证法，就具体形成了人们追求合理生存与走向自由解放的道路。马克思的哲学，就是为消除这种人类世界的不合理与非法性而斗争的哲学。弗洛姆说得好：

> "与许多存在主义者一样，马克思的哲学也代表一种抗议，抗议人的异化，抗议人失去他自身，抗议人变为物，这是一种反对西方工业过程中人失去人性而变成机器这种现象的潮流。"又说，"马克思的哲学

是一种抗议，这种抗议中充满着对人的信念，相信人能够解放自己，使自己的潜在才能得到实现的这种信念。"①

这种抗议，也就是对人的合理生存权利被剥夺的抗议。人类的社会存在中的这种最严重的不合理性，特别出现在马克思时代。在今天，世界上的不发达地区和前现代社会，这一问题依然严重存在。马克思所希望的，是通过革命无产阶级代表全人类的健康生存要求，对不合理的旧世界来个彻底变革。

所以，马克思把他的主要斗争锋芒，集中在这一问题上，并希望通过这一问题的解决而实现人类社会的彻底改造，走向人类解放即合理生存与健康发展的道路。他所提出的"公有制"、"社会所有制"，就是为了从根本上克服社会共同体中的"价值密集"与"价值稀薄"的对立状态，走向权利空间占有的相对平衡，这是马克思的自由、真理、正义、平等精神，以及社会公共人本主义价值精神，在当时的必然选择。然而，由于公权制度的逐步完善和科技导致的生产力的发展，这个问题有了另一种新的解决方式——剩余价值在政府主导下的社会再分配。这同样是世界历史性的社会主义进步。

但是，人类世界的不合理性并没有从根本上解决。在今天，不论是什么样的社会共同体，都是充满矛盾斗争的共同体。其中无论是微观的个体之间，中观的阶级和不同群体之间，还是宏观的国家之间，都充满着合理不合理的斗争。特别是"价值密集"与"价值稀薄"的斗争。

斗争，有两种以上的情况：一种是以强凌弱，一种是以弱抗强。从正义立场看，人们认为前者是不合理的，后者是合理的。即使一般的冲突，双方争持的也是"理在何方"，师出有名。由此看来，"合理"，是人的生存发展的最高要求，而"不合理"，却又是人的生存世界的一种基本事实。从远古到今天，似乎都是这样。因为，无论在野蛮时代还是文明时代，人作为动物世界的组成部分，不能摆脱动物式的"强权统治"：强的部落攻击弱的部落，强大国家攻击弱小国家，强权阶层统治无权无势力的人，资产阶级支配无产阶级等。所以，人的生存世界，它的各种生存共同体，都处在价值密集

---

① ［德］弗洛姆：《马克思关于人的概念》，《哲学译丛》1979 年第 5 期。

与价值稀薄的两极对立的不合理性的统治之下。这在当前是阻碍人类文明转向生态方向的最顽固的事实。这种价值密集与价值稀薄的两极对立，突出体现在物质占有和消费方面。

2. 人类世界的非人生存：消费严重稀缺与消费严重过度的对立

正如同生物界的基本事实是生存资源稀缺一样，放眼世界，无论是古代、近代还是当代，无论是东方还是西方，南方还是北方，一个基本的生存事实是：社会总是处在价值密集与价值稀薄的两极对立的状态，从而一方面是严重稀缺消费，一方面是严重过度消费。这种两极对立的状况基本主宰了历史。马克思结合早期资本主义工业文明的现实，在同一个理论场合批判了这两种对立的、不合理的状况。他首先关注的是劳动者在消费方面的贫困、异化和严重不合理状态：

> 污秽，这人的堕落、腐化的标志，这文明的阴沟，成了劳动者的生活要素，违反自然的满目疮痍，日益败坏的自然界，成了他的生活要素。他的任何一种感觉不仅不再以人的形式存在，而且不再以非人的形式存在，因而不再以动物的形式存在。……人不仅失去了人的需要，甚至失去了动物的需要。①
>
> 这种异化还部分地表现在这样一种情况上，即一方面所发生的需要和满足需要的资料的精致化，在另一方面产生着需要的畜类般的野蛮化和最彻底的、粗糙的、抽象的简单化，……，甚至对于新鲜空气的需要在劳动者那里也不再成为需要了。②

进而，他同样反对那种过度的严重不合理的异化需要，开始了对消费异化的批判，这一层前面已有讨论，这里从略。

3. 人和人类世界不能合理生存的根源

人类的各种共同体，都是一定的人们的生存发展的整体。在氏族和部落

---

① 马克思：《1844年经济学—哲学手稿》，刘丕坤译，人民出版社1979年版，第87页。
② 同上书，第86页。

时代，人的合理生存问题主要是人与自然界的关系问题。那时人们的"经济关系"与"政治关系"都还笼罩在力图让每个人都能合理而健康地生存的血缘关系之中。但是，进入阶级社会之后，出现了生产数据的集中和社会公权的集中，集中起来的私有财产和私有权力，成了统治社会的两大经济政治力量。由于每个人都希望自己的"权利空间"极大化，而占有较多生产数据和较大权力的人，首先可以凭借他们的物权和公权的力量而极大地扩大自己的权利空间，同时也就会把绝大部分人的权利空间压向极小，这就势必剥夺了这部分人的生存发展权，使"共同体"的共同生存原则受到破坏。于是，一种悖论性的矛盾就出现了：从整体上来说的人类生存发展的合理性发展——财产私有和权力私有，它是马克思所说的"人的依赖关系"时代的自然历史现象，是人类走出原始时代的必然步骤；从部分上来说同时又是人类生存的不合理性的严重发展；一部分人而且是大多数人的权利空间被大大缩小，无法合理生存。从而导致社会共同体的严重失衡而不能正常运行。

　　一定社会、一定共同体的"权利环境"失衡，也就是人们在生存价值占有上的失衡：社会财富总是由于强力维护而在一方集中，形成价值密集状态，在另一方由于无力维护而散失，形成价值稀薄状态，由于价值就是人的生存发展空间，因而，"价值密集"与"价值稀薄"就必然会导致社会共同体的经济失常和政治异化。导致共同体的生存权利环境的严重失衡。马克思所说的劳动异化就是这样：它导致生存价值物在一方的密集和在另一方的稀薄，从而使人与人之间形成以财富归属为鸿沟的隔阂，鸿沟的一边是少数占有了财富因而权利环境优越而自由发展的人群，另一边是以体力劳动者为主的、财富被异化出去的大多数人，他们的权利环境极其恶劣，生存空间极为狭小，因而无从合理生存。这种人际分裂使社会不能正常运转和发展，这既加剧了共同体内部的经济生态危机以及政治生态危机即社会生态危机，也加剧了他们与自然界之间的自然生态危机。历史就是在这种权利环境严重不平衡、不合理的状态下发展的。

　　社会权力主要包括以资本和统治为体现的物权、治权以及强调其合法性的言权，它与个体的人权相对立。它们总是由人掌握的，总会与人的私心相结合而产生排他的扩张本性，即在一定的人手中总会趋向极化，从而不能不侵犯他人或下层的物权、言权、人权而给社会带来冲突性灾难。当私有制产生了剥削阶级而其剥削行为又没有社会限制时，其剥削总是趋向最大化；当社会产生了统治阶级而其统治权力又没有人民的法律限制或法律不能限制时，其统治总是趋向极权化和高压化。这种统治阶级的物欲、权欲的最大化追求及其借助于公权和产权（资本）的实现，是人类社会不合理现象的最大根源，是导致人类生存价值世界发生严重倾斜的邪恶力量。人类对生存合理性的追求，实际上体现为人民大众对这一根源的反抗、抵制、克服与控制过程。事实上，不论东方还是西方，社会的灾难、混乱、腐败、侵略性的战争等，从来都是由于少数统治阶级的物欲、权欲的膨胀造成的。也有些是由于意识形态即"言权"的对立和异化造成的。上层给下层带来的灾难，比下层给上层带来的灾难多得多。

其实，资本的与权力的超绝欲望和狼性态度，是历史上一切统治阶级的阶级本性。世界历史的大部分都是战争史表明了这一点。一旦处于社会的支配地位，一些人总是为了满足自己的超绝欲望，而以"狼性态度"对待与自己不同的或对立的他人、他族、他国，从而造成了人类世界的种种冲突和屠杀。在这种情况下，"人对人是狼"，一切抢劫、掠夺、侵略、战争、统治、超额剥削、欺诈、腐败等就是它的体现。人间的形形色色的矛盾也便由此而来。所有这些，都在人际、族际、国际之间，在不同的生存共同体内部和相互之间，给人对生存合理性的追求带来困难。而也正是人类世界的互相斗争，加剧了人与自然生态之间的灾难。总的来说，人和人类世界不能合理生存的根源，一句话，在于人对人的和人对自然界的超绝欲望和狼性态度，导致了自然生态与社会生态的双重异化。

如果说，在史前时代，由于人的软弱无力而自然界统治着人，从而使人不能合理生存的话，那么，在资本主义亦即在"人类世"已经开始的两百年间，则由于人把对人的狼性态度也转向针对自然界，从而也给自然界造成了恶变和灾难，导致自然界的和人与自然关系的生态循环的断裂，造成自然生态的异化，它反过来统治人，从而使人类不能合理生存。

上述现象的不合理性在于：就人的本性来说，天生就是要进行"自由自觉的活动"的，但是，这只有在较为平衡的权利环境中才能做到。且只有在这种状态下，人才能作为人而存在，人的自由和创造性才能发挥出来。因此，人的合理生存就成了当时社会的基本问题。但是，要合理生存，就要克服物的异化和人的异化；而要达到这一步，就要消灭导致异化、导致权利环境失衡的私有制与专制政治。正是针对这种历史性任务，马克思在思想解放、政治解放的历史基础上，进一步提出了无产阶级解放和全人类解放的任务，而不仅仅只是无产阶级解放。这四大解放的核心，首先就是为了全人类的合理生存。在马克思看来，随着人类历史运动的深入，必将是劳动者权利空间的扩大和可以自由发展的人群的扩大，这种双重的扩大，就越来越把人从非人的异化关系中解放出来。因此，人的合理生存，首先是摆脱经济异化和政治异化的生存。马克思的以《资本论》为体现的经济学理论，就是帮助人们摆脱经济异化和政治异化的理论。

总之，从人的生存合理性要求来看，人类社会的不合理性，主要在于抢夺生存价值世界而形成的矛盾上，展开来说就是：

其一，人类的不同生存共同体之间的相互劫掠，它支配了人类历史的大部分时空，使不同人们所创造的不同文明不断受到破坏。

其二，是人类社会的不合理、非法性关系不利于人的合理生存与健康发展，资本逻辑对人的统治就是这样。特别是在一个生存共同体内部，生产数据的私人占有制导致"价值密集"与"价值稀薄"即利益对立的产生，这是对于人的物质需求的均衡性的破坏。

其三，社会公共权力的私有（帝王所有）、私用对于一定社会制度的良性运转的破坏，这是权力逻辑导致的社会权利空间的对立和权利环境的失衡。

其四，以上两方面的"价值密集"与"价值稀薄"的对立及其导致价值规范的对立，从而也破坏了人类精神的和谐，导致思想意识对立的产生。特别是代表传统利益的传统观念、宗教信仰、极端意识、唯我主义等不利于人们的合理生存与健康发展。

其五，不同的人们的各种私欲的膨胀导致的对他人的权利空间的侵害，以及由此导致的人与人的对立和矛盾，特别是人本身的自私、愚昧、狭隘、局限、片面、狂野、征服和统治别人的态度、暴力倾向等动物本性即非人性东西的支配，不利于人自身的合理生存与健康发展。

其六，人们借助技术的非生态负效应和过度膨胀的物欲对于自然生态的掠夺和破坏，即把人对人的狼性态度施行于自然界，从而把良性的生态环境变成恶性的；迫使人所依赖的自然界向不利于人的生存方向退化，这一过程随着人掌握的工具力、生产力的发展强大日益破坏自然界的生态平衡而导致生态灾难，等等。这些不合理、非法性东西与人类生存的本质性要求都是相背离的。但是，人的健康生存逻辑像一种强制性力量，在历史的不合理性中顽强地追求着人的生存合理性的实现。其方向，马克思从经济学上称之为共产主义，从人类学上可以概括为公共主义，它是人们的合理生存逻辑的自然—历史归宿。

二　人的双重合理生存要求：人的生存理性的基本要求

1. 生存合理性问题：人类生存的基本问题

这里要预先强调的是，人的生存发展，无论就个体而言还是就共同体或全人类而言，都有个合理不合理的问题。因为人类行为不是直接建立在自然规律的合理性之上的，而是建立在人的意识构想、人的主观调控之上的，是在人的不同意识、不同利益、不同势力的中介和冲突下产生的。相对于自然必然性来说，它是一个以偶然性来开辟合理道路的自觉自为的历史过程。或者说，自然界是在天然的演化、进化行为中实现它的合理生存的，而人则是在有意识的"优化"行为中实现他的合理生存的。所以，对于人和人类世界来说，其生存发展天然就有个合理不合理的问题。人的生存理性，就在于在种种不合理性中追求人的合理生存与合理发展，健康生存与健康发展，以及如何逐步走向自由解放问题。这可以概括为"人的生存合理性问题"，是人的生存理性要解决的基本问题。人的生存合理性，是马克思没有明确提出但又是其全部哲学围绕的中心。马克思全部理论的旨归，都是为人的合理生存开辟道路的。

这里，有个如何理解"合理性"的问题不得不预先说说。哈贝马斯说，"哲学通过形而上学之后、黑格尔之后的流派向一种合理性理论集中"①，参与开发的现代哲学，已由关心必然性的形而上世界，转向关心可能性的形而

---

① 〔德〕哈贝马斯：《交往行动理论·第一卷·行动的合理性和社会合理化》，洪佩郁、蔺青译，重庆出版社 1994 年版，第 15 页。

下的人和人类世界，哲学已成为人类学，而人和人类世界的问题在哲学上的反映就是合理性问题。由于人类问题的社会复杂性和历史变革性，合理性问题也成了复杂的不断变革的问题。所以，拉瑞·劳丹认为，20世纪哲学最棘手的问题之一是合理性问题。[①] 但是，在这里，必须像麦金太尔所诘问的那样问一问：所谓合理性，"是何种合理性"？否则，抽象的合理性分析就不能不流于空洞。事实上，所谓合理性，如我们一再强调的，也就是合规律性与合人伦性。合规律性，主要是符合自然世界的数理、物理、生理规律，在这里主要体现为以这些规律为根基的自然生态规律；合人伦性，主要是符合人和人类世界的心理、人理、事理规律，在这里也主要体现为由这些原理所规范的社会生态规律，但这仍然是抽象的。就马克思主义哲学来说，对合理性的分析，必须降到社会历史层面来分析理解。在这种情况下，合理性一般与历史进步的"真理性"、"正义性"相关，与人对自由的追求相关，与现实需要的"正常"、"正当"、"应当"同义，因而也与合法性相关。然而，所有这些，都还必须具体分析，必须结合不同时代、不同文化、不同阶级阶层进行分析，即坚持唯物主义历史观的分析。在这里，即在生态哲学这一高度上，所谓合理性，应当进一步理解为既符合自然生态之理，又符合社会生态之理，即既符合推动时代进步的人类学价值精神，又符合全人类与其生态环境的永续存在的生态学价值精神，才可以认为是合理的。马克思对人的生存合理性问题的关怀，就属于这样的问题。

换句话说，人的生存合理性问题是人和人类世界特有的问题，它不是自然的，天生的。从人类学生态学上看，人作为自然界中的一种非特定、非自足的生命存在物，他的生存首先是建立在外在自然界的物质生存条件和自身努力的创造和生产之中。如果说，植物作为自养性生物的合理性是由自然规定的，因而是天然合理的，即它的合理性具有自然必然性；而人作为自立性生物，他的生存合理性则是由人自己规定的，是人为的，因而它不具有天然合理性，它的合理性在于人对自然的理解、人的智慧、人类内部的利益协调、人自身的组织优化特别是人与自然界的合理关系的优化等为前提。例

---

① ［美］拉瑞·劳丹：《进步及其问题》，刘新民译，华夏出版社1999年版，第七章"合理性与知识社会学"。

如，古代的杀牲祭神，甚至以大批的社会成员为牺牲品，以求风调雨顺，就是当事人认为合理而实际不合理的行为。任何时代，都有因时代局限和错误认识、错误意志而导致的错误行为，以及把动物的生存竞争原则直接实现于人类社会，以不当的利益争夺而导致双方的灾难。因而，人类世界的合理性是或然的，有待于人自己的理性和小心的努力，特别是在人与自然的关系中是这样。这也就是说，人的生存自立性有一个永远摆脱不掉的问题：对外在自然人合理关系以及在内部社会关系中的生存合理性问题。人类社会，从总体上看，就处在这种自然的与社会的双重合理性或者双重不合理性的矛盾运动之中。

这表明，人的生存合理性的实现，不是平静的，不是没有矛盾的，而是在对不合理现象的血与火的斗争中实现的。因为，自古至今，人类世界都被一种强大的不合理力量所支配。今天也正是这种不合理力量导致了人类的生态危机。

2. 人的生存理性总是在为人的合理生存而奋斗

在马克思看来，人作为一种非特定、非自足的生命存在物，他的生存首先是建立在外在自然界的物质生存条件和自身的劳动努力之上。在这个物质条件上，人才能以他的生命的生存张力，源源不断地通过劳动生产把自然物转化为人化物，即进行人天之间的物质变换，创造其生命所需要的生存物品，以满足自己的生存发展需要。马克思正是在这个意义上提出了他的生存需要论：

> 人们"为了生活，首先就需要吃喝住穿以及其它一切东西。因此第一个历史活动就是生产满足这些需要的数据，即生产物质生活本身"，以及"已经得到满足的第一个需要本身、满足需要的活动和已经获得的为满足需要而用的工具又引起新的需要"。①

马克思认为，人们为了生存而进行满足生存需要的物质生产活动，对于

---

① ［德］马克思、恩格斯：《德意志意识形态》（节选本），人民出版社 2003 年版，第 23 页。

人来说是一种必然性活动，这种必然性活动基于人的生存的逻辑要求。人类历史就是人们的这种不断通过生产而从自然界创造满足人的物质生存需要的历史。这里我们应当注意马克思提出了两种需要：当他说人们"为了生活，首先就需要吃喝住穿以及其它一切东西"时，他讲的是人的生命的生存需要；当他说"为满足需要而用的工具又引起新的需要"时，他讲的是人的发展的基本需要。不论是生存需要还是发展需要，马克思所说的需要都是基本需要，合理需要。

概括说来，马克思通过人的合理需要理论，提出了人的生存需要和发展需要。这两者都是建立在合理性之上的，可以概括为人的合理生存与健康发展——或者更恰当地从生态要求上概括为人的健康生存与合理发展。这是人的生存逻辑的基本要求，即人的生存合理性要求，它包括三个方面。

3. 人的生存张力及其逻辑要求：个人在自然和社会中的合理生存、健康生存

人是生命的存在物。任何生命的最根本的能力，就是生存张力，即为生命的生存而积极活动的动能。同时，人是社会存在物，人的生存只能在社会共同体中才能共同生存，共同体就是众多生命分工合作相互依赖而共同生存的结合体。就个体而言，他只能产生于共同体、依赖于共同体才能生存。相反地看，共同体也只能产生和依赖于众多个体的合作才能生存。因此，和生共济，是共同体的金规律。所以，个人依赖于共同体而生存，既是个人的天然权利，也是个人的基本要求。

按照西方最进步的思想，从自然法的原理到生态主义者，都主张人与人是天然平等的，人作为共同体的有机构成部分，人对自然资源的占有权利当然也应当是天然平等的。这种平等，为人的合理生存奠定了资源基础。

人的合理生存，首先是自己能够凭借自己的生存张力而在共同体中创造社会生存价值的生存。这是生存的自立性。同时，合理生存是有度的生存。从人类学、生态学和经济学上讲，合理生存应当有它的自然的与社会的生存尺度。这种尺度，根据马克思的需要论，就其本身来说，就是满足基本生存需要的尺度，根据这一尺度，不能满足基本生存需要，就需要积极发展；满足了基本生存需要，就需要保持稳定。自然资源的有限性决定了任何人都无

权因过高消费而浪费资源，这是自然生态的有限性设定的金规律；而就其与他人的生存关系说，就是以不破坏他人的合理生存为尺度。一旦一些人的合理生存追求侵犯了另一些人，它就失去了合理性，违背了生存共同体的"和生共济"的社会生态金规律，因而成了不合理和不合法的，就应当立即停止。这种范定在基本需要中的不破坏他人生存的生存，就是合理生存。人作为人的基本要求，就是合理生存。

人的生存合理性要求，在家庭、氏族、部落这种以血缘为基础的生存共同体中，大都是力图保障每个人与一切都能实现的过程。但是，阶级对立和奴隶制国家的出现，特别是资本主义时代，共同体内部的利益对立和共同体的异化，使广大劳动者由于失去生存资源而不能合理生存。共同体相互之间的利益对立，更使相互之间武器相向，这成了人间最大的社会生态问题。所以才有了动乱、造反、革命、战争等事情的发生。

个人在共同体中的合理生存，不是自生的，不是自足的，它是通过人的生命张力的积极发展而实现出来的。但是，人和其他动物不同的是，人的生存是发展性的生存，因为人是文化的存在物，文化总是在不断变化发展的。人的生命张力，进一步体现在它的发展张力之中。

4. 人的发展张力的逻辑要求：个人与共同体在自然与社会中的合理发展、健康发展

人类的合理生存问题，不仅是每个个体的问题，它也是历史地存在着的社会共同体的问题。由于人的群体的自然扩大，由于人的生存中包含着人的理想、愿望和追求，因而总是发展性的生存。对于社会共同体来说，每个人的合理生存问题就转化为个人与共同体的合理发展、健康发展问题。共同体是个不断扩大、不断复杂化的人的群体。共同体只有不断发展和完善，才能满足其个体的生存发展要求。所以，个体和共同体都是在发展中实现其生存的。

共同体的合理发展，不仅应当是符合自然生态与社会生态的发展，而且是个体与共同体的协同发展，是建立在个体与共同体的创造性之上的发展。个人的最高发展，就是马克思所说的"自由而全面的发展"，共同体也是这样，他借助于每个人与一切的合理发展而合理发展。这种合理发展首先是健

康发展，它是可分享、可持续的发展，不是建立在他人痛苦之上的发展。在生态危机的今天，健康发展特别指向人既不破坏自然界的发展，不造成生态问题的发展，不破坏他人和后人发展的发展，又不破坏他人和共同体的发展，是不引起社会生态问题的、没有后遗症的发展。那种压抑个人而单纯追求共同体的发展，或压抑共同体而单纯追求个人的发展，从长远看都不可能是健康的发展。马克思强调的是"每个人与一切人"的自由发展，即个人与共同体的健康发展。

个体与共同体的健康发展，体现在以下几个方面。

其一，是在健康的生态环境中的发展，这是一切人健康生存发展的大前提。

其二，是每个人的发展机会都不被他人剥夺的发展，大多数人都能实现其发展愿望的发展。马克思指出：那种"一些人靠另一些人来满足自己的需要，因而一些人（少数）得到了发展的垄断权，而另一些人（多数）为满足最必不可少的需要而不断拼搏，……被排斥在一切发展之外"[①] 的社会关系，即由于种种特权关系而断送一些人的发展可能性的"共同体"，是不可能健康持续发展的。

其三，是共同体内部的、个人之间的健康关系的发展，即人与人的关系的和谐发展。这主要体现为各方利益的互不侵犯：个体与个体、个体与群体、群体与群体之间，在利益方面的"接触禁制"，即自己的利益边界不侵入别人的利益边界，一旦接触到别人的利益边界就自动扼制，自动禁止。人对人的尊重首先是对别人利益的尊重。只有这样，共同体内部才会有和谐的社会生态环境。

其四，是充分发挥个体成员的智慧和潜能，促进科学、技术、思想、观念和人的精神面貌的生态的、良性的发展。有了先进的生态性的科学技术和人民的良性的、积极的精神面貌，就会成为共同体健康发展的源源不竭的动力。特别是不断有生态性的技术创造性以及实现和谐生存的思想和艺术切入社会历史，会使共同体得到健康发展。

其五，近现代的世界历史的发展表明：共同体的健康发展，更在于良性

---

① 〔德〕马克思、恩格斯：《德意志意识形态》（节选本），人民出版社 2003 年版，第 96 页。

利用其自然资源和合理调节其内部系统对于资源的分配，具体来说在于优化其技术—环境系统、物质—财富系统、制度—权力系统、精神—规范系统，以及作为诸种系统的和谐体现的生活—行为系统，从而能激发并协调其个体和群体的"本质力量"，使其在良性轨道上发挥作用。

其六，作为一种理想状态，健康发展是通过"每个人"而达到"一切人"的合理生存与健康发展。个人是共同体的生命基础，只有全体个人都能得到健康发展，才有共同体的健康发展。所以马克思强调：理想的发展是"每个人的自由发展成为一切人的自由发展的条件"① 的发展。马克思不用"共同体"一词而用"一切人"的深意，就在于既避免以共同体压制个体，又避免只让一部分人得到发展。但是，历史的实际表现，则是只让一部分人畸形发展而不让另一部分人有起码的发展，这就是马克思所说的"虚假的共同体"。对于真正的共同体来说，它的一切发展，都首先应当以每个人和一切人为目的，这是马克思确立的共同体健康发展的金律。在马克思看来，那种只要"集体"的发展而不要个体的发展，或者相反，只要个体的发展而不要集体和整体的发展，都不是健康的发展。当然，这是建立在人与自然界的合理的健康的生态关系之上的。

个人与共同体的健康发展是一种权利，它体现在多种方面，这里不能尽论。总之，个人与共同体的健康发展权，既不能违背自然生态本身，也不能违背其他人与其他共同体的合理生存。如何激发人的智慧力量，如何让每个人都得到像马克思所说的自由而全面的发展，是共同体健康发展的内在基础和崇高目的。马克思的"每个人的自由发展成为一切人的自由发展的条件"这一金律，讲的就是以上原理。

共同体的健康发展，在不同的共同体之间，以权利后期形态出现。这是由于，任何健康发展都有它的人类学的公共度：只有那种既不破坏自然界的良性生态存在，也不破坏其他共同体的合理生存的发展，才是健康的发展。任何个人和共同体的健康发展，都不能也不应当破坏其他人和其他共同体的健康发展权。否则，不仅是违反人类学价值原则的，也是反他人的，而且自身也必然会遭到其他共同体的反对。当然，达到这一点是困难的。当一定共

---

① 《马克思恩格斯选集》第1卷，人民出版社1995年版，第294页。

同体的健康发展权侵犯其他共同体的健康发展权时，例如资源掠夺、侵略战争而导致其他共同体的合理生存与健康发展权的丧失的时候，它也就转向了不合理与不合法，成了一种不健康的、非正义的、罪恶的、非法的发展。谁走上这条道路，谁就成了世界上的非法性、非正义性的制造者。在这种情况下，以正义战争反对非正义战争就成了必要。进入文明社会之后，这种侵犯通常是以国家这种共同体的形式出现的，那就转化为国与国之间的战争，使国际之间形势紧张，全人类不得安宁，从而破坏了人类共同体的健康发展权。而历史的辩证法往往是侵犯别人健康发展的人最后反而破坏了自己的健康发展。历史上的帝国主义大都没有好下场就是明证。事实上，这里不是共同体的发展，而是少数统治者打着共同体（国家民族等）的旗号实现自己统治世界、统治别人的罪恶野心，是超绝欲望和狼性态度的体现。

5. 人类精神的本质性要求：不断走向人与自然、人与人的双重解放

人是一种有观念、会思想的精神存在物。人的一切社会存在，除了潜意识之外，都会反映在思想意识之中，成为人的特定的精神存在。而人的一切要求，也都会反映为精神意识的、思想情感的要求。即使是生态的要求，生理的要求，物质的要求，社会历史的要求，也都会反映为精神的要求。所以，无论是个体还是共同体，实质上都是精神的存在体，由精神规定的生命存在体。

那么，人作为精神的存在体，他的最根本的要求是什么呢？一言以蔽之，这就是自由解放。马克思所说的人的自由自觉的生存本性，就体现在他对自由解放的追求中。人既是物质的生命体，又是精神的生命体。精神与物质不同的是：物质是被动的，精神是主动的，物质的时间和空间是僵死的，精神则是在时间和空间中活动着的，物质不能自觉到自己的存在和要求，而精神则能自觉到自己的存在和要求，物质是被约束的，精神是自由飞扬的，物质是无意识的，精神则能自我意识。因而，精神从来就反对对自身的限制和约束，而以自由解放为自己的生命所在，理想所在，追求所在。精神的本性在于自由解放，精神价值也在于自由解放。但精神对自由解放的追求也要被时代的物质发展水平所限制，因而它总是不能不打上时代的烙印。正是精神在一切条件下作为一种精神张力对于自由解放的追求，才创造了生产力，

创造了科学技术，把这些作为精神追求自由解放的社会工具，从而也赋予社会历史一定的发展特性，即不断走向自由解放，这既是精神本性的实现，也是历史发展的归趋。正由于人的精神对于自由解放的追求，人的合理生存、健康发展的实现也就会启动自由解放的历程，人类整个历史也就不能不成为人类走向自由解放的历史。这些历史发展的可能性范畴，是人追求自由的精神本性的历史实现。因此，追求自由，实现解放，作为人类的精神本性，体现在人的一切主观精神的根本追求和客观的社会历史之中。人类的合理生存与健康发展，也就是不断通过历史发展而走向自由解放的过程。但是，在今天，这种合理生存与自由解放，如上章所表明，不仅仅体现在人与人的社会关系之中，不仅仅是社会问题，它同时也是人与自然的生态关系问题。从历史上说，人的自由解放程度，也就是通过生产力和科学技术从自然界争得自由的程度。但是，一旦人类掌握了工业性、机械性的科学技术，人与自然界的关系就日渐倒转，自然界成了人类征服的对象，其结果是出现了生态危机。在生态危机的今天，人的自由解放，当然包括从自然的生态统治中的解放，它要依赖人对自然界的尊重，按照自然界的生态规律而活动，从而在对自然生态规律的主动适应中获得自由解放。人不能从自然界得到解放，人的精神也不能得到解放。所以，从人类学生态学的立场看，人类精神的本质性要求：就是在人与自然、人与人的双重意义上，不断走向人与自然、人与人的双重解放，但这不是自动实现的，而是在与不合理的反生态的非法性东西的斗争中实现的。马克思代表了这种斗争中的正义方向。

三　马克思哲学的生存理性精神：人在自然和社会中的双重合理生存

人类社会的最大问题，从伦理学、政治学上看，就是人的生存状态的不合理问题。马克思指出了这种不合理的根基，在于统治阶级的贪得无厌，在于生产资料的资本家私有制。它成了社会中一切不合理非法性存在的总根源。它引起了社会中的合理与不合理、正义与非正义、公平与不公平的无休止的矛盾斗争。如果这种侵犯是以阶级的形式出现的（它常常不能不以阶级的形式出现），那就转化成为阶级之间的斗争，转化成为统治阶级与被统治阶级的斗争。在这种情况下，只有被压迫阶级的生存合理性的斗争，才是历史性的合法性斗争。这些问题总是在不断地斗争、解决而又不断地产生着。可以说，人的生存世界基本上被"恶"、被不合理状态统治着。由此产生的历史上的一个基本事实是：一切真理和正义，一切抗争，一切进步力量，从广义上说，都是在为占人口绝大多数的贫弱无助的人抗争，都是为了争取广大人民的生存合理性，都是为了争取生存价值世界在分布上的相对均衡——即避免出现严重的"价值密集"与"价值稀薄"的对立从而使整个共同体危险倾斜。这既是为贫弱无助的人也是为共同体即社会整体的合理的生存发展而斗争。而这也就是说，人的生存合理性问题是社会的基本问题，也是人的生存理性力图解决的问题。所以，马克思的经济学批判，马克思的人类学、生态学的哲学构建，他的政治经济斗争，一方面是代表生存理性精神对这种生存价值世界的不合理状态的抗议，一方面是对人类生存合理性的呼求和奋斗，即让人的生存合理性得以实现。而这，在生态危机的今天，都要以生态的名义和生态的方式加以解决。

重要的是，生存合理性问题是人和人类社会特有的问题，它不是天生的，而是需要人的生存理性的努力才能实现的。如果说，植物作为自养性生物的合理性是由自然规定的，因而是天然合理的，即它的合理性具有自然必然性；而人作为自立性生物，他的生存合理性则是由人自己规定的，是人为的，因而它不具有天然合理性，它以人对自然的理解、人的智慧、人类内部的利益协调、人自身的组织优化特别是人与自然界的合理关系的优化等为前提，这就特别需要人的生存理性的参与和力争。例如，古代的杀牲祭神，甚至以大批的人为牺牲品，以求风调雨顺，就是当事人认为合理而实际不合理的行为。任何时代，都有因时代局限和错误认识、错误意志而导致的错误行为，以及把动物的生存竞争原则直接实现于人类社会，以不当的利益争夺而导致双方的灾难。因而，人类世界的合理性是或然的，有待于人自己的生存理性的努力，特别是在人与自然的关系中是这样。这也就是说，人的生存自立性有一个永远摆脱不掉的问题：对外（自然）和对内（社会）的生存合理性问题。这也就是马克思哲学的核心问题。人类社会，从总体上看，就处在这种自然的与社会的双重合理性与双重不合理性的矛盾运动之中。人的生命理性、生存理性乃至共存理性精神，在这种矛盾斗争中起着主导作用。

人作为有理想有要求的生命存在物，不论是个体还是共同体，都有它的生存理性精神，其最基本、最正当的要求，就是合理生存、健康发展与不断走向自由解放。它的力图实现和曲折实现的历史过程，也就体现为人的生存逻辑，即人的生存理性在现实斗争中的展开逻辑。这个逻辑趋向人的自由解放。

马克思在《资本论》中所说的"自由而全面的发展"，首先是建立在合理生存的基础上的，因为生存是发展的前提。这种生存，当然是摆脱了"浪费和节约、奢侈和寒酸、富有和贫穷"的对立的不合理的生存，而是每个人与一切人都能满足基本生存需要的均衡生存，平等生存，合适生存。在此基础上，才有自由而全面的发展，即"健康发展"，这不仅是指社会学意义的人在社会中的健全发展，它还应当包含精神的、文化的、科学的、思想观念的健康发展，人格理性的健康发展。更可以理解为生态学意义的人在自然界中的身心健康发展。而这种发展当然要以自由、真理、正义、平等的精神导向为前提。当然也要以消除政治生态危机、经济生态危机以及自然生态危机为前提。不消除人类世界的一切不合理、非法性东西对人的统治，是不能健康发展的。但是，"解放是个历史的过程"，不是主观的过程，它依存于每个时代的自然生态条件、社会物质条件和精神发展条件，人们只能在这些条件下追求相应的历史所可能实现的解放，而不可能立刻实现全面的自由解放，只能是"不断走向自由解放"。所以，马克思的这一思想，作为根本价值追求，可以理解为"每个人与一切人的合理生存、健康发展与不断走向自由解放"。马克思的哲学，就是以一种生存理性精神追求全人类的这种生存价值得以实现的哲学。

要理解马克思的这一社会性的共存理性价值追求，如前表明，还要和马克思对资本主义的批判联系起来。他批判"资本与劳动的对立"，使劳动者过着"非人的生活"，动物般的生活，丧失健康的生活，使人不能合理生存，健康生存，更无从发展。所以，马克思的这种思想，是从劳动者的也是一般人的生存逻辑出发而反映了全人类的生存理性的基本要求。从一般的意义看，如前表明，所谓合理生存，既是满足基本生存需要的生存，又是不破坏他人生存的生存。马克思的需要论，从来就是指生命本身生存发展的正当需要，基本需要，而不是挥霍、放纵和侵犯他人、侵犯自然的"需要"，因而只是指生命生存的必要。这是他的生命理性和生存理性精神的集中体现。而资本主义由于它的本性，却使广大劳动者因为物质匮乏而不能合理生存，也使资产者因为挥霍无度而失却生存的合理性。这两者都是违背生态规律的。所谓健康发展，既是自然生态学意义的，又是社会生态学意义的。既是良好的自然环境给人的身心健康，也是人在良好社会生态环境中的身心健康发展，特别是人们的社会经济活动的健康发展，即符合生态要求的可持续的发展，以及在此基础上的人的人格和能力的健全发展。

应当强调的是，马克思并不是客观地研究这种人的生存的基本要求的，他有着强烈的主观目的，成了他本身的价值追求理想：从 19 世纪 40 年代初追求"全人类解放"，到 40 年代末追求每个人与一切人的"自由发展"，再到六七十年代在《资本论》中追求"人的自由而全面的发展"即人的全面解放，这是马克思一生的最高追求。但是，资本逻辑的统治，特权利益的统治，贫富分化的统治以及今天生态危机的出现，使马克思的也是全人类的这种合理生存与健康发展的生存理性精神不能实现。这反而使这一原理成了今天最应当弘扬的生态价值方向。

这里，让我们再说远一点。如果说，当代全部生态理论、生态运动和生态治理的目的，都是为了人类能够有一个良好的自然生态环境而健康生活的话，那么，马克思的哲学的生态根底，则在于从社会生态这个更为根本的立场入手解决问题。这是由于社会经济生态与每个人与一切人的合理生存息息相关，人的最根本的问题，就是经济生存问题，而生存问题既与自然生态密切相关，又与人的生产密切相关，更与分配密切相关。生产力低下，人们为贫困所统治；分配不合理，绝大部分人就不能从贫困中解放出来，社会就没有文明可言。马克思对异化劳动、劳动与资本的对立以及剩余价值归属问题的研究，都是为了揭露这种社会经济生态的不合理性。而马克思从事这一切揭露的目的，在于希望消除这种社会生态不合理性的根源，实现人的生存合理性要求。马克思哲学的根本价值追求，不仅仅是自然生态性的，它同时是一种社会生态性的，经济生态性的，是建立在经济学生态学乃至人类学之上的。所以，马克思哲学能够成为人类文明进入生态时代的新哲学。

四　人在自然与社会中的双重合理生存：
生态文明建设的根本价值方向

1. 人的合理生存：既是在自然界的合理生存，又是在社会中的合理生存

任何一个共同体在今天的合理生存与健康发展，首先依赖于它的外部自然条件，即良好的自然生态环境。任何共同体都是在一定自然环境中生存发展的共同体，都应当把自然环境和自然资源作为自己的"无机的身体"来对待。有良好的生态环境，是共同体发展的天然有利条件，所以古代文明，大都产生于自然条件比较优越的大河流域。而人类历史上的许多斗争，都是为争夺良好天然条件的斗争。但是，一旦共同体的自然环境条件相对稳定，它的健康发展，就要依赖于它与自然环境的生态关系，即在不违背自然生态环境要求下发展。这一点，直到20世纪60年代的生态危机出现之后，才被人类从整体上体认到。但是，此时人类已经严重破坏了自己的生态环境，这使今日的任何共同体的生存发展都罩上了生态阴影。这再次表明：健康发展权有它的自然度，即任何共同体的健康发展权，以不破坏自然界的生态平衡为前提。这在今日尤其显得重要，它被表述为"可持续发展"。外部条件当然还包括一个社会共同体、一个民族和国家的周边地区和整体世界历史的发展。

如果说，外部条件是人们可选择、可争取的（对于先民来说），内部条件是人们可以主动构建的，那么，这两个条件都依存于一定人群的人本身。人的个体与群体的身体素质和知识智力理性的发展水平、个性的主体性的发展程度、人的自主性和创造性的实现程度，以及由此规定的每个人与一切人的思想观念、科学技术、文化艺术等精神文化的合理性与进步性程度，这既是一定共同体及其个人健康发展的前提，又是其进一步发展的条件。如果一个民族的理性精神低弱，正义精神不强，处权力之上者就会为所欲为，把对下层的压制和榨取极大化；处权力之下者就会趋炎附势，奴颜婢膝，服从权势不服从真理，任何丑恶的事都干得出来。在这种情况下，正义的以人为本的制度，即使在经济基础条件比较好的情况下也不会出现。

　　个体与共同体的健康发展，一般讲来，关键取决于它内部的权利环境的相对平衡。由于人的恶劣本性是物欲、权欲的极大化，因而，掌握权力的阶层如果没有约束任其膨胀，就总会出现对无权阶层的权利侵犯，使他们的权益空间趋向极小化，从而使共同体借以运转的权利环境严重失衡，使良性运转变为恶性运转。在这种情况下，不仅个人不能合理生存，共同体也不能合理生存，更谈不上发展。这就要求统治阶层特别是国家在维护统治阶层的权益时，也不能不同时维护被统治阶层的合理权益。它（今天的国家）的职责就在于在经济上、政治上平衡各阶级、各阶层的合理性要求。特别是要扩大基本人群的权益空间，使它们具有一定的自由生存发展空间，不受权势阶层的剥夺和吞并。在历史上，新出现的朝代大都力求做到这一点，但在高层权势的长期打压下，人民群众总是不断失去自己的生存权利空间，社会的权利环境总是趋向严重的不平衡，最终导致共同体不能健康发展，出现生存危机。人类文明的发展，现代性的权力结构，就在于形成一种"主权在民"的民主制度，以确保权力中枢得到民众调节，以保障个体与共同体的合理生存权与健康发展权，逐步走向自由解放。这主要是就"制度—权力"范畴而言的。只有这种马克思也强调的"主权在民"的比较科学和人化的权力协调系统的实现，才可能有"物质—财富"系统的合理机制的出现。

　　进而，任何共同体的健康发展权，都只能是在一定历史条件、一定的经济技术条件下的发展。马克思指出：

　　　　人的存在是有机生命所经历的前一个过程的结果。只是在这个过程的一定阶段上，人才成为人。但是一旦人已经存在，人，作为人类历史的经常前提，也是人类历史的经常的产物和结果，而人只有作为自己本身的产物和结果才成为前提。①

　　这就是说，人类的社会发展是个自然历史过程。现实社会的发展努力已经表明：任何主观上想超越历史过程的努力，都会反过来教训人本身，破坏共同体的健康发展道路。因此，任何共同体的发展都要首先认清自己所处的

━━━━━━━━━

① 《马克思恩格斯全集》第26卷（三），人民出版社1974年版，第545页。

历史条件和经济技术条件，在自己的条件上发展。妄想一步登天，只会带来灾难或更大的隐患。

由于内部条件往往是不合理的，历史的斗争就直接表现为人民群众争取合理生存条件的斗争，而对人民群众的合理生存权与健康发展权的保障，就成了统治阶级的政治合法性的基础。而间接地，又表现为统治阶级（代表共同体）发展生产（从而也是发展生产力）和改进共同体的组织管理（使之严密化和人性化）的努力，这既是他们的利益所在，也代表了被统治阶级的要求。在这个意义上，统治阶级在它为自己本身利益的不合理占有中，也包含了他治理社会、保障人民的合理生存与健康发展需要的合法性内容。

就此，同样可以说，一个共同体的自然条件是其健康发展的"自然前提"，它的制度条件是其健康发展的"制度前提"。而它的人本条件则是他健康发展的人性前提。用今天的话说，人的个体与共同体的健康发展，就建立在他的这三大前提之上。其中，自然前提是基础，制度前提是关键，人性前提是主导。历史上消失的许多文明，大都起因于这些前提条件的丧失。

因此，对于今天的生态文明建设来说，要实现人的合理生存与健康发展——或者都是一样，要实现人的健康生存与合理发展，就是既要保障自然前提的健康生存与合理发展，又要保障社会前提的健康生存与合理发展，更要保障人本身的健康生存与合理发展。总之，人的生存合理性要求，就是每个人与一切人的生态性的合理生存、健康发展与走向自由解放。这是人类生命的本质性要求，也是人的生存逻辑的集中体现。反映在思想理念上，就是所谓人的生存理性、共存理性以及生态理性等；反映在社会历史发展中，就是人的生存逻辑的实现，而人的生存合理性的实现也就是马克思哲学的核心价值追求。

2. 生态文明建设的根本价值方向

从上面的分析中可以看出，"人类生存的合理性问题"，是个极重要的生态概念，它作为人的自觉不自觉的生命理性要求，从微观与宏观、内部与外部、暂时与长远等不同方面，制约着每个时代的每个人的命运。它不仅制约着个人，也制约着作为个人的集合的各种各样的社会共同体（主要是国家）以及共同体之间的关系。它是人们的目的与手段、追求与享受、实现与拓展的统一体。这也就是马克思哲学所应当研究、应当实现的基本价值理想。认识这一层,对人类自觉自为地规范自己在自然界中的生存活动尤为重要。

在今天,在人类还没有走出资本逻辑与权力逻辑对人的统治而又进入生态危机的今天,人的双重生存合理性要求,只能是指向未来的生态文明发展方向。因为它只能是建立在人类世界既不再受自然界的盲目力量也不受人类社会的盲目力量所统治的前提下才能达到。

这些有力地表明,在今天,人类解放的根本方面,不仅在于要从人对人的物质统治中解放出来,也要从自然界的异化统治中解放出来。诚如马尔库塞所说,如果人类不能解放自然界,自然界也不能解放人。今天的形势很明白,过去所理解的解放只是人从社会桎梏中的解放,而今天,必须同时从——由于人类违背伟大的自然规律而造成的——自然"桎梏"中解放出来,而这也就是要求人类把拴在自己的物欲发展战车上的自然界解放出来。马克思的人类学生态学视野,不仅是要把人从社会异化关系中解放出来,也要帮助人们摆脱自然生态的异化,从自然生存异化中解放出来。因为自然生态是人的合理生存与健康发展的自然前提。

做了上面的讨论之后,我们就可以对马克思哲学下一个进一步的定义:马克思哲学,是追求人和人类世界在自然生态与社会生态的双重条件下合理生存、健康发展与不断走向自由解放的哲学。马克思哲学的核心问题,就是人类的生存合理性要求如何在自然生态与社会生态下的双重实现问题。而这本身也就是今天的生态哲学和生态文明建设的核心问题。

概括来说,马克思通过人的合理需要与合理生产理论,提出了人与自然界的和人与人的双重生存合理性问题。马克思的哲学就是为人类的这种双重合理性的实现而奋斗的哲学。正是这一层使它成了今天人类走向生态时代的开拓者,因而是人类走向生态文明时代的最重要的哲学。马克思哲学的最终生态目标,也就是生态文明建设的最终目标。

中 篇

马克思生态哲学思想的基本
原理及其当代实践诉求

马克思的生态哲学思想，是从三位一体的高度上把握生态问题的新思想，是站在人与自然、人与人的双重生态正义立场和双重价值追求中推动人类文明生态转向的生态哲学。它从解决人的社会生态问题入手，因而能从根基上解决自然生态问题。它的一系列的生态原理——人与自然界的辩证生态一体原理，人与自然之间的生态循环，生态平衡原理，自然生态与社会生态的双重正义原理，人与自然、人与人、人自身的三重合理物质变换原理，社会公共人本主义的"每个人与一切人"的合理而健康的生存五大原理，是马克思生态思想的理论基石，它为从自然与社会的双重立场解救生态危机指明了方向，因而是人类文明的生态转向与社会主义生态文明建设的理论根据。但是，"问题在于改变世界"，生态问题是一个实践变革的问题。它的当代实践诉求，首先是要全方位进行生态文明建设，进而要通过生态性政府的构建和生态——社会革命的推行，才有可能走向成功。马克思的生态哲学思想，在当代就是要坚持以生态正义、生态理性指导生态文明建设并进而进行生态——社会革命的哲学；是为人类文明的生态转向即站在生态正义立场重估一切价值、重构人类文明从而开辟生态文明新时代的哲学。

第一章

马克思生态哲学思想的双重历史构架

【小引】一般认为，生态哲学的根本问题，是人与自然界的生态关系问题，马克思生态哲学思想与众不同的是，他不仅从人与自然界的生态生存关系出发，而且同时从人与人的生态生存关系出发，创立了一种人与自然界的和人与人的双重并举的生态哲学立场。这种双重并举的生态立场，追求的是人与自然、人与人在历史中的双重和谐的实现，并以此观察世界历史的双重发展，形成一种双重历史构架。其实现的根本途径，就是人与自然的和人与人的物质变换关系在历史中走向合理化，马克思生态哲学思想的特质，就在于从人的社会经济生态入手，通过解决人与人的社会生态问题，而解决人与自然界的生态问题。正是这方面决定了马克思生态哲学思想对于今天的生态危机的针对性和重要性，因而具有当代实践意义。而更为重要的是，马克思的这种双重一体的生态哲学立场，又是以他的人类学、生态学、经济学的三位一体的哲学立场为根基的。

【新词】人与自然的生态关系　人与人的生态关系　双重历史构架　马克思生态哲学思想的特质　三位一体的哲学立场

在第一篇中，我们多次讨论了马克思的人与自然的和人与人的关系，这里要继续加深对这种双重关系的理解。

许多西方人认为，马克思没有生态思想。东方传统的马克思主义及其哲学，也没有关注马克思的生态思想。生态马克思主义者和生态社会主义者，主要指出了马克思的一些重要的生态批判，如资本主义发展导致的新陈代谢断裂理论，强调马克思的生态唯物主义等。但是，却没有发现马克思的人类学、生态学、经济学三位一体的哲学立场和哲学精神，以及马克思构建的人类学、生态学、经济学的世界观、价值观、方法论这些更具根本意义的方面，从而使那些生态批判（断裂理论等）显不出哲学深度。而我国的一些研究，也主要是指证了马克思的生态性的经济观、社会观、环境观等，虽然从经济角度论述了马克思的生态经济思想，但对马克思三位一体的哲学立场也缺乏认识，更没有认识到马克思人类学立场的重要性。事实上，马克思在19世纪中叶，即在生态学还没有产生、生态一词还没有出现时，就站在人类学、生态学、经济学这种三位一体的哲学立场上，建立了他的生态哲学，这是一种具有根本意义上的生态哲学。

　　生态哲学不同于自然生态学。自然生态学力图排开人的影响，探索生物有机体相互之间的依存关系以及生物群落与环境之间的整体联系。而生态哲学要考虑的，则是人与自然界的生态关系，因而不能从单纯的自然界出发。然而，马克思生态哲学思想与众不同的是，他不仅从人与自然界的生态生存关系出发，而且同时从人与人的社会经济的生态生存关系出发，这是一种人与自然界的和人与人的双重并举的生态观和生态哲学立场。因而可以说，马克思构建了一种人与自然、人与人的双重并举的生态哲学构架，这一构架是在人的历史发展中走向实现的，因而是一种双重历史构架。从这个意义上可以说，马克思构建了一种以双重历史构架为根基的、全面的生态哲学，它主要体现在以下方面。

一　从人与自然、人与人的双重历史关系思考人的生存发展问题

　　马克思在早年就提出要以"人类精神的真正的视野"观察人和人类世界。在《1844年经济学—哲学手稿》中，他进一步从这种人类学视野观察人类在自然界的生存发展，观察人的自然本性如何通过人在自然界的劳动而成长为人的本性，注意到自然界与人共同创造了人和人类世界，创立了一种从人类学生态学把握人类世界的理论立场。正是这种人类学生态学双重一致的理论立场，使他既超越了抽象的与人无关的自然界，又超越了抽象的与自然界无关的人，把人与自然界视为同一个生存整体（生态一体论）。在这一

视野之下，马克思在自然界中看到的是人：强调"自然界的人的本质"，"自然界成为人"，"自然界的人道主义"，"自然界的人化"；而在人的方面看到的则是自然界："人的自然本质"，"人成为自然界"，"人的自然主义"，"人的对象化"，等等。这些概念所表达的，在本质上都是人与自然界的生态一体性问题。另一方面，由于把人类劳动引入人与自然界的关系和人的生成之中，而劳动本身则是人与人的关系的集中体现，因而，马克思在强调人与自然界的关系的同时，强调与这一关系并存并重的人与人的关系。所以，在马克思那里，人与自然界的关系和人与人的关系不是各自孤立的，不是莫不相干的。在马克思那里，人与自然界的关系依存于人与人的关系，人与人的关系依存于人与自然界的关系，两种关系是互依互存的，因而是一种双依、双在的关系。或者说，人与自然的关系和人与人的关系不是各自分离的两条线，而是互为中介的人的双重关系：人与自然的关系是在人与人关系的中介下才实现出来；人与人的关系是在人与自然界的关系的中介下才实现的。施密特进一步把这种关系理解为人与自然界互为中介，或"自然的社会中介和社会的自然中介"。因而，两种关系形成为一种不可分割的互为中介的双重构架。所谓中介，就是把两种不同的对立的东西通过某种同一性而调和起来，结合统一起来，成为和谐一体、协同并存的关系。重要的是，这正是马克思理解与把握人和人类世界的双重线索。

但是，马克思的生态人类学的深刻性并没有到此为止。他从黑格尔那里吸取的深厚的历史观，使他从一开始就是从历史深度看待自然、看待人、看待二者的这种根本关系的。他强调："历史本身是自然史的即自然界成为人这一过程的一个现实部分"①，劳动和人的人类学生成，也是自然史和人类史的历史发展过程。因而，人与人的历史生成是在人与自然界的关系中实现的，它随着人与自然界关系的变革而变化发展；而人与自然界的历史关系也是在人与人的关系中生成和存在的。因此，这种双重关系同时是一种历史关系，历史生成的关系。这样一来，马克思就可以立足于自然看待历史以及相应地：立足于历史看待自然，始终站在二者统一的立场，看待人的自然界和自然界的人，看待人的生存发展。因为制约人的生存发展的根本关系，就是

① 《马克思恩格斯全集》第42卷，人民出版社1979年版，第128页。

人与自然界的和人与人的双重一体关系。这是马克思特创的人类学生态学哲学立场，至今还有许多生态主义者都还没有达到，更不要说其他人了。因此，《巴黎手稿》伟大的生态人类学或者说——生态哲学构建，就在于从一开始就构建了一种人与自然界的和人与人的双重历史构架和双重历史分析框架，并以此统摄整个人类史和自然史。于是，马克思关于人和人类世界的生态学说，全部都可以被纳入这种双重生态历史构架之中。即使这些理论直接谈论的是社会经济政治矛盾问题而不是生态问题，但在整体上和理论目的上，又不能不是一种生态哲学，因为它们都不能不处在整体的生态构建框架之中。所以，马克思的哲学虽然没有出现一个"生态"词句，但在整体上却是一种最有力的生态哲学。它为今天的生态人类学（或人类生态学）以及生态哲学，奠定了双重历史线索的理论框架和方法论基础。这是马克思伟大的生态哲学贡献，它对于人类今天走出生存十字路口非常重要。

二　争取人与自然界的和人与人的双重和解

马克思在《1844 年经济学—哲学手稿》中强调，他的理论和奋斗的目的，即共产主义，是"人和自然界之间、人和人之间的矛盾的真正解决"①，并把"人与自然界之间的矛盾"的真正解决理解为"自然主义"，把"人与人之间的矛盾的真正解决"理解为"人本主义"，今天看来，马克思的"自然主义"，是在还没有"生态"一词的时代对于人与自然生态和谐的表达，而马克思的"人本主义"，同样是对人与人的生态和谐的表达，至少我们可以这样理解。恩格斯在《德意志意识形态》中有一句话，表明了他和马克思的这种双重奋斗目标，即"替我们这个世纪面临的大转变，即人类与自然的和解以及人类本身的和解开辟道路"②。恩格斯是公认的生态思想家，他所说的"人类与自然的和解"，应当理解为人与自然界之间的自然生态和解；而他所说的"人类本身的和解"，也应当理解为人与人的社会生态和解。而这两大"和解"，可以概括马克思的力求解决人与自然界、人与人的

① 马克思：《1844 年经济学—哲学手稿》，人民出版社 1979 年版，第 73 页。
② 《马克思恩格斯全集》第 3 卷，人民出版社 2002 年版，第 449 页。

双重生态思想。这是他双重历史构架的思想理论基础。马克思要求解决人与自然的和人与人的双重矛盾的目的，就是为了达到人与自然界的和人与人的和解，双重和谐。

三　从人和自然界的双重实现到历史发展的双重目标

马克思的人与自然界的和人与人的双重和解，双重历史关系，是什么关系？一句话，是人和自然界的双重实现关系，即人的自然实现和自然的人的实现。这种双重实现，在本质上正是一种生态实现。马克思的如下名言一直未能得到正确理解：

> 这种共产主义，作为完成了的自然主义，等于人本主义，而作为完成了的人本主义，等于自然主义。①

在这里，"完成"就是实现。即人和自然界的关系是互相实现的关系，是自然界实现其人本性而人则实现其自然性的关系，通过这种双重实现，人和自然界才能结合成同一种互相支持生存的生态关系，这是马克思的真意之所在，他用"实现了的自然主义"和"实现了的人本主义"的互等互同这种哲学语言来概括。一旦自然界的本质实现于人而人的本质也实现于自然界，自然界的本质也就是人的存在而人的本质也就是自然界的存在。这里已包括了人与自然界通过物质交流、物质变换而实现其相互依存的生态思想。通过这种生态意义的双重实现和双重存在，人与自然界在历史中就都得到发展。这种发展也就是人因自然界而丰富化，从而实现自己的生存；而自然界也因人的丰富发展而更好地实现自己的存在。马克思还把这一思想表述为更加经典明白的哲学原理，即"人的本质力量的对象化"和"自然界的人化"，其结果就是人的生存价值世界的创生。

为什么人与自然界可以在关系中互相实现？这是由于一方面"人跟世界

---

① 马克思：《1844 年经济学—哲学手稿》，刘丕坤译，人民出版社 1979 年版，第 73 页。

的关系是一种合乎人的本性的关系"①，另一方面可以推知，自然界跟人的关系也是合乎自然本性的关系，而人的本性与自然本性在本质上是相通相应的，因为人本来就是自然存在物，因而能在相互作用的关系中互相实现。马克思常说的"人的自然本质"和"自然的人的本质"，"人的自然主义"和"自然的人本主义"，指的都是同一个意思，即人和自然界在生态本质上的相通相同，并把二者视为统一的同一种东西。它指出了人和自然界在相依相存的生态关系中互相实现的原因。

人与自然界在关系中互相实现，互相生成，不是没有条件的，这个条件、这个中介，就是人与人的关系。而人与人的关系就是社会关系，其总和就是社会。所以，马克思从社会的立场指出了这种实现对于人与人关系的依赖性：

> 自然界的属人的本质只有对社会的人来说才是存在着的；因为只有在社会中，自然界才对人说来是人与人间联系的纽带，才对别人说来是他的存在和对他说来是别人的存在，才是属人的现实的生命要素；只有在社会中，自然界才表现为他自己的属人的存在的基础。只有在社会中，人的自然的存在才成为人的属人的存在，而自然界对人说来才成为人。因此，社会是人同自然界的完成了的、本质的统一，是自然界的真正复活，是人的实现了的自然主义和自然界的实现了的人本主义。②

这段话表明了人和自然界互相实现的关系，依存于社会即依存于人与人的关系的特质。到目前为止，马克思描绘的是人与自然界的和人与人的那种互依互成的生态和谐的特质。这不是理想主义，不是乌托邦，而是对人和自然界的生态本质的哲学揭示。

但是，现实却不是这样。马克思把他的思想聚焦于现实社会中的复杂的人与人的对抗关系中。因为社会关系包括生产关系和统治关系，经济关系和政治关系等。这些关系在现实社会中都是对抗性的：在政治关系中保持着贵

---

① 马克思：《1844年经济学—哲学手稿》，刘丕坤译，人民出版社1979年版，第108页。
② 同上书，第75页。

族的权力占有关系，在生产关系中出现了资本的介入、把本来满足人的需要的生产变成了为资本的增值、为权力扩张而对自然界的无尽的征服和对人的无耻的奴役，这不仅破坏了人与人的和谐关系，也破坏了人与自然界的和谐关系；出现了人与人的对抗和人与自然界的对抗，或者极而言之，出现了劳动异化、人的异化和自然的异化等。马克思的哲学思考，就是从当时的人与人的关系的异化和人与自然界关系的异化开始的，这是马克思生态哲学思想的生态起点，即他从人类行为的现实的资本主义的反生态开始，研究它的矛盾、斗争、解决方式等。马克思以其主要精力研究的经济学和政治学，就是为了从科学原理上揭示和解决这些矛盾，从而为它们的"和解"开辟道路。而这些问题的解决也就是人类学、生态学意义的共产主义的生成。通过这一历史的运动，那被败坏了的人与人的和人与自然界的互相实现的关系应当得到恢复，"复归"于人与自然的完美的统一。所以，马克思强调，历史的发展，共产主义的实现，应当是人与自然界的双重实现，实现人与自然界的和人与人的双重和谐，即得到自然支持的"人的解放"和——同样地得到人的支持的"自然的解放"这种双重解放的实现。马克思的这一思想以如下的经典语句表达出来：

　　　　共产主义是私有财产即人的自我异化的积极的扬弃，因而也是通过人并且为了人而对人的本质的真正的占有；因此，它是人向作为社会的人即合乎人的本性的人自身的复归，这种复归是彻底的、自觉的、保存了以往发展的全部丰富成果的。这种共产主义，作为完成了的自然主义，等于人本主义，而作为完成了的人本主义，等于自然主义；它是人和自然之间、人和人之间的矛盾的真正解决，是存在和本质、对象化和自我确立、自由和必然、个体和类之间的对抗的真正解决。它是历史之谜的解答，而且它知道它就是这种解答。

　　　　因此，历史的全部运动，就是这种共产主义的现实的产生活动——它的经验的存在的诞生活动。①

① 马克思：《1844年经济学—哲学手稿》，刘丕坤译，人民出版社1979年版，第73页。

我们看到，"共产主义"这个从经济学上确立的范畴，同时是人类学、生态学、历史学的范畴；是人与自然界、人与人这种根本关系和其实现运动的范畴；是有意识、有理性的人们，自觉支配历史发展的双重实现、双重解放的目标。这既是马克思的，也是历史运动的双重生态历史构建。这些语词虽然有费尔巴哈的映影，但却构建出了一种伟大的历史地加以实现的生态人类学哲学思想。马克思的全部理论，都在这一生态哲学思想的笼罩之下而闪耀光辉。

四　以人与自然界、人与人的双重合理物质变换为手段实现生态和解

马克思是唯物主义者，是经济学家。对上述人与自然界的和人与人的双重实现、双重和谐以及双重解放，不是作为理想的摆设，而是历史运动的实在方向。马克思把人的劳动、人的生产、人的生活，从经济学—哲学上理解为人与自然界的和人与人的物质变换。这种变换是在人的劳动中实现的。因而，历史运动的本质，就以人与自然之间、人与人之间的物质变换的方式走着自己的道路。在历史和直到当前的现实中，这种物质变换以极不合理的形式存在着并加深着。但它终究会在走向共产主义的历史运动中走向合理化：

> 劳动过程"是制造使用价值的有目的的活动，是为了人类的需要而占有自然物，是人和自然之间的物质变换的一般条件，是人类生活的永恒的自然条件。因此，它不以人类生活的任何形式为转移，倒不如说，它是人类生活的一切社会形式所共有的……一边是人及其劳动，另一边是自然及其物质，这就够了"①。

这里指出了人和自然界的基本关系，是通过劳动而实现的物质变换关系，它在一切社会中都是共同的。另一方面，马克思也十分关注人与人之间

---

① 《马克思恩格斯全集》第 23 卷，人民出版社 1972 年版，第 208—209 页。

的物质变换关系，这是"一个劳动者与其他劳动者的关系"以及人与资本的关系。如果说，人与自然之间的物质变换主要体现在"生产和交换（流通）"环节的话，那么，人与人之间的物质变换关系，则主要体现在"分配和消费"环节。而马克思表明："生产、交换、分配、消费"，是人的社会物质生活的基本环节。通过分配和消费而实现的人与人之间的物质变换，反过来制约着通过生产而实现的人与自然之间的物质变换。在马克思时代，这两种物质变换都是以极其不合理的形式存在着的。这就是：人与人之间的物质变换，主要通过剩余价值为资本家所占有，从而形成的不公平非正义的分配异化；而人与自然之间的物质变换，主要是为了资本增值而出现的疯狂掠夺自然的生产异化。因而，双双都是不合理的。要使双方都成为合理的，那就只有改变资本主义和阶级统治的制度，实现人类学的也是生态学的共产主义。马克思强调了这种物质变换由不合理走向合理即在未来社会实现的历史必然性：

> 社会化的人，联合起来的生产者，将合理地调节他们和自然之间的物质变换，把它置于他们的共同控制之下，而不让它作为盲目的力量来统治自己；靠消耗最小的力量，在最无愧于和最适合于他们的人类本性的条件下来进行这种物质变换。①

他认为只有这样才能达到"人和自然之间、人和人之间的矛盾的真正解决"②，即人与自然界的生态和谐、人与人的生态和谐的实现。

在这段话中，包含了人与自然和人与人的合理物质变换的五条原则：最小原则，即付出和得到的物质力量都趋于最小化，也可以理解为最节约原则；最无愧原则，即最无愧于人类本性，排除那些过多欲望对人性从而也是对生产的支配；最佳原则，即最适合人的基本需要，不多也不少；合理化原则，即既符合自然生态之理又符合人类生态之理；共同控制原则，即把生产和分配操在全体成员能够支配和改变的关系和制度中，不让盲目的物质追求

---

① 《马克思恩格斯全集》第25卷，人民出版社1972年版，第926—927页。
② 《马克思恩格斯全集》第42卷，人民出版社1979年版，第120页。

力量来统治自己和统治自然。这五条原则，也是今天解决生态问题的最重要的社会生态原则。在这里，马克思就回答了人与自然界和人与人的双重和谐如何实现的问题，从而借助历史过程的完整性，表明了他的生态哲学的完备性。

第二章

马克思的生态正义、生态理性和
对生态化发展的要求

【小引】马克思对人与自然和人与人的双重生存价值要求，马克思对资本主义的反生态性的批判，直接产生了马克思的生态正义、生态理性，它要求人的一切经济活动，既要符合自然生态之理，又要符合社会生态之理。这在今天可以理解为既要在数理、物理和生理基础上符合自然生态原理，又要在人理、心理和事理基础上符合社会生态原理。违背这些天理人心，也就违背了生态正义、生态理性。生态理性以生态正义为前提，它作为从马克思那里发源的最高理性，应当既包含一些基础合理性的东西于其自身，又能把当代诸多理性精神吸收进来。特别要以人的生存理性、共存理性、公共理性为基础，这样才能针对人类第三次正义危机发挥全面的批判构建作用，开辟生态化发展方向，推动人类向合理生存、健康发展与自由解放这种生存逻辑所要求的方向发展，而这也就是生态化发展的核心。

【新词】生态正义、生态理性　数理—物理—生理　心理—人理—事理
新理性　公共理性　生态化发展

　　马克思生态哲学思想的双重历史构架，确立了马克思生态哲学思想的价值追求结构，即同时要考虑人与自然、人与人的双重价值、双重追求、双重实现的问题。把这种双重价值追求进一步与经济学、与对一切反生态现象的批判相结合，就产生了马克思的旨在实践的生态正义、生态理性精神，这为马克思生态哲学思想的形成奠定了最重要的理论支柱。有没有力图实现的生态正义、生态理性精神，是生态哲学能不能成立的标志。因为如果能以生态正义、生态理性主导社会历史的发展，就会形成生态性的发展。所以，生态

正义、生态理性是生态哲学理论的支柱。

一 从人与自然、人与人的双重合理生存到 生态正义、生态理性的生成

1. 马克思生态正义、生态理性的产生

马克思有没有自己的生态正义和生态理性？对此人们既没有提出，也没有意识到这一问题的重要性。这里根据前面的研究可以初步地说，马克思的哲学视野，哲学立场，既不是孤立的自然界，也不是孤立的人类，而是在自然界里生存的人类，因而，他的生态正义是从人与自然的生存关系出发的，人在自然界里的合理生存，就是他的生态正义的自然根子。同时，人作为人的根本关系，是人与人的社会关系，人在社会关系中的合理生存，是他的生态正义的社会根子。这也就是说，力图实现人与自然的和人与人的双重合理的生存关系，就是马克思的生态正义精神；而以这一精神观察、分析、要求人和人类世界及其一切活动，就是马克思的生态理性精神。马克思自己就强调：他是从"人对自然的关系这一重要问题"①，以及"人和人的关系"开始他对人和人类世界的哲学思考的。而人对自然的关系，又是建立在自然事物之间的"互为对象"即互济互生的"关系"之上的。马克思举例说：

> 太阳是植物的对象，是植物所不可缺少的、保证它的生命的对象，正像植物作为太阳的力量的表现，作为太阳的对象性的本质力量的表现而是太阳的对象一样。②

马克思强调的自然事物"互为对象"的思想，如前表明，是在生态一词还没有出现时对自然事物相互依存、相互济生的生态关系的哲学揭示，是没有生态词语的自然生态学。马克思对这种自然事物之间的"互为对象"的济生关系做了专门的强调：

---

① ［德］马克思、恩格斯：《德意志意识形态》（节选本），人民出版社 2003 年版，第 20 页。
② 马克思：《1844 年经济学—哲学手稿》，刘丕坤译，人民出版社 1979 年版，第 121 页。

　　一个在自身之外没有对象的存在物，就不是对象性的存在物，一个本身不是第三者对象的存在物，就没有任何存在物作为自己的对象，也就是说，它就不能作为对象来行动，它的存在就不是一种对象性的存在。……而非对象的存在物是一种［根本不可能有的］怪物。①

　　马克思之所以强调自然事物互为对象、互相依存的道理，在于要强调人的对象性存在。他针对人的存在说：

　　一个在自身之外没有自己的自然界的存在物，就不是自然存在物，就不参与自然界的生活。②

　　因而也就不可能存在。人作为自然存在物，他要以其他自然存在物、其他人为自己的对象而实现自己的生存。即人和其他"自然存在物"、其他人也是"互为对象"的存在，这种互为对象就是互依、互济、互生、互成的生态生存关系，他进一步以自然界是"人的无机的身体"这一断言表述这一思想：

　　自然界，就它本身不是人的身体而言，是人的无机的身体。这就是说，自然界是人为了不致死亡而必须与之持续不断地交互作用的人的身体。③

　　这种把自然界视为人"必须与之持续不断地交互作用的人的身体"的思想，是对人与自然界的生态生存关系的直接肯定。而这也就是今日任何生态思想的基本立场。应当说，马克思最先找到了这个自然生态立场。正是从这种立场出发，马克思产生了他的人类学生态学的哲学视野，哲学立场，使他可以从一开始就把握住人与自然界、人与人的双重生态生存关系，以及在这种双重生存关系中对人的生存合理性的双重追求，而这就构建了马克思的

---

① 马克思：《1844 年经济学—哲学手稿》，刘丕坤译，人民出版社 1979 年版，第 121 页。
② 同上。
③ 同上书，第 49 页。

生态价值立场。生态正义是个价值范畴，有了生态价值立场，也就有了他的生态正义精神。即在"人与自然的和人与人的"双重关系中追求合理生存的生态价值立场，并以此规范人的行为，这就产生了马克思的生态正义精神。而坚持以生态正义主导人的思想和行为，就是一种生态理性精神。所以，马克思不是没有构建自己的生态正义和生态理性，虽然他没有明说，但是在追求人与自然和人与人的合理关系的实现中，必然产生他的生态正义和生态理性精神。他从人的双重合理生存的价值立场出发要求社会，要求人，追求人的合理生存，这就是他的生态正义和生态理性精神的集中体现。

2. 马克思生态正义、生态理性的深层根据：人与自然的互相实现

但是，在马克思那里，生态正义、生态理性有它更深刻的产生根源。马克思对人与自然界的生态生存关系理解的深刻性，不仅仅是生态学的，更是人本学、人类学的，是在人的意义上来理解自然界和在自然界的意义上来理解人的。因为，马克思既强调"自然界的人的本质"，又强调"人的自然的本质"，即人与自然和人与人在深层本性上的统一，这种统一是在自然界的和人的互生互在之中。他把这一本质概括为"人对人来说作为自然界的存在以及自然界对人来说作为人的存在"①。自然界与人不仅不能分割，而且在深层本性上也是互依互在、彼此包含的。马克思以如下的辩证法语言表达人与自然界的这种本性的同一：

> 在这种自然的、类的关系中，人同自然界的关系直接地包含着人与人之间的关系，而人与人之间的关系直接地就是人同自然界的关系，就是他自己的自然的规定。②

因此，马克思在强调人类学的人时，他同时也强调"人类学的自然界"。正是在这个意义上，马克思强调：

---

① 《马克思恩格斯全集》第3卷，人民出版社2002年版，第310—311页。
② 马克思：《1844年经济学—哲学手稿》，刘丕坤译，人民出版社1979年版，第72页。

被抽象地孤立地理解的、被固定为与人分离的自然界，对人说来也是无。①

我们如果把这句话补充完整，那也就是说：被抽象地孤立地理解的、被固定为与自然界分离的人，对自然界来说也是无。

正是看到人与自然界和人与人在本性上的这种不可分离性，马克思才做出这样深刻的对人与自然的一体性的强调：

人对人说来作为自然界的存在以及自然界对人说来作为人的存在。②

从今天的生态理念看，正是人与自然界和人与人的这种本体论的统一，才有可能把原本是关于人和人的关系的人类伦理学，深化和外推为大地伦理学、自然伦理学、环境伦理学、生态伦理学等，即人与自然关系的伦理学。也才可能把原本对人才有意义的价值学，深化为自然价值学、生态价值学。正是在这样的人与自然、人与人的一体关系的意义上，我们才可以把马克思的生态哲学思想，同时理解为自然生态学和社会生态学，即完全意义的生态哲学。由此我们看到，马克思从生态学、人类学高度上，构建了一种既符合自然原理又符合社会人心的人与自然的和人与人的双重一体性的生态正义、生态理性精神。根据这种精神从自然和社会两方面为人的生存合理性开辟道路，把人从人与自然的和人与人的现实的双重不合理关系中解放出来，就形成了马克思的批判的战斗的生态正义、生态理性精神③。正是这种双重一体性的生态正义、生态理性精神，成了今天解决生态问题的最重要、最需要的生态理论。

---

① 《马克思恩格斯全集》第42卷，人民出版社1979年版，第178页。

② 马克思：《1844年经济学—哲学手稿》，刘丕坤译，人民出版社1979年版，第84页。

③ "生态理性"是高兹在《资本主义、社会主义和生态学》一书中提出来的与经济理性相对立的概念。他认为经济理性以工具理性为依据，以追求利润为最大动机因而潜在着反生态性，而生态理性则以价值理性为依据，以保护生态为宗旨，其目的就是限制经济理性，追求人的精神的自由和发展。这一思想早在马克思那里就已存在。

3. 马克思的生态正义、生态理性：以人的生命理性、生存理性和共存理性精神为基础

我们知道，马克思哲学的历史性思考，是从"有生命的个人的存在"开始的，关注人的个体生命存在并把它视为历史的起点，表明了一种生命理性精神，这是一切正义、一切理性包括生态正义、生态理性的起点。进而马克思把人的整个社会物质生产，视为人类赖以生存的手段，表明了马克思是以人的生存理性精神观察历史的，这种生存理性应当是马克思生态正义、生态理性思考的主体。更进，马克思的每个人与一切人的合理生存与自由解放精神，更是他的共存理性精神的集中体现，这同样是他的生态正义、生态理性的公共理性基础。所以，马克思的生态正义和生态理性，不是孤立的，空洞的，而是建立在人类学生态学意义上的人的生命理性、生存理性、共存理性这些精神理性之上的，它们成了马克思生态正义、生态理性的理论主体。

确认马克思的生态正义和生态理性精神是建立在人的生命理性、生存理性和共存理性基础上的，是它们在生态问题上的进一步的要求和表现，才能见出它的深厚内涵。这也就是说，面对人类今天的生态危机和生态治理困境，面对生态环境主义、生态马克思主义、生态社会主义的困境，面对人类生存发展的第三次正义危机即生态正义危机，马克思的双重一体的生态正义、生态理性精神，由于以人的生命理性、生存理性和共存理性为内在动力，就有了强大的力量，能够成为一种解决问题的理论武器。但是这里应当注意到，马克思的生态哲学思想，作为为全人类的合理生存即生存理性与共存理性服务的哲学，作为产生于不合理时代的哲学，作为产生于人对自然的征服和人对人的征服以及因此产生的两大对立阶级严重冲突时代的生态哲学，它从一开始就不是单纯发挥作用的，而是马克思整个战斗精神的一个组成部分。这就是说，马克思的生态正义和生态理性不是孤立的，除了生命理性、生存理性之外，它还是马克思追求自由、真理、正义的哲学精神在生态问题上的体现；是他的经济正义、政治正义和社会正义这种全方位正义精神在生态问题上的生态集结和生态体现，是他的社会公共人本价值精神在生态问题上的集中体现，因而是很有力度的、能够针对人类第三次正义危机发挥强大作用的正义理性精神；是能够针对一切不合理、非法性关系展开彻底批判的革命理性精神，并通过批判为生态实践开辟道路，反过来实现人的双重

生存合理性要求，生态危机的解决自在其中。

二 马克思生态正义、生态理性的合理性基础及其与当代新理性的关系

马克思的生态正义、生态理性，作为一种理性的精神，有如下三种规定性：一是属于合理性范畴，二是对于正义的坚持，三是会在实践中更正路线，即自己知道自己是相对的而具有自我批判精神。只有在这三个意义下，它才能成为当代的生态正义、生态理性精神。

1. 马克思生态正义、生态理性的合理性基础

传统上盛行的合理性，主要是工具合理性即形式合理性，它体现为手段和程序的合理性，客观的形式化与可计算性；如民主政治、市场经济、科学技术等手段和行为的有效性与后果；在理性上它以事实判断为基础："存在是什么"是他行动的前提。它没有伦理的考虑，人性价值的考虑。所以导致了人际冷漠，敌对相向和生态破坏。而价值合理性主要是一种主体性的即人性的合理性，它以"存在应当是什么"的价值判断为基础，如信念、理想、人化、人民化的价值观等。前者主要表现在社会生产方面，后者主要表现在社会文化心理方面，表现为他们的精神气质和心理结构。它使人的行为不再受物的奴役，而成为人心的自由而有序的表现。

但是，按照马克思主义的理解，对于价值理性，也要不断地从社会人本价值精神出发进行不断的反思和审读，实践与改进，因为现实总是发展变化的。否则，就不能不发生理性的异化：理性压制人；技术的异化：人成为技术的奴隶；价值的异化：人在物质价值的追求中压抑和扭曲了人的人性价值等。现代性是一种人的解放运动，但是，轻视人，轻视人的合理生存，它就会生长出种种奴役的锁链。所以，在今天，依然要发挥马克思的社会人本批判精神来批判一切，特别是要把这种社会人本批判精神运用于社会生态与自然生态的方方面面，这也就是生态正义、生态理性在今天的任务。

在这里，所谓生态正义、生态理性，首先属于合理性范畴，有它的合理性基础。不理解这种基础，也就不能理解生态正义、生态理性的深刻性。那

么，这种合理性基础是什么？我们认为，它应当至少包括：

其一，是合乎"数理、物理"即自然之理的要求①，即人的行为要合乎事物的客观尺度、天然界线和自然规律；特别是人们在生态觉醒之后所发现的自然界的生态联系规律，这是今天人的行为的合理性与正确性的自然前提。

其二，是合乎生命的"生理"要求，即合乎生命的生态要求和人的健康生存要求，以及整个人与自然界的同生共存要求。

其三，是合乎"社会化了的人类"的"人理"要求，它的集中体现就是人类社会的公平正义要求，即合乎人类的自由、真理、正义、平等精神以及其政治体现的公平、正义、权利、尊严等社会价值要求，这是人们同生共存的基本价值要求。

其四，是合乎人的"心理"要求，即合乎人的生态性的健康生存、合理发展与走向自由解放等基本生存发展要求（在中国传统文化中，这表现为对"福、禄、寿、康"的追求）。

其五，是合乎社会的即由人理和心理组织起来的"事理"要求，即它应当合乎人为事物的优化原理，特别是合乎资源消耗最小化和社会效益最大化的生态优化原理。

其六，是合乎人的"智理"要求，即能适应人的智慧的自由发展和激发人的自由创造精神、积极主动精神以及智慧辩证法的要求等。

总括上述，就是合乎人天一体之"天理人心"要求，从古代中国的天人合一到马克思的人与自然界的生存一体观，都是这种天理人心要求的体现。马克思把人与自然界结合成同一个生态整体，在这个生态整体中，人的一切思想和行动，既要符合自然界的生态性的数理、物理和生理，又要符合人与人类世界的人理、心理和事理要求，这是今天对合理性一词应当有的理解。马克思主义的"生态正义、生态理性"，作为从马克思那里发源的今天人类的最高理性，它应当包含这些基础合理性的东西于自身。违背这些天理

---

① "数理、物理、生理，心理、人理、事理、智理"，是笔者对于现代科学的划分，它出现在笔者20世纪的许多论文中，但都没有论证，论证这一划分的哲学著述也还没有完成，这里也只能直接运用而已。这里可以指出的是：数理、物理、生理，与从自然科学上概括的生态原理是相通的，心理、人理、事理，与从社会科学上概括的生态原理也是相通的，智理是从思维科学上概括的对生态原理的运用智慧。

人心，不可能形成今天的生态正义、生态理性精神。

2. 马克思生态正义、生态理性与当代新理性的关系

理性不论正确与否都是人的行为的精神根底。有怎样的理性，就会有怎样的行为。所以，不论后现代主义对理性做了怎样的批判，今天人们还是提出了种种适应当代现实要求的当代理性精神，以应对人类面对的复杂世界。那么，由马克思发源的上述生态正义、生态理性精神，它与当代诸多理性精神应当是什么关系呢，或者说，它应当建立在哪些新兴理性精神的基础之上呢？换言之，对于人们已经提出的种种理性来说，有哪些可以成为生态正义、生态理性的理论基础呢？思考这一问题时必须认识到：马克思的生态正义、生态理性是建立在生命理性、生存理性和共存理性基础上的，从中外哲学界直接提出过的理性论来说，主要有：

其一，是韦伯提出的"价值理性"。韦伯从社会学角度提出了现代化的形式合理性与实质合理性即"工具理性"与"价值理性"相互为用的思想。但是，由于工具理性主要体现在人对世界的技术掌握方面，而价值理性主要体现在人与人的相互依赖和相互尊重的人本价值方面，它虽然与资本利益和人们自私的功利追求相抵触，但是，由于"现代性"过度追求工具理性而缺乏价值理性，从而铸就了"现代性"的生态灾难。本于这一教训，生态正义、生态理性就是要吸收价值理性思想，以价值理性精神为依据。

其二，是哈贝马斯提出的"交往理性"。交往理性以黑格尔的主体间性为前提，主张以日常生活的规则为手段，通过交往、协商、对话而达成相互的理解、相容和非强迫的共识，从而重建真正的人间理性。他把人的世界区分为生产世界与生活世界（文化、社会正义、个人、人的自由），前者是工具理性的世界，后者是交往理性的世界。只有后者的合理化，才有人类整体系统的合理化。应当说，马克思的"交往"概念中就包含了交往理性的内涵，因而，它应当是生态正义、生态理性的当然理论前提。

其三，是罗尔斯提出的"公共理性"。公共理性建立在现代社会发展的基础上：现代社会是由不同民族、不同群体、不同利益、不同信仰、不同观念组成，处于差别互补、多元并立之中。如何达到其和谐合理而长治久安？他提出要在各方面寻求对社会正义理念的"重叠共识"，即形成公共理性作

为人间的交往基础。其公共性在于：它寻求对各方来说都是根本性的正义和公共的善。它与个体理性、自身理性、自然理性相区别。马克思追求的"每个人与一切人"的自由发展，其中就蕴含着共存理性即公共理性精神。所以，公共理性显然也应当成为马克思的生态正义、生态理性的内在精神。

其四，是后现代思潮以来人们形成的"相对理性"。在这里，"人们必须看到现代性文化中的伟大之处，也要看到其浅薄和危险的东西……只有一种兼有两者的观点才能给予我们未加歪曲的洞察力，从而去透视我们需要奋起应付其最伟大挑战的时代"①。这种既看到某种理性（某种理论、某种思想、某种真理等）的伟大又看到其浅薄和实践危险的方面，就是相对理性的出现。显然，在任何时代，人们都不能不讲理性。但是，理性一旦绝对化，就走向了反面。后现代主义给我们的基本教益，就是要认识到理性的相对性。其实，马克思从一开始就不相信理性的绝对性，他提出要通过实现来验证理性的合理性，这就把相对理性包含到了生态正义、生态理性中来，并不断以实践来检验和纠正它。

其五，是西美尔等人从哲学人类学角度提出的"现代理性"。它主要是指人的心性结构的世俗化：主要是从等级社会心理转向平等社会心理，从顺从的臣民转化为正义的公民，从宗教的、神圣的秩序转向世俗的应然的秩序。它是"一种人自身的转化，一种发生在其身体、内驱、灵魂和精神中的内在结构的本质性转化"②。只有通过这种转化，人们才会成为具有现代理性精神气质的人。生态正义、生态理性不是古董，显然也要建立在现代理性的基础上。

其六，是生态马克思主义者高兹从经济学上提出的"生态理性"。高兹强调，生态理性，就在于用这样一种最好的方式来满足人们的物质需要：尽可能提供最低限度的，具有最大使用价值和最耐用的东西，而花费少量的劳动、资本和资源就能生产出这些东西。它要求从传统经济理性中跳出，把人的生存建立在生态可能性之上。显然，高兹的生态理性主要是指经济领域的、实践性的生态理性，是狭义的经济生态理性，它应当成为马克思的广义

———————
① ［加］查尔斯·泰勒：《现代性之隐忧》，程炼译，中央编译出版社2001年版，第140页。
② ［德］马克斯·舍勒：《资本主义的未来》，刘小枫编校，罗悌伦译，生活·读书·新知三联书店1997年版，第207页。

的人类学的生态正义、生态理性精神的经济要求和实践要求。

其七，是古老中华文化的生命理性、生存理性和共存理性。从最远的文化基础来说，生命理性发源于道家自然观和生命观，即尊重一切自然、爱护一切生命的理性精神；生存理性发源于孔子的中庸理性，即既符合自然要求又不崇尚过度奢靡的合适生存思想；共存理性发源于儒家仁学和墨家兼爱，即己所不欲勿施于人、交相利、兼相爱的人与人、族与族、国与国的相互扶持、同生共存的理性精神。但是，应当说，马克思的人类学生态学高度上的生态正义、生态理性精神，如前表明，有他自己的站在现代性立场上的生命理性、生存理性和共存理性精神于其自身。而这里表明它有深厚的人类学基础。所以，马克思的生态正义、生态理性不是排他性、封闭性的，而应当是人类进步精神的集中体现。因而，它同样包含这些历史上的合理的理性精神。这对于需要全人类共同解决生态问题的生存时代来说尤其有重要意义。

马克思的生态正义、生态理性精神，不论与这些当代理性精神有多少联系，说到底，就是在人与自然界的和人与人的这种人的生存发展的根本关系中，既要求符合自然生态之理又要求符合社会生态之理的双重理性精神。这在今天，就需要人的精神世界成为由上述现代人、现代理性精神主导的世界。在这一前提下，价值理性、交往理性、公共理性、相对理性、现代理性、生态理性（狭义的）、生命理性、生存理性、共存理性等，才能作为当代马克思主义的生态正义、生态理性精神的内在精神而走向前台。那种封建意识、等级观念、贵族思想、资本崇拜、霸权统治、恣意消费、两极分化等，只能让少数人的超绝欲望和狼性态度得逞，与生态正义、生态理性精神是背道而驰的。因此，这首先需要把神圣的东西变成公共秩序的东西，等级森严的东西变成平等交往的东西，阶级的利益的统治变成民主的有序的管理，对特权的追求让位给平等的愿望，坚持自身价值的实现和人类学价值原则的一致，即由对抗达于共和、由君主达于民主、由等级专制达于平等自由、由愚昧达于理智、由贫穷达于自足、由排他性发展变成共容性发展，从而形成生态正义、生态理性生长的土壤。但这不是一个平坦的过程，而是在矛盾和斗争中不断实现的过程。马克思的双重生态正义、生态理性观念，为这一切发展开辟了道路。

三　马克思的生态哲学思想：以生态正义、生态理性开启生态化发展的新哲学

马克思哲学对于反生态的资本主义的批判，对生态正义、生态理性精神的开辟，表明马克思实际构建了一种能够推动、能够开辟人类生态化发展的生态哲学。

我们知道，马克思哲学在本性上是实践的哲学，"问题在于改变世界"，尤其是对于生态哲学的要求。生态哲学尤其是一种实践理性，它要求付诸实践。这就是要求以双重生态正义、生态理性规范和主导人的生存发展活动，使其成为一种自然的与社会的生态化发展。

人类生态问题的出现，从根源上说，就在于资本主义制度的生态悖论：

"在一定时期内提高土地肥力的任何进步，同时也是破坏土地肥力的持久源泉的进步"，"越是以大工业作为自己发展的起点，这个破坏也就越迅速"。"产业越进步，这一自然界限就越退缩。"①

即越是以资本主义推动发展，就越会陷入生态灾难。这种生态悖论就是生态危机的制度根源。

立足于资本本性和资本主义制度本性的生态悖论，迫使人们的生产和生活不能不违背了生态合理性要求，最后陷入了生态危机的泥淖。由此反推，马克思的双重生态正义、生态理性，其核心，不外就是既要求在人与自然的关系中符合自然生态原理，又要求在人与人的关系中符合社会生态原理。这种以生态原理规范的人与自然、人与人的双重生态发展，就是生态化发展。仅仅从这一点说，马克思的生态哲学思想，就是在对资本主义的反生态性的批判中，要求开辟生态化发展的生态哲学。这种生态化发展，就是追求人在自然界和社会中的双重合理性发展，就是要求克服资本逻辑、克服资本现代性而实现人的生存逻辑、生态现代性的发展。由于这种生态化发展建立在一

① 《马克思恩格斯选集》第2卷，人民出版社1995年版，第220页。

系列的生态原理的基础上，这些生态原理又只能在下一章讨论，因而这里不可能深入展开，只能简单指出：

马克思所要求的双重生态化发展，用恩格斯的一句话可以概括：即这种发展是"人类与自然的和解以及人类本身的和解开辟道路"的发展。① 这就是说，马克思对人的生存合理性追求，决定了他必然追求人与自然的和谐关系以及人与人的和谐关系这种双重价值方向。这是马克思的生态正义、生态理性精神的基本价值要求。因而，这既是针对当时已经出现的人对自然界的和人对人的无止境的掠夺这种反生态状况而言的，也是马克思的生态正义、生态理性精神对人类未来发展历史的根本要求。要实现这种发展，就要以人与自然界、人与人的"合理的物质变换"为前提。对这种合理物质变换思想，我们要另外专门论述，这里从略。这里不能不强调指出的是：人们往往把马克思理解为一个斗士，把斗争哲学强加于他，而不知道马克思更强调和谐的一面：斗争是为了和谐。一切都是为了"人类同自然的和解以及人类本身的和解"，他强调"人与人的兄弟情谊"，强调"用爱来交换爱"，"用信任来交换信任"，② 强调为了每个人和一切人的自由发展的"真正的共同体"的发展。所以，毫不奇怪，他的一切理论目的都是为了"人类同自然的和解以及人类本身的和解开辟道路"的，这正是马克思的生态哲学思想的深层意蕴。而只有这种为了"人类同自然的和解"与"人类本身的和解"开辟道路的发展，才能是生态化发展。马克思早在《巴黎手稿》中所一再强调的自然主义与人本主义的统一，也体现了这种人与自然界的和人与人的和谐精神。因为其"自然主义"不能不是一种自然生态价值范畴，其"人本主义"则不能不是一种人类学的社会生态价值范畴，两者的统一体现了一种把人与自然和人与人作为一种和谐整体来考虑的生态正义、生态理性精神。由于在马克思看来，人与自然界的关系是通过人与人的社会关系而实现的，因此，人与自然界的和谐统一，又以人与人的和谐统一为前提。从今天的观点看，这也就是走向以克服生态危机为己任的生态文明发展方向的发展。

总之，马克思为全人类的幸福而奋斗的价值追求精神，决定了马克思反

① 《马克思恩格斯全集》第3卷，人民出版社2002年版，第449页。
② 马克思：《1844年经济学—哲学手稿》，刘丕坤译，人民出版社1979年版，第108页。

对一切危害广大民众合理生存的反生态行为，这就决定了他要选择以人的生命理性、生存理性和共存理性为精魂的生态正义、生态理性并由此规定的生态化发展，作为生态哲学的价值定向。可以强调，马克思的生态哲学思想，是在生态正义、生态理性的基础上研究人类及其与自然界、与社会的合理的生态关系的理论，它自然成了我们这个在自然生态、社会生态以及精神生态这种立体生态危机时代最需要的哲学。它的核心价值追求，它的生态化发展的价值目标，就是每个人与一切的合理生存与健康发展，而这也就是走向生态文明的基本要求。

四　从解决社会生态问题入手解决自然生态问题

1. 从人的社会经济生态关系着手

马克思的生态化发展思想，要求首先从解决社会生态问题着手，才能从根本上解决人与自然界的生态关系问题。这也是马克思的经济学生态学立场的重要性之所在。

第一，马克思生态哲学思想的特质，在于强调人与自然界的关系在本质上是社会关系。因为人是社会存在物，社会存在物与自然界发生一切关系，都不能不是通过社会、为了社会并且要由社会定性并加以组织的关系，因而不能不打上社会烙印。同时，也只有在社会中，自然界对人的生态意义或者说"属人性"才表现得出来，这一点在前面的引文中充分地表现出来：

> 只有在社会中，人的自然的存在才成为人的属人的存在，而自然界对人说来才成为人。①

这里所谓人的自然存在，是指人的自然本性，属人的存在，即为自己的生存的存在，自然界成为人，是说自然界成为人化的自然界。马克思这里的思想包括：社会不仅是人与自然关系的中介，更是自然对人的生态意义的显现方式，自然界在社会中展现出它对人的全部的丰富性，而人也在社会中对

---

① 马克思：《1844年经济学—哲学手稿》，刘丕坤译，人民出版社1979年版，第75页。

自然界展现出他的本质。即社会是"人的实现了的自然主义和自然界的实现了的人本主义"的统一。另一方面，通过社会，人与自然的一切关系便都成了人主动构建的、因人而异的、人可以自由调控的关系，人对自然的生态意义也显现出来。它表明，人与自然界的生态关系，在本质上是社会关系，由社会关系所规定。马克思的这一思想，为今日理解和调控人与自然的生态关系、构建生态文明找到了真正的根据。它表明，要彻底解决今日的生态问题，不能就生态而谈论生态，必须上升到社会经济关系的生态合理性中来。我们看到，生态马克思主义和生态社会主义走的正是这样一条比较能够彻底解决生态问题的道路。社会主义生态文明，也必须在这方面下功夫。马克思生态哲学思想的特别深刻的意义，也就在这里。从不从社会生态入手，是马克思主义与非马克思主义的关键所在。

第二，马克思是位政治经济学家，政治经济学是研究人类最根本的物质生产活动及其社会政治意义的。因而，马克思的生态哲学思想的特质，就不能不体现在他对经济现象的关注之中。马克思首先注意到：他的时代的最重要的社会生态问题，是"劳动与资本的对立"，是"异化劳动"的严重存在，是无产阶级"不拥有"人性生存的起码物质条件等，从而使社会中出现对抗性矛盾：劳动者的生存危机，迫使他们广泛地要求推翻资产阶级的非法统治。而当时的现实是：由于私有制的统治，由于广大工人在生产劳动中把自己的人的本质力量对象化、外化即客观化为社会财富（这里主要指剩余价值），而这些财富作为工人劳动的他在，被与工人对立的资产阶级所占有，成为异在、异化的东西同劳动创造者相对立甚至相对抗。因此，劳动得再多，也不能摆脱贫困。这种劳动者创造的财富反过来统治劳动者本身的现象，马克思称之为"异化劳动"，这是马克思所批判的人的经济生态世界中的最根本的不合理性：它导致了严重违背人性、违背社会公平正义的即违背社会生态原理的不合理、不合法的状态。它使社会在生态上不能平衡。所以，马克思集中关注当时社会在物质权利环境方面的这种严重的生态失衡，从而，对于当时的历史任务和时代精神来说，人们在生态上的合理生存问题，就成了必须推翻资产阶级统治的政治问题。他把这视为社会迫切问题，并长期致力于这一问题和斗争。他的理论，从哲学上看，就是要把人类从这种经济生态危机以及维护它的政治生态危机中解放出来，即实现社会物质财富在人与人之间的合理物质变换，只有这一问题解决好了，才能考虑人与自然界的合理物质变换问题。这是一种从社会生态危机及其解决来解决自然生态问题的哲学理论，是它的深刻性所在。

第三，马克思哲学的社会生态特性，还在于他深入地研究了现代资本主义的生产和分配，指出由于它受资本逻辑的统治，因而一方面生产是为了资本的增值，另一方面是所生产的剩余价值为资本独占从而造成社会的分配不公，出现社会的阶级对立和阶级冲突，表明了由于生产和分配的不合理性而造成了社会的反生态性。马克思经济学研究的目的，就是通过消除私有制而消除资本对人的统治，从而实现合理的生产与合理的分配，实现社会经济要素如生产、交换、分配、消费之间的合理的、互济互生的协同关系，以及全社会的合作与协同。"各尽所能，按劳分配"，"各尽所能，按需分配"，是马克思所希望的社会经济的生态和谐景象。所以，马克思的生态哲学思想，首先是社会生态哲学。正是在这一层上，马克思的生态哲学思想是比今天任何生态主义都要彻底的哲学，西方生态主义主要研究自然生态问题，即使"深层生态学"，也主要局限于自然界和人对自然界的生态态度。生态后现代主义作为生态哲学，也主要研究世界观方法论方面的生态问题。只有生态社会主义者，继承了马克思对社会生态的关注，同时研究社会分配和社会消费（"异化消费"）的生态问题。而人类今天要克服生态危机，只有从社会生态入手，从改变人类世界在物质的生产和分配方面的反生态现象入手，才能摆正人与自然界的生态关系问题。我们看到，这正是今天生态社会主义所要集中解决的问题。所以，马克思的生态哲学思想，对于人类今天全面解决生态问题特别具有现实意义。

第四，有人认为马克思强调生产、生产力和生产关系的发展，强调人控制自然，因而离生态思想很远。其实，马克思强调生产和生产力的发展，是人类摆脱贫困的需要，是更便于以人性的方式与自然界进行代价最小的物质变换，这本身正是今天在生产上的生态要求。同时，马克思的生产是满足人们基本生存需要的生产，他从来就反对单纯为了资本的增值而生产。如下一句话就表明了马克思关于社会物质生产的基本看法：

　　　劳动本身，不仅在目前的条件下，而且一般只要它的目的仅仅在于增加财富，它就是有害的、造孽的。①

"在目前的条件下"正是指的资本主义生产。"一般"则是指它在任何社会都不能仅仅为了增加财富，它的本质在于为人的合理生存而劳动。所谓"有害和造孽"，只能理解为它对于社会生态和自然生态的破坏。马克思的"控制自然"，正如西方学者所考证，不过是指管理自然、调节自然而已，而不是统治自然。这是马克思生态哲学思想在如何对待生产方面的特质。

这四层特质都表明，要彻底解决生态问题，就必须从人的社会经济生态入手。生态马克思主义，生态社会主义，走的正是这样一条道路。社会主义生态文明建设，也首先需要通过这条道路从根本上解决问题，否则就不能从根本上解决生态问题。

马克思生态哲学思想的特质，决定了它所关注的焦点，是人类生存发展的合理性问题。对此拟另外讨论。

2. 马克思生态哲学思想的生态特质与生态针对性

做了上面的初步讨论之后，我们就可以对马克思的生态哲学思想下一个初步的定义：马克思的生态哲学思想，是在认清人类不合理的生产和分配既导致社会生态危机又导致自然生态改变的基础上，通过改变不合理的社会生态关系而改变人对自然的不合理关系的哲学，其总的目标，是为人类能够在"自然—社会"的双重环境中合理生存、健康发展与不断走向自由解放。其核心或焦点问题，就是人类的生存合理性问题如何通过社会生态（包括经济生态与政治生态）的合理化而在自然生态中实现的问题。

任何一个社会，都既在一定程度上实现着人的生存合理性要求，又在一定程度上阻碍着人的生存合理性要求的实现。所谓"人的实现"，首先就是人的生存合理性的实现。历史的最根本的规律，就是人类生存的合理性要求的实现规律。马克思的生态哲学思想，就是从社会生态层次上为人类的生存合理性的实现而奋斗的哲学。青年哲学家贺来说：马克思哲学"所需要解决的不是客体世界或主体世界'是什么'这种实体性、知识性问题，而是自

---

① 《马克思恩格斯全集》第42卷，人民出版社1979年版，第55页。

然与人、主体与客体等矛盾关系如何更好地实现统一等与人的生存发展内在相关的'生存性'问题"①。这一论断，已经接近马克思生态哲学思想的特色：这就是如何从自然、从社会、从精神三个维度为人类生存的生态合理性而奋斗的问题。因为任何"生存性"问题，在今天都不能不是生态生存问题。

大体来说，在前现代社会，人类世界的不合理性，主要体现为权力私有制而导致的封建等级特权专制的政治生态不合理性。在走向资本现代性的社会里，进一步体现为"资本统治劳动"的贫富两极分化的经济生态不合理性。而在当代世界，除了前两种不合理性的直接遗留之外，更出现了由前两种不合理性而导致的人与自然界关系的生态不合理性。而马克思的生态哲学思想，在今天就是要从这三个方面为每个时代、每个社会的生存合理性而斗争的哲学，今天人类面临的关键问题是：如何通过社会生态问题的改变而改变自然生态问题，而这正是马克思生态哲学思想的核心思想和关键作用之所在。因此，今天研究、发现和弘扬马克思的生态哲学思想，不是一个简单的学术问题，它更是一个政治问题。

因此，在今天，人的合理生存、健康发展与走向自由解放，当务之急，一是要从人对自然界的征服态度和灾难性开发中走出，建立人与自然界的生态平衡关系；二是要从资本对人的统治、私有制对人的统治以及经济贫困和经济暴富对人的统治这种经济生态危机中走出，使人人都能合理生存；三是要从封建性的等级制度、专制特权制度这种政治生态危机中走出，在政治上成为符合生态原理的现代开放社会；四是要从宗教崇拜、狭隘意识、种族歧视、金钱崇拜、经济主义或其他过时的精神生态危机的统治中走出，成为思想开放和自由探索的社会；五是要在自然生态、社会生态、精神生态都合理的基础上，开辟人类合理生存与健康发展之道路。今天要建立的生态社会，生态文明，只能是建立在这种实现了人的生态合理性要求之上的生态文明社会，而这就只能是广义的社会公共主义的文明社会。

总之，马克思生态哲学思想的真谛，在于他对于人类的生存前提和本质性要求的理解。马克思的生态哲学思想，为解决这一问题从社会生态这种本

---

① 贺来：《马克思哲学与"存在论"范式的转换》，《中国社会科学》2002年第5期，第4页。

质生态学方面开辟了道路。它是现代哲学中最关心人类命运的哲学。它就是关于人类在今天这种和平、合作、生态时代如何走出自然的与社会的生态异化、走向合理生存与自由解放的新哲学。

第三章

马克思生态哲学的五大奠基原理：
人类文明生态转向的根本原理

【小引】当代世界的生态危机，是资本逻辑违背生态正义而导致的人类生存危机。如何解决这一危机，人们再次求教于马克思。马克思主义产生于人类第二次正义危机即劳动者不拥有基本生存资料的经济生态危机时代，它的主要理论是把人类从第二次正义危机中解救出来的理论。但是，一则由于这一历史任务遗留到了我们这个时代（资本主义和资本逻辑依然统治世界），二则由于马克思哲学构建的深广历史内涵触及人类学生态学的根底，从而它也能够解救人类面临的这第三次正义危机即生态危机。马克思生态思想与西方生态思想的不同，主要在于马克思首先从社会生态考虑问题。马克思提出的基本自然生态原理是：人与自然界的辩证生态一体原理和自然事物之间、人与自然之间的生态循环、生态平衡原理，这是任何生态活动都要遵循的原理；基本社会生态原理是：自然生态与社会生态的双重正义原理以及人与自然、人与人、人自身的三重合理物质变换原理，这是生态文明建设所要遵循、达到的原理；生态的未来发展原理是："每个人与一切人"的合理生存健康发展的社会公共生态原理。这五大原理是马克思生态思想的基石，它为从社会立场解救生态危机、开辟生态文明新时代奠定了理论基础。因为人类今天面临的生态危机的根源不在自然界，而在人类社会。

【新词】人与自然的辩证生态一体原理　生态循环与生态平衡原理　人与自然、人与人、人自身的合理物质变换原理　"每个人与一切人"的社会公共生态原理　自然生态与社会生态的双重正义原理

马克思生态哲学思想的双重历史构建和双重价值追求，马克思的生态正

义和生态理性精神，产生了它的一系列的生态原理，这是这里应当进一步揭示的理论原理。

当代世界的生态危机，是资本逻辑违背生态正义而导致的人类生存危机。为解救这一危机，产生了各种各样的生态思想和生态治理活动，但是，一直未能阻止生态恶化的态势，我们称之为生态治理危机。如何克服生态危机和生态治理危机，是人类在当代面临的最大困境。为解救这一困境，生态思想家们再次求教于马克思，这就是生态马克思主义和生态社会主义的产生。然而，在如何理解马克思的生态思想方面，却还有待于深入。马克思不仅有他的自然生态思想，也有他的社会生态思想。那么，马克思在他的经济学、人类学的理论活动中，究竟构建了怎样的生态原理呢？能不能归结出几条原理作为他的生态哲学思想的理论基础呢？这是完全可以的。

一　理论基点：人与自然界的辩证生态一体原理（原理1）

马克思是特别重视人与自然界关系的思想家，他从人与自然界的关系出发来理解和把握人和人类世界的问题，他把人与自然界视为一种辩证的生态整体，这从以下递进的思想环节可以看出。

1. 人是"自然界的人"和自然界是"人类学的自然界"

马克思像自然科学家那样，首先把人作为自然存在物来看待："人直接地是自然存在物。而且是有生命的自然存在物。"人作为自然存在物，不论人怎样发展，人都是自然界的一部分，他与自然界最基本的关系，首先是自然界内部的互生关系，马克思直接表明了这一思想：

> 所谓人的肉体生活与精神生活同自然界相联系，不外是说自然界同自身相联系，因为人是自然界的一部分。①

---

① 马克思：《1844年经济学—哲学手稿》，刘丕坤译，人民出版社1979年版，第49页。

但这仅仅是问题的一方面。另一方面是：自然界也是"人类学的自然界"。这是马克思从人类学上对自然界的特有理解。换句话说，人所面对的自然界，不是本来意义的"与人无关的自然界"，而是在人的生存实践活动中"人化了的自然界"，即通过人的作用而打上了人的烙印的、成了与人血肉相连的生存环境的自然界；是生成人、养育人的自然界；是与"人的肉体生活与精神生活"的健全发展密切相关的自然界。人正是在这种人类化了的自然环境中生存的。对于马克思来说，这样一种人化的人类学的自然界，不是由人任意摆布的自然界，而是有着"自在生活"和自身规律的自然界，是"走着自己道路的"自然界，人既依存于它，服从于它，它不会迎合于人；人又必须认识它的整体联系和它与人的生存关系，协调这种关系，把它人化为自己生命的生存环境，这是人作为有生命、有智慧的存在物，必然要产生的对象性的生态前提。

2. 人与自然界：互为对象的生态整体

"作为自然界的人"与"人类学的自然界"的统一，就是人与自然界互为对象的生态一体性存在，即成为一种生态整体。马克思是以"人的无机的身体"来表达这一点的：

> "自然界，就它本身不是人的身体而言，是人的无机的身体。这就是说，自然界是人为了不致死亡而必须与之持续不断地交互作用的人的身体。"① 恩格斯更为明确地指出："我们连同我们的肉、血和头脑都是属于自然界，存在于自然界的。"②

这种把"有机的身体"与"无机的身体"视为"不断地交互作用"而成为一体的思想，不能不是一种把人与自然界视为血肉一体的生态整体的生态思想。它站到了人与自然的生态一元论这一高度上来了。而当代西方的生态整体思想，即所谓"生态整体主义"，其核心思想是指自然生态系统的整

---

① 马克思：《1844年经济学—哲学手稿》，刘丕坤译，人民出版社1979年版，第49页。
② 《马克思恩格斯全集》第20卷，人民出版社1971年版，第519页。

体利益，而不把人包含在内。有的虽然包含了人，但人只是其中的一个普通物种。因而，它的哲学基础逃不出人与自然界的二元对立。马克思从一开始就超出了这种人与自然界的二元论，上升到人与自然界的生态一元论即生态整体性的立场上来了。所以，马克思生态哲学思想在起点上就高于当代西方生态主义的单纯自然界的起点。

3. 人在生态整体中的能动作用：辩证生态一体论

上面二层意思表明，马克思的人与自然界的生态一体论，包含这样几层规定性：

其一，人和自然界在物质和生命基础上是一样的，同一的。

其二，自然界是人化的即社会化的自然界，与人类的生存要求是同一的。

其三，人与自然界是共同的生存体，是生态一体性的生态共同体，共存体。

其四，在这个人—天共同体中，人加入的是能动性、智慧、自由、形式、创造性因素，它成为这个人天共同体中的理性的调控者和主导者，使它成了有灵性的东西。

其五，人在这种人天生态共同体中是能动作用与主动构建的因素，使这种生态共同体成为有自身内在矛盾和发展方向的辩证生态整体。

所以，马克思并没有像当代生态主义者那样把人湮没于自然界之中，视为自然界里的"一个物种"，从而得出自然主义的"生物界平等"，而是充分认识到人既是自然存在物，又不同于自然物，因为人有他作为人的精神性、能动性赋予他的自由创造性，马克思表明，一方面，人有"意识和意志"，是"自由的存在物"，另一方面，人又是"社会存在物"，即通过社会实现他的意识、意志和自由，实现他的禀赋、能力和情欲，并积极通过智慧和工具（科技等）反作用于自然存在物：从而人在自然的与人的双重规定之下创造了一个人的生存价值世界：

人可以"实际创造一个对象世界，改造无机的自然界"，既懂得"按照任何物种的尺度来进行生产"，又"随时随地都能用内在固有的尺度来衡量对象，所以，人也按照美的规律来塑造"，①借以实现人自己的人类学的生存。

在这段话中，马克思强调人是生命化、智力化、情欲化、主体化的存在物。人的自由和能动性在于他在自己的意识和意志支配下能够自由地借助于工具、技术等作用于自然界，因而他既可以按照自然的尺度改造自然界，又可以按照人的尺度创造一个美的世界，借以实现自己的"禀赋、能力和情欲"，实现自己的"自由自觉"的人的生活。这样，马克思就指出了人既与自然界相同一，又高于自然界，从而指出人与自然界的生态整体是既由自然界的实体所规定，又由人的能动作用而有其发展方向的辩证生态整体。从这种辩证生态一体论出发，就为理解人既能违背自然生态规律而破坏生态世界又能按照自然生态规律而遵从和改善自然生态系统的巨大能动性提供了理论根据。人的能动性（意识意志等）和工具的非自然性（对自然的改造性），在人与自然界之间既划下一条分离的界线，又拉起了一条结合的纽带，这就为辩证地、能动地理解人与自然界的生态整体关系奠定了理论基础。换句话说，人与自然界的辩证生态一体论，是马克思生态哲学思想的理论支点。一切生态考虑，都应当从这一支点出发。

根据马克思的这种辩证生态一体论，在今天应当引申出这样的生态原理：人一方面要平等地对待一切自然存在物，把自己主动降到一个自然物种而遵守生物共同体中的一切生态规律，并把自己的自私的类群伦理，转化为一种全面的适应于整个生物圈的生态伦理，尊重一切自然物，无权任意践踏任何自然物；另一方面，人又有责任既按照"物种的尺度"又按照人的尺度重整自然界和重整人与自然界的关系，实现人与自然界的生态平衡和生态循环。用中国哲学的话说，这里构建了这样一种人天一体的人天观：第一，它是一种人天一体论。第二，这种人天一体论是一种人天统一论：即人与自然界由于人的智慧的加入在生态上可以主动走向统一。第三，马克思的这种人天统一论是人天和谐论，因为马克思的全部理论的目的，就在于实现"人

---

① 马克思：《1844 年经济学—哲学手稿》，刘丕坤译，人民出版社 1979 年版，第 50—51 页。

和自然之间、人和人之间的矛盾的真正解决"①，这种解决就是和谐。马克思看到现实世界不可能实现这种人天和谐，他把这种统一与和谐的希望，寄托于消除了生态对立的共产主义，他强调："共产主义，作为完成了的自然主义，等于人本主义；而作为完成了的人本主义，等于自然主义。"所谓"完成"，应当理解为充分实现。它表明，马克思追求的是人（人本主义）与自然界（自然主义）在生态生存上的统一与和谐。

但是，生态危机把这一"共产主义"的历史性任务提到了当前。

4. 辩证生态一体论：一切生态思考的理论基点

辩证生态一体论作为马克思生态哲学思想的第一原理，不仅是马克思关于人与自然界的生态一体世界观，更是马克思一切生态问题的理论支点。从辩证生态一体论出发，既注意到人与自然界的生态同一性，又注意到人类高于自然界的能动性、自由性和创造性。这是马克思创立的一种人—境生态整体主义的生态哲学立场，坚持马克思的这一生态哲学立场，既可以超越传统的蔑视自然的人类中心主义，又可以超越当前的崇拜自然的自然中心主义，从而超越了目前的这种二元对立的理论困境。

确认人与自然界的这样一种辩证生态整体关系，确立人—境生态整体的哲学立场，是马克思直接确立的他的生态哲学思想的第一原理。这一原理对今天思考和解决生态危机有重要意义。这一原理要求，人应当主动适应这种生态整体的生态要求，既要直接大力进行生态保护，又要在导致生态危机的社会根源上进行根本性的改变。这就是要克服资本逻辑对世界的统治，实现人与自然界的和人与人的生态和谐与健康生存。要做到这一层，需要权力的生态觉醒和资本的生态觉醒，使原来的权力为资本扩张服务和资本为权力扩张服务，都转化到为人类的生态化发展服务上来，走一条"生态—生产—生活"的合理生存与健康发展的道路。当然，这不是一两个国家的事，而是要促进和伴随全世界走向和平、合作、生态的人类学时代的世界历史大事。正是这一原理，可以成为破解当代生态危机、倡导生态文明的理论根据。在面对今天的世界性生态危机中，人应当发挥自己的能动性的智慧，由征服自然

---

① 马克思：《1844 年经济学—哲学手稿》，刘丕坤译，人民出版社 1979 年版，第 73 页。

向顺从自然、由放任自己对自然的掠夺态度向约束自己的"生态化发展"方向转变，全力以赴构建一种人与自然和谐共存的生态文明。

总之，如果说，维尔纳茨基发现了地球上的"生物圈"的话，那么，由于人和其智慧与意志的渗入，出现了一个人化的"人—境"关系圈，这个圈就是由人主导的人与自然的辩证生态整体圈，生态问题就出现在这个圈层之中，因而人是可以主导这个圈层的生态运动的。

二　根本原理：自然界和人与自然之间的生态循环、生态平衡原理（原理 2）

正由于马克思把人与自然界视为一种相互内在的存在，即一种生态整体，所以，他能够把握——或者说感受到——人与自然界之间的物质性的生态生存关系，这就是人与自然之间的以及自然界内部的生态循环、生态平衡原理，并在他的理论批判活动中表现出来。

生态社会主义者最有力的代表人物约·B. 福斯特，对马克思生态哲学思想原理的最重要的阐发，就是指出了马克思批判资本主义生产导致"新陈代谢断裂理论"。这的确是马克思对资本主义生态破坏的最有力的批判理论。但是，福斯特的理解是否正确呢？他所依据的马克思的最有代表性的几段文字如下：

> 资本主义生产使它汇集在各大中心的城市人口越来越占优势，这样一来，它一方面聚集着社会的历史动力，另一方面又破坏着人和土地之间的物质变换，也就是使人以衣食形式消费掉的土地的组成部分不能回到土地，从而破坏土地持久肥力的永恒的自然条件。[1]

> 在现代农业中，也和在城市工业中一样，劳动生产力的提高和劳动量的增大是以劳动力本身的破坏和衰退为代价的。此外，资本主义农业的任何进步，都不仅是掠夺劳动者的技巧的进步，而且是掠夺土地的技巧的进步，在一定时期内提高土地肥力的任何进步，同时也是破坏土地

---

① 《马克思恩格斯全集》第 23 卷，人民出版社 1972 年版，第 551 页。

肥力持久源泉的进步。一个国家，例如北美合众国，越是以大工业作为自己发展的起点，这个破坏过程就越迅速。因此，资本主义生产发展了社会生产过程的技术和结合，只是由于它同时破坏了一切财富的源泉——土地和工人。①

大土地所有制使农业人口减少到不断下降的最低限度，而在他们的对面，则造成不断增长的拥挤在大城市中的工业人口。由此产生了各种条件，这些条件在社会的以及生活的自然规律决定的物质变换的过程中造成了一个无法弥补的裂缝，于是就造成了地力的浪费，并且这种浪费通过商业而远及国外。②

福斯特指出，马克思所说的人与自然关系中的物质变换概念，也就是人与自然界之间的新陈代谢概念（不同翻译）。因此，在这几段话中，马克思所说的"资本主义生产破坏着人和土地之间的物质变换，也就是使人以衣食形式消费掉的土地的组成部分不能回到土地，从而破坏土地持久肥力的永恒的自然条件"，"造成了一个无法弥补的裂缝"，指的就是新陈代谢在城乡之间的"断裂"。把"裂缝"发展为"断裂"，这当然是对马克思生态批判的一种深刻理解和进一步概括。福斯特还对这一理解做了扩展：从直接的意义上说，新陈代谢断裂既是指"土地的组成部分不能回到土地"，从而使地力枯竭，又是指这些东西汇集于大城市，造成普遍的污染。从广泛的意义上说，新陈代谢断裂还可指城乡之间、资本主义的工业与农业之间、社会与自然之间的新陈代谢断裂。他指出："对于马克思说来，社会层面上与城乡对立分工相联系的新陈代谢断裂，也是全球层面上新陈代谢断裂的一个证据。"③ 因而，这是一个具有普遍意义的概念。但是，这一理解，是否准确揭示了马克思的生态思想了呢？我们认为，还可以加以更深入的理解。

如果说，马克思指出了资本主义造成的城乡之间的新陈代谢断裂这种事

---

① 《马克思恩格斯全集》第23卷，人民出版社1972年版，第552—553页。
② 《马克思恩格斯全集》第25卷，人民出版社1974年版，第916页。
③ ［美］约·B.福斯特：《马克思的生态学——唯物主义与自然》，刘仁胜、肖峰译，高考教育出版社2006年版，第182页。

实上的不合理性，那么，在他的思想深处，必然存在着"土地的组成部分"与土地的肥力之间，人口与地力之间、城乡之间，存在着一种物质循环，这种物质循环得到满足，土地就能恢复和保持地力的持久平衡，反之就会因断裂而受到破坏。这就是说，马克思之所以能提出"裂缝"即断裂理论，应当本于一种更根本的原理：即人与土地之间、城市与乡村之间、人与自然界之间存在着的物质性的生态循环和生态平衡这样一种更加根本的原理。没有这一原理做底蕴，无法在逻辑上产生"裂缝"观念，无法提出土地的组成部分因不能回到土地而破坏土地肥力，并且把这视为对"永恒的自然条件"的破坏。当然，马克思没有直接说出生态循环或物质循环一词，但是，"无法弥补的裂缝"指的正是生态循环受到破坏。至少，这是马克思生态哲学思想的潜在原理，没有这一原理在胸，不可能做出上述批判。因为，福斯特所谓的"新陈代谢断裂"、"物质变换断裂"，本质上只能是生态循环断裂。由于当时还没有"生态"、"物质循环"、生态"平衡"这些词，在当时的学术界还没有产生这些观念，所以，马克思经常扩大地使用"物质变换"或"新陈代谢"一词，用它表示物质循环、生态循环这一潜在的理念。比如：使"土地的组成部分不能回到土地，从而破坏土地持久肥力的永恒的自然条件"，明显就是指人与土地之间的生态循环受到破坏。作为"土地持久肥力的永恒的自然条件"的"人和土地之间的物质变换"，明显就是指人与土地之间的生态平衡。只是当时没有这些概念，马克思不得不用"土地肥力的持久源泉"、"永恒的自然条件"这种繁复的修饰词，来表达生态循环和生态平衡受到破坏这种思想。所以，福斯特所说的马克思的"新陈代谢断裂"论，是建立在马克思没有直接说出的但已潜在于心的人与自然之间的生态循环和生态平衡这种先在原理之存在的前提之上的。

事实上，这些概念产生得很晚。"平衡"作为哲学概念，在布哈林的"历史唯物主义理论"中才得到研究。而生态意义的"循环"和"生态循环"这些概念，是在维尔纳茨基的《生物圈》1926 年在苏联出版之后，才得到广泛重视。正像在没有"生态"一词出现时，马克思就产生了生态思想一样，在自然界的和人与自然关系的生态循环、生态平衡这些概念出现之前，马克思通过"人与土地的物质变换"、"土地肥力的持久源泉"受到破坏、"永恒的自然条件"受到破坏、在"物质变换的过程中造成了一个无法弥补的裂缝"等词句，把握住了自然界的以及人与自然关系中的生态平衡、生态循环原理，表明了这些原理在自然界、在人与自然界的关系中的客观存在。所以可以认为马克思的"裂缝"概念，福斯特的"断裂"概念，指的都是资本主义生产破坏了自然事物之间、人与自然之间的生态循环、生态平衡这样一种生态原理。马克思的上述批判，就是以这种客观原理为根据的。福斯特所发挥出来的"断裂"概念，其意义也只能建立在人与土地之间、城乡之间、人与自然界之间的物质循环和物质平衡关系受到破坏这一层上，才更显得有生态力量。但是遗憾的是福斯特却没有指出这一深层实质，而仅仅止于新陈代谢断裂说。

如果以上讨论是符合事实的，那就是说，人与自然之间的生态循环、生态平衡原理，是马克思生态思想预先设定的并以"物质变换"、"新陈代谢"、"永恒的自然条件"受到破坏、"裂缝"等概念加以论证的基本原理。这一原理表明，资本主义生产以及现代工业文明，是建立在违背人与土地、社会与自然、人与自然界以及自然界内部的生态循环、生态平衡这种根本生态规律之上的，它造成了这些方面的生态循环的断裂和生态平衡的破坏，因而是不能持久、不可延续的。而从马克思更深入的思想来说，正是资本主义对生态循环和生态平衡的破坏，才使人与人的和人与自然界的关系走向异化，导致了今天的生态危机。今天公认，生态循环，生态平衡，正是生物圈以及人与生物圈之间的最根本的物质性的生态原理。马克思已经潜在地表明了这一原理的存在，并以此批判资本主义。因而，应当视之为马克思生态哲学思想的奠基原理。

三　核心理念：人与自然、人与人、人自身的三重合理物质变换原理（原理3）

1. 人与自然界的合理物质变换思想：生态正义的生产原理

马克思提出了人与自然界的合理物质变换思想，并寄希望于未来社会的实现。这是马克思最典型的人与自然的生态学思想。这一思想的提出，是建立在他对当时资本主义掠夺自然、掠夺人这种严重违背生态正义的不满基础上的。他对资本本性（即资本逻辑）的认识，使他对在资本主义条件下改变人对自然的和人对人的掠夺行径不抱任何希望。所以，他把这一思想寄希望于消除了资本统治的新社会。他认为只有在那时才能实现：

> "社会化的人，联合起来的生产者，将合理地调节他们和自然之间的物质变换，把它置于他们的共同控制之下，而不让它作为盲目的力量来统治自己；靠消耗最小的力量，在最无愧于和最适合于他们的人类本性的条件下来进行这种物质变换。"①

> 恩格斯对这一目标说得更具体："在一个和人类本性相称的社会制度下……就应当考虑，靠它所掌握的资料能够生产什么，并根据这种生产力和广大消费者之间的关系来确定，应该把生产提高多少或缩减多少，应该允许生产或限制生产多少奢侈品。"②

马克思把自然科学的"物质变换"这一概念，运用于人与自然界之间，用它表示人通过劳动生产把自然物转化为人的生存价值物，而人本身和自然界都在这一过程中得到改变。但是，这一变革过程由于资本逻辑的统治而成了非正义的：它的掠夺自然的生产破坏了人与自然界的生态平衡，使自然界的熵有增无减，走向熵增道路，从而使人与自然的关系成为不合理的即严重违背生态正义的反生态关系。

所以，马克思特别强调在将来要"合理地调节"人与自然界的物质变换，它包含了如下丰富的生态意蕴：

（1）所谓"合理"，既是符合自然存在之理，又是符合人类生存之理，即既符合自然界的以数理、物理、生理为基础的生态生存关系之理，又符合人和人类世界的以心理、人理、事理为基础的社会生态生存关系之理，即符合生态正义。

（2）所谓"消耗最小的力量"，包括人的力量与自然的力量，即以最节约的方式进行基本的、必要的物质变换。

（3）所谓"人类本性"，是指摆脱了资本灵魂和物欲统治的人类同生共

---

① 《马克思恩格斯全集》第25卷，人民出版社1972年版，第926—927页。
② 《马克思恩格斯全集》第1卷，人民出版社1956年版，第615页。

存、和谐生存的本性，是伦理化、道德化了的人类本性，是具有高度责任和健全心理的人类本性，是个人与类群的关系、人与自然界的关系得到合理协调的人类本性，因而是可以遵循生态正义要求的人类本性。

（4）所谓"控制"，所谓"调节"，所谓"根据生产力和广大消费者的关系"来确定生产，就是只满足人们基本生存需要的生产，而不再像过去那样让资本逻辑这种"盲目的力量来统治"生产。所有这些，都在"合理地调节"的意蕴之中。这些表明，马克思反对盲目的毫无节制的为了资本增值的生产，他甚至视之为"造孽"、"罪恶"。毫无疑问，这种"合理的物质变换"，就是符合生态正义的生产。

（5）人与自然界的这种物质变换过程，既是从自然向社会的物质流变过程，也是从社会向自然返回（废物、肥源与改变自然）的物质流变过程，这种双向的物质变换过程就使二者形成一种生态循环，"合理"表明对于双方来说都是有限度的。超过限度就会失衡，形成生态裂缝，因为地球的资源和环境的纳污能力都是有限度的。马克思的"裂缝"概念，就是在这一意义下讲的。

总之，在这段话中，包含了人与自然界的"合理物质变换"的六条生态正义原则：

（1）化盲目力量为可调控的原则，即让人与自然的物质变换受人自身的合理的调控与支配。

（2）最小化原则：即在生产中付出和得到的物质流量都趋于最小化，也可以理解为最节约原则；仅以满足人类基本生存发展需要为前提。

（3）最无愧原则：即最无愧于人类的良善本性，排除物欲权欲所导致的人性异化对生产与消费的支配。

（4）最佳化原则：即最适合人的基本生存发展需要，不多也不少。

（5）合理化原则：即既符合自然生态正义之理，又符合社会生存正义之理，更符合人与自然关系的生态正义之理。

（6）共同控制原则：即把人们赖以生存的生产和分配这种物质变换过程，通过制度由全体成员控制，以便在"合理的"即符合生态正义的范围中进行，而不让少数人的盲目物质追求力量来统治生产。

这六条生态正义原则，是今天实现生产的生态正义的最重要的原则。通过这些原则，就回答了人与自然界的生态和谐如何可能的问题。因此，可以把马克思的这些原则归结为人类物质生产的生态正义原理。

针对今天的生态危机和生态治理危机，这就是要求把人们对自然界的掠夺性生产，转变为符合生态正义的生态性生产。而要做到这一步，根本之途就是消除资本逻辑对于生产的支配。马克思的这种思想，为克服 100 多年来的生产异化而实现人与自然界的生态和谐关系奠定了理论基础，因而是极为重要的生态正义的生产原理。

2. 人与人的合理物质变换思想：生态正义的分配原理

马克思不仅要求人与自然界的合理物质变换，他也把"物质变换"这一思想运用于人与人的社会物质关系之中。这是通过对"交换"的理解而实现的：·

> 交换过程使商品从把它们当作非使用价值的人手里转到把它们当作使用价值的人手里，就这一点说，这个过程是一种社会的物质变换。①

既然商品交换可以理解为"社会性的物质变换"，那么，作为社会经济生活的四大环节——"生产、交换、分配、消费"，综合起来应当都是一种社会性的物质变换过程："生产"把自然物通过劳动生产变换为人的生存价值物；"交换"通过市场和物质交流实现着财富性质的变化和在不同社会成员之间流转；"分配"作为物质变换，是根据资本和劳动或某种法定原则，把社会财富（生产资料和生活资料）这种总体价值，分配到不同的人手中而转化为其使用价值，这同样是由价值或交换价值（分配前）转变为使用价值（分配后）的过程，它在不同人们之间变换，并为不同的人所有。特别是对于没有生产资料和资本的人来说，生活资料的分配（工资等），直接决定着人的贫富水平和社会公平，决定着人的生活消费水平。"消费"作为物质变换，是在分配基础上把社会财富通过人的衣、食、用、

---

① 《马克思恩格斯全集》第 23 卷，人民出版社 1972 年版，第 122 页。

住、行、教以及社会的、政治的、军事的、文化的等耗费，把使用价值变换为非使用价值，由财富变换为非财富，但却支持了人的生存发展活动。总之，通过"生产—交换—分配—消费"这种物质变换，实现从自然物质资源通过形态变换进入人的社会物质生活，又在人的社会物质生活中发生变化反馈到自然界的生态循环过程，这是一个物质与能量的生产和消耗的耗散过程。通过这种耗散过程，实现人的生命和社会有机体这种"耗散结构"的生存运转。

这就是说，马克思的"合理的物质变换"思想，既适用于人与自然界的生产之间，又适用于人与人的分配之间，这就为分析人与自然界的自然生态关系和人与人的社会生态关系奠定了物质分析基础。从自然层面说，"生产"实现的是人与自然之间的生命、生存、生态关系，这里有个生产的生态限度和生态正义问题，"合理"所强调的就是这种生态限度和生态正义。从社会层面说，它主要是指在生产之后的交换、分配、消费的合理生态关系。尤其是分配—交换实现于分配而分配又决定消费，这里有个分配合理和分配正义的问题，其背后是经济限度和经济正义问题。

在这一过程中，"分配"是在生产之外的关键环节，它决定着人与人之间在物质关系上的合理与否——而不论它是什么样的社会。所谓合理，就是分配公平，这是分配正义的核心问题，是人作为社会存在物的本质性要求。马克思的主要经济理论，就是研究人类社会在物质财富方面的合理生产与合理分配问题的。"剩余价值理论"提出的意义，就在于指证了人类社会在物质价值分配方面的不合理性，即违背价值创造与价值分配的正义要求。而社会主义的目的就在于实现"按劳分配和按需分配"，即人们的相对均衡也相对正义的分配。通过合理的公平的分配，从而达到"人和人之间的矛盾的真正解决"。从今天的生态观念来看，这实际上是提出了人与人在物质分配上的生态合理性，即生态公平和生态正义，因而是对人与人的社会物质变换关系的生态正义原理的构建。

总之，生态性的分配正义，就是要通过合理的相对平衡的分配消灭作为社会痼疾的两极分化①，使人与人之间的分配成为满足人们基本需要的相对平衡的分配——当然不同人们的基本需要是不同的。马克思所说的需要，都是基于生命的生存发展的基本需要。他反对的是过度的"浪费和节约、奢侈和寒酸、富有和贫穷"② 这种两极分化的状态。这就要求消除导致两极分化的违背社会生态正义的分配和消费，构建符合社会生态正义的分配机制和分配制度。如果没有合理的分配制度和分配机制，合理的生产也不可能出现。

3. 人自身的合理物质变换思想——生态正义的合理消费原理

如果说，分配涉及人与人之间的物质变换的话，那么，消费和消费过程，则是由人自身把有用的生存价值物通过个人的吃、喝、住、行、用以及社会的、政治的、经济的、文化的、军事的耗费、浪费、占有、破坏（如战争）而降解为无用废物和垃圾的过程。全部的生产和分配，最后都是通过消费（生产的消费特别是生活的消费）化解为垃圾废物的过程。所以，消费是"生产、交换、分配、消费"这一物质变换运动的终环，并通过这一终环一方面反馈于生产，一方面返还于自然界，既实现人的生产的增值循环又实现人与自然界的物质贬值循环。马克思正是看到这一层，最先批判了资本主义的不合理消费：

　　　"对人的蔑视，既表现为对那足以维持成百人生活的东西的挥霍，也表现为这样一种卑鄙的幻想，即仿佛他的不知节制的挥霍和放纵无度

---

　　① 在资本和权力双重逻辑的支配之下，不论过去还是现在，是西方还是东方，都由于分配不公而导致了社会共同体的贫富两极分化，其结果，是出现人与财富在数量比例上的两个倒挂：80%以上的财富集中在 20%以下的人手里，而 80%以上的人口只掌握 20%以下的财富，这种严重倒挂就是社会生态危机。它在今天的世界上不仅是普遍的存在，而且是随着财富的增值比古代更为严重。问题的根子在于：正是由于这种分配异化形成的普遍的社会生态危机，导致了今日普遍的自然生态危机——20%以下的人支配 80%的物质力量恣意破坏自然界的生态平衡，从而导致自然资源的过度耗费而引起生态危机；80%以上的人为生存而争抢 20%以下的财富，因而不能不过度威胁自然环境（如过度砍伐森林），从而也导致生态危机的加重。这种情况表明，人类要想克服这种社会生态危机，首先应当从掌握 80%财富的富人和富国这种决定性角色做起，这才是从根本上克服生态危机的道路。因为 80%以上的生态危机，不能不由占有 80%财富而恣意消耗的富人负责。
　　② 马克思：《1844 年经济学—哲学手稿》，人民出版社 1979 年版，第 89 页。

的非生产性消费决定着别人的劳动，从而也决定着别人的生存。"① 而工业资本家的生产则为"挥霍者的贪得无厌的享乐创造着越来越大的机会，并且用自己的各种产品向挥霍者讨好献媚——他的一切产品都是对挥霍者的欲望的奴颜的奉承"②，即消费异化导致了生产的异化。

马克思对这种消费异化和其导致的工业生产异化的批判，和今天生态马克思主义者对消费异化的批判是一致的，如果说马克思重点批判了消费异化是对人特别是对劳动者和劳动的蔑视、是工业本身的质变的话，那么，今天的生态马克思主义则主要批判其对于自然资源的蔑视、浪费和对于生态的破坏，即异化消费在生态上的非正义性，而这一批判是由马克思开拓的。从今天的立场看，资本主义由于科学技术的运用和生产的规模化发展，发达的生产力创造了大量的商品，而资本为了自身的膨胀就需要刺激人们大量消费商品——不仅资本家和各种富人大量消费，超耗消费，对工人也提高工资或贷款使他们也成为广大消费群体——正如许多生态主义者所说，过滥的消费形成了资本主义的"消费异化"。正是这种消费异化，百倍、千倍地促使资本主义生产与自然生态之间的物质变换成了巨大的掠夺自然的、反生态的生产机器，成了灾难性的物质变换，从而导致生产异化和生态灾难不断出现。而这种灾难的最终根源，在于人类的超高消费。

它表明，由资本推动的生产异化、分配异化，最终是通过消费异化而返回到生产中促使生产更加发生异化，这是一种恶性循环。正是这三大社会异化并最终加诸自然界，导致了自然异化，生态异化，导致了今日人类面临的严重生态危机。而马克思所提倡的消费是满足基本生存发展需要的消费，是避免"浪费和节约、奢侈和寒酸、富有和贫穷"的适度消费，合理消费。在这里，存在着一个消费的生态正义原理并且是由马克思奠定的。

这就是说，要克服今天的生态危机，就像生态马克思主义者和生态社会主义者所说的那样，要从克服消费异化着手。不论人的贡献有多大，创造的物质财富如何多，他作为一个有觉悟的、有生态理性的人，其消费只应当是

① 马克思：《1844 年经济学—哲学手稿》，人民出版社 1979 年版，第 95 页。
② 同上。

满足基本需要的节约的生态消费，这是消费正义的基本要求。一个现实的例子是：尼泊尔总理的个人财产只是 3 部手机，政府补贴他一次出国开会的650 美元他都原封退回。应当认识到，任何有悖于生态正义的消费都不能不是一种生态犯罪。三大异化特别是消费异化如不克服，其罪就是断送人类生存的生态大罪。

总之，马克思的人与自然界、人与人、人自身的三大合理物质变换思想，是主导人类经济活动的生产、交换、分配、消费并使之生态化的最根本思想，是克服当代社会生态危机和生态治理危机的根本原理。当代资本主义社会，或者说由资本逻辑以及权力逻辑统治的社会，由于资本失禁，市场失灵，科技失节，消费失度，从而不能不形成它的四大危机。

其一，是在资本的无限张力推动下而导致的生产无限扩大和自然资源与环境纳污能力日趋缩小之间的尖锐矛盾，它形成了日趋严重的自然生态危机。

其二，是由于分配不公而导致的贫富两极分化即人与财富在数量上的两个倒挂的人与人相对立的社会生态危机。

其三，是由于资本主义借以发展的个人主义、经济主义、拜金主义、消费主义价值观导致的种种超高欲望、物质崇拜和异化消费，而也正是这些主义和崇拜反过来导致人们的精神异化，陷入精神生态危机。

其四，是传统的生产社会化、世界化与资本的私人占有制之间的矛盾，它形成了国际性的两极分化以及以穷国与富国的生态对立为体现的世界性的政治生态危机。

结论是自明的，那就是要消除今日的四大生态危机，挽救人类未来的悲惨命运，从针对性上说，只有从消除——不论什么社会的——生产异化、分配异化和消费异化这些社会生态危机着手。没有社会生态危机的消除，自然生态危机不但不能消除，反而会——正像现在这样——不断恶化。而要消除自然的、社会的与精神的生态危机，从根本上说，那就只有改变资本统治人的制度，消除世界上主要基于统治者的欲望和人们的意识形态偏见而形成的形形色色的对立和形形色色的竞争，才有希望消除三大异化，让资本有禁，市场有灵，科技有节，消费有度——即为人们的合理生存与健康发展而调控人与自然、人与人（人与社会）、人自身的合理物质变换，从而实现人与自然的、人与人的、人自身的全面和谐的生态生存关系，这就是进行生态文明建设，进入生态社会主义社会。而这一切都要以克服分配异化导致的消费异化、实现生态消费为必要手段。只有实现人与自然之间、人与人之间和人自身的三重合理物质变换，才能达到人与自然界的生态和谐、人与人的生态和谐以及人自身的生态和谐。这是马克思开辟的普适于人类世界的社会生态原理，也是克服人类今天的生态困境的最根本的原理。

四 价值准则："每个人与一切人"的健康生存的社会公共生态原理（原理4）

大家知道，马克思在《共产党宣言》中明言，代替那资产阶级旧社会的，"将是这样一个联合体，在那里，每个人的自由发展是一切人的自由发展的条件"①。

这句话一般被理解为对未来共产主义梦想的描述而轻轻搁置。但是，这里的"每个人与一切人"的"自由发展"的思想，其意义是非常丰富的。除了前面的讨论之外，这里应当进一步认识到：首先，"每个人与一切人"要能"自由发展"，首先要能合理生存，没有生存谈不上发展；而要自由发展，也首先得健康发展，没有健康也就没有自由发展可言。因而，"每个人与一切人"的合理生存与健康发展，应当是这句话应有的基础内涵。在此基础上，才能追求"自由发展"，即自由解放。因此，这句话各方面表明了马克思追求每个人与一切人的合理生存、健康发展与自由解放的价值原则和价值方向。进而，如前表明，"每个人与一切人"的关系，不是统治关系，不是从属关系，而是社会主义的、公共主义的、共和主义的公共和谐关系，其价值精神，可以概括为社会公共人本主义价值精神，这是一种人类学价值精神，因而它要求把"每个人与一切人"的合理生存与健康发展，理解为人类学意义的、社会公共人本主义的基本价值要求。如果这一层可以确定，那么，"每个人与一切人"的生存合理性要求的实现，也就是整个社会的社会公共人本主义价值要求的实现。而这也就是马克思社会生态哲学思想及其根

① 《马克思恩格斯选集》第1卷，人民出版社1995年版，第294页。

本性的价值追求。当马克思强调"每个人的自由发展是一切人的自由发展的条件"时，他的确不是讲生态问题的。但是，如果考虑到马克思的终极关注是"人与自然的和人与人的和解"，那么，其所潜在的健康生存原理就是一种典型的生态正义原理。为什么可以这样说呢？

首先，"每个人与一切人"，是马克思的社会公共人本主义的伟大价值准则，也是最高的社会生态原则。生态时代的生态平等是人人平等，即每个人与一切人的生态平等，社会主义和公共主义不是只关注少数人，而是要关注全社会的每个人和一切人，而这就是生态时代的基本价值精神和价值原则。

其次，"合理生存与健康发展"，即健康生存原理，是满足人的基本需要的生存发展，是人作为人应当享有的基本权利和基本追求，因而是人类学、生态学的价值准则。生态时代既不是回到原始时代的原始生存，又要克服超过基本生存需要的健康生存。因而，合理生存与健康发展，就成了生态时代的基本的普遍的价值要求，它应当成为生态经济的即实现社会生态正义的基本价值追求。

再次，"每个人与一切人的合理生态与健康发展"，更是一条生态学的价值准则，是生态时代、生态文明建设应当实现的社会价值方向。它的基本要求是：对下，它要求"都能"达到合理生存与健康发展；对上，它要求"都要"（而不是超过）保持合理生存与健康发展。这是生态文明借以实现的社会平衡前提。即它既要克服一部分人因为赤贫而不能健康生存的当代现实，也不允许少数暴富的人任意挥霍生态资源的病态生存发展，这些都是不可持续的不健康的发展。这也就是他的核心原理的社会实现。

这样理解之后，马克思的上述论述，就成了一条重大的生态原理，是人类转向生态文明建设时代的基本的生态准则，因而也是一条基本的生态原理。同时，它也是人与自然、人与人的合理物质变换的基本价值方向。

马克思的这样一种价值准则，价值原理，在生态崩溃日趋迫近的今天，应当提上日程。一则由于人类的科学技术发展而使物质财富已极大丰富，在均衡的意义上已可以使全人类过上满足基本需要的生活，二则是生态危机打消了人类无限发展与任意要求的可能，而只能把合理生存与健康发展作为自己的以及每个人和一切人的自然的、社会的、精神的生态价值准则。即应当把马克思的这种价值准则，作为今日在生态危机之下的普遍价值原理，在此基础上，实现自然条件和历史条件所许可的自由解放。这在今天，既是生态主义、生态马克思主义者应当有的生态要求，也是社会主义的生态要求，是二者共同的归结点。因而，应当把它作为马克思生态哲学思想的基本原理来看待。

当然，这样一个原理的实现，像其他一切原理的实现一样，是有前提的。在任何一个资本统治劳动的时代，在任何统治阶级以超绝欲望统治社会、统治人的时代，都是无法实现的。它的实现，要求消除政治生态、经济生态、精神生态中的种种不合理性。不消除人类世界的种种问题，是不可能达到每个人与一切人的合理生存与健康发展的。所以，马克思把它作为一种价值目标，寄希望于未来的非资本主义社会。然而，由于生态崩溃的迫近，不能不谋求提前实现这一目标。

如果以上讨论是对的，那么，马克思的生态哲学思想，实际上是关于全人类如何在自然生态和社会生态条件制约下争取合理生存与健康发展的哲学。因为今日的任何生态考虑，都不能不归结为对人在自然和社会中的健康生存的考虑。

概括上述四大生态原理，应当强调的是：马克思主义产生于人类第二次正义危机①即劳动者不拥有基本生存资料的经济生态危机时代，它的政治经济学说、社会主义理论和唯物史观等，主要是把人类从第二次正义危机中解救出来的理论。但是，一则由于这一历史任务遗留到了我们这个时代（资本主义和资本逻辑依然统治世界），二则由于马克思哲学构建的深广历史内涵触及人类学生态学的根底，从而使它也能够解救人类面临的这第三次正义危机即生态危机。正是在这个意义上，马克思的上述有些原理虽然不是直接针对生态问题而言的，但却是最重要的生态原理，因为今天生态危机的根源不在自然界，而是根源于人类社会。

由上面的讨论可以看到，马克思的生态哲学思想是成系统的，例如这五

---

① 可以这样概括近代人类文明发展的三次正义危机：第一次正义危机，是封建主义统治阻碍了资本主义发展而陷入的政治正义危机，第二次正义危机，是在生产的社会化基础上坚持资本主义私有制的经济正义危机，而第三次正义危机则是人类经济活动违背生态正义要求而陷入的生态正义危机。导论已有阐述。

条互相支撑的基本原理。如果说，系统的生态哲学思想就是一种生态哲学的话，那么，马克思已向我们提供了一种生态哲学——而不仅仅是一种思想，它在根本立场和关键原理方面，奠定了马克思生态哲学思想的理论基础。它为解决人类生存发展所面临的这一空前危机指明了生态文明的发展方向。可以说，马克思生态哲学思想的这四大生态原理，成了今日人类建设生态文明的四大理论基石。

今日之所以要强调马克思的社会生态思想和原理，在于当前人类生存的严重形势。一方面社会的经济生态危机和政治生态危机还严重存在，另一方面全人类却又陷入了更为根本的自然生态危机。因此，在当代，马克思主义对人的生存合理性的追求，就不能不以同时克服自然生态危机和社会生态危机的双重姿态体现出来。不过，这并不是说，经济生态危机、政治生态危机已经不重要，而是说，马克思的生态哲学思想，进一步上升到了一个全面的意义上——即从解决经济生态、政治生态乃至精神生态着手，解决人类面临的自然生态问题，这是马克思生态哲学思想与一切其他生态哲学不同的地方，也是它的全面性和彻底性所在。在这个意义上，马克思的生态哲学思想，是在一个全面的、立体的意义上，追求全人类在自然的、社会的与精神的生态合理性基础上的合理生存、健康发展与走向自由解放的哲学。而这也就是全人类生态文明转向的根本要求。人的自然的与社会的双重生存合理性要求，成了理解马克思生态哲学思想和生态文明的一个焦点性范畴。上述四大生态原理，正是建立在自然生态原理（已另文阐述）之上的社会生态的一体化原理。但是，它不是自动实现的，它需要生态—社会革命的力量才能推动。

五　双重目标：自然生态与社会生态的
双重正义、双重实现原理（原理 5）

马克思恩格斯的人与自然、人与人的双重和解的追求目标，从正义范畴上说，也就是追求双重正义的实现，这同样是一条重要原理。

前边所说的"人与自然界的和解"，应当是自然生态正义的实现；而"人与人的和解"，则应当是社会生态正义的实现。因此，马克思生态理论的要求就在于：自然生态正义与社会生态正义的双重实现，这是马克思的人与自然界的和人与人的双重生态原理所包含的生态思想。我们可把它视为马克思的第五个生态原理，即双重生态正义原理。例如，马克思的人与自然界的合理物质变换原理，当然以实现人与自然的生态正义为前提。而他的人与人的（包括人自身的）合理物质变换原理，当然也要以实现社会生态正义为前提。所以，在马克思那里，在他的其他生态原理中，就包含着双重生态正义原理在内。

正是这一原理，高过了后来西方生态主义的生态正义思想：他们大都只强调人与自然界的生态正义而忽略社会生态正义。生态马克思主义和生态社会主义者有感于这一点，特别强调针对当代资本主义社会的异化消费、贫富分化等社会非正义现象的批判，特别是提出了包含双重正义的"既是自然的又是社会的"双重革命思想，所以，这是解决今日生态困境的最重要的生态总纲。

这些环环相扣的生态原理至少表明，马克思认为在人与自然之间和人与人之间存在着一种生态正义被破坏的情况，它只有通过人与自然的和人与人的符合生态正义的物质变换，才能实现"人类与自然的和解"和"人类本身的和解"。

第四章

马克思生态哲学思想的当代实践
诉求：进行生态—社会革命

【小引】马克思生态哲学作为一种实践哲学，在今天实际上就是进行生态—社会革命的哲学，即在全社会开展既是自然生态的又是社会生态的双重革命。进行生态—社会革命的必要性在于：（1）人类今天的经济活动形成了生态危机的倍增机制；（2）贫富分化导致人类社会的反生态裂度极大化；（3）地球的生态门槛和经济增长门槛表明人与自然界的生态裂度已近极限；（4）地球的生态灾害已造成了人类的生存陷阱；（5）整体生态系统的崩溃也是人类生存的崩溃。这些危机足以表明，人类不能仅仅依靠生态治理就能解决生态问题，不进行生态—社会革命人类将没有出路。生态—社会革命在生产—交换领域中的任务，是实现人与自然界的合理物质变换，即消除生产领域的生态过耗；在分配—消费领域中的任务，是实现人与人的合理物质变换，即消除穷—富两只手的生态过耗，而这也就是要转变由资本逻辑支配的传统经济发展方式，开辟生态文明方向。而生态—社会革命的关键，是由经济人、道德人转向生态人，是权力和资本的生态觉醒，并以这种综合的人力、物力推动人类走向生态文明，才能使全人类避免生态覆灭的命运。这是解救生态危机、实现人类文明的生态转向的必由之路。总之，生态—社会革命的方式和主要内容是进行人与自然的、人与人的、人与自身的合理物质变换。生态—社会革命的方向，一是实现自然界和人与自然界关系的生态平衡和良性生态循环，二是实现每个人与一切人的合理的生态生存与生态发展，通过生态问题的解决而不断走向自由解放，三是实现全人类的生态文明转向。这是人类要想生存不灭的唯一途径。

【新词】生态—社会革命　合理物质变换　权力的生态觉醒　资本的生

态觉醒 生存悖论 人的生态革命 生态公平与生态正义

马克思的生态正义和生态理性精神，马克思生态哲学思想的一系列原理，都要求付诸实施，实际地改变人类社会的反生态状况，因为马克思强调，"问题在于改变世界"。这在当前的生态危机和生态治理危机的情况下，就是要进行由生态社会主义者已经提出来的生态—社会革命。马克思生态哲学思想的核心原理——人与自然、人与人和人自身的三重合理物质变换，马克思的自然生态正义与社会性生态正义的双重实现，成了生态—社会性革命的主导原理。

马克思哲学是"改变世界"的实践哲学，生态哲学尤其是这样。它要求以实践的方式改变这个导致生态危机的反生态世界，但这不是轻而易举的。它是涉及人类文明的深层本性和发展方向的最为深刻的变革。特别是在有重重阻碍的当代，必须以革命的力量才能推动这种变革。马克思生态哲学思想五大原理，都和人们的利益息息相关。在当代，它们都会受到各种强大的既得利益势力的阻挠，没有革命的力量就无法推动和实施。因此，马克思生态哲学思想的当代实践诉求，一句话，就是要进行生态社会主义者福斯特所呼吁的"既是生态的又是社会的"双重性质的革命——我们名之为生态—社会革命，才能走向成功。

一 生态—社会革命的现实必要性和生态紧迫性

1. 生态—社会革命的提出

面对人类当前的生态危机，生态主义者——包括理论家和政府的生态治理政策和治理行动，直到目前都是改良主义的，都是仅就生态而治理生态的片面的行动，这是导致生态治理危机的根源之一。当然，这一步是必要的，是有重大作用的，但这种改良主义不能从根本上解决已经严重化的生态问题。生态危机的根源在于社会，在于社会生态问题的严重存在，这才导致自然生态问题的严重化。只进行自然生态治理，不进行社会生态治理，只能是治标不治本，生态治理就赶不上生态恶化的趋势。

马克思早就指出：人与自然界的不合理关系，根源于人与人的不合理关系。只有通过人与人的不合理关系的改变，才能改变人与自然界的不合理关系。根据这一原理，只有把单向度的生态治理，发展成为双向度的生态治理，即同时进行社会生态治理，才有希望达到目的。生态马克思主义者正是根据马克思的这一深刻思想，提出了通过社会革命来解决生态危机的理论。布克钦指出：

> "社会生态学最基本的要义就是：我们首要的生态问题根源于社会问题。""人统治自然绝对根源于人统治人"，"要解决这些社会危机，只有通过依照生态的路线、以马克思哲学思想和生态思想作为指导来重新组织社会的方式才能实现"。①

这种"重新组织社会的方式"只能是一种社会革命。生态社会主义者约翰·B. 福斯特和刘春元，在其《生态危机与生态革命、社会革命》一文中，把这层思想说得清清楚楚：

> 我们必须面对的关键问题是，制定一个社会战略来解决全球生态危机。不仅解决这一问题的方案必须足够大，而且必须在一代人的时间内在全球范围内推行这种解决方案。必要变革的速度和规模是指必须进行一次革命，这个革命既是生态革命，又是社会革命。②

这是一种极其重要的针对现实生态问题的革命思想，他提出了以"既是生态革命，又是社会革命"的"全球生态革命"，来解决人类面临的生态危机，不能不说切中了生态治理的根本问题。我们应当认识到，要防止生态危机：

> 仅仅有认识还是不够的。这还需要对我们现有的生产方式，以及和

---

① ［美］约翰·B. 福斯特、刘春元：《生态危机与生态革命、社会革命》，《国外理论动态》2010年第3期。
② 同上。

这种生产方式连在一起的我们今天的整个社会制度实行完全的变革。①

这种完全的变革在今天就只能是进行生态—社会革命。这种既是生态的又是社会的革命，实际上是指同一个革命的双重指向，而不是两种可以分离的革命，所以得以"生态—社会革命"来指称。这种革命在本质上既是根据自然生态原理和生态需要而进行的人对自然关系的生态革命，又是根据这些生态原理而改变人的社会生产、社会分配和社会生活方式的社会革命。或者说，它作为生态革命，是社会性的革命；它作为社会革命，是生态性的革命。当然，这种革命一般不是自下而上的暴力革命，而是需要自上而下的和平革命，理性革命，政策革命，即改革。"革命"只是就其质的改变程度的宏大和深刻而言。如前表明，这正是马克思生态哲学思想原理所蕴含的思想，也是马克思生态哲学思想解救从当代开始的生态危机和人类生存危机的必由之路。当然，这种革命是社会的上层和下层一起从思想意识形态到社会生存实践方式的生态转变，是人的一种生存方式的革命性的改革和改变，它是国家性、人类性的而不是阶级性的革命。这种生态—社会革命要能进行，有赖于社会公权的生态觉醒和社会资本的生态觉醒。只有通过这种既是自然的又是社会的双重性质的彻底革命，才能实现人类文明的生态转向。

事实上，马克思的人类学生态学的双重价值立场，马克思生态哲学思想的人与自然、人与人的双重历史构架，在实践上就不能不归结为既是针对自然生态的又是针对社会生态的双重革命。

2. 进行生态—社会革命的现实必要性和生存紧迫性

那么，为什么必须进行生态—社会革命呢？这还不是从理论原理出发的，而是出于自然与社会两方面的事实逼迫。

其一，从人类发展的逼迫方面来说，整个人类面临的生态危机，是由人类的生态过耗造成的。人类的整个工业生产方式建立在对自然界的掠夺的基础上。生产力的提高也就是掠夺能力的提高，因而随着机械生产力的发展，这种掠夺也在不断飞速增长。根据美国经济史学家麦迪森的统计，自1820

· ①　《马克思恩格斯全集》第20卷，人民出版社1971年版，第521页。

年以来，世界人口增加了5倍，世界的实际产出则为原来的50倍。这意味着什么呢？根据生态学家计算，人口每增加1倍，资源环境的压力增加3倍。而生产总值每增加1倍，矿产资源消耗增加4倍，环境污染的压力增加6倍。即地球的生态压力增加了千百倍。这是由资本推动的工业生态的生态压力倍增机制。所以，生态—社会革命的第一个任务就是给地球生态减压。即整个人类不能再这样反生态地发展下去。它的基本要求，是压缩人口增长和压缩生产增长。即人口增长与生产增长不超过地球的生态限度。这是第一项需要通过生态—社会革命解决的社会生态任务。

其二，问题的严重性还在于，以地球资源环境消耗为代价的生产总值的飞速发展，并没有解决世界的穷困问题，而是集中到了极少数人手里，其收入差距是这样不断扩大的：1820年，世界最富有国家与最贫穷国家的人均收入比是3：1，这应当是比较平衡的。到了1950年上升到35：1，1977年上升为44：1，1992年上升为72：1，1997年达到74：1，2000年就接近75：1，呈不断增长的态势。它表明，人类创造的越来越多的财富，越来越集中在富国和富人手里。这种贫富比值一直扩大的趋势，如果没有外来干涉就不会改变。其结果是：人类社会出现了这样的极端严重的社会生态失衡：80%以上的财富集中在20%以下的人的手里，而80%以上的人口只掌握20%以下的财富，这种本于动物世界食物链关系的严重的经济生态危机，它在今天的世界上普遍存在。这表明，经济的自发分化趋势，在社会的意义上是非平衡、反生态的，它造成了以两极分化为表现形式的社会生态的差异裂变，裂度越大，社会生态危机越大。这是人的动物式的致富本性造成的社会生态裂度。问题还在于，一旦人们过多地掌握了财富，一是大力挥霍浪费，穷奢极欲，过着极度反生态的生活，二是这些财富作为资本继续扩张，进一步加重社会的两极分化裂度和人与自然界的生态对立裂度，并且在这两个意义上，都只会更严重地导致人类的生存灾难。因此，从生态的角度进行社会革命，实现社会财富的相对均衡的占有和分配，是绝对需要的一种革命。我们应当相信，在全人类的生存危机面前，权力和资本都会发生生态觉醒，因为拥有健康生存比拥有权力和财富更重要。所以，生态性的社会革命不仅是必要的，也是可能的。只有通过生态性的社会革命，才能抑制这种社会经济的非平衡、反生态的自发分化趋势。这就是说，生态—社会革命的第二项任务，就是必须通过缩减社会生态的裂度而缩减地球的生态压力，这是生态——社会革命最需要解决的社会生态任务。

其三，从自然逼迫方面说问题就更多。威克纳格等在 1996 年发现的"生态足迹"这一概念——生态足迹是为经济增长提供资源（粮食、饲料、树木、鱼类和城市建设用地）和吸收污染物（二氧化碳、生活垃圾等）所需要的地球土地面积——表明经济增长有其"生态门槛"，这就是人类的生态足迹不能超过地球可供的土地面积，或者说地球上的经济增长不能超过地球的总的生态供给能力。当前，世界的人均生态足迹即人均地球生态容量，人们指出，不应超过 8 公顷的土地面积。地球的这种生态容量能力，在 1980年已经达到饱和。这是地球的生态大限，也是人与自然界的生态裂度大限。但是，人口在不断增长，经济也在不断增长，现在已开始超过 25% 以上。人类已在生态负债下生存发展，而生态负债的积累就是导致地球生态崩溃。因而，传统的生产发展方式只能滑入生存绝境，必须进行生产方式和生活方式的革命变革，来改变这一走向绝境的发展道路。而当前中国的人均生态足迹，已接近 8 公顷，美国人均生态足迹，在 2003 年就已超过了 10 公顷。这就是说，它是靠对其他国家的生态占有、生态侵犯而生存发展的。根据这一点，我们可以把一个国家超过人均 8 公顷生态足迹以后的发展，视为对其他国家的生态占有和生态侵犯，视为生态帝国主义行径。而生态帝国主义行径如果不能得到克服，最终会导致抢夺生存资源之战，全球生态系统就会加速毁灭。

其四，根据权威统计，全世界 80% 的疾病和 50% 的儿童死亡，都与饮用水水质不良有关。其导致的消化疾病、各种皮肤病、传染病、癌症、结石病、心血管病等多达 50 种；由于水质污染，全世界每年有 5000 万人死于肝癌和胃癌。水污染引起的危害主要包括：水体受病原微生物污染，会引起各种传染病，如霍乱、伤寒等；水体受有害有机物（如苯、三氯甲烷、四氯化碳、农药、合成洗衣剂等）的污染，会引起各种疾病和中毒；水体受重金属（HG、PB、CU 等）及其他无机毒物（氯化物、砷化物、亚硝酸盐等）的污染，也会引起各种癌病和中毒。中国的水体污染、空气污染已到了危险边沿，而空气污染也会引起癌症。目前全世界有 10 亿以上人口生活在污染严重的城市，而在洁净环境中生活的城市人口不到 20%。而这正是人类经济活动已经超过地球生态容量 25%以上的结果。清洁水、清洁空气的危机，已是一种世界性危机。而人们为了与各种污染疾病的斗争和清洁水、清洁空气的供应，又不得不大量耗费资源制造器具和污染环境，从而形成病态的恶性循环。它表明，人类的健康生存已经不能不陷入生态泥淖的挣扎之中。这是人类自己给自己制造的生态污染陷阱，如果它达到某个临界点，全人类都会陷下去。再不进行生态—社会革命就只有死路一条。

其五，事实上，人类的经济活动增长与生态限制之间的矛盾，使人类不可能再这样发展下去。1972 年，耶鲁大学的经济学家研究发现，在 1925—1965 年间，世界经济增长与人们的经济福利是正相关的：即 GNP 每增加 6 个单位，经济福利就增加 4 个单位。但是，20 年后，生态经济学家戴利，提出了可持续经济福利指标（ISEW）的新概念。认为在当代经济增长的社会代价和环境代价抵消了福利增长，人们的真实福利不可能随着经济增长而提高。于是，生态经济学家麦克斯-尼夫，就此提出了福利的"门槛假说"（Threshold Hypothe-sis），认为"经济增长只是在一定的范围内导致生活质量的改进，超过这个范围如果有更多的经济增长，生活质量也许开始退化"。这个"门槛假说"背后就是自然界对人的生态反转大限，人类不可能超越这种生态反转的限制规律。

其六，关于第六次物种大灭绝，最近再一次被强调：根据美国《科学》周刊的研究数据，"世界各地的动物因栖息地丧失和全球气候异常而消失和减少，这意味着我们正处于地球生物第六次大灭绝中"[1]。研究再一次证实："动植物物种当前的灭绝速度至少是人类出现之前的 1000 倍"[2]，科学家们因而创造了一个新词："人类世动物灭绝"[3]。生物学家估计，人类如果依然故我地这样活动，在 21 世纪就可能导致 2/3 的物种消失。物种消失会导致链式反应，从而导致地球现行生态系统的崩溃，而人类也将无以生存。这是地球生态危机带给人类的生存危机。人类已经走到生存崩溃的边沿，因而，生态—社会革命迫在眉睫，等等。

---

① 《专家警告：地球正经历第六次物种大灭绝》，《参考消息》2014 年 7 月 26 日第 7 版，据《今日美国报》网站 2014 年 7 月 24 日报道。

② 同上。

③ 同上。

以上，"其一"是人类本身和人类生产活动的总量超过了地球生态系统的容忍能力。"其二"是人间的贫富分化，它所导致的人类社会的反生态裂度已近极限，它表明传统经济增长和经济分配导致的社会生态危机的恶化程度。"其三"是地球的生态门槛，它表明了人与自然界的生态裂度大限。"其四"是环境污染，它既表明生态危机对人类（首先是弱势群体）的健康生存的侵害程度，又表明人类已经陷入恶性循环的程度，它是人类自己给自己制造的生态陷阱和生存陷阱。"其五"是生态反转大限，是由生态门槛所规定的经济增长门槛以及超越这一门槛的生态反转，它表明了自然界对人的发展方式的限制。"其六"是生态危机，人类活动导致的整体生态系统的崩溃迫在眉睫。这些裂度、门槛、陷阱、生态反转大限和生存崩溃危机足以表明，人类不能仅仅依靠生态改良就能解决生态问题，这些在人类大张旗鼓的生态治理中发生的日渐加重的危机表明，不进行生态—社会革命人类将没有出路。只有通过生态—社会革命，开辟生态文明的发展方向，才能实现人在自然界的合理生存与健康发展。而且，越是发达国家，越是大国强国，越要承担生态—社会革命的责任，否则，生态死亡的黑水就会漫过弱势人群、弱势国家而扑向它们，生态灾难不分贫富、种族和贵贱。

二　生态—社会革命的主要变革方式与变革任务

上面这些自然的与社会的生态问题要想解决，比历史上的任何问题都要复杂、艰巨和困难。它决定了生态—社会革命不能是漫无边际的泛泛的革命，而首先是人类活动的关键环节的革命。这种关键环节，不外乎就是对人和自然界的生态平衡关系起关键作用的、人类的物质生产、物质分配和物质消费三大环节。因而，马克思的三重合理物质变换思想，已为生态—社会革命确立了对象、范围和任务。需要强调的是，这种生态—社会革命，不论人们在主观上如何考虑，它在客观性质上，只能既是社会主义的，又是生态主义的，是历史形成的社会主义要求与当代生态主义要求结合一体的革命。生态马克思主义和生态社会主义以及中国的社会主义生态文明建设，代表了这一方向。它包括以下几个相互依存的革命。

1. 在生产、交换领域的革命任务：实现人与自然界的合理物质变换

马克思在《政治经济学批判》中，把人的社会经济活动以"生产、消费、分配、交换"这四个环节概括起来，并讨论了这四大环节的辩证关系。① 生态—社会革命，就是要在这四大基本环节中都体现出来。

生产、交换、分配、消费，是人在自然界中创造自己的生存价值世界并在人类社会中流动、分割，进入私人支配范围和通过消费转化为人的生命、生存、生活并反转于生产的一幅繁忙的持续图景，一幅人类世界通过物质变换而维持生命的生存发展的忙乱而有序的景象。

人不是孤立的没有需要的存在物，他是在与自然、与社会的物质变换关系中实现其生存需要的。他与生态环境的关系，是通过其社会关系的中介而实现的。而社会关系从经济上看主要就是生产、交换、分配、消费关系。

这里，首先需要变革的是"生产—交换"这一环节。这是把自然物质世界转化为人的生存价值世界并在人类世界流动的起始性的物质变换环节。但是，在传统工业模式中，一方面把自然资源当成是无价的可以任意掠夺的东西，从而在其生产中从来不考虑其自然公共成本，即建立了掠夺人类共有资源为私人资本的不合理生产方式。另一方面，这种生产又是由资本控制的、为资本的无限增值的生产过程。从而，成为人与自然界的不合理的、无限制地破坏生态环境的生产。

这样一种生产，是一种由"盲目的力量来统治自己"的生产，是资本这个怪物无限增值的生产，是资本统治人的生产，是有愧于人类本性的即动物式的生产。从生态学上看，是一种无限消耗生态资源、无限破坏生态环境的生产。因而，生态—社会革命的首要任务，就是要改变和抛弃这种生产方式，构建人与自然界的合理的物质变换方式。根据马克思的生态原理，这种革命主要体现在以下方面。

其一，革除"盲目的力量"即资本对人和对生产的统治，"靠消耗最小的力量"进行生产。这里消耗最小的力量的生产，就是只满足人们基本生活需要的生产，不再为资本增值、为竞争实力而生产，这就是革除资本逻辑对人对生产的统治。

---

① 《马克思恩格斯选集》第 2 卷，人民出版社 1995 年版，第 1 页。

其二，"在最无愧于和最适合于他们的人类本性"下进行生产，这里的"人类本性"，当然不再是贪得无厌的被金钱异化了的人类本性，而只能是人类摆脱了物质奴役和相互敌视的人与人相互友好、自由创造的"己所不欲，勿施于人"的人类本性。是新培养出来的人的生态本性，以这种生态本性支配生产，才能实现人与自然界的物质变换的最小化、合理化。这是克服生态危机的根本途径。

其三，随着人与自然的物质变换关系的最小化、合理化，那种动用巨大交通力量的世界性的物质流通和交换也应当随之改变，走向地域性的必要的交换。即转变为仅仅在一定地域中满足一部分人的基本物质文化需要的交换。即带有分配性的交换。只有这种不再把交换视为资本增值手段的交换，摆脱了资本增值的合理的物质交换，才是符合生态原则的交换。

在今天，人类的交换环节（交通、商业等），甚至比生产环节还要庞大。市场经济，在资本的主宰下，以世界市场和世界商品流通的形式，实现着世界物质的流通和交换。我们看到，这种以现代巨大的交通力量——因而也是巨大的物质、能源的耗费为基础的交换，是导致生态危机的另一重要原因，因而必须变革。

其四，随着物质生产和物质交换的相对化，地域化，也是文化发展的特征化，多元化。迄今为止的世界性商品生产和商品流通，都不过是资本为了自身增值的生产和流通，是破坏生活多样性与文化多样性的流通，是反生态的符号消费的需要。因而应当视为一种生态犯罪而加以革除。在信息化的今天，这种局域化的生产和交换，不会影响人类的世界性的交流。

马克思所认定的共产主义社会的生产，是人性的、节约的生产，为实现人的基本需要的生产。这一共产主义目标，被今日的生态危机提前提上了日程。因此，生态—社会革命，首要的就在于革除为资本增值而生产、而交换，而仅仅为了人们的基本生存需要而生产而交换，从而使人与自然的物质变换趋于最小化、合理化。这是克服生态危机的根本途径。

这样的生产和交换上的生态—社会革命，是一场生态经济革命，即传统的为了资本（包括 GDP）增值的经济活动，转变为在生态尺度上加以衡量和改变，转变为仅仅是为了人们的合理生存与健康发展的经济活动。而这，首先就是要在人与自然界之间的起始性的物质变换环节即生产、交换和流通环节做起。在这个意义上，生态—社会革命，是一种生态性的生产和交换方式的革命，即任何生产都只能是为了一定区域的人们的基本的健康生存需要、合理发展需要以及为了这种需要的合理积累；而不是为了资本积累、为了 GDP 增值、为了极限致富、为了竞争、为了种种霸权而生产。生产力尽可以发展，但生产时间可以缩短，缩短为仅仅为了基本需要而开工生产。这样，工人和管理者的原来的生产时间就可以大大节省下来而用于其人文文化的发展和自由创造，把人从财富追求中解放出来，像古代希腊人那样回到大自然的怀抱。历史上有许多有高尚精神修养的人，其物质生活追求都是简朴的。只有那种精神低劣、道德恶劣的人才追求醉生梦死的、凌驾于别人之上的豪华生活。在今天，应当把这样生活的人视为生态犯罪。

这就是说，生态—社会革命，首先就在于必须改变那种由资本推动的无限扩大的掠夺人类共有资源的工业生产模式，因为它在资本的统治下已经成了一种对自然界的生态侵犯、生态破坏力量，这种力量借助市场经济和科学技术这对翅膀而腾飞。如果以 0 表示这种工业生产的起点，以通过 0 交叉的 X 线和 Y 线的正向夹角表示这种工业生产所创造的价值，那么，其 0 后的负向夹角则可以表示它的生态侵犯、生态破坏所造成的生态负值。这就是说，在今天，在人类的生态足迹已经超过地球生态容量的情况下，人类工业生产所导致的物质财富的增值，与它对自然生态价值的破坏即生态负值是大体相等的。这种负值的积累就导致了今日的生态危机。所以，把传统工业生产方式作为生态—社会革命的首要对象，是一点也不奇怪的。当然，要进行这一革命，首先还在于人的革命，即生态人、生态权力、生态资本的相应形成。

2. 在分配领域的革命任务：实现人与人的合理物质变换

在马克思那里，合理的物质变换，不仅指人与自然界之间，也指的是人与人之间的合理物质变换，它主要体现在分配环节中。

自从人类走出原始社会之后，人与人在物质财富上的分配关系，从来就是不平等的，两极分化是一种受动物学原则支配的基本态势，而人类社会由于权力的作用更使这种态势向极端化发展。不论一个社会是贫困还是富有，物质财富通过占有、分配而两极分化，以及与此相应的社会权力的两极分化，把人区分为穷人和富人，贵族和平民，资产阶级和无产阶级，特权者与无权者等，这是分配异化导致的社会异化，人的异化。即人类在生存价值占有上的两极对立，人类社会的一切问题的根源都在这里。生态问题的根源也在这里。

对于生态—社会革命来说，这个问题还不是穷人与富人、穷国与富国在物质分配方面的简单平衡问题，而是如何克服贫富分化的增长问题。例如，人们指出：世界上最富的20%人群和最穷的20%人群之间，其收入分化在不断增长：1960年为30∶1，1990年为60∶1，1999年为74∶1，现在已达到80∶1以上。这种分化增长说明，人类创造的物质财富，通过资本和权力，增量地注入富国和富人一边，而穷国和穷人依然故在，食不果腹，人类世界两极对立的鸿沟在不断加深。

问题是，这种分配异化不仅是对人类世界的撕裂，也是对地球生态系统的撕裂。如果富国和富人想保持自己的"美好生活状态"而保持这种撕裂，不顾全人类的命运，那会是什么样子的结果呢？德国生态神学家莫尔特曼说得非常彻底：

　　"西方世界毁灭第三世界的自然环境，并且使第三世界毁灭它本身的自然环境；相反地，第三世界自然环境的破坏——如雨林的滥伐和海洋的污染——通过气候转变反扑到第一世界。第三世界率先死亡，然后是第一世界；穷人率先死亡，然后是富人；小孩率先死亡，然后是大人。如果现在就对抗第三世界的贫穷，并且放弃本身的成长，就长期的角度而言，总比等到数十年后才来对抗世界性的自然浩劫要来得经济而且也符合人性。"① 他进一步指出：

　　"第一世界和第三世界之间如果没有社会的正义就没有和平可言，如果人类世界中没有和平，大自然就不可能获得解放。这个地球无法长久承载一个四分五裂的人类世界。它将要求解脱，不是通过反进化就是通过人类的慢性自杀。"②

---

① ［德］莫尔特曼：《地球的毁灭与解放：生态神学》，载《现代文明的生态转向》，重庆出版社2007年版，第227页。

② 同上书，第228页。

　　能否解决这一问题，在生态大限之下是人类面临的生死存亡问题。那么，如何解决这种问题呢？马克思在这个问题刚刚冒尖的时候，提出以"社会所有制"——如公有制、共有制（股份制）代替私有制，这不失为一种彻底的解决方向。但是，应当说，这个问题至今未能得到合理解决。但是，如果从生态—社会革命的立场上说，人们既要根据生态要求控制生产领域的合理物质变换，又要根据生态要求控制分配领域的合理物质变换来说，摆脱资本控制而实现社会所有制，不能不是一种根本的解决途径。这个问题也许不像看起来那样复杂，因为，以股份制为现代形式的社会所有制，在今天的东西方世界都已是一种重大事实。当然，它需要从生态上加以重新审视和改变，需要普惠化。这实际上是走一条生态社会主义道路。

　　另一方面，从生态—社会革命的本意来说，面对今天的世界性的贫富分化增量扩大来说，可以从反"分化增量"的物质反贴开始。这不是通常简单的"削富济贫"，而是富国富人一方面通过削减生产而停止"分化增量"的财富增长，一方面以既有财力支持穷国的生态建设和对穷国穷人进行生态补偿，即以生态为手段在物质占有不平衡的人类世界"削高填低"，平衡人类世界的物质分配差距和物质占有悬殊。这看似荒唐，但在面临生态绝境时，却不能不是一种合理的选择。通过非常手段，使整个人类世界在分配领域趋于合理，是生态—社会革命在分配领域的革命任务。要知道，在生态危机下只满足人们的基本物质需要，没有分配革命是不可能实现的。因而，生态—社会革命要直接面对的，既是生产方式的革命，又是分配方式的革命，即在伴随人与自然界的合理物质变换的同时，实现人与人的合理物质变换，即实现人与人、国与国在物质分配和物质占有方面的满足基本需要的相对均衡。所以，生态—社会革命最关键的任务，是一场生态分配革命。生态主义者早就强调：各国各阶层的人们，根据生态原理，在生态上都是平等的——平等的权利和平等的责任，正是这方面规定了他们在物质分配、物质占有上不能过分悬殊，而要相对均衡。因为在一种极端的情况下，物质占有也就是生态占有，过度的物质占有不仅是对别人的平等生存权的侵犯，也是对别人的平等生态权利的侵犯，归根结底是对自然生态的侵犯。这是社会主义的公平正义思想所不能允许的。

3. 在消费领域的革命任务：实现人自身的合理物质变换

问题的另一方面是：分配的结果一般都是消费——生产的消费与生活的消费。物质分配的两极分化，导致消费的两极分化，一批富国和富人由于掌握自己可以任意支配的财富，就极尽可能地消费，从而在人类世界出现了日益增大的一批消费异化大军，大量地耗费资源和污染环境。因而，克服消费异化，是生态马克思主义批判的火力集中点。

当前的状态是：穷国人民的基本生存需要还不能满足，还在饥饿线上挣扎，而富国则在无限制地增高他们的物质消费和耗费。全人类都走向这种目标是迷人的，但也是生态无法支撑的。因此，生态—社会革命在社会物质关系上就是要革除这种由于分配异化而导致的消费异化。据公认，发达国家人口仅占世界人口的 20% 以下，消耗的物质材料和能源却占世界的 80% 以上，人均消耗量分别是发展中国家的 35 倍和 50 倍。美国人口不足世界人口的 5%，却每年消耗掉全世界资源的 34%。其人均消耗能源及产生的废物分别是发展中国家人均消费的 500 倍和 1500 倍。美国人食品的五分之一是浪费掉了，而世界上至少还有五分之一的人食不果腹。正是这种长期的超高消费对于资源的耗费，导致了今天的生态危机，限制了后进国家可能的发展。而正是这种大量的物质耗费和消费，也产生着相应的大量污染。这是富的一端对生态环境的超量压力。而在另一极，即穷困的一端，则不得不通过对自然生态的过量开垦、过量砍伐、过量放牧、过量采掘等竭泽而渔的方式——既满足富人的索取，又填补自己的最低需要——从而导致生态恶化。由于这是人口的大多数，因而对生态的压力也很大。所以，人类在物质财富的占有和消费方面的两极分化，即异化分配与异化消费，是从对立的两方面导致生态恶化的终极根源。

因此，生态—社会革命，直接针对的就是人类世界的这种由分配异化而导致的消费异化的革命。马克思提出的实现途径，是在"社会所有制"基础上实现"各尽所能，按需分配"。这里的"按需分配"之"需"，只能理解为基本的生存发展需要之"需"，即合理生存、健康发展之需。这既是马克思生态哲学思想所追求的价值方向，也是生态大限所限定的人自身的合理物质变换所应当追求的方向。马克思生态哲学思想所追求的每个人与一切的合理生存与健康发展，应当就是消费革命的目的和方向。

所以，生态—社会革命也是一场生态消费革命，任何有害于生态的过度消费，任何超过基本的生存发展需要的消费，都是应当革除的消费。人类只有通过合理的分配与节约的消费，才能够为改善生态环境、减少生态环境压力、建立起良性的人—境生态系统，实现人类的持续生存。至于这种分配和消费的革命究竟如何进行，那就要考验社会革命家和生态革命家了。但是，无论如何，这种革命是必须进行的，否则，就不能摆脱莫尔特曼所说的人类灭亡命运。

这样一种革命，即使在社会主义国家，人们也把它放在遥远的未来。现在生态危机却要求把它拉到当代，拉到在当代就应当进行的大事，因为再这样下去人类只有死路一条。

4. 在基本需要的意义上实现每个人与一切人的生态公平与生态正义

上述三大革命的实现，其一，把人与自然界的物质变换限定在只满足基本需要的水平上；其二，把人与人的物质变换保持在满足基本需要的基本平衡状态；其三，把人自身的物质变换保持在合理生存与健康发展的水平中；其四，通过这三大革命，实现人类世界的生态公平与生态正义。这是人类社会普遍追求的公平正义在生态文明中的体现。

公平与正义，是人类社会自古以来所追求的最重要的政治经济理念，是一种人类学生态学的最高价值。它在不同时代有不同的理解和不同的表现。在今天这种生态危机时代，对于任何一个以国家形态出现的人—境生态系统来说，都不能不讲究生态公平与生态正义。生态公平，不再仅仅是人人在政治上的平等，法律上的平等，人格上的平等，机会上的平等，人权的平等之类，它主要是指在同一个人—境生态系统内共同生存的人，任何人都无权比别人享有更多的环境资源或"负化"环境，都无权增加人与自然的生态对立。合理的物质变换，即相对均衡的生态分配与生态消费，是保障生态公平和生态正义的前提。如果说，平等就在于反对特权的存在的话，那么，生态公平就是要反对任何生态特权的存在。一些人通过物质占有和物质耗费所导致的对生态足迹的过耗（比如是另一些人的数倍），如果不是社会发展所需要的话，这就完全违背了生态正义，是一种生态犯罪，因而也是生态文明所不能容忍的。这里我们应当注意到：任何社会，如果任其自由发展，没有约束，都会由于非正义力量借助强权横行而走上不平等道路，从而导致非人社会的出现。生态—社会革命，就是要坚决反对这种破坏生态公平生态正义的现象出现。这就要坚持生态正义，即人人在生态上的均衡权利。

要坚持生态公平，首先要坚持生态正义，生态性政府就在于坚持和维护生态平等的正义，不维护生态平等的生态正义，就是空洞的生态正义，与非正义没有两样。

但是，生态公平和生态正义，不是可以自动实现的，由于社会的基本趋向是自动走向不公平，这就需要把生态公平与生态正义由政治理念转化为政治制度，其基本途径，一是化理为法，即把生态公平、生态正义的文明理念转化为法律制度，即进行生态立法；二是依法成制，即根据生态公平与生态正义的法律，形成社会的生态政治制度，以主宰一切社会政治生活和经济生活，不允许任何有违生态法律、有失生态公平的现象存在。通过这种生态性的制度文明建设，来约束社会中的生态不公现象的滋生蔓延。所以，在今天这个生态危机的时代，任何文明的、合理合法的政府，除了非常时期，都必须以生态公平与生态正义作为最高原则，否则，生态危机就会因人类社会的自身矛盾而加重其破坏性。

不过，由于任何社会基本上都形成了中心与边沿、上层对下层的结构，而一般的趋势，总是权利趋向上层，义务流向下层；利益趋向中心，弊害流向边沿。因而，上层和中心作为权利掌握者，如果没有制度的约束与平衡，就总会自动加强自己的权利，从而总是要侵犯下层和边沿。一旦最高层的节制松懈，对下层和边沿的不公平、非正义就会趋向严重甚至出现泛滥。而下层和边沿不是别的，就是广大企盼生态公平、生态正义的人民群众。所以，真正的生态—社会革命，就要把生态公平、生态正义作为最高原则，针对上层侵犯下层、中心掠夺边沿的一般不良趋势，进行相反的生态干预。对任何有失生态公正、有违生态正义的政治经济关系，一是要坚决调整、治理和依法整治，二是要不断推进以生态公平和生态正义精神为指导的政治制度建设，并在自己的政治行为中体现出来。任何一个社会，只要不公平非正义的现象能得到有力的节制和调整，这个社会的整体社会关系，各阶级、各阶层的社会关系，各种人际关系以及人与自然界的生态关系，就有可能走向生态和谐。生态和谐不是呼唤出来的，而是要通过生态性政府的不懈地进行生态公平、生态正义建设的结果。所谓生态性政府，就是由生态理念、生态法律、生态制度和生态行为而形成的权力机构。当然，只有"主权在民"（马克思语）才能形成这样的权力机构。

总之，马克思的生态哲学思想，不仅仅是对不合理世界进行批判的哲学，也不仅仅是一种人类学生态学的世界观、价值观、发展观，它作为一种实践哲学，在当前危机的条件下，实际上是以其生态原理推进生态—社会革命的哲学。发源于生态社会主义者的生态—社会革命，不失为对马克思生态理念的现代发挥，是唯一能解救人类的生态危机和生存发展危机的革命。

生态—社会革命对于任何人来说，特别是对富人、富国来说，对于全人类来说，都不能不既是思想价值观的根本变革，又是物质生活方式的根本变革，更是实际利益的根本变革。而要实现这些变革，都不能不是一种割肉之痛，不能不是一种脱胎换骨，因而表面看来是根本不可能的事，但是，如果人们不能承受生态危机之火的炙烤，如果人们看到不这样做就会亡国灭种，那就不得不这样做，而这一天是迟早会到来的。在交通危险面前汽车从来都要或停或转，只怕顾之不及。所以，对于马克思的生态哲学思想来说，这不仅是个理论问题，更是个实践问题。而这些变革，由于它的艰巨性和重要性，只有通过生态—社会革命才能实现。

这就是说，人类要想避免生态覆灭的命运，只有完成这四大生态—社会革命任务才有希望。在这个意义上，生态社会主义是人类在生态大限之下的唯一发展方向，没有选择的余地。

三　生态—社会革命：关键在于人的生态革命

生态—社会革命得以形成的关键在于人，在于人类社会的关键人群——政府官员、企业高层、知识分子、青年学生首先由经济人转变为生态人，从而导致权力的生态觉醒和资本的生态觉醒，并以这种觉醒而形成综合的能主导社会的政治力量、物质力量和精神力量，才能推动生态—社会革命的实施，以这样那样的方式实现人与自然界的和人与人的合理物质变换，从而消除社会的与自然的生态危机。

权力的生态觉醒，资本的生态觉醒，实际上是掌握权力和资本的人的生态觉醒。这是进行生态—社会革命的前提。

综观人类当代的生态危机和生态治理危机，一是人口基数超过了自然生态的容纳回应能力，二是人的生产和耗费超过了自然生态的供应和恢复能力，三是人类由资源转化而来的废弃物，破坏了自然生态的良性生长和良性循环的吸收能力。因而，在人和自然环境这一生态系统之间，人类这一有巨大能量的物种，它的生产和生活，在它的能动性、创造性和所掌握的巨大的工业科技能力及其错误价值观念的综合作用下，成了它所属于的人—境生态系统中源源不断导致熵增的力量，这种熵增过程使自然界无法恢复到它原来的良性循环状态，变成了贫困化的、废弃化的单向的熵增破坏过程。而问题和危险还在于：这些超过和破坏，这种单向的熵增过程，启动了自然界本身的能够改变、破坏乃至毁灭其在亿万年中形成的良性生态平衡的恶性力量——具体地说，主要是启动了自行导致气候变暖的自然效应，即自然熵增过程，从而给依赖这种生态平衡而生存的人类和整个现存生物界造成了生存危机。

当前的问题是：人类在一代人的时间内，还有这种挽回自然熵增趋势的能力，然而人类——更准确地说，它的既得利益者和力量控制者——由于他们的思维方式、价值观念和利益所在，却不愿改变即降低自己的生产和消费，不愿改变既成的得利状态，或者更准确地说，不愿放弃目前追求财富增长的经济运作方式——客观地说，这些经济政治运行体制作为一种巨大的惯性力量和价值追求，也一时还难以改变。然而，危险也正在于：如果人类在这个可以改变自己行径的有效时间内不能改变自己——使自己成为生态化的人，那么，生态—社会革命便不过是痴人说梦，事情就可能真的会走到不可收拾的地步，即对不可挽回的自然熵增力量的启动。

正是根据这样一种人类面临的生态形势，以及迄今为止没有根本回天能力的生态治理危机，我们认为，有必要提出人的生态革命，以便通过调整和改变人的思想理念和行为方式，来改变人类当前的对付生态危机的改良主义的软弱无力状态。

因此，生态—社会革命，首要的是人的革命，因为人是导致生态危机的元发环节，"元凶"。人作为社会人，在资本主义社会里是以"经济人"的面目出现的，即他的理性是完全用来追求他的经济无限增长的，而不论他是处在社会经济活动的生产、交换、分配、消费的任何一个环节。特别是掌握一定生产资料从事商品生产和商品交换的人更是这样。社会主义社会，从理论上讲，要求人从"经济人"上升为道德人。但是，只要他的经济活动依然是在私有制下的传统现代工业活动，并且属于市场经济体制，他就不能超越"经济人"的内在本性。即使他超越了这种"经济人"本性，成了道德人，对于生态危机来说，也还是远远不够的，但它却是人进一步转化成为"生态人"的道德前提。生态—社会革命，在人这一元发环节上，就是要把经济人、道德人转化成为生态人。而这是进行生态文明建设的人的前提。一旦这一点能够做到，其道德就会升华为生态道德，或者就以生态道德作为全部伦理道德的灵魂。在这种情况下，把道德关怀推广到动物界、生物界乃至整个自然界，就是完全可能的。所以，生态人的形成，既是必要的，也是可能的，问题在于进行深刻的生态教育，并以法律的铁定要求作为硬性实施的保障。特别是对于关键人群，只有受过世界的、国际的（例如联合国举办生态教育机构）和国内最高生态教育机构的生态教育，才可以出任政府的、企事业单位的领导，以杜绝反生态、非生态的决策并有可能主导和实施生态—社会革命。可以说，生态—社会革命的成败，关键既在于生态人是否能够逐步形成，更在于关键人群是否能够成为生态人。在这个意义上，生态—社会革命首先是人的革命，是人—境生态系统中"人"这一元发环节的革命。特别是掌握权力和资本这一层次的关键人群转化成为生态人，就有可能促进权力和资本的生态觉醒，推动生态—社会革命。

因此，生态—社会革命，首先是一场改变人们的思想观念即改变人的世界观、价值观、伦理道德观和生存发展观的革命；是建立生态世界观、生态价值观、生态发展观上的革命。这些人们长期探索和呼吁的东西，只有成为人们的主导思想，统治思想，只有变成人的精神现实，成为我们自身的行为根据，成为对待社会、对待他人和支配事物的原则，才有可能促进权力的生态觉醒和资本的生态觉醒，才有可能推进生态—社会革命，并使生态保护走向成功。

生态—社会革命也是一场人性革命，只有人们在精神气质上、人性上得到改变，只有人们的以邻为壑的动物本性得到改变，人类世界的"扫雪效应"、"囚徒困境"、"逐鹿困境"、"公共池塘悲剧"才不会发生,从而全球性的生态治理才有可能一展其生态效益。

四 通过生态—社会革命解救生态危机
推进人类文明的生态转向

人类第三次正义危机对人类生存发展的危险性在于,人类全体由于迟迟难以由工业文明转向生态文明,因而正在逐步踏入生存悖论的境地:

人们总是力图使自己的收入增值,特别是资本的不断积累和 GDP 的不断增长;资本也总是力图扩大自己而战胜别人,国家总是想通过财富增值增强自己的竞争力,个人总是想通过财富增值而实现自己,或者追求恣意生活或高人一等,等等。这一传统价值观念看来是堂堂正正的,但是,在自然界的生态大限的条件下,任何社会财富的增值最后都不能不以自然生态的贬值即人类自己的生存基础的贬值为代价(除非完全建立在自己的创造性基础上),而自然生态的贬值就是全人类生存条件的破坏,从而也不能不降低自己的生存质量。这个生存悖论正是资本逻辑三百年发展打破了人与自然的生态平衡而形成的。人类今天就处于这样一个生存悖论之中。

例如,现在一个通行的观点是:我们只有通过发展才能解决环境问题,改善我们的生存。但是,生存悖论却让任何单纯性的物质发展都转化为对生存环境的破坏,从而使我们更加不能解决环境问题,这就是自 20 世纪 80 年代之后,一方面可持续发展成为全国和全球的"行动",一方面环境却遭到了更大破坏的原因。正是这种生态治理危机,使我们陷入生存悖论、生存困境之中。

走出这种生存悖论和生存困境只有一条途径:即进行生态—社会革命!而不论这个社会是资本主义还是社会主义,是基督教文明还是伊斯兰文明,是发达社会还是第三世界!因为这是全人类的不论任何社会都不能不面对的生存危机!

生态—社会革命既是生态革命,也是社会革命:它的生态革命建立在社会革命的基础上,而它的社会革命又以生态为导向和目的。它要求通过生态政治行动,向把人类引向生态灾难的资本和经济权力这一生态魔鬼进攻,这是马克思的经济革命在全人类的生态危机面前的新的实现形式，马克思的革命在某种意义上说就是对私有的以资本为灵魂的经济权力制度的革命，因为这种经济权力制度在今天不仅剥夺广大劳动者生产的剩余价值，更剥夺全人类赖以生存的自然生态价值。因为资本逻辑、权力竞争逻辑就是破坏自然生态与社会生态的引擎。

如果说，工业文明是经过一场经济—政治革命才得以胜利实现的话，那么，生态文明也必须通过一场经济—政治革命才能实现，这就是生态--社会革命。工业文明的经济政治革命对象，是掌握政治权力的封建贵族阶级权力阶层，所以它需要以暴力进行。但是，生态—社会革命所针对的，不是针对政治权力的单纯政治革命，也不是针对经济权力的单纯经济革命——在前两种情况下它都很难不以暴力的形式出现。相反地，它既要依靠各种政治经济权力的存在，又要依靠政治经济权力的觉醒，从而达到政治经济权力本身的生态转换，即从自然生态立场、从全人类生存立场出发，团结各国各民族即全人类，转变把人类拖入生态灾难的资本逻辑（以及它的变相形式 GDP 竞争逻辑）对人的统治，转变传统的掠夺人类共有资源的工业模式，放弃高积累高消费的生产和生活，而这不但关乎全人类的物质利益的大体均衡，也关乎他们自身的健康生存利益。所以，生态—社会革命可以是一种非暴力的、和平式的、改革性的革命，是人类特别是经济政治权力阶层洗心革面的救人类也救自己的革命。

生态—社会革命作为一场经济革命，在于从经济活动中切除受资本逻辑和权力竞争逻辑支配的盲目发展，而以人的健康生存逻辑支配一切，从而使经济活动真正成为对于自然资源和人类生存的"经济的"活动。当然，这里也有发展，那就是建立在人的无害于自然生态环境的创造性产物基础上的发展，以及生态方向上的发展。在这个意义上，生态—社会革命是一场发展方式的革命，一切不破坏人与自然的生态关系的发展，一切能改善这种关系的发展——文化的、科学技术的、精神的、制度的发展，都是可以竞争的发展。

生态—社会革命作为一种政治革命，它也是一种民主的革命，人民选出自己的代理人，把权力交给他们，在于他们能够实施合理调节人与自然的物质变换和人与人的物质变换，在于他们能够勇于制止那些违背合理物质变换的事情，保障生态文明的发展，而不在于别的。

生态—社会革命是一种全面的革命：首先，它是一场思想意识形态的革命，是一场价值观念的革命。生态理性、生态价值准则将会成为最高价值原则，并根据这一原则改变和支配自己的生存方式、生活方式、消费方式。其次，生态—社会革命是返回到人类的生存立场和人与自然界和谐共存立场的革命，是建立在马克思发现的人与自然界是同一个生态整体（自然界是人的无机的身体）这一立场上的革命，是以马克思生态哲学思想的生态世界观、生态价值观和生态发展观为理论根据的革命。再次，生态—社会革命是一场反对一切不合理、非法性关系的革命，是把传统现代化转化为生态现代性和人的生态生存方式的革命。

生态—社会革命本质上是人作为人、人作为自然界一员的人类学生态学的革命，人不再是自然界的侵略者、掠夺者、主人；而是守护者，是守着这块土地而为他的子孙后代能够无限生存发展的家长。人的人格，人的需要，人的志向都得发生与自然界相协调的生态转变，国家也在这个意义下活动，军备竞赛将成为一种罪恶而消失。

通过生态—社会革命，东方的大同世界，西方的千年王国，马克思的共产主义，就都会成为同一个东西，即人类在生态规范下的合理生存、健康发展与不断实现的自由解放。

生态—社会革命有如生态社会主义者所说的那样，是一场"为了人类平等而斗争和为了保护地球而斗争"合而为一的革命。如何进行有胜利保障的生态—社会革命，实现生态文明的生存方式，是一个能否拯救人类于生态水火之中的天大问题。这样的生态—社会革命，首先有待于世界各国的总体发展目标、社会总体发展目标的改变：即把对资本积累或总体 GDP 增长的最高追求，让位于生态平衡的最高追求，让生态系统规定生产系统，生产系统规定分配系统，分配系统规定消费系统。即实现"生态—生产—生活"的由生态逻辑制约的生存，这也就是让人与自然的关系规定人与人的关系的生态文明建构链。表面看来，这是不可能的，是乌托邦。但是，要知道，任何敌对力量在共同的生存危险面前都会团结起来，共同对待危险。中国的国共合作从宏观政治上表明了这一点，原苏联电影《第四十一个》从微观人性上表明了这一点。因而，全人类可以团结起来，共同改善人类的生态环境和生存危机。在这种情况下，马克思的生态哲学思想，由于把全人类的合理生存与健康发展立于首位，就有可能成为引导全人类进行生态—社会革命的哲学。而只有通过生态—社会革命这种人间最有力的形式，才能在世界历史的意义上推进人类文明的生态转向。

生态—社会革命要能够实施并走向成功，需要政治的制度的支持，即要通过生态性政府的构建和持续的坚持。

总之，生态—社会革命的根基是人与自然界是同一个生态整体，由于人的反生态活动而导致了生态危机。生态—社会革命的方式和主要内容是进行人与自然的、人与人的、人与自身的合理物质变换。生态—社会革命的方向，一是实现自然界和人与自然界关系的生态平衡和良性生态循环，二是实现每个人与一切人的合理的生态生存与生态发展，通过生态问题的解决而不断走向自由解放，三是实现全人类的生态文明转向。这是人类要想生存不灭的不二途径。

但是，生态—社会革命不是实体，而是行为，功能，它有赖实体的力量加以推动，这就是生态性政府的构建。

第五章

贯彻生态原理、进行生态—社会革命的
制度保障：构建生态性政府

【小引】生态—社会革命要能成为现实，需要制度保障，这就只能是生态性政府的构建。反之，生态性政府要不流于形式，就要进行生态—社会革命。作为社会枢纽的政府，由在当代由封建性政府、经济性政府、政治性政府向生态性政府发展，是历史的需要。生态性政府就是要领导生态变革，即要把追求经济增长、福利增长和政治安全的发展，转变为追求生态平衡与生态福利、生态安全的发展，把自然生态平衡与社会生态平衡作为人类健康生存发展的双轮，开辟生态文明新时代。生态性政府，是在权力的生态觉醒和"资本"的生态觉醒之上才能建立的走向生态文明的政府。它一方面要消除两极分化造成的生态过耗和生存稀缺，以强力实施生态性生产、生态性分配和生态性消费，一方面要发展生态创造力、生态生产力，推动人的生态化发展，走人与自然界、人与人的双重生态和谐发展之路，这就要实行生态—经济—社会—生活—精神的五维协同发展战略。同时，任何绝对的东西都容易产生异化，生态性政府也应当是能够防备种种生态异化的政府。

【新词】生态性政府　生态性生产　生态性分配　生态性消费　生态过耗与生存稀缺　生态合理性　五维协同发展战略　制度力

　　要把马克思的生态哲学思想的基本原理转变为生态实践，要进行生态—社会革命，就要进行生态性政府的构建。因为任何具有革命意义的变革，都不是依靠理论说教就能成功的，而是要依靠制度的推行和保障。正如同资本主义、社会主义都不能不依赖其制度保障而存在一样，生态文明作为社会主义与资本主义都不能不趋向的发展方向，作为人类发展的新兴的文明制度，它需要和大量的不合理现象做斗争，但又不能是反生态的社会暴力性的，它只有依靠强有力的制度保障才能实现。当然，这种制度构建是长期的，从当前的可行性来看，这就是要通过生态性政府的构建，来推进人类文明的生态转向。

在资源越来越紧张、环境问题越来越严重、气候越来越变暖并导致生物大量灭绝这种严重的生态崩溃情势面前，无论从中国还是从世界上看，都要求把构建生态性政府提上日程。作为社会枢纽的政府，通过资本主义政治革命，由封建性政府转化成了资本主义的经济性政府。一部分通过社会主义革命，又转化成了政治性政府（含经济性与自身）。在生态危机的今天，无论经济性政府还是政治性政府以及部分性的封建性（或宗教性）政府，都需要向生态性政府转化。它与以前的政府的根本不同，在于它从自然界出发，以伟大的自然规律为依据展开人类的新的生存发展计划。

马克思曾经指出："不以伟大的自然规律为依据的人类计划，只会带来灾难。"① 这种"伟大的自然规律"，在今天已从多方面突显出来：一是地球生物圈的生态循环与生态平衡规律，二是地球这个相对封闭系统中的熵增规律，三是人类作为地球生物圈中起决定作用的物种，日渐深入地主导着地球生态系统的演化，因而对生态系统恶化负有不可推卸的责任，等等。过去，人们不认识这些生态规律，因而构建了违反生态的政治型、经济型甚至军事型政府，人类正是在这种政府的主导下，一步步坠入了生态危机的深渊。今天，要实施生态—社会革命和生态文明建设这种伟大的"人类计划"，只有根据生态危机的发展态势，根据马克思的生态哲学思想原理，特别是根据这种自然生态规律，把千百年来根据统治者的主观要求和主观意志统治自然、统治人的政府，转变为根据地球生态规律和熵定律来领导人民进行生态文明建设的政府。把人类活动导致的地球生态系统的恶性演变，转化为良性演变。这一世界历史需要的表现，就是"绿色政府"或"生态型政府"，在东西方都已提了出来。它们是世界生态保护思潮、生态经济思潮、生态政治思潮和生态哲学发展的产物，有其世界历史进步性。但是，西方的"绿色政府"仅仅是针对自然生态而言的，"红绿结合"也主要是生态治理、生态改

---

① 《马克思恩格斯全集》第31卷，人民出版社1972年版，第251页。

良性的。从生态理念上说，仅仅是建立在浅生态学立场上的政府。而我们这里强调的生态性政府，不仅是针对自然生态的政府，更是针对社会生态的政府，不仅是建立在生态学立场上的政府，更是建立在马克思的人类学立场上的政府，只有这种建立在人类学生态学的双重立场上的政府，才能是进行"生态—社会革命"的政府。它不仅要求政府组织本身及其活动符合生态原理，更要求政府在主要功能上从经济性政府、政治性政府转化为生态性政府，即建立一种处在人与自然界的和人与人的双重生态关系中的政府，并以制度形式从这两个方面推进生态文明的发展，这一新的世界历史任务，在目前只有中国有希望做到。

当前的问题是：如何把 20 世纪的生态觉醒，上升为生态智慧，如何把马克思的生态思想，他的生态正义、生态理性和生态原理以及其他进步生态原理，转化为生态实践，如何从经济合理性的统治，转向生态合理性的支配，把发展建立在自己的生态创造力和生态生产力的基础上，以逐步实现人与自然、人与人的双重生存关系生态化。而这只有生态环境性政府的构建才有实现的希望。

一　生态性政府：政府本身性质的生态革命

1. 生态性政府的提出与构建

在生态思潮和生态危机的逼迫下，20 世纪 90 年代，在西方发达国家兴起了"绿色政府"思潮。中国学者黄爱宝教授受此启发，于 21 世纪初提出了"生态型政府"这一重要概念。[①] 把生态文明上升到政府的责任，其提出显然有它的合理性。但是，从"型式"的角度立言不如直接从其功能、性质和制度上提出"生态性政府"或生态政府，即要求未来的政府应当是建立在人类学、生态学、经济学立场上的，以促进人与自然界的和人与人的双重生态和谐为目标的因而本身也在制度上、功能上生态化了的政府。强调生态性政府，就是强调政府本身的制度力，要成为生态性的制度力，生态成为衡量一切物质的、制度的、精神的建设依据。

---

① 黄爱宝：《生态型政府构建与生态企业成长的互动作用》，《山西师大学报》2008 年第 1 期。

事实上，在今天，生态问题已经"政治化、全球化、内部化"。所谓"政治化"，是指生态问题已经由环境问题、社会问题上升为经济、政治问题。所谓"全球化"，是指各国的内部问题演变为国际问题。生态问题已由局部走向全球，没有哪个国家或公民能够置身于生态危机之外。所谓"内部化"，是指生态保护的压力正在由外部压力迫使政府内部机制发生转变，发生生态化的变革。所以，构建生态性政府，是人类文明在自然生态和社会生态的双重逼迫下，不能不形成的新的社会组织方式，也是人类文明发展的新要求。正如一些学者所指出的，在今天，生态问题已向人们提出了重新思考和组织政府的必要：

> 全球环境变化和全球环境问题对现有政治经济结构的挑战，向我们提出了世界重新设计和组织的严肃课题，……环境问题和生态政治可能正在改变占支配地位的偏好和价值，创造新的思维空间——［美］赫里尔（A. Hurrell）。①

这种"重新设计和组织的"政府，在今天只能是生态性政府。从马克思的生态哲学思想考虑，这种生态性政府，应当从解救人类面临的自然生态危机、社会生态危机以及精神生态危机这种立体意义上加以构建。

从历史来看，对于生态环境问题，世界上从来就有乐观派和悲观派。悲观派主要看的是问题的严重性和科技的有限性，乐观派则看到人类科技的创造性，认为人类总有办法克服危机，实现自己的良好的生存发展。但是，时至今日，资源越来越紧张，环境污染越来越严重，以至于面对气候变暖束手无策（所谓地球工程学的诸多设想，对生态的影响还是未知数），并导致生物大灭绝的到来。这不能不表明人类的生态破坏力大于其生态创造力。这是一种客观的态势。它表明，人类再不能继续坐在旧政府这只生态破坏船上进行生态改良，而必须创造出一种生态保护船进行生态保护。这就是从政府本身的组织和功能着手，构建生态性政府，把政府本身转变成生态保护船。通

---

① 肖显静：《生态政治：面对环境问题的国家抉择》，山西科学技术出版社 2003 年版，第 8 页，转引自美国学者赫里尔的话。

过这只船，以政治经济力量既缩小人类的生态破坏力，又增强人类的生态创造力，方有可能扭转地球生物圈的生态下滑态势，拯救人类生存。

那么，政府怎样才能既缩小人类的生态破坏力，又增强人类的生态创造性呢？正如马克思所说：这里"仅仅有认识还是不够的。为此需要对我们的直到目前为止的生产方式，以及同这种生产方式一起对我们的现今的整个社会制度实行完全的变革"①。这一思想完全适用于生态性政府的构建。即进行生产方式、生存方式的生态变革的制度构建。

生态性政府的提出，也是生态问题日渐严重化、复杂化的要求。因为生态问题的复杂和严重，就会迫使政府功能向生态化发展。正如生态思想家安东尼·吉登斯所说：为了气候变暖"不至出现灾难性的结果"，"我们需要把所有的事情捆绑在一起，进行系统化的考虑，而不只是考虑我们应当如何来发展低碳技术，应当如何来减少化石燃料的使用，应当如何来发展风力发电等等"。这些问题尽管重要，但"把它们拆开来分析与把它们总合在一起进行系统化考虑"，那是完全不同的事情。他认为这是一个非常复杂的问题。不仅需要将政策"打包"在一起，更需要进行"政治融合"和"经济融合"。这种进行"政治融合"和"经济融合"的政府，这种能把生态政策"打包在一起"进行综合的生态治理的政府，不可能是那种把生态问题作为"一个问题"进行考虑的以经济为本位的政府，只能是以生态为本位的生态性政府。生态性政府不但要从自然、社会、精神全方位进行系统考虑，也要从经济、政治、文化、思想全面进行，从每一种政策和行为的直接间接的生态后果考虑。不但要在生产、交换环节中进行，更要在分配、消费环节中进行。而每一方面、每一环节又都包含着复杂的因素。这些都需要统筹兼顾，协同展开。经济性、政治性政府是不可能以生态为本综合考虑这些问题的。当前世界上规模浩大的作为政府行为的生态保护和生态治理，之所以陷入一种生态治理危机，原因之一就在于它是一种"单打一"的生态改良运动，很难扼制生态恶化。所以，生态性政府的构建，不论在一些人看来怎样荒谬，但是，随着生态危情的严重化，终将会走向历史的前台。

---

① 《马克思恩格斯选集》第4卷，人民出版社1995年版，第385页。

2. 政府性质的生态革命

如果说，改革是一场革命的话，那么，生态性政府的构建，更是一场范围广泛的革命。这里，首先需要的是政府性质的生态变革。那么，如何实现这种变革，构建生态性政府呢？

第一，是政府的哲学立场、政治立场的转变，即由传统的政治性、经济性立场、民族国家的立场为主，转向以马克思的人类学、生态学的价值立场为主，这将是一种艰难的革命性转变。

第二，是生态观念的转变。即从单纯的生态治理观念，转向马克思的人与自然、人与人的双重生态并治观念，即立足于既要解决人与自然的自然生态问题，更要解决人与人的社会生态问题这种双重生态价值方向，并通过后者的解决为前者的解决开辟道路。

第三，是针对世界的生态危机而自觉地拯救人类文明于生态水火之中的生态责任的确立；在这种生态责任中进行生态经济、生态政治、生态性发展的建设。

第四，是要根据马克思的生态哲学思想原理进行生态—社会革命，这方面后面再讨论。

第五，是要通过全面的精神革命而推动生态革命。传统的经济性政府，也是一定思想精神的产物，如哲学上的机械论，二元论，征服自然论，政治上的资本主义、经济主义或国家民族主义，思想上的自由主义、个人主义，拜金主义，生活上的消费主义、享乐主义等。生态性政府起于生态崩溃的危难，负有生态使命，从一开始就要革除这些传统的导致生态危难的旧的思想观念，从上述新的生态精神入手进行宣传，组织，转变，改变人们千百年来的非生态的生产、生存、生活习惯，因而要在人们的思想观念、价值立场、世界观、人生观、生活观等人的精神领域掀起革命，才能让人们理解政府的生态转型以及整个社会经济生活、政治生活的生态转型的必要性。然后才能促使人们在物质生产、经济活动、社会生活、分配消费等人与自然的和人与人的种种物质关系方面发生革命。生态性政府，是通过生态精神的革命而推动和领导全社会进行生态—社会革命的政府。

在立场革命、精神革命的基础上，是功能革命。传统政府的基本功能，一是政治功能，二是经济功能，三是社会功能，而生态性政府的功能，首先是生态功能，政治、经济、社会功能都只能实现于其生态功能之中。这种生态功能以人与自然界的和人与人的双重和谐关系为鹄的，并在生态功能的统一之下实现它的生态性的经济调控、政治运作、社会治理等，并且让这一切既不违背生态原理，又有助于生态文明的实现。

当然，这样的生态性政府，要通过生态—社会革命才能真正实现，而生态—社会革命，又要通过生态性政府才能推动，二者是一种互动互生的双重革命成长过程，但绝不是可以自动到来的，它需要在大力呼喊中实现全民的生态觉醒，权力的生态觉醒，资本的生态觉醒，一句话，政府的生态觉醒在此基础上才有可能形成。

生态性政府也要讲发展，但这是一种不破坏人与自然的和人与人的生态关系的发展，是文化的、科学技术的、精神创造力的发展，是社会结构、社会行为的合理化发展，是政府的管理与服务方式的合理化发展，是社会系统、生产系统运转的低耗节能方面的发展等，这些都是可以竞争的发展。并最终把发展转变为人自身的发展。也许，那时的政党竞争，都会把如何更好地进行生态—社会变革作为自己的竞争纲领。可以说，马克思恩格斯所预期的那个"合理的社会"，就会因为生态问题的逼迫而提前到来：

> 生态问题"使这种社会生产组织日益成为必要，也日益成为可能。一个新的历史时期将从这种社会生产组织开始，在这个新的历史时期中，人们自身以及他们的活动的一切方面，包括自然科学在内，都将突飞猛进，使已往的一切都大大地相形见绌"①。

这样，人们终将能够在客观自然界的和社会的伟大规律下和谐地、健康地生存发展。

3. 生态性政府的制度建设

生态性政府，作为要在社会功能上发生革命的政府，作为进行生态文明

---

① 《马克思恩格斯全集》第20卷，人民出版社1971年版，第375页。

建设的政府，必须有一系列的组织建设，制度建设。这种制度建设可以区分为三方面。

其一，是生态性政府自身的生态制度建设。其关键在于把生态问题作为常规问题进入政府体制，并且成为最高的决策评判根据。这就需要成立生态问题评议院、生态规划院、生态检察院、生态法院等一系列生态制度构建，并有独立的不受任何权力干预的权力，以保障政府在生态规范下运行。当然，·生态问题评议院、生态规划院、生态检察院、生态法院的构成，应当既有一定人—境生态系统的群众代表，又主要由生态科学家、生态经济学家、生态政治学家、生态法学家、生态人类学家、生态工程学家、生态思想家和生态哲学家以及其他生态问题专家组成。我们认为，对于生态性政府与生态文明建设来说，构建这种新型的生态性的制度—权力机制，是最根本的办法。那种作为政府的一个部门的生态机构，如政府的环保部门，实践证明往往屈从于政府或权威人物的非生态意志、经济主义意志，甚至反生态行径，以至于群众不得不出来闹事，东西方都是这样。只有生态规划评议院、生态检察院、生态法院这种独立的最高生态机构的存在，才能既推动生态性政府的建设，又管理和控制一切经济政治行为的生态问题，提出政府的生态变革任务，并对全国的和各级的人—境生态系统的健康发展和如何建设生态文明做出长远规划。只有这种制度上的保障，才能推动人类文明的生态转向。生态问题评议院、生态规划院、生态检察院、生态法院不仅要管自然生态问题，人与自然界的生态关系问题，也要管社会生态问题，人与人的生态关系问题。有了生态权力机构在生态问题上把关，就不会有群众性的生态闹事的频繁出现。能否成立这类生态权力机构，是生态性政府能否真正成立、能否实现政府的生态转向的标志，是能否推行生态—社会革命、能否拯救人类于生态水火之中的全人类的大问题。它考验着全人类的才能、远见和良心，对每个国家来说都是这样。

其二，是生态伦理、生态道德、生态法律法规的构建，生态性政府要以系统的法律法规的制定为前提。这些法律法规要从生态上规范全社会的生产活动、经济活动、政治活动乃至人的生活与行为，这就需要一系列的法律制度规范。而这些规范又必须是建立在生态科学和生态实践中的。这方面已是共识，各国都有生态法律，还需要大力进行，此不深论。

其三，是政府的生态功能建设，即生态制度力的建设。有没有制度力，制度力的强弱，是衡量一个政府的尺子。没有制度力，一切都会形同虚设。生态性政府要与人们的传统的有害生态的生产和生活进行斗争，要改变人们的生活惯习和价值追求，是人的生产方式、生存方式、生活方式的革命，因而不能仅仅靠说教，而一定得有政府的强力推行，通过一系列的除旧布新的生态—社会革命等，才能走向成功。

总之，生态性政府就是通过生态制度文明而全面推进生态性发展的政府，就是要通过一系列的生态制度力的构建，由经济增长型政府，转变为生态保护型政府，即要把政府本身建设成为既是自身节约资源能源，又是为节约资源能源工作的政府。只有这种肩负自身和功能双重制度构建的生态性政府，才是能够推动生态文明建设的具有生态革命功能的政府。

4. 生态性政府：进行生态—社会革命的政府

生态性政府的构建是一场伟大的制度革命。它在本质上，就是要对人类300年来破坏人与自然界的和人与人的生态生存关系的经济政治活动方式，进行"拨乱反正"，就是要把人类的生态破坏船，转变为生态保护船。这就决定了生态性政府必须进行生态—社会革命，把这作为最主要的天职，甚至可以说，生态性政府就是进行生态—社会革命的政府。

其一，生态性政府与西方只进行生态环境建设的绿色政府不同，它是坚持自然生态正义与社会生态正义的政府，即它同时进行自然生态建设和社会生态建设的政府。

其二，生态性政府必须进行生态—社会革命，必须放弃人对自然的掠夺和人对人的剥削，找到人与自然的和人与人的生态平衡的办法。

其三，生态性政府必须放弃对他人、他国的剥削，因为任何通过这种剥削对于财富的集中都是生态灾难的根源。

其四，生态性政府必须放弃战争及一切人为破坏生态的活动，因为任何这种行为都会加速人类也包括发动者自己走向生态灭亡。

其五，生态性政府必须进行大规模的保护生态的科技发展，以及社会组织的科学化民主化发展，以便消耗最小的物资和能量而对社会有良好的组织与协调。

其六，生态性政府必须通过生态—社会革命转变生产目的和生产方式，即它要把对资本积累或总体 GDP 增长的最高追求，让位于对生态平衡的追求，让生态系统规定生产系统，生产系统规定分配系统，分配系统规定消费系统以及反向的制约关系。

其七，生态性政府必须通过生态—社会革命实现对社会物质分配的严格的控制，实现生态—生产—生活的生态逻辑要求，形成以人与自然的和谐关系规定人与人的和谐关系的生态文明链。

其八，生态性政府必须通过生态—社会革命，在根本价值观念方面发生革命性变革，把全人类的生存价值原则作为最高价值原则，并以这种人类学的价值原则重估一切价值，重新确立人们的生产方式、生活方式、消费方式，等等。

以上这些是生态性政府通过生态—社会革命要完成的任务。生态性政府就是进行这种生态—社会革命的政府。生态—社会革命，既应当是遵循自然生态基本要求的社会革命，又应当是遵循社会生态基本要求的生态革命。它在生态方面的革命作为，建立在社会革命之上，而它在社会方面的革命作为，又以生态为目的和导向。在性质上，它既是一种生态主义的社会革命，又是一种社会主义的生态革命，更是国家和社会的总体目标的革命性变革，是对人、对社会的艰巨的改造。

生态性政府必须通过生态政治行动，向资本霸权和政治霸权（如搞帝国主义）这一生态魔鬼进攻，这是马克思的经济革命、政治革命、阶级革命思想在全人类的生态危机面前的新的实现方式。马克思的革命在某种意义上说就是对以私有资本为灵魂的经济权力制度的革命，因为这种经济权力制度不仅剥夺广大劳动者生产的剩余价值，更剥夺他们以及全人类赖以生存的自然生态价值。生态性政府，就是要通过生态—社会革命向把人类引向生态灾难的这种资本逻辑、权力竞争逻辑进行斗争的政府。因为它们就是破坏自然生态和社会生态的引擎。由于这一斗争的历史艰巨性，所以必须要由生态性政府来推动，来实施。反过来看，这也是生态—社会革命对生态性政府的基本要求。

简言之，生态性政府就是通过生态—社会革命而推动文明的生态转向的政府。原始性政府，封建性政府，经济性政府，政治性政府，生态性政府，这也许是世界历史发展所形成的基本政府形式。

二　生态性政府：贯彻生态原理进行
生态—社会革命的政府

生态性政府作为进行生态—社会革命的政府，其变革的任务不能不包括这些方面。

1. 生态性政府，首先要把追求经济增长（资本与 GDP）、福利增长和政治安全的发展，纳入追求人与自然界的生态平衡与生态福利、生态安全的发展之中

这也就是要把为财富增值而无限扩展的生产活动，转变为受生态容量约束的、为满足"每个人与一切人"的基本生存需要的生产活动。在认识到人类只能在自然界的生态承载力这一大限之下生存发展这一生态现实之后，任何坚持传统发展模式的行径，都将是一种生态罪过。这就要求把以资本增值为动力而又没有生态约束的传统工业文明这只破坏生态的野马，套上以人的基本生存发展需要为核心的生态约束缰绳，在生态资源限定的"生态门槛"下生产。即把人—境生态系统中的生态资源，转化为生态资本，根据生态资本的限度和安全以及人们的创造可能性进行生产，并把生态资本转化为生态成本而纳入生产成本，从而克服追求资本无限增值、经济无限增长的生产异化，使任何生产都只是为了人们的基本生存与合理发展需要的生产，正如我国计划经济时代所说的，是为了满足人民群众日益增长的物质文化需要（实即摆脱贫困）而发展生产一样。之所以不得不这样做，在于在一定的人—境生态系统中，当人们的生态足迹高于系统的生态容量和生态可供时，生态系统就向恶性转化，经济增长通过生态门槛就会出现负增长。它不仅不能增长人们的经济福利，反而破坏人们的生态福利（福利门槛）。从而也破坏人们的长远生存这种人类生存之本。

2. 生态性政府的基本变革，是要把传统的资本现代化改造成为生态现代化①，实现生态文明转向

所谓生态现代化，就是人与自然、人与人的生态关系的合理化与现代化。整个科学技术和人类活动，都要建立在生态生产力的基础上。它要求从人的生产方式、消费方式的生态化，到生活方式、交往方式的生态化，从自然科学技术的生态化，到社会活动、政治行动的生态化，即从人的生态意识、生态理性到人的活动方式、行为方式的全方位的生态现代化。只有这样，才能把传统的资本现代化改造成为生态现代化，以生态合理性为基础实现走向生态文明。

3. 生态性政府要针对被资本异化了的世界观、价值观进行变革，建立马克思主义的人与自然界是同一个生态整体的生态一体世界观和生态价值观

即把经济主义的征服自然的价值观，建立在人与自然界是同一个生态整体（人—境生态系统）的生态价值观之上。这就是要从传统工业文明的一整套思想价值观念中解放出来：从直接性上说，是走出资本逻辑对精神的控制，走出拜金主义、走出经济主义、走出以经济发展论英雄的单纯经济思想，这不过是一种"人为财死、鸟为食亡"的动物学原理在人类精神世界的表现，是动物哲学对人的支配（但是，为摆脱绝对贫困的努力始终是正当的）；从间接性上说，要走出人对自然的、自己对他人、他国的二元对立态度，即从世界观、价值观上生发变革，构建人与人、人与自然界是同一个生态整体、生态系统的同生共存的生态价值观，以及生态人生观，这就要从改变人们的支配行为的精神基础做起。马克思的生态哲学思想，已为这方面的变革奠定了基础。

4. 生态性政府坚持以"生态—经济—社会—生活—精神"的五维协同发展战略支配发展

人类自从 20 世纪的生态觉醒以来，生态理论、生态著述铺天盖地而来。

---

① 　德国学者胡伯在 20 世纪 80 年代提出了"生态现代化"这一概念，它是以生态学原理对于经济、社会、政治、文化和行为方式的全方位渗透，是现代化模式的生态转型，有其科学性和必要性。

当代的问题是：如何把生态觉醒上升为生态智慧，如何把生态理论转化为生态实践，如何由经济合理性的统治转向生态合理性的支配，把发展建立在自己的生态创造力及其形成的生态生产力的基础上，这就成了对生态性政府的又一基本要求，也是它的基本职责。其具体要求，当前要求，就是在任何具体的经济社会活动中，都首先要从生态合理性出发。

基于对合理性的追求，在20世纪中期，人们把单纯的经济发展模式，转化为"经济—社会"发展模式，进而又在生态问题的逼迫下，上升成为"生态—经济—社会"发展模式，而从生态文明考虑，还应当上升为"生态—经济—社会—生活—精神"的五维协同生态发展模式，达到这一步，也就达到了生态文明的要求。

生态—经济—社会—生活—精神的五维协同生态发展模式，首先把生态、经济与社会视为人类生存发展的一个有机整体，这个有机整体固然不能不以发展经济为要务，但它必须以人与自然界的生态整体关系为本位、为根据，来决定经济和社会的发展规模与方式。以生态整体关系为本位的发展，根据刘思华的概括，它包括这样四层生态含义：

其一是指"地球生物圈共同体是包括人类物种在内的所有生命物种的共同体"。

其二是"在世界系统中非人类物种并非仅为人的存在而存在，它是具有独立于社会之外的世界性的价值，因而也有它的利益和生存权利"。

其三是"地球生物圈整体比个体更为重要，它作为独立的整体价值和所有生命物种的利益共同体，一方面拥有独立的生存发展权利，一方面负有对包括人类物种在内的所有生命物种持续生存发展应尽的义务"。

其四是"在这个生态整体中，不仅人类物种是存在主体，而且其他生命物种也是存在主体"[①]。这就要求人类的一切经济—社会活动，都必须以尊重生态自然为前提，以生态整体的健康生存为决定一切的本位。这是生态性政府首先必须树立的生态理念。因为这些是近世生态理论探索的基本思想。

同时，生态—社会革命要求进行生态性的分配和生态性的消费，这就是要求把人的生活建立在生态基础上，过生态性的生活。因此，"生态—经

---

① 刘思华：《论以生态为本位的科学依据与理论框架》，《中南财经政法大学学报》2002年第4期。

济—社会—生活—精神"五维协同发展战略，有如下规定性：

其一，自然界是人类生存与发展、人类经济活动的基础，这是"生态基础论"。

其二，生态环境决定人的生存条件、社会生产和社会生存方式；环境变迁，生态变化将日益决定现代经济发展的模式、道路、方向和发展趋势，这是"生态决定论"。

其三，"生态环境日益成为现代经济社会发展的内生力量"，"成为现代生产力稳定运行与合理发展的内在要素"，① 这是"生态内因论"。

其四，"生态利益至高论"。这不仅是指生态利益是"所有生命物种的共同利益和生物圈的整体利益"②，也是指任何生态利益都是一定社会共同体的全体成员以及整个人类社会的健康生存基础。因而，现代人类实践活动不能不把爱护全人类也是他自己的生态利益放在首位，成为一种生态实践方向。

其五，"生态不仅是生产力，而且是生产力之母"。因为"地球生态系统……不仅孕育了世界系统的生产力本身，而且决定着生产力系统能否继续存在和以什么状态存在及其以什么方式发展"③。在这个意义上它是一种生态母力论。

这种生态基础论、生态决定论、生态内因论、生态利益至高论、生态母力论等，决定了真正的生态性政府，不能不敬畏生态，尊重生态，以生态为本位从事其经济—社会活动。

在"生态—经济—社会—生活—精神"五维协同发展战略中，"精神"环节不是终点，而是一个环圈的起点：用刘思华的话来概括，它是"以生态觉悟与生态意识为思想先导、以地球有限性和人、社会与自然是有机统一体为客观依据"的生态发展思想。④ 这种五维协同战略要求在一定规模的经济社会生活活动中，都要从一个地区的生态容量出发，把这种生态容量作为其不能动摇的生态底线，或者说作为不能超越的生态红线，并考虑它的可持续

---

① 刘思华：《论以生态为本位的科学依据与理论框架》，《中南财经政法大学学报》2002 年第 4 期。
② 同上。
③ 同上。
④ 同上。

性。任何生态负债都应当成为革除的对象。这也就是要求在人的生态安全的基础上发展经济，改进社会，特别是它的合理分配，以建立一个公平合理的、革除了"欲望需要"而只满足基本生存发展需要的社会生态体系，使之适应自然生态的基本要求。这就要求由单纯追求经济发展，转向追求生态—经济—社会—生活—精神的全面发展。牺牲生态健康，任何丰裕的物质生活都将失去意义。一个健康的生态环境，是每个人与一切人健康生存与合理发展的首要条件。

这里要再一次强调的是：生态合理性不仅是针对自然生态的，更是针对社会生态的。正如生态社会主义者所要求的那样：

> 它要求任何经济增长，都"必须是一个理性的、为了每个人的平等利益的有计划发展。……它建立在对每个人的物质需要的自然限制这一准则的基础上"。它要求"以尽可能小的劳动和自然资源的消耗来实现这一点，从而使人们在劳动和消费得更少的条件下生活得更好"。①

当然，这不是说说就能做到的，它需要通过生态—社会革命来达到，特别是"对每个人的物质需要的自然限制这一准则"的实施，需要生态性政府的制度力量的大力推动。

5. 生态性政府要发展生态创造力、生态生产力，通过生态技术推动经济的生态化发展

生态性政府要把发展生态创造力、生态生产力放在首位，特别要通过第三次工业革命推动经济的生态化发展，走生态现代化道路。所谓生态生产力，不仅是指自然生态系统本身的自然生产力，本身的生态恢复能力和趋向平衡的自生产、自调整能力，更是指人的生态创造力，以及由它形成的科技生产力的生态化发展。过去人类的伟大科技创造，都没有首先从生态上考虑它的利弊，而是首先考虑它的生产能力和经济效应。特别是由于它的"资本

---

① ［英］戴维·佩珀：《生态社会主义：从深生态学到社会正义》，刘颖译，山东大学出版社2005年版，第336—337页。

主义应用"，使其成为传统的资本主义生态破坏船上的动力，因而极大地消耗了生态资源，伤害了自然生态的平衡。如果说，人类有能力构建自己的建立在生态安全基础上的合理生存与健康发展的话，那么，人类的创造力在今后就应当首先考虑其科技创造与生态和谐的良性关系。因此，人类通过政府的调控大力发展绿色的生态创造力，是生态性政府和生态文明建设的重大任务。

由于科技在今天成了第一生产力，由于现代生产力是以科技为基础的，这就首先要求现代科技向生态化发展，通过激发人们的生态创造力，淘汰那些污染环境、破坏生态、预后不良的黑色科技，发展不伤害自然生态的绿色科技以及那些保护生态、恢复生态的科技，使现代科技具有生态属性，从而把生产力的"科技属性与生态属性"统一起来，成为一种能够顺应生态要求的生态生产力。这种生态生产力应当既是社会经济发展的动力，又是平衡自然生态的动力，达到"动力功能与平衡功能的统一"①。只有这种生态生产力的生态性应用，社会主义的应用，才能实现生态性的生产，为走向生态文明开辟道路。只有生态创造力、生态生产力的发展，才有经济的生态化发展。即把人类的经济—社会—精神发展，建立在生态发展的基础上，实现生态—经济—社会—精神的四维协同的生态化发展。

总之，人类今日要走出生态悖论、生态困境，克服生态危机和生态治理危机，就要通过实施这些基本变革而开辟生态文明的建设之路。中国更是这样。只要我们能把经济性政府转变为生态性政府，就能在中国这个人—境生态系统中进行真正的生态文明建设，就能开创世界历史的生态发展时代。

三　生态性政府：通过生态性分配消除生态过耗和与生存稀缺的政府

生态性政府，是在权力运用的生态觉醒和资本运用的生态觉醒之上才能建立的政府。只有这样的政府，才能是推进生态性分配与生态性消费的政府。它既要革除导致两极分化的异化分配，又要革除不断膨胀的异化消费，

---

① 王鲁娜：《当代生态生产力的基本特征探析》，《福建论坛》2008 年第 8 期。

以生态的名义建立相对均衡的分配制度和只满足基本生存发展需要的消费制度，实现生态性分配与生态性消费。这是生态—社会革命的最困难、最根本的主要任务。

我们知道，生态马克思主义者马尔库塞提出了资本主义发达国家的"消费异化"的批判性概念，成了从生态上批判资本主义富国和富人的一个重要概念。生态主义者，生态马克思主义者以及关心人类生态命运的人，在这一点上都是一致的，这就是要抑制资本主义、消费主义所导致的消费异化或者说异化消费，实现绿色消费，有限消费，基本消费，可持续消费，即生态消费，并消灭一切达不到基本需求的稀缺消费（异化消费的贫困形式）。

这就是说，要解救生态危机，在今天必须批判和克服在西方兴起而蔓延世界的消费主义。由于资本逻辑总是要求"利润最大化"，在早期的生产不发达阶段，资本为了增加积累，想尽一切办法扩大生产，抑制享乐，抑制个人消费，特别是通过压低工人的工资达到目的。但是，在新兴技术推动下，20世纪初生产力就得到了极大发展，出现了"商品的庞大堆积"，出现了"潜在的无限生产能力"与"被限制的消费"之间的矛盾，出现了生产过剩的经济危机。于是，在20年代，正是"资本的利润最大化"的推动，资本主义却反过来激励人们消费，不仅激励资产阶级大肆消费，也激励大众消费，工人消费，把他们由生产奴隶转变为消费奴隶。一方面提高工人待遇，一方面发放消费贷款，分期付款，先消费后付款，寅吃卯粮，不断激发大众"无限制和无节制"地消费。从最初的一般消费，到高档消费，奢侈品消费；从实物消费，发展到代表价值和身份、地位和权力、名望和荣誉的名牌符号消费，从满足基本生存需求的消费，到满足无限欲望的消费等，于是，讲排场、比阔气、挥霍无度的炫耀和攀比之风大行于道，整个社会成了个以消费为荣、以消费为幸福的动物世界。而这一切又得到资本主义的经济体制和政治制度的肯定和激励。从生态上可以说，这是资本为增值而激发起来的罪恶消费。如何把这种罪恶消费转化为基本消费，成了生态性政府的重大问题。

联合国对这个问题的重视，表明了这种异化消费问题的严重性。1992年，联合国的环境与发展首脑会议，通过了《21世纪议程》，强调"消费问题是环境危机问题的核心"，"解决全球环境危机问题，必须从改变消费模式着手"。这是人类生存危机对富人消费方式的国际挑战。

但是，当代世界的消费危机，是贫富两极消费危机，使今天的世界特别表现为两个世界。已进入异化消费的发达国家，在世界人口中不过只占 7 亿，加上发展中国家的富人，也不过 10 亿。但是，正是人类的这一小部分，造成人口的绝大部分不能正常消费。世界上早就有人注意到这种贫富两极消费的反生态对立："英迪拉–甘地发展研究所"在 1991 年发表的研究报告《消费方式：环境压力的驱动》① 中就指出了这种对立：

在谷物消费方面：工业化国家每人每年消费 716 公斤，其他国家为 246 公斤；占人口 1/4 的富人消费世界谷物产量的一半，其余 3/4 的人用其余一半，富国的平均消费是穷国的 3 倍以上。

在乳类和肉类消费方面：富国平均每人每年消费乳类 320 公斤，肉类 61 公斤；穷国平均每人每年消费肉类 11 公斤，印度消费量为 1 公斤，中国乳类消费量为 6 公斤。占 1/4 的富国的人口，却消费了世界 75% 的肉类和乳类。

在林产品消费方面：发达国家消费全球林产品的 78%，其余 3/4 的人消费另外的 22%；胶合板、刨花板和镶面板产品的人均消费，富国为 213 公斤，穷国为 19 公斤。

在纸张消费方面：富国每人每年 146 公斤，穷国为 11 公斤，工业国总消费量占 81%，其余所有国家占 19%。

在工业产品和化肥消费方面：发达国家使用了世界化肥产量的 60%，发展中国家人均化肥使用量为 15 公斤；汽车、电器和其他机器制造产品消费量的差距更大，如美国平均一人拥有一辆汽车，一个人一生要消耗七八辆汽车，中国平均 200 人才有一辆汽车。

在建筑材料消费方面：混凝土消费，富国人均 415 公斤，穷国 130 公斤，非洲人均 78 公斤；世界钢铁消费，富国占 80%，20% 属于其他国家。

在金属和矿产品方面，包括铜、铝以及有机和无机化学品，富国的消费占 85%，其他国家只占 15%。

---

① 转引自［美］施里达斯·拉夫尔《我们的家园——地球：为生存而结为伙伴关系》，夏堃堡等译，张坤民等校，中国环境科学出版社 1993 年版，第 97—98 页。

在能源消费方面，富国消费世界商业性能源的 80%，而其余的 128 个国家，只消费 20% 的商业性能源。如 1980 年，每个美国人消费能源为 26460磅当量，肯尼亚人为 440 磅，埃塞俄比亚人为 55 磅，一个美国人使用的汽油量超过一个卢旺达公民使用量的 1000 倍。

问题是，这些差距今天依然随着经济的发展在扩大。

另外一组是联合国教科文组织的统计：保证发展中国家妇女正常的生育，需要投入 120 亿美元，而欧美妇女每年的香水花费就要 120 亿美元；保障发展中国家的正常用水，每年需要 90 亿美元，而美国妇女的美容花费，每年就要 80 亿美元；发展中国家解决温饱问题每年需要 130 亿美元，而欧美家庭宠物饲养费每年要 170 亿美元。一个美国人消耗的物资，是一个印度人的 60 倍。只占世界人口 6% 的美国，却耗费了世界 1/3 的物质资源。2 亿人口所利用的地球能量，大约相当于发展中国家 200 亿人口的利用总量，等等。

从以上的数字可以看出，当代世界在消费方面差距极大，一方面是满足基本生存需求的消费严重不足：负异化消费，一方面是欲望驱动严重膨胀的异化消费，呈两极分化状态。而这就是人类世界最严重、最实际的不平等。正如生态社会主义理论家戴维·佩珀所指出的：

> 西欧和美国的富裕水平（总体上），是建立在"十亿人生活在绝对贫困中"和所有其他的……令人厌恶的不平等基础上的。①

这就是说，一部分人在物质消费上的过耗，是以另一部分人在物质上的生存稀缺为代价的。值得重视的是：正是这种富国和富人的异化了的消费，导致了今天的生态危机。正如前世界自然保护同盟主席施里达斯·拉夫尔在《我们的家园——地球：为生存而结为伙伴关系》一书中所指出的：

> "消费问题是我将要讨论的总称为环境危机问题的核心，人类对生

---

① ［英］戴维·佩珀：《生态社会主义：从深生态学到社会正义》，刘颖译，山东大学出版社 2005 年版，第 139—140 页。

物圈的影响正在产生着对于环境的压力和威胁着地球支持生命的能力。从本质上说，这种影响是通过全世界的人们使用或浪费能源和原材料所产生的。"这在今天已是人所共识。①

问题在于，人类的这些超高消费物不是从天上掉下来的，它作为财富是自然资源在人的劳动中形成的，是依赖耗费自然资源、污染自然环境来实现的。所以，富国富人的消费过耗，正是对人类共有自然资源的掠夺，是造成生态危机的最根本的根源。那么，穷人的过少消费，是否就保护了自然资源呢？恰恰相反，这种畸形贫困的消费，不是依赖于工业生产，而是依赖于对地表资源即生态环境的直接掠夺，如大量砍树，过度开垦，过度放牧，过度采挖，滥捕滥杀，竭泽而渔等，而他们自己也在泥泞、疾病和被前者的消费所污染的环境中生存。并且，正是由于经济贫困和文化教育的贫困，他们既容易丧失自己的生命伦理，也容易破坏他人的生命伦理，即容易出现丑恶现象和犯罪，破坏社会生态的平衡。这些都直接导致自然生态环境和社会生态环境的破坏。从而，他们以穷的方式，穷的手段，直接破坏地表的生态环境。由此我们看到，人类已经变成了掠夺自然界的穷—富两只手，过度消费与无可消费都是破坏生态环境的两只虎，两者对自然生态环境造成了双重压力，双重挑战，都在对自然生态造成严重伤害。

这就是说，人类的生活世界是一个由于私有制、由于发展不平衡而严重倾斜的生活世界，这个世界由于赖以支撑的生态资源日渐空壳化，环境的日渐熵化，因而是个行将坍塌的世界。

在这里，特别是富国和富人的生态过耗问题。他们一方面消耗着正常生存发展的十倍百倍资源，并从发展中国家夺取这些资源，眼看着地球变成一个生存资源的空壳，一方面把生态灾难转嫁到第三世界，使人类世界失去了社会的生态合理性，这成了生态问题最大最难解的症结。而这，只有通过生态性政府及其生态—社会革命才能解决。

这就是说，当代世界的最大公理之一，是要消除过度消费，挽救支撑人

---

① ［美］施里达斯·拉夫尔：《我们的家园——地球：为生存而结为伙伴关系》，夏堃堡等译，张坤民等校，中国环境科学出版社 1993 年版，第 13 页。

类生存的生态世界，挽救人类即将塌陷的生活世界，至少，应当实现生态社会主义者的均衡理想：把希望"建立在对每个人的物质需要的自然限制这一准则基础上"①。至于贫困人口的过少消费，则是另一种负面效应的异化消费，它只有通过发展生产和削减过高消费来革除。因此，所谓社会生态的合理性构建，就是要从贫富两方面进行。在谈到以生态合理性为基础实现人与自然、人与人的和谐发展时，首先不能不考虑既要消除过高消费，又要消除过少消费，即既消除异化消费，又消除负的异化消费。而这，就是生态性政府的双重职责。

克服异化消费，是为了全人类的合理消费。1994 年，联合国环境规划署在内罗毕发表了《可持续消费的政策因素》，提出了正确的消费导向："提供服务以及相关的产品以满足人类的基本需求，提高生活质量，同时使自然资源和有毒材料的使用量最少，使服务或产品的生命周期中所产生的废物和污染物最少，从而不危及后代的需求。"这应当是生态性政府的基本的职能和任务，就是要不断克服消费异化，消除社会消费的两极分化，阻断一定社会共同体中的以及全人类的贫—富两只手从不同方面对于生态环境的破坏和耗散，构建生态社会和生态文明。

这里要进一步思考的是，为什么一定要从消费异化着手呢？因为消费异化的本质就是生产异化。消费异化所耗费的过多的物质财富，正是由消费者整体所控制的过度的生产提供的。马克思曾就二者的辩证关系指出："生产直接是消费，消费直接是生产。"而这种过度的生产和消费，是由对自然资源的过度的耗费和浪费来维持的。所以，异化消费直接导致生产异化，这正是同一个资本逻辑在生产和消费领域的不同表现。二者是资本逻辑这枚硬币的两面。

异化生产，属于人和自然界的不合理的物质变换。这种不合理性是在这样的三重意义上而言的：其一，这种生产是掠夺式、破坏式的反生态的生产。甚至其所使用的技术本身，其破坏生态的负面价值，也超过了它所创造的正面价值。其二，这种生产归物质财富已经饱和了的资本国家所有，形成

---

① ［英］戴维·佩珀：《生态社会主义：从深生态学到社会正义》，刘颖译，山东大学出版社 2005 年版，第 336 页。

了靠掠夺世界资源、他国资源而扩大本国富有的生产。其三，这种生产不仅不是为了人的合理生存与健康发展，相反地有害于人的合理生存与健康发展，例如核武器的生产，化学武器、生物武器的生产，甚至常规武器的用于侵略战争的超量生产，耗费资源的奢侈品的生产，以及一切破坏生态环境的良性循环的生产，仅仅为资本增值的生产，等等。事实上，在一定意义上，人类今日的生态危机，正是由资本控制的这种异化的消费及其异化的生产而导致的。

相反地，所谓生态生产，应当是受人与自然界的合理物质变换所约束的生产，即：其一，这种生产是为了满足人的基本生活需要的生产，它以不破坏或基本不破坏自然生态为前提，其使用的技术本身所创造的正面价值，远超过其对自然生态破坏的负面价值；其二，这种生产所创造的物质财富为民众所有，是为满足民众或社会共同体的合理生存、健康发展的需要，而且是不破坏其他共同体以及子孙后代的合理生存与健康发展需要的生产，即可持续的生产；其三，这种生产是消灭一切破坏性、侵略性武器的生产，是严格控制奢侈品生产的生产，是不破坏生态的良性循环的生产；其四，这种生产是为保护生态、恢复生态环境的良性运转的生产；等等。

因此，生态性政府的生态职责，概括地说，就是坚持马克思生态哲学思想原理，在整个社会共同体中，从而也是通过全球化在全人类中，实施生态生产和生态消费，阻断人类的穷—富两只手所造成的生态过耗，一起回到节约的、只满足基本的生存需要的生态生产和生态消费中来，从社会根源上恢复地球生物圈的生态平衡。当然，这既不能靠单纯的说教，也不能等待自觉，而是要通过生态性政府的带有一定强制性的生态—社会革命才能实现。总的来说，生态性政府，就是推动生态性发展、实施生态文明建设的政府。

四　生态性政府：防备一切异化滋生的政府

但是，前途并非一片光明。政府往往是思想、利益、惯性或某种势力的产物。这不仅在于人类的非生态、反生态的传统经济、政治、军事活动非常难以克服，个人的、群体的、国家的经济主义观念和行为难以改变，不仅在于人类已经进入高消费的群体难以向基本消费返回，而处于基本消费以下的广大民众又必须以传统的方式发展，更在于庞大的人类群体难以扼制地向更庞大的群体方向发展（人类数量的庞大增长）。在庞大人群的难以扼制的物质增长的要求下，转向生态文明方向真是比回天还难。但是，人类总是有理性、有意志的。正像一切生物遇到危险都会转弯一样，人类不会坐视自己的生态覆灭。在人类迫不得已必须进行生态转向时，有四个力量是决定性的：一是经济的力量，政府总是在为经济的发展奋斗，并且往往被强大的经济力量所左右而不是左右强大的经济力量。二是政治的力量，只有它才能主导人类群体向生态方向发展，但它也可能不向这一方向发展。三是科技的力量，只有它才能推动人类生存活动的生态化发展，但是，它也可能只是为了自身的发展而发展。四是精神的力量，只有它才能促进生态政治和生态科技的产生，以生态正义统一一切正义，以生态理性协调一切理性，为人类文明的生态转向服务。但是，精神也可能走向歧路。质而言之，这四种力量也都容易产生异化。如何防备异化对自身生态方向的改变，是生态性政府最难跳出的泥淖。

事实上，正像太阳底下的物体都有阴影一样，人类行为一旦成为专注的、力行的东西，它就容易失于一偏，形成阴影，而阴影如果得不到及时纠正甚或进一步强化，它的持续就会产生异化，而异化的产生又会使其活动适得其反。经济像金子一样吸引人，政府总是情不自禁地要搞经济，从而自身成为生态的破坏者。当政治力量成为一种强制力量而不是借助人心自发力量而迫使人们走向生态方向时，它就不能不产生异化并以异化的方式进行，人类历史就会在追求消除政治异化的同时又恢复政治异化。以异化及其副作用的方式推动人们走向生态文明，岂不是陷入自相矛盾之中？更重要的是，科技本身也会产生异化。科技对人类、对生态的副作用已经讨论几十年了，但人类的科技本身可能导致人类的灭亡，却是高科技和高科技界新近的警醒：根据网络消息，一个由著名数学家、科学家和哲学家在 2012 年成立的"剑桥生存危机研究中心"（CSER），主要研究人类的科技活动如生物科学、人工智能等对人类存亡的影响。不少科学家表示，"影响人类生存的最大威胁是人类本身"。他们根据一些数据表明，"人类对高科技的依赖可能给自身带来灭顶之灾，而这种情况最快于下个世纪就会出现"。例如人工智慧的发展，有机会"发展出自己的想法"，"可能会依自己的利益而分配资源，牺牲人类"。再如网络恐怖攻击能导致人类系统的混乱，生物恐怖主义如超级病毒的制造和新的疾病等，都能危及人类的健康生存。这些比起人类活动导致的气候变暖、核子战争的危险来同样严重。事实上，在这些直接的影响之外，一些看似无害的科技的积累应用，都不能不加重人与自然的分离和环境的污染。如果没有百年科技的发展和运用，人类不可能有那样大的力量，把深藏地下的一些元素消耗殆尽并变成对环境的污染。高新科技更会有一些料想不到的生态问题出现。人类创造的科技一旦被资本和野心绑架，就会成为生态破坏力量。更重要的是，人类精神、人类理性，人类的雄心壮志，也从来都是二重性的，都有它的时代局限，都可以当时冠冕堂皇而实则后患无穷，并且常常与政治意志结合而给人类带来灾难。所以，在把握走向生态文明的大方向时，生态性政府要有深层警惕，要防备一切异化特别是经济异化、政治异化、科技异化和思想异化把人类驱向难归路。所以，生态性政府的最艰难的任务，就是防备包括自身在内的一切异化，领航人类的生态方向。

第六章

马克思的生态哲学理念：重估一切价值、重构人类文明的原则依据

【小引】世界历史进入 21 世纪之后，一方面生态危机日渐成为当代世界最为重大的问题，一方面人类世界的和平—发展—环境—合作—共赢渐成主流。这一新的时代动向和时代精神，要求有新的能够站在全人类持续生存的价值立场上推动世界的生态化发展的新哲学，以解除人类面临的生态危机并转向生态文明新时代。这就需一种新的哲学精神的主导。马克思的生态哲学和它的基本生态理念——（1）从人类学生态学的双重哲学立场出发；（2）构建自然生态与社会生态双重并举的历史构架；（3）确立生态一体世界观、生态价值观以及生态人生观的基本原理；（4）确立生态正义、生态理性和人的双重生存合理性要求及其实现；（5）创立了从自然生态到社会生态的五大生态原理；（6）生态思想与社会主义思想的一致，从而使生态社会主义可以形成等——可以担当这一历史使命。这是一种可以推动人类文明的生态转向并因而需要重估一切价值、重构人类文明的新的生态哲学。人类文明从工业文明到生态文明，不是增加，不是发展，不是过渡，而是革命：是人的精神理念革命，人的价值观念革命，人的生产方式、分配方式、消费方式和生活方式等全方位革命，是文明本身的革命。它呼唤一种新的人类学的革命精神。马克思的生态哲学就是这样的能够重估一切价值、重构人类文明因而是能够塑造生态造未来的精神力量。

【新词】马克思的生态哲学理念　人类学生态学时代　生态革命　重估一切价值　重构人类文明　塑造生态未来

　　无论是进行生态—社会革命还是进行生态性政府的构建，都是为了推动

人类文明的生态转向，走向生态文明新时代。从世界历史发展来看，这也就是要求人类从对抗、从战争、从复杂的矛盾纷争中摆脱出来，形成相对和平的国际环境，以便全人类共同合作解决生态环境问题并向生态文明方向发展的时代。好在当代的世界历史发展既走出了强权政治的帝国主义和殖民主义阶段，也走出了两大主义冷战阶段，虽然经济殖民主义和生态殖民主义还远未消除，但从总体上看，则正在走向一个相对稳定的和平、环境、合作的人类学生态学新时代。即从 MAD 走向 MED 的时代。马克思的生态哲学思想，正是能在这样的时代发挥它的主导作用的哲学。

　　是生存？还是毁灭？这是当代人类共同面临的生态大问题。而马克思的生态哲学思想，由于既抓住了人与自然界的人天生态关系，又抓住了人与人的社会生态关系，由于站到了人类学生态学高度既要求进行生态—社会革命，又要求构建生态性政府，这就从理论到实践提供了解决生态问题、走出生态毁灭、开辟生态文明新时代的有效途径。

　　客观地看，当代世界的时代精神和时代潮流，已在向和平—环境—合作的时代曲折前进。在这样的大方向下，全人类有可能团结起来，解决共同面对的生态生存问题，而这就预示着生态文明时代的到来。马克思生态哲学思想的超时代性，就在于他构建了超越资本主义和传统工业文明而向生态文明方向发展转化的新哲学。在这个意义上，它是适应人类走向和平—环境—合作新时代的新哲学，也是在这个意义上，可以用中国古代哲学家张载的话来说，马克思的生态哲学思想，是可以"为天地立心，为生民立命，为万世开太平"的新哲学。

一　当代世界的历史发展：通过和平—发展—环境—合作—共赢走向生态文明新时代

　　回顾人类历史，是个战争与和平交替的过程。每当一个国家强大起来，就会因为统治者的超绝欲望而向外扩张征服，引起跨越国界、洲界的战争。第二次世界大战是它的高峰，导致 5000 多万人的伤亡，耗尽了世界主要国家的生命力量和经济力量，发生了空前的生态灾难。不过，像历史上的种种侵略战争一样，侵略者、征服者最后都不能不被正义和人民所征服。通过这一次最为惨烈的战争创伤和心灵创伤，迫使全人类的精神和理性都指向了一点：和平。在这种情况下，致力于国际正义与世界和平的联合国成立了。虽然两种制度之间长期冷战，但在这种冷战过程中，社会主义和资本主义都在致力于内部的发展，一方面是靠权力与财力的高度集中以便更快发展，一方面是政治民主化（如取消选举权的财产限制）和经济分享化（剩余价值的国家再分配和普遍福利制度的推行）的进一步发展。结果都是社会本身的现代化合理化发展。在这一过程中联合国做了两件好事：一方面是随着殖民地人民的民族独立要求而推行非殖民化政策，一方面是推动后进的刚独立不久的国家自己发展（几个发展十年），虽然未能根本改变第三世界的落后面貌，但已开辟了独立国家、后进国家的经济发展、现代化发展道路。非殖民化的重大成果，是结束了有史以来的公然征服强占他国土地的殖民帝国主义的道义合法性。虽然有两个世界的对立，也未能突破这种新的世界禁忌。虽然局部战争不断，但都不外是由国家内部的统一（如朝鲜战争，越南战争）或领土地盘之争（如中东战争，边界争端战争）或内部矛盾引起国际干预（如波黑战争，利比亚战争）所导致。属于问题式战争。从世界整体上说进入了相对和平的时代，也给各个民族国家提供了发展的机会。通过发展走向现代化，成了各个进步国家的共同方向。与此同时，随着生态环境问题日渐凸显，环境治理也日渐成为主流。人们共同看到：以资本或变相资本为主导的传统工业文明，以及战争等，日渐耗尽了自然资源和破坏了地球生态环境，因而，自20世纪50年代以来，生态环境问题日渐成为世界的重大问题，正是对环境问题的共同关心，合作首先在这一领域展开。而随着冷战的结束和市场经济的全球化，特别是现代科学技术和现代经济文化活动，都要求全世界加强合作，协同解决共同面对的问题，才能共同进步。于是，"合作"不能不成为当代世界解决问题的基本方式。所以，和平—环境—合作渐成世界主流，这就为走向生态文明方向奠定了时代基础。

这个即将来临的生态文明方向有以下特点：

（1）生态问题成为全球性问题，生态治理遍及世界，生态安全成了一切安全的基础。

（2）生态整体规定论的出现：世界的生态限量问题，规定人类共同的生存方式问题；人类共同的生存发展方式，规定民族国家的生存发展方式；

民族国家的生存发展方式，规定其群体和个体的生活方式。简言之，即人类生活的生态规定性：生态规定生产，生产规定生活，生活、消费受生态限定，即生态—生产—生活的一体化。

（3）人类由不同的宗教文化价值的分裂状态，走向共同解决生态问题的生态学时代；由多国为利纷争的国家主义时代，走向多国为人类共同命运而合作的人类学时代；和平—发展—环境—合作—共赢成为主流。

（4）在人与自然界和人与人的双重关系中，普遍实现生态伦理、生态法律、生态制度、生态科技、生态生产、生态分配、生态消费、生态生活与生态文化的支配，从而走向生态文明新时代。

要使这样一种发展方向能够到来，需要一种新的站在人类学生态学立场上的生态哲学或者说生态人类学哲学，把全人类团结起来，共同对付人类面临的生态危机。问题是，当代世界的诸多哲学，有哪一种哲学能够担当这一重任呢？通过第一、二篇的考察，可以看出，只有马克思的生态哲学思想可以适应这一要求。那么，马克思的生态哲学思想包含怎样的内容呢？

二　马克思生态哲学思想的基本内涵及其系统性联系

概括前面的讨论，可以说，马克思的生态哲学思想，可以在一个基本的意义上适应当代人类生存发展的生态转向的要求。在这里，有必要从人类学生态学高度，对马克思生态哲学思想——它的生态正义和生态理性的基本内涵做一概括。大体来说，除了前述的开辟生态时代的四大哲学精神（第一篇第四章）和一个根本价值追求（每个人与一切人的健康生存）这些哲学原则之外，主要有：

（1）从人类学生态学的双重哲学立场出发。

（2）构建了自然生态与社会生态双重并举的历史构架。

（3）确立了生态一体世界观、生态价值观以及生态人生观的基本原理。

（4）确立了生态正义、生态理性和人的双重生存合理性要求及其实现。

（5）创立了从自然生态到社会生态的五大生态原理。

（6）生态思想与社会主义思想的一致：生态社会主义的生成。

最后，马克思的生态哲学思想作为"改变世界"的哲学，是这些原理的实践要求即对于生态—社会革命和生态性政府的呼唤，这是生态文明建设进一步深化的必由之路。

大体说来，马克思所构建的基本生态原理，（1）至（6）之间的系统性联系，可用"前言"中的优化结构图表示。

即这些原理的内在系统性结构是：（1）是起点，（2）和（3）是（1）的展开，（4）是（2）与（3）的归结，（5）是（3）的深入，（6）是（4）和（5）的归结。这同时也是个从抽象上升到具体的丰富过程。

所有这些，应当视为马克思生态哲学思想的基本内涵。它的系统性表明，这已经是一种有基本理论体系的生态哲学，足以成为指导和规范人类文明生态转向的哲学理论构架，价值观念构架和行动方略架构，为生态文明转向提供了系统的理论策略。简言之，生态文明转向，就是坚持不懈地以这些生态理论规范自身，规范社会，规范政府。在这里，特别要从传统工业文明的一系列思想观念中解放出来，以马克思主义的以及其他合理的生态正义、生态理性重估一切价值，重构人类文明，为开辟人类生存发展的生态时代而奋斗。

三 根据马克思的生态哲学理念重估一切价值、重构人类文明

根据当代人类的生态理性，特别是马克思的生态理念和生态正义精神，重估工业革命以来的一切价值、重构人类未来文明的人类学时代已经到来。

人类与动物不同的是，人类能够根据对周围事物规律的认知而确立自己的生活路径。但是，人类过去的认识只是对分门别类的事物的认识，只是从掌握和征服对象的单向价值方向去认识，由此构建了掌握和征服自然界的巨大工业—技术体系，以及人定胜天的一整套思想观念。然而，正当人们在为自己的胜利征服而骄傲时，像恩格斯所说的那样，人类违背自然生态整体规律而导致的生态逻辑报复出现了，这就是生态危机。生态危机促进了人们的生态觉醒，人们开始重新认识自然界，重新检视自己的活动，于是，一整套新的生态理论、生态科学、生态哲学、生态思想、生态实践、生态经济、生态政治、生态文化、生态活动乃至政府的生态组织体制等如雨后春笋般涌现

出来，人类的认识开始了新的巨大飞跃，开始认识地球这个生态整体以及它对人类生存发展活动的要求和限定，从而使人类的生存发展活动有可能不再是破坏自然系统的活动，而是根据自然生态系统的天然要求而活动、而生存的能动者建设者，这已经是一种革命性变化。

　　但是，这仅仅是开始，真正的革命任务还在后面。从工业文明到生态文明，不是物质财富增加，不是平滑发展，不是轻松过渡，不是顺理成章，而是革命：是人的精神理念革命，人的价值观念革命，人的生产方式、分配方式、消费方式和生活方式的全方位革命，是文明本身的革命变革。

　　那么，面对这一文明本身的革命及其需要，我们应当从哪里开始呢？显然首先需要这样一种哲学思想领航这一革命性变化：一方面是在人类学高度上清除人类世界一切不合理、非法性存在的社会生态哲学精神，马克思人类学的四大哲学精神（如人的生命理性、生存理性、共存理性精神，人类学的自由、真理、正义、平等精神，经济正义、政治正义、社会正义的全方位正义精神以及社会公共人本价值精神等）堪当此任；一方面是在生态学深度中消除人与自然关系中的一切不合理、非法存在的自然生态哲学精神，马克思的生态哲学思想及其生态正义、生态理性堪当此任。

　　所以，如何根据马克思的人类学哲学精神和生态哲学思想重估一切价值，重构人类精神，为走向生态文明时代开辟道路，就成了时代进一步发展的哲学需要。已经有学者提出了这种"重估"和"重建"的必要。①

　　要进行这种重构和重估，应当首先认识到：人类所面临的地球，已不是被少数强大国家任意征服的对象，而是所有民族共同生存的对象。在这样的背景下，人类需要以新的世界观、价值观、时空观和人生观、实践观，重新建立人类与地球的关系，重新建立人类之间、人与人之间的关系。马克思的含人类学生态学于一体的生态哲学，马克思的生态正义和生态理性精神，就是这种通过重估、重构而重新构建生态文明的新哲学。如何以马克思的生态正义和生态理性为主重估一切价值，重构人类文明，是人类进入 21 世纪的世界历史使命。那么，这种重估、重构、重建应当具有怎样的性质呢？包含哪些方面呢？如何进行呢？这里不妨做些初步的探讨。

---

　　① 张孝德：《中国和平崛起的文明之路：生态文明建设与创新》，《中国改革论坛》2009 年第 2 期。

1. 在基本思想理念层面

（1）以马克思的生态哲学思想、生态正义看待传统的自然观、世界观，不能不认为传统的无限自然观、无价值自然观过时了，认定人类赖以生存的地球的生态有限性，确立有限自然观、有价自然观；同时，传统的机械论、二元论世界观也早就过时了，代之以人与自然界的生态整体世界观，共同命运世界观，相互依存价值观；就这一层来说，它可以把西方生态伦理学、生态主义的合理性东西包含进来。

（2）以马克思的生态哲学思想、生态正义重估人与自然、人与人的关系，那种传统的人与自然的无情对立、人与人的无情对立的观念过时了，而要让位于人与自然界的和谐共生观、人与人的和谐共生观；与此相适应，传统的人对自然的掠夺态度和无偿利用也过时了，而要代之以人对自然的保护与补偿制度，代之以人与人、人与自然界同生共存的人类学生态学世界观和生态价值观，生态实践观。

（3）以马克思的生态哲学思想、生态正义重构人们的发展观，认定传统的无限发展观、单纯物质增长观过时了，代之以有限的生态发展观，人的发展观，人与自然共同发展观和人类精神的发展观。

（4）以马克思的生态哲学思想、生态正义审视传统的伦理观、价值观、人生观，不能不认定传统的仅仅限于人类社会内部的片面伦理观、单向价值观和挥霍人生观也过时了，而要代之以人和自然界是同一个生态整体的生态伦理观，生态价值观和生态人生观。

（5）以马克思的生态哲学思想、生态正义重估经济主义、福利主义、消费主义等对于生态的利弊，不能不代之以生态主义、生态福利、生态消费；重估经济观、政治观和正义观，不能不构建生态经济观、生态政治观和生态正义观。

（6）以马克思的人与自然的生态一体论重估人的地位，不能不认为传统的人类中心主义以及相反的自然中心主义都不能适应未来的要求，而要代之以人与自然界的人—境关系本位论，构建人—境关系中心主义。

（7）在哲学上，也要以马克思的生命理性、生存理性、共存理性精神以及其他人类学的正义理性精神，重估一切哲学观念，凡是一切有碍人与自然、人与人的和谐生存的哲学，都过时了；凡是一切不利于人的社会公共人本主义价值精神增长的哲学，凡是违背人类世界的自由、真理、正义的哲学，都是不利于再造生态文明的旧哲学，因而都应当得到改变。就马克思主义哲学来说，传统的片面的二分的矛盾斗争哲学过时了，特别是"斗争哲学"观念，它是机械论二元论哲学的产物，是以你死我活的利益对立、阶级对立为基础的，而要代之以马克思的"对立面的统一"、"多样性的统一"即人类各种利益相统一的和谐哲学观，等等。

2. 在基本实践理性层面

（1）以马克思的生态哲学思想、生态理性重构个人与整体的关系，不能不认为传统的个体中心主义（个人主义与自由主义）以及相反的整体中心主义（集体主义、国家主义、类群本位等）都过时了，而要让位于以个体与整体相结合的社会公共人本主义；这也就是说，横行西方的传统的个人主义、自由主义过时了，因为它们是个体中心主义的产物，是个人任意发展的产物，是以无限论的自然观、发展观为根据的；因而要让位于建立在个体充分发展和整体也充分发展基础上的即"每个人的发展成为一切人的发展的条件"的公共自由发展观。

（2）以马克思的生态哲学思想、生态理性重估人道主义和人本主义，不能不认为传统的人道主义、人本主义过时了，因为它们是以单面伦理观和人类中心主义为基础的；因而应当让位于马克思的自然主义与人本主义的统一，即新的生态生存主义。

（3）以马克思的生态哲学思想、生态理性审视工业文明和现代化，不能不认为传统的工业文明和传统现代化也过时了，因为它是以机械论、二元论世界观和无限论的自然观、发展观为前提的；而要代之以人与自然的生态一体世界观，代之以有限自然观、有限发展观为前提的生态文明和生态现代化。

（4）以马克思的生态哲学思想、生态理性审视国家、民族间的关系，不能不认为传统的民族国家之间的对立关系应当隐退，代之以友好合作的新型的人类学的国际关系；相应地，传统的民族主义、国家主义，传统的暴力和战争也应当消逝，传统的经济竞争、政治斗争、军事对立和战争也应当消

逝，因为它们是以机械论、二元论世界观、无限论的自然观、发展观为前提
的，也是以人与人的生存对立观及其产生的动物式的唯我观为依据的；自然
生态已经无法容忍人类内部的这种互相为敌、自相残杀对于整体生态环境的
破坏。不改变这种动物行径，人类只能走向共同毁灭。各民族国家之间以和
平、环境、合作为主题的生态建设方向，是唯一能够救人类于生态水火之中
的现实方向。

3. 在基本政治经济层面

（1）以马克思的生态正义和生态理性重构世界的基本经济政治制度，
不能不认为传统的资本主义、传统的社会主义（苏东社会主义模式）都过
时了，因为它们是以人掠夺自然的"资本"和人统治人的"专制"为基础
的，而要代之以人与自然相协调和人与人相协调的生态的民主和谐的社会主
义。中国特色社会主义有希望成为这一发展方向的航标。相应地，传统的私
有制、公有制也过时了，因为它们不过是传统的资本主义、社会主义的体
现，而要代之以人人有其股的即以个体股份为主体的"社会所有制"，实现
马克思的"重建个人所有制"的愿望。

（2）以马克思的生态正义和生态理性重构人类权力制度的实施方式，
不能不认为传统的民主制度、集权制度也过时了，因为它们是建立在传统的
私有制、公有制之上的，而应当代之以真正的全民的民主—法制制度，生态
民主制度，当然，这还需要我们发挥制度理性加以深入的探讨和实践的
开拓。

（3）以马克思的生态正义和生态理性重构人们的经济活动，不能不认
为传统的经济至上、物欲至上、消费至上、享乐至上等更过时了，因为它们
是以机械论、二元论世界观、无限论自然观、发展观、单向价值观、单面伦
理观等为前提的；而要代之以只满足基本物质需要的物质生产活动，实现人
的合理生存与健康发展。

（4）以马克思的生态哲学思想重估经济学、政治学和法学，不能不认
为传统的经济学、政治学、法学也过时了，因为它们是以机械论、二元论世
界观为根据、以人类中心主义和单面价值观、单面伦理观为前提的，因而应
当代之为以人与自然的生态整体观为前提的生态经济学、生态政治学、生态

法学、生态伦理学等，在此基础上，方有可能形成生态文化科学和生态化发展。

（5）以马克思的生态正义和生态理性重构革命观与改革观，不能不认为传统的暴力的政治革命观、经济改革观也过时了，因为它们同样是建立在机械论、二元论世界观和单面伦理观、单向价值观之上的，而要代之以双重性的"生态—社会"革命观、改革发展观。这就是说，今天的革命和改革，都不能仅仅是政治性的或仅仅是经济性的，而必须既是生态政治性的又是社会经济性的，是"生态—社会"一体性的，等等。

4. 在基本生活消费层面

以马克思的生态哲学思想、生态理性重构生产观、分配观、消费观，认定传统的无限生产观、两极分配观、任意消费观是以无限自然观、无限增长观为前提的，是生态危机的罪魁祸首，因而应当代之以有限自然为前提的生态生产观、生态分配观和生态消费观；那种为资本增值而生产，应当而必须让位于为人们的必要生存需要而生产；那种本于资本的分配观，应当而必须被本于每个人与一切人的健康生存为本的均衡分配观所代替；那种恣意消费观、超耗消费观、显富摆阔观，应当代之以生态消费观、基本消费观、节约消费观。这里特别应当强调，传统的耗费资源的恣意消费的人生观、生活观已经成了首要的生态罪恶，而只有节约的、仅只满足人的基本生存发展需要的消费观、生活观才是应当的、光荣的、伟大的生态方向。

只有通过这种重估一切价值，重构人类文明准则的深刻变革过程，我们才能撼动人类历史的不自然的发展方向，撼动人对自然的征服态度和人与人的分裂斗争这种生态死亡方向，撼动人类与整个生态系统的生态规律相反的、必然导致生态崩溃的非生态的自我毁灭方向。所以，以马克思主义的生态正义和生态理性重估一切传统价值，重构人类文明理念、重建生态生活方式，就成了推动人类文明生态转向的必要环节。

当然，所有这些重估与重构，都不是马克思生态哲学思想已经论证好了的理论，而是从马克思生态哲学思想的价值立场上，审视当代人类活动的一种马克思主义的生态正义观，是站在未来的生态文明的高度上立论的。我们可以设想，在人们的思想观念彻底改变的情况下，在生态危机和生存毁灭的逼迫下，也许有一天，世界会在"裁军"、"减排"的基础上，坐下来讨论"裁经"、"减产"等限制和压缩经济增长和生产扩张的行径，讨论消除异化消费以及相反地讨论消除稀缺消费的途径等。当人们真的能够做到这一步之后，那就开始了向生态文明迈进的历史进程。这是一切生态主义、生态后现代主义、生态女性主义、生态马克思主义、生态社会主义以及一切想拯救人类未来的人们不能不有的希望。那时中国传统的勤俭节约精神会得到发扬，而发家致富会闷死在心底。当然，大的企业还是有的，但那不过是为了满足人们的基本需要的集中生产手段罢了。企业家的追求，也不是个人年薪多少、占有市场多少，而是平衡收入多少、节约资源多少等。

当然，可以和需要重估与重构的方面还很多，但以上足以表明，马克思的生态哲学思想，马克思主义的生态正义和生态理性精神，是适应于全人类开辟当前的和平—环境—合作新时代、走向人类学生态学时代、走向重构人类文明即开辟生态文明新时代的最有力的新哲学。正是在这个意义上，可以把马克思的生态哲学思想视为当代的和走向未来的新的马克思主义。它必然能够解决当代世界这些首当其冲的问题，成为中国哲学早就盼望的"为天地立心，为生民立命，为万世开太平的"新哲学，也就是说，它是能够为全人类塑造未来的生态世界的精神规范力量。

四　马克思的生态哲学：开创生态文明新时代所需要的新哲学

当代世界的哲学思想是很丰富的。那么，能够与和平—环境—合作以及其向生态文明方向发展的时代精神相结合的哲学，有哪些呢？古代和近代的形而上学哲学当然是不行了。现代哲学，如存在主义、生命哲学、意志哲学、人的哲学（人学）、系统哲学等，以及新兴的生存哲学、发展哲学、社会哲学、经济哲学等，由于都既不是从人与自然界的生态生存关系出发的，又不触及人们的社会生态即利益分配问题，因而都无法从生态上干预和规范社会，无法解决生态时代的迫切问题，更无法代表时代的精神需要，从而无法成为推动生态时代发展的哲学。我们传统的辩证唯物主义，只能提供一种唯物主义态度和辩证法的方法论，历史唯物主义、马克思的经济学哲学等，虽然为合理分配提供了哲学基础，但不是从生态学上讲的，也只可以作为理论基础。西方新兴的生态哲学、环境哲学、熵哲学等，由于不能针对社会生态问题，也不能为生态问题提供全面而合理的规范理论。今天的时代精神，要求有新的能够站在人类学生态学价值立场上的哲学出现，它要求这种新哲学要能够：

（1）既能解决自然生态问题，又能解决社会生态问题，从解决社会生态问题入手而解决自然生态问题。

（2）能够通过政府主导的、和平的生态—社会革命，推动世界生态危机的解决。

（3）能站在世界历史发展立场上和全人类生存的价值立场上，把人类引出传统工业文明导致的生态危机和生存危机，转向生态文明方向发展。

（4）能推动全世界的生态性政府建设，以生态为准则重新组织全人类的与各个国家的组织体制和生产生活方式，使之适应世界生态原理的需要。

（5）能站在全世界立场上推动世界性的和平与合作，让协商、对话和互依、互利成为时代主流。

（6）能推动由民族性、国家性主导的时代向人类性、生态性主导的时代发展，由超级大国主导的时代向世界国家民主化方向发展，使世界历史进入人类学、生态学时代，从而使一种新的文明即生态文明方有可能出现，等等。

这也就是如张孝德教授所说的，当代世界需要一种从人的自我发现和觉醒，上升到以"类的自我发现和觉醒"（以"类文化"代替"族文化"）为主的新哲学，这里所谓"类的自我发现和觉醒"、"类文化"，以及高清海倡导的"类哲学"，实际上就是坚持人类学价值方向的人类学哲学；从"人为自然立法"的主体性哲学，转换为"道法自然"的生态学哲学，① 即构建一个有利于人类与自然、有利于世界各民族共同生存的、向人类学时代、生态学时代发展的新哲学。

仔细分析当代世界的各种哲学，没有能够胜任这些任务的。生态主义提出了问题，但仅仅是对资本主义和工业文明的改良性主张；生态后现代主

---

① 张孝德：《中国和平崛起的文明之路：生态文明建设与创新》，《中国改革论坛》2009 年第 2 期。

义，虽然从世界观方法论层面提出了变革，但也没有深入到社会机体中去；生态马克思主义、生态社会主义虽然试图从政治层面、社会经济层面解决生态问题，但还缺乏全人类性的、人类学价值高度的视野和号召力度，目前在西方还是比较弱小的力量。并且，他们也没有发现马克思的系统的生态哲学构建，只是注重发掘马克思的一些生态批判思想为时所用，而没有发现马克思的完整的能够针对全人类的生存发展问题的潜在哲学——即马克思站在人类学、生态学、经济学三位一体的价值高度上构建的生态哲学。

说到这里，我们就可以说，马克思的以人和人类世界为对象的人类学哲学，以及在人类学哲学基础上产生的生态理论构建——我们名之为以人类学生态学为根基的生态哲学，是唯一能够适应于全人类走向和平—环境—合作时代和生态文明建设时代的新哲学，是能把人类从生态危机引向生态文明方向的新哲学，因而也是能促进世界历史向人类学、生态学时代进一步发展转化的新哲学。这是由于，从哲学立场、价值立场上说，如前一再表明的，马克思的生态哲学思想是建立在人类学、生态学乃至经济学立场上的哲学。从内在性质上说，马克思的生态哲学思想，是马克思以人类性的自由、真理、正义、平等精神，批判和改变一切不合理关系当然首先是生态关系的哲学，是一种从经济正义、政治正义、社会正义到生态正义的全面正义观，是唯一能够站到全人类生存发展立场上，追求每个人与一切人的合理生存、健康发展与自由解放的哲学。特别是，它的社会主义态度，是唯一能够解决社会生态危机的哲学，是反对一部分人借助强力剥夺另一部分弱者的生态权利而加重社会生态危机的哲学。同时，从这一哲学的内在性质上说，它要求以和平的但又是强有力的生态—社会革命和生态性政府的构建，推进生态文明的实现，因而是从理论到实践全面推动人类走向生态时代的新哲学。甚至可以说，马克思的生态哲学思想，是唯一能够适用于这个时代的、从理论根基上提供重估一切价值、重构人类文明，从而能够为全人类塑造未来的生态世界的精神规范力量。

当然，理论是容易的，实践是困难的，至于究竟如何以生态正义、生态理性规范自身和规范社会，开辟生态文明新时代，是个复杂的实践问题，我们将在第三篇中结合中国社会主义生态文明建设再做深入的讨论。

下 篇

马克思生态哲学与当代社会主义
生态文明建设的推进方略

马克思的生态哲学思想，是马克思主义的基本理论之一，它在这个全人类需要解决生态危机的时代，不能不上升成为根本性的理论和原理。它要求当代社会主义社会，首先要根据马克思的生态哲学思想，进行分阶段的生态文明建设。初级阶段：主要根据生态平衡和人与自然的生态一体原理，全方位展开生态文明建设；中级阶段：主要根据双重生态原理和三重合理物质变换原理，构建生态性政府进行生态—社会革命；高级阶段：达到人与自然、人与人的生态平衡，实现每个人与一切人的健康生存。如何根据马克思生态哲学思想以及它的当代实践要求进行分阶段建设，是一个长期探索和实践的问题。本篇主要是根据当代中国的生态现实，对初级阶段的生态文明建设方略提出设想，即把马克思的人与自然的生态一体原理，转换成为在当代中国时空中应当进行的全方位的人—境生态系统建设。

人—境生态系统有它的三维结构和五层关系，它决定了生态文明要进行三维调控建设和五大文明建设；人—境生态系统作为人与自然的物质变换系统，有它一系列的生态原理和生态逻辑，它决定了生态文明建设的具体方略。社会主义的生态理性和制度理性，要求坚持自然的与社会的双重生态正义精神，采用步步深入的生态发展方略，切实推进中国在世界文明史上的生态化发展，既改变中国严峻的生态现状，又为世界开辟生态社会主义文明的新时代。

第一章

根据马克思的人与自然的生态一体原理
进行人—境生态系统建设

【小引】马克思以人与自然事物"互为对象"这一概念,揭示了人与自然界之间的生态一体性。这种生态一体,一方面是包含境的"人"的力量,一方面是包含人的"境"的力量,以及包含人与境的"关系"的力量,三维共同形成人—境生态系统。这是人与自然界在社会及其文化科技的中介下构建起来的生态系统和人的生存发展系统。因此,根据马克思的人与自然的生态一体原理进行生态文明建设,也就是进行人—境生态系统建设,它要求以"人—境关系"为中心理解生态问题,这就既超越了人类中心主义,也超越了自然中心主义,创立了以"人—境关系"为中心论的生态理性和生态哲学。中国就是一个人—境生态大系统。它内部可以根据行政区分线或地理区分线划分为大大小小的人—境生态系统,以便有利于生态文明建设,它的划分是相对的,互通的,重叠的。当前,应当以国家、省、县等行政区划来划分人—境生态系统,并可以根据地域环境的特点进行联合与调整,以便进行具体的生态分析和生态责任的划分。领导人—境生态系统建设的政府,应当是经济—生态政府,而不能是单单的经济性政府。

【新词】生态一体论 人—境生态系统 人—境生态系统的三维结构
人境关系中心论 经济—生态政府

在第一篇,我们考察了马克思的人类学哲学原理的生态哲学意义,在第二篇,我们深入考察了马克思生态哲学思想的理论体系和其在生态危机时代的实践要求与制度保障,这些讨论主要属于人类学、生态学意义的讨论。它所针对的是人类世界的生态危机与人类文明的生态转向问题。本篇是前两篇理论在中国社会主义的实践体现。由于马克思生态哲学思想是从批判资本主义开始的，它在资本主义世界虽然有生态马克思主义和生态社会主义者的奋斗，但力量还比较弱小。而它的基本思想理论，与社会主义社会却是完全一致的。因而社会主义社会在当代的发展就是大力推动马克思的生态哲学思想的实施，开辟生态社会主义道路。本篇结合中国国情和社会主义生态文明建设实际，考察这种原理和这种生态转向在当前的中国究竟应当如何进行，这种从世界性的马克思主义理论到中国的深入，从马克思到他所创立的社会主义的深入，是逻辑的必然，更具体、更有针对性、更有实践操作性的讨论。

那么，中国的生态文明建设应当如何进行呢？一句话，它是个长期的方向性的任务，因而应当分初级阶段、中级阶段和高级阶段进行。初级阶段主要以马克思的人与自然界的生态一体原理和生态平衡原理，进行人—境生态系统的建设，它需要把经济性、政治性的政府，转换为过渡性的经济—生态政府（政治自在其中）；即由于某种不发达和实际需要，既要进行经济发展又要进行生态建设的政府。中级阶段主要以马克思的三重合理物质变换原理，进行生态—社会革命，它需要把经济—生态政府，转换为生态性政府。高级阶段，主要是以每个人与一切人的合理生存与健康为原则的建设。每个阶段大体都在 30 年上下。中级阶段、高级阶段都还比较遥远，可以搁置不论。本篇主要讨论针对现实的初级阶段的生态文明建设。

初级阶段的生态文明建设，主要是根据马克思的人与自然界的生态循环、生态平衡原理和人与自然界是同一个生态整体原理，确立我们的发展方略。这就是根据中国这个时空内的人和环境构成的生态大系统——而不像西方那样单单考虑自然生态系统，进行人—境生态系统的建设。本篇就是集中对人—境生态系统的基本建设方略的考察。

一　从人与自然界的生态一体性到
人—境生态系统的提出

马克思生态哲学思想赖以出发的生态原理，是人与自然界互为对象而形成的辩证生态一体论。前已指出，它是马克思生态哲学思想的理论支点和基础原理。但这只是个一般性的概念。从具体的存在来看，马克思的这种人与自然存在物"互为对象"并形成一个生态整体的思想，实际包含着这样三大要素：人、自然界、人与自然界"互为对象"的关系，以及由这种关系结成的生态整体。如果以"境"代替具体的自然界，这就可以概括为人—境生态整体。这个人—境生态整体的一方面是人，一方面是境，而把人与境结成一体的，是具体的社会性的互动关系，它们形成一种既有自然性又有社会性、既有物质性又有精神性的人与环境的生态系统，这是一种由人与自然环境共同生成的活生生的生命的生存发展系统，维系这个系统的生存的，是人与自然之间具体的物质变换，所以，人—境生态系统不是僵死的系统，它是一定的人的生命与自然物之间的生命活动系统，物质变换系统，生存发展系统，一个真正的活生生的生态系统，因而有它自身的一系列生态特性。这是我们从马克思的人与自然界是同一个生态整体这一原理中发挥出来的至为重要的基础性的生态范畴。

另一方面，这一概念的产生也不是单纯的理论推演，它是一个从实践中来的由客观事实形成的概念。20世纪80年代中期我们在云南武定地区进行田野调查时，有感于一定地区的人们与其环境的密切关系，初步提出了"人境系统"这一概念对其人与环境的关系进行分析。后来，我们又结合民族地区人与环境的密切关系，发展出"人境生态系统"这一概念，并在文章中已多次使用。① 事实上，自古以来，文明的发展就体现为一定的人们渐渐与一定地域环境之间形成相对稳定的生态生存系统，只是一直没有被意识到罢了。环顾世界，整个大地上存在着形形色色、大大小小的人—境生态系统，而整个人类与大地生物圈之间，则是一个最大的人—境生态系统。一个国家也就是一个由政治加以人为划分的相对独立的人—境生态系统。因此，这一概念也是根据事实而形成的概念。人—境生态系统既有事实基础，又有理论根据，是可以成立的概念。抓住它，也就抓住了进行生态文明建设的实体基础。但在这里，我们还是要看看马克思是怎样从哲学上论述它的。

关于人与自然环境通过社会而生成的关系，马克思有四点重要表述。

其一，马克思唯物主义哲学的出发点，不是抽象的物质，而是互为对象

---

① 如《对武定地区的人境系统分析》（国家科委课题子课题，1988）。《从人和环境的角度看怒江地区的社会发展方略》，载《哲学与云南民族文集》，云南民族出版社1988年版。《论人境生态系统的和谐发展》，《上海交通大学学报》（社会科学版）1999年第4期等。

的真实存在的自然事物。他认为，自然界的一切存在物，都是"互为对象"地存在着的：

> 一个在自身之外没有自己的自然界的存在物，就不是自然的存在物，就不参与自然界的生活。一个在自身之外没有对象的存在物，就不是对象性的存在物。一个本身不是第三者的对象的存在物，就没有任何存在物作为自己的对象，也就是说，它就不能作为行动，它的存在就不是一种对象性的存在。……而非对象的存在是一种〔根本不可能有的〕怪物。①

这段关于自然事物互为对象的理论，在马克思哲学理论中的地位极为重要。如果说，旧唯物主义是在抽象的"物质"之上构建理论大厦的话，那么，马克思的"新唯物主义"，则是建立在真实的自然界即自然事物"互为对象"的基础上的，这是马克思哲学的地平线。互为对象就是互相依存，就是自然事物通过互相依存而形成的普遍联系。从生态学的观点看，这也就是自然事物的互依互存的生态关系，生态系统。

其二，马克思提出这种"互为对象"的关系，目的是为了说明人与自然事物、自然环境的关系，也是互为对象的，即人的生存是以自然事物为对象的，自然事物也在一定程度和范围内以人为对象。正是在这个意义上，马克思把人视为"对象性的存在物"。他指出：

> 人"作为自然的、有形体的、感性的、对象性的存在物，人和动植物一样（由于以其他存在物为对象——引者加），是受动的、受制约的和受限制的存在物，也就是说，他的情欲的对象是作为不依赖于他的对象而在他之外存在着的；但这些对象是他的需要的对象，这是表现和证实他的本质力量所必要的、重要的对象"②。

---

① 马克思：《1844年经济学—哲学手稿》，刘丕坤译，人民出版社1979年版，第121页。
② 同上书，第120—121页。

如果说，自然事物互为对象，表明自然界是一个生态整体的话，那么，人与自然事物互为对象，则表明了人与其生存环境同样构成了一种生态整体。

其三，马克思直接指出了人与其生存环境之间的辩证生态关系，强调人既是环境的产物，又为了自己的生存而改变环境：

> 有一种唯物主义学说，认为人是环境和教育的产物，……这种学说忘记了：环境正是由人来改变的。①

这里道出了人与其生存环境的相互造就、相互改变的辩证生态关系，辩证生态整体。

其四，马克思的一贯思想是，这种关系由于是人在社会中的构建，因而也是社会性的，是社会关系。

从马克思的上述四种思想可以看出，人与自然界是同一个生态整体并且由于人的能动性而成为辩证生态整体的哲学理念，是马克思生态哲学思想的奠基性范畴。而这一范畴在具体的存在中也就是"人—境生态系统"这一思想，这是马克思到了口边而没有说出的概念。这主要在于当时还没有"生态"、"生态整体"、"生态系统"这些词，马克思只好把自然界叫作"人的无机的自身"，人与自然界"互为对象"，这表明他早就把握住了人与自然界的这种鱼水交融的生态关系、生态系统了。

把马克思的人与自然环境的生态思想概括为人—境生态系统，也是有充分的科学根据的。这里不妨考察一下这一哲学理念在以后的世界科学中的深入发展。

我们知道，"生态"这一思想首先是由德国生态学家海克尔在1860年提出的。他创立的生态学，主要是研究生物有机体和其生存环境之间的相互关系的，其"生态"一词仅仅是指自然生物之间的生存关系，并不包括人。英国生态学家 A. G. Tansley 则进一步从系统论视角提出了"生态系统"这一概念，它主要是强调在一定地域中的各种生物相互之间、它们与环境之间的

---

① 《马克思恩格斯选集》第1卷，人民出版社1995年版，第59页。

相互依存以及它们在生态功能上的统一性，这里研究的依然是"自然生态系统"，还未涉及人。对人的生态关注，一方面是由地理学和植物生态学、动物生态学发展起来的人类生态学加以关注的，它逐渐发展为从人类与自然环境的相互关系以及它的生态效应出发，研究人类经济活动特别是人口、资源、环境之间的互动性的生态关系，并提出了"人类生态系统"这一概念。另一方面，是由朱利安·斯图尔德在20世纪50年代进一步把生态学应用于人类学研究，创立了生态人类学，主要也是从生态学上考察人类与自然环境的生态关系的。再一方面是社会生态学的提出和研究。70年代美国生态学家默里·布克金提出社会生态学这一学科，认识到生态问题的根子在于社会。原苏联的马尔科夫在其《社会生态学》中强调人对环境的管理和控制。中国的丁鸿富在其《社会生态学》中提出了"社会生态系统"这一概念，认为生物之间互为环境，人是生物圈的组成部分，强调社会与自然环境是一个完整的生态系统。这三种学科都从不同视角对人类生态问题做了深入的研究。从马克思的人—境生态系统反观这些生态思想，可以看出："自然生态系统"这一概念，仅仅是指自然界，没有把人包括在内；所谓"社会生态系统"，又主要研究社会本身的生态关系，而"人类生态系统"，虽然涉及人与环境的关系，但也没有直接突出人—境生态系统这一特质。而马克思从一开始就是从这一层出发的。

事实上，"人"在动物时期本来就是自然生态系统的一部分，它在这个系统中生成为人之后，不仅没有割断、走出这一系统，而且进一步以自己的智慧和劳动活动主动加强和加深了人与环境的物质变换、人与自然的生态关系，形成了以人对自然的既依存又创造性地加以改变的"人—境"生态系统，即由人类与地球生态共同组成的人—境生态系统，这是人类最直接的存在事实。人（及其社会）的形成和发展，也就是这种人—境生态系统的形成和发展。它在最初表明为地球上各个孤立地区的文明的生成，如希腊文明、黄河文明等。因而，人与自然界的辩证的人—境生态系统这一概念，既超越而又包含了"自然生态系统"的含义，又超越而包含了"人类生态系统"的含义，更超越而包含了"社会生态系统"的含义，只有把三者结合统一起来，才能表达马克思的生态理念，这就是"人—境生态系统"这一哲学范畴所概括的东西。马克思的生态哲学思想，立足于自然而侧重于研究社会生态问题并从政治上提出解决思路。因而，"人—境生态系统"的提法更有助于从宏观上对这一问题的把握，并因此可以更深入地认识和解决当代的生态问题，为人类走向生态文明奠定哲学理念基础。

人—境生态系统的起点，在于人和其自然环境的生态平衡。用马克思的话说，人是作为一个属人的社会存在物而渗入自然界的生活，而自然界也是作为人的生命系统而渗入人的生活，人借助于自然界而实现其自然的生存，这就是马克思所说的"人的实现了的自然主义"；自然界也借助于社会而实现其人的本质，此即马克思所说的"自然界的实现了的人本主义"。这种双向的生成和实现，建立了人与自然界的互生互成的生态平衡性。这种生态平衡性也就是"人—境生态系统"的逻辑起点。

二　人—境生态系统的三维结构与
"人—境关系"中心论的生成

人—境生态系统的形成，在于一定的人们在一定的社会关系的中介下，与一定的自然环境结成了互为对象、互相依存、双向生成的生态生存关系，这就形成一种具体的人—境生态系统。它作为由人的社会生存活动作用于自然界而又在自然界的反作用下而共同形成的人与自然环境的生态系统，是一种结构系统。

1. 人—境生态系统的三维结构

概括来说，人—境生态系统，从直接性来看，就是由"人"、"境"和人与境的"关系"构成的三维结构。即一是"人"，他是在一定环境中生存的人，有自己的心理、人理、事理要求的人，他通过自己的思想、意识、意志和智慧在"境"中进行着满足自身生存需要的活动，是一种精神性的物质存在。二是"境"，即由自然对象形成的人的生存环境，是有其数理、物理、生理规定性的自然事物，它是由人选择的围绕人、给人生存基础的物质环境，是与人相联系的物质性存在。三是由人建立的人与境的社会性的复杂的生态生存关系。因而，这是一种由人、境和"人境关系"构成的三维结构。人—境生态系统的这种三维结构，决定了今日的生态文明建设，也必须从人、境和"人境关系"三个方面同时进行。当前世界上普遍盛行的那种只注重环境保护的做法，是一种片面的不能从根本上解决问题的做法。

要认识人—境生态系统，关键是要认识把人与境结合起来的"人—境关系"，它的生成与它的种类。

2. "人—境关系"的生成：以社会为中介

上面的考察还只是抽象的考察，它所考察的人与自然环境的生态关系，并不是直接的存在。马克思从来就强调，人与自然的关系是通过社会关系并在社会中发生和形成的。社会关系，又主要是与物质生态相联系的生产关系，通过这种生产关系，自然界被纳入社会系统之中，社会也依其生产和生活需要，深入自然界的方方面面，从而确立了人与自然生态环境的具体关系。只有通过社会的中介，人与自然环境的关系才转化为具体的、真实地存在着的生态关系，并且，只有在这种社会化了的生态关系中，才是人可以自觉意识、自觉调控的关系。马克思如下两段话，从哲学上表明了由社会生成的这种人与境的生态关系：

> 自然界的属人的本质只有对社会的人来说才是存在着的；因为只有在社会中，自然界才对人说来是人与人间联系的纽带，才对别人说来是他的存在和对他说来是别人的存在，才是属人的现实的生命要素；只有在社会中，自然界才表现为他自己的属人的存在的基础。只有在社会中，人的自然的存在才成为人的属人的存在，而自然界对人说来才成为人。①
>
> 社会是人同自然界的完成了的、本质的统一，是自然界的真正的复活，是人的实现了的自然主义和自然界的实现了的人本主义。②

这种由人和自然界在社会中共同形成的人的生存生活系统，不是没有方向的，不是中立的，而是"属人的"：一方面，马克思肯定"人直接地是自

---

① 马克思：《1844 年经济学—哲学手稿》，刘丕坤译，人民出版社 1979 年版，第 75 页。
② 同上。

然存在物"，作为自然存在物他和自然界处于不可分割的物质交换之中；另一方面，又肯定人是"属人的"自然存在物，即为了人自己的生存而改变自然使其"人化"为自己的生存环境的存在物。而这种"改变"活动，又是通过人"作为社会存在物"的社会性而进行的。人的这种自然性与社会性的双重性质，人的活动的"属人性"特质，使人既主动地把自然纳入人的社会体系中，按照社会的逻辑而发生作用；又主动地把人与社会纳入自然体系中，按照自然的逻辑而活动。这种双向规定就形成了支配人—境生态系统运动发展的生态逻辑（详后）。

在通过社会而形成的人—境生态系统中，既有人借以存在的直接的具体的自然前提，如马克思指出的"地理条件、山岳水文地理条件、气候条件以及其他条件"，如可食生物条件等，它们的综合形成人的生存环境；又有人的存在的自身前提，这就是在其中进行生存活动的有自己的需要、利益、意志和情感的人，以及他对其周围环境的观念（最初是原始宗教）、意识、知识、意志、思想和改变它的技术和技能——即进行生存实践活动的人。正是这两方面在人的社会实践活动中的统一，才形成由特定自然条件和特定历史文化所规范的人—境生态系统。人总是在这种人—境生态系统中，按自己的生命需要和技术能力，进一步通过实践改变环境以实现自己的生存和发展的。正是在这个意义上，马克思强调：

> 环境的改变和人的活动的一致，只能被看作是并合理地理解为**变革的实践**。①

这也就是说，人—境生态系统是在人的生存实践、生产实践、生活实践中具体地存在着的。在这种活生生的人—境生态系统中，既包含自然事物互为对象，又包含人与自然事物和人与人互为对象以及它们的生成和改变的复杂关系，因而是有生命力的活生生的变化发展生长着的特殊系统，是人和自然环境的互依、互生、互促、互长的生态系统。同时，对于人的生存来说，它既是一个以生产和创造维持的增值系统，又是一个以消费、耗散来维持人

---

① 《马克思恩格斯选集》第 1 卷，人民出版社 1995 年版，第 59 页。

的生活的减值系统。它的生产和消费是它的从有效的物质、能量、信息流，向无效的熵增的废物转变的过程。在这个意义上它是个耗散结构系统，是一个在总的趋向上的熵增系统。

3. 文化科学技术在"人—境"关系生成中的关键作用

说人与自然界的生态生存关系以社会为中介，这里的"社会"，不仅是指人的社会关系，还应当包含人所掌握的科技文化水平。人不是赤裸地与自然环境发生关系，他总是通过他的宗教文化、科技文化，他的社会需求——或者说，社会赋予他的观念、能力、技术、行为方式等文化因素，与自然环境发生作用的，这是理解马克思生态思想的关键点。这里要特别强调的是，科学技术是人具体理解、把握和构建人—境生态系统的手段。正是由于科学技术的发展变化，人—境生态系统才是一种不断生长发展变化的特殊增值系统；正是由人的需要、智慧与自然界的数理、物理、生理的规定性与可能性的结合而产生的科学技术，才把自然物质转化为人的生态价值世界，创造了一个生长性、发展性、创生性的人—境生态系统。并且，这种生存发展，是靠科学技术武装的劳动生产而实现的，是靠人与自然界的物质变换来维持、来推动的。科学技术规定人—境生态系统的特质和水平。

从生态科学上看待"人—境生态系统"这一概念，它更不是一个空洞的概念。具体地说，它指在一定的自然—社会区域中的土地和资源的生态承载力与其生态适度人口及其消费之间的持续生存关系。是其人口在生存开发上的"生态足迹"与其环境的"生态容量"之间的持续发展的生态关系。在这里，可用土地的生产力是一个关键的限量，它既包括农用土地、水域、草地、森林、山脉、道路、建设用地等生产性土地的承载力，也包括地上空间的气候、光热、雨水和地下的矿产资源等一切自然条件、可更新资源与不可更新资源的总的生态供给能力，更包括这些因素对人畜和工农业的物质消费水平以及其对污染的纳污化解能力，还包括这一特定的人—境生态系统参与其他人—境生态系统和整个生态系统的物质交流、生态循环的自然协同能力。没有这样一个范畴，诸如当代生态科学所提出的生态足迹、生态容量、生态适度人口、生态承载能力等概念就不能不失其本位，更不便统筹兼顾。

当前的生态危机，主要是人—境生态系统中的生存危机：在今天的任何以国家为体现的人—境生态系统中，或由于人口的不断增长，或由于消费异化以及耗费的不断增长，或仅仅为了富裕、积累而导致生产不断增长，或者三者共同作用以及内乱外战等，形成了人—境生态系统中的生态足迹的自行膨大以及物质流量的增加，从而导致系统的非生态膨胀和熵增长。对于一个强大的国家来说，为保障这种人—境生态系统的良性运转，就需要从系统外补充物质和能源，从而加强了它对其他人—境生态系统的依赖、挤压和掠夺。依赖产生交流，挤压造成矛盾，掠夺产生对抗，对抗导致战争，战争反过来破坏生态，从而使整个世界上的人—境生态系统都不能不加速其非生态化即熵增化的过程。总之，不断增长的人口和其不断增长的消费，以及不断增长的生产，使人类的生态足迹远远超过了地球环境的生态承载力（已超过了25%以上）。因而，如何实现人—境生态系统的生态平衡，不但需要哲学和科学深入研究，更需要全社会的大力实践。对这些方面的具体讨论，不在本章范围之内。

总之，在人—境生态系统中，一方面是以天地必然性为本的自然界，一方面是能动的人，它涉及天—地—人的生态一体关系，但它不仅仅由这三方面构成，把这三方面结成一个系统整体的，是社会及其赖以生存发展的文化科学技术。由于社会和其文化科技的作用，人和环境才结合成一个生态系统。人—境生态系统不仅是人的生态性的生存系统，也是与人相关的自然界的生态性的生存系统。事实上，在今天已不存在单纯的自然界和单纯的人，在任何说得上人与自然界关系的地方，都不过是形形色色的不同层次而又相互交织的人—境生态系统。因此，人—境生态系统就是人和自然界经过社会和其文化科学技术结合起来的因而不断通过科技创造和社会变更而发展变化的特殊生态系统。所以，人—境生态系统的提出，既有马克思生态哲学思想理念的根据，又有现代生态科学的根据。

4. 人与自然环境的互动关系

人—境生态系统，主要建立在由社会和其科技文化所构建起来的人与自然环境的互动关系之中。这种互动关系是一种"物质变换"关系，马克思指出：

第一个需要确认的事实就是这些个人的肉体组织以及由此产生的人对其他自然的关系。当然,我们在这里既不能深入研究人们自身的生理特性,也不能深入研究人们所处的各种自然条件——地理条件、山岳水文地理条件、气候条件以及其他条件。任何历史记载都应当从这些自然基础以及它们在历史进程中由于人们的活动而发生的变更出发。①

这里所说的"这些个人……以及由此产生的人",显然属于"站在稳固的地球上呼吸着一切自然力的人",显然属于作为生存主体的"人"的范畴;"人们所处的各种自然条件",人类生存的"自然基础以及它们在历史进程中由于人们的活动而发生的改变",这种自然物质根基,显然属于"境"的范畴。同时,马克思也强调"人对其他自然的关系",即人与境的"关系"范畴,这种"关系"是一种物质依存、物质变换关系,是人把自己的本质力量加之于自然界而自然界也把它的力量加之于人的互动关系,这应当就是物质变换关系。所以,在这段话中,已经潜在地包含了"人"、"自然界"和二者的"物质变换关系"三大范畴。但是,不能机械地把这三大范畴理解为各自独立的存在,它们通过互渗构成一种生态整体,这就是人—境生态系统。马克思特别强调:这种人—境生态整体,并不是没有内部关系、内部矛盾的。在这种系统中,人积极地以自己的本质力量作用于自然界,而人的这种本质力量又来自自然界,是自然界之"本质力量"转化为主体的本质力量,人与自然界、主体与客体在这里是互渗一体的存在,如下一段话再一次表达出这种主客互渗性:

当现实的、有形体的、站在稳固的地球上呼吸着一切自然力的人通过自己的外化把自己现实的、对象性的**本质力量设定**为异己的对象时,这种**设定**并不是主体;它是**对象性**的本质力量的主体性,因而这些本质力量的活动也必须是**对象性**的活动。②

① [德]马克思、恩格斯:《德意志意识形态》(节选本),人民出版社 2003 年版,第 11 页。
② 《马克思恩格斯全集》第 42 卷,人民出版社 1979 年版,第 167 页。

这段话表明，人在他的人—境生态系统中进行"感性对象性活动"时，他赖以活动的力量不过是对象世界（自然界）的"本质力量"的主体化，是通过主体的活动又加之于对象而引起对象的"属人的"改变，使对象又成为人本身。这是一种人与自然界之间通过人以对象的方式进行劳动而引起的动态的、复杂的人与物、主体与客体相互变换的过程。这一思想，揭示了人与自然界在人的感性活动中成了互渗一体的存在。卜祥记先生对这一点讲得更清楚，他指出："正是人的感性活动，才使得主体不再是纯粹的自我或非对象性的、唯灵论的存在物，而是对象性的本质力量的主体性，而客体也不再是抽象的物性或与人无涉的纯粹的自然界，而是主体性之本质力量的对象化。"① 即人与自然界在人的感性活动中是互渗一体的、不可分割的互在。这是人与自然在本性上的互通互用——更正确地说是一体化，属人的一体化，但它又是人与自然环境之间的关系，即人—境生态的整体系统。顺便指出：这就既是对费尔巴哈的人与自然的感性对象性原则的进一步深化，又排除了自从笛卡儿以来的主体与客体、人与自然界、意识与存在的二元对立，从而超越了近代哲学对人与自然界的二元对立的理解。在这个意义上也超越了人类中心主义与自然中心主义的对立。而正是这种超越，才构建了"人—境"关系中心论的生态哲学立场——这是后面还要强调的。

这里要强调的是，正是马克思看到的这种人与境的物质变换关系，表明人—境生态系统是一个生态整体。其中，人不能离开自然界，自然界也不能离开人。因为人是这种生态整体中的能动者、构建者、调控者。而人也就借助于这种人—境生态系统的生态整体关系而发展：人在这种关系中不断深入掌握自然界本身的自然力，如火、金属、电力、原子力、把它转化为人自身的技术力量而发展人自身，并随着这种掌握的复杂化、精致化而使自身的技术和头脑也复杂化、精致化起来，这是"对象性的本质力量的主体性"即"境"的本质力量转化为"人"的本质力量的体现，并把自己的由自然界发展起来的这种新的本质力量又返回到自然界而使这种生态系统向深层发展。从而，在这里，一方面是包含境的"人"的力量，一方面是包含人的"境"

---

① 卜祥记：《福斯特生态学语境下的马克思哲学》，《哲学动态》2008 年第 5 期，第 57—64 页。引文略有变动。

的力量，以及"人境关系"的力量，三维共同形成了一个人—境生态整体。人就在这种生态系统的整体关系中历史地发展自身。这是人作为对象性的存在物的对象性特征，也是属人的人—境生态系统的人类学特征。

人与自然环境的互动关系，一般包括以生产为体现的物质变换关系，以管理为体现的制度调控关系和以消费为体现的生活消费关系。对此，我们将在下章专门研究。

5. "人境关系"中心论的确立：对自然中心论与人类中心论的超越

人—境生态系统这一范畴，其核心既不是人，也不是境，而是"人境关系"，因为"人"和"境"都不过是"人境关系"中的存在。这是马克思生态哲学思想的立足点或者说生态立场。我们知道，在生态理论问题的出发点上，有自然中心主义和人类中心主义的长期对立。有人认为，马克思主义应当坚持的是人类中心主义。但是，一旦确认马克思生态哲学思想的奠基性范畴是"人—境关系"，并以此作为生态问题的出发点，这就在自然中心论和人类中心论之外，创立了"人—境关系"中心论，它既超越了单纯的以境为本的自然中心论，也超越了单纯的以人为本的人类中心论。人类中心主义从人出发并以人类为本位看待和解决生态问题，自然中心主义从自然生态出发，以自然生态为本位看待和解决生态问题，这都是没有辩证法观念的片面的生态哲学立场，奇怪的是，一些人指责马克思是前者而否定马克思，另一些人又指责马克思是后者而否定马克思。然而，如果以"人—境"关系为中心，这就在生态问题上找到了一个既包含而又超越了二者的辩证的出发点。是一种以人与环境的辩证生态关系为根据的"人—境关系"中心论。这就上升到通过人的主动创造而改善人与自然环境的生态关系这一新的人—境生态立场上来了，上升到了"人"与"境"的互依互动互生的关系之中来了。以"人—境关系"为中心处理生态问题，就会开创生态时代的新局面。因此，这一概念的提出，既有助于马克思主义生态立场问题的解决，也为生态文明的发展建设确立了马克思主义哲学的理论基础。

三　人—境生态系统划分的相对性、
互通性与重叠性

人—境生态系是客观的存在，但具体如何划分，则是相对的，灵活的。它既可以按自然生态系统进行划分，也可以按社会行政系统进行划分。这是由于：

其一，"人"是一种巨大的变量，"境"也是一种巨大的变量，而把"人与境"结合成整体的社会和科技，更是一种能动能变的力量。它决定了人—境生态系统是个不断变化的系统。

在人的数量还不太多的时代，人可以在不同的自然界选择自己的生存之"境"，一旦这里的生态平衡被破坏，人可以通过迁徙选择别的美境。所以，原始族群和古代民族总是处在不断的迁徙之中（当然还有其他自然的、社会的原因）。然而，一旦适应于人的生存的地方到处都被占领，一旦人的数量相对于自然环境而达到了饱和，一旦地球上到处都被民族和国家的利益边界划定了生存势力范围，而国家内部的省、县、乡村也都成了一定人们的相对独立的生存范围，这就形成了相对稳定的、大大小小的人—境生态系统。人—境生态系统是历史和利益的产物。

其二，整个人类与地球生物圈之间是一个特大的人—境生态系统，它实现着大气循环、水循环、氧循环、氮循环、温度循环等。由于太阳的能量源源不断，这是一个相对于太阳来说的开放而脆弱的充满不测的生命生态的活动系统。而就其非生态的可供人类利用的矿产资源来说，则又是一个相对封闭的有限的不可复增的没有生命的静态系统（但它参与地质的运动）。今天人类活动的特质，是通过科技把这个相对的静态系统中的物质和能源作为价值物和污染物转化到了这个有生命的活动系统中来，从而使活动系统中的熵增加，造成了整个人—境生态系统的持续危机。它笼罩了地球上一切地方大大小小的人—境生态系统。而每个洲、每个国家是一个相对独立的人—境生态系统，其每个省、县、乡村也是一个从属性的、相对的、较小的人—境生态系统。它们与其他人—境生态系统的划分之间是重叠的或交叉的关系。这就是说，人—境生态系统的划分是相对的，其相对性在于，大大小小的生态系统都是互通互联的，相互影响的，重叠的。如一条河、一座山脉的生态系统就可能涉及不同的民族地区或国家。因此，人—境生态系统不仅可以依据自然生态系统如黄河流域、陕西盆地等的区别而区别开来，又是可以依赖于传统的行政划分或生态文明建设的实际需要而划分的生态系统。这就决定了划分的相对性和灵活性。即这些划分是可以根据需要而变通的，相互之间是互通的，大（如省）小（如乡村）之间是可以重叠包含的等。例如某县的人—境生态系统既属于某省系统，又与周边县份交合互通等。这种相对性、互通性和重叠性，更便于人们的联合和层层推进，把大大小小的人—境生态系统结合在一起共同进行生态文明建设。而一个或一些人—境生态系统的恶化，同时会影响另一些或整个人—境生态系统的恶化。这种相关性使任何人—境生态系统的污染或建设都不可能是孤立的。所以，一方面，各个基础层次的生态系统都要单独进行其人—境生态系统建设，另一方面，又要共同联合起来进行更大范围的人—境生态系统建设。我国许多省市搞生态立省，生态立县，就是这种人—境生态系统的实际表现。

人—境生态系统之所以要以大大小小的行政地区来划分，一是在于它们都有一个可以调控本地区的人和境的权力中枢，在生态危机已经严重危及人类生存的今天，只有各级权力中枢才有力量对人—境生态系统进行有力的调控。二是在于这种有特定行政范围的人—境生态系统，都有他们明确的生态主体以及他们共同生存的生态环境以及大体共同的利益、精神文化和道德力量，这是人—境生态系统中的能动的社会力量，从而也才能把生态文明建设落到实处。

这也就是说，人—境生态系统，它的良性运转，依赖和取决于它的社会权力中枢。只有通过社会权力中枢的合理调控，一定人—境生态系统里的人们，也才能发挥其生命创造性，了解他们的"境"的生态条件和生态需要，改善他们与其生存之境的生态关系，才能使这种生态关系由不合理走向合理。一般讲来，如果一个社会是生态性的，那么，其人—境生态系统则有可能是个合理的良性的人—境生态系统，反之，如果一个社会是非生态的乃至反生态的，那么，其构建的人—境生态系统也必然是不合理的、非生态乃至反生态的。而在由资本逻辑统治的社会里，一切都服从于资本无限增值的需要，这就迫使人与自然的生态关系趋向不合理。它一般体现为人对自然资源的无限掠夺和不顾人的活动对生态造成严重破坏，并把种种掠夺和破坏转移到其他国家和地区，即嫁祸于其他人—境生态系统。这种自私的短视的生态帝国主义行径，最后必将通过祸及地球整体生态系统而祸及自身。这已成了全人类面临的重大世界性难题。

这就是说，人—境生态系统，是我们从马克思的生态理念中发掘出来的可以用来分析当代生态问题的一个基本生态范畴。对于当代世界的生态分析和进行生态文明建设，必须从马克思主义的具体的人—境生态系统这一范畴出发，才能做出具体的有力的分析和决策。比如说，每个村寨、乡村、县镇，每个省区、每个国家的权力中枢，都要以其人—境生态系统的良性运转来代替对资本、对 GDP 的渴求，把自己的辖区视为一个相对独立的人—境生态系统并进行生态分析，生态教育，生态实践，从而进行行之有效的生态文明建设。

这里让我们再一次强调：提出人—境生态系统这一范畴，有利于对一个地区进行生态分析。当前生态科学提出的生态承载力、生态足迹、生态容量等概念，只有在一定的人—境生态系统中才可以更有效地运用：

> 以生态足迹来衡量生态容量的涵义是指在不损害有关生态系统的生产力和功能完整的前提下，一个地区能够拥有的生态生产性土地的总面积，即该地区的生态承载力。[①]

而这些分析当然不应当忘记人，只有放在一定的人—境生态系统中即把人们的欲望和追求、生产和消费都考虑进去，才比较有全面性和说服力。但这是另一个问题。

四　划分人—境生态系统对生态文明建设的意义

人—境生态系统既然是一定人们在其一定地域环境中的生活所形成的生

---

①　谢鸿宇等：《生态足迹分析的资源产量法研究》，《武汉大学学报》（信息科学版）2006 年第11 期。

态系统，是一种客观的人与物的共同存在，并且，这种客观存在有它自身的特征、原理和规律，这就需要人们把它作为一种生态整体加以把握，特别是在生态文明建设时代。这里主要强调如下两点。

1. 人—境生态系统是进行生态文明建设的责任系统

生态文明建设本身就是人的一种责任，是在生态危机出现之后人类迫切的生态责任。人—境生态系统的提出，主要就是为了落实这种责任。在生态危机的逼迫下，人—境生态系统的权力中枢都有它的生态要求和生态意志，对其人和境都有调控能力，是人与境的调控中心，这就可以落实本系统的生态文明建设责任。除了权力中枢的责任外，还有该系统中的全民的责任，人人的责任，即一定的人们对其一定的环境的生态保护建设责任，对于一村、一县、一省、一国来说都是如此。以省、县、乡、村的行政区划来划分人—境生态系统，既能贯彻政府的生态意志和进行生态调控，又方便责任分明地进行具体的生态分析、提出生态要求和进行生态文明建设。同时，也便于自上而下和自下而上地追究生态责任。当然，这种责任是和社会制度相联系的。在由资本逻辑统治的或资本主义社会里，是不可能把生态文明凌驾在资本逻辑之上的。而社会主义社会，要求把广大民众的健康生存放在第一位，这就有了制度理性的保障。没有制度保障，只能奢谈生态文明。所以，世界上第一个提出并实施生态文明建设的国家是中国而不是其他发达国家。

2. 从人—境生态系统出发，可以立体地、全面地进行生态文明建设

一旦划分出"人—境生态"的责任系统，它就要既强调"人"的建设，又强调"境"的建设，更强调"人境关系"的建设。"人"的建设就是要把人建设成为由生态正义、生态理性、生态伦理、生态素养武装的生态人格，没有这样的生态化的人，特别是企业家和政府官员的生态正义和生态理性，就不可能进行真正的生态文明建设；"境"的建设包括环境保护、污染治理、资源节约、绿色建设等，没有这样的建设，生态文明就落不到实处。"人境关系"的建设主要是通过生态性的科学技术改善人与自然的物质变换关系，包括由自然流向社会的正的有益的物质、能量、信息和由人流向自然的负的有害环境的无效物质流、污染流。如何使它们都成为相对合理的即自

然界可以承受、可以降解恢复的变换，是"人境关系"建设的关键。没有这样的建设，生态文明中的生态问题就不容易从根本上解决，就不能不断提高，就没有生态文明建设的发展。所有这些，都要求在遵循生态规律、生态原理下进行。如果不从人—境生态系统考虑，那就很容易片面化。当前之所以会出现生态治理危机，就在于没有同时从人出发，以至于一方面中央政府花大力气在进行生态治理，另一方面一些群众、企业甚至一些地方政府，为了某种私利又在严重破坏生态环境。强调层层责任的人—境生态系统建设，就是明确强调要同时从人、从境、从"人境关系"方面进行立体性、全面性生态文明建设，否则就不会有生态文明的出现，就不会有"资源节约，环境友好"的出现。脱离开人的文明素质的提高，就无所谓文明不文明，更谈不到生态文明。

第二章

人—境生态系统的三维结构与
三维调控生态文明建设

【小引】人—境生态系统的三维结构，要求今日的生态文明建设，应当自觉地根据其三维结构进行建设，而不是单纯的自然生态环境建设。它有机地包括对"人维"的调控维度、对"境维"的保护维度和对"关系维"的技术开发维度三大建设，即它要求进行三维调控生态文明建设。三维并举，其目标是达到人—境生态系统的整体和谐。在当前生态危机严重的地区，应当把三维并举的建设方略作为拯救危机的全面措施。这是经济—生态政府的基本职责，只有通过三维调控的生态文明建设，才能克服生态裂度，拯救生态恶化。

【新词】人—境生态系统　三维结构　三维调控生态文明建设　"人维"、"境维"、"关系维"　技术文明　社会生态裂度　三维生态拯救

人—境生态系统的三维结构已如前述。人—境生态系统的客观存在，或者说，知道人们总是在一定的人—境生态系统中生存发展着的，这对今天人类的生态文明建设来说，是非常重要的。人—境生态系统既然是由人、境和其关系形成的三维整体结构，这就决定了今日的生态文明建设，不能不从人—境生态系统的"人"的维度、"境"的维度、人与境的"关系"维度出发，形成一种三维调控的生态文明建设。这就避免和超越了西方生态主义者的单纯自然生态观点。

一　人—境生态系统的三维调控建设手段

1. 从"境维"出发的保护性建设手段

人—境生态系统的生态文明建设，应当首先从"人维"开始，因为人是原因。但是，从实际的发展来看，由于生态问题首先从"境维"方面冒出，首先是环境出了问题，所以，人们的生态意识和生态行动，都首先是从"境维"方面开始的。事实上，人类在 20 世纪 50 年代生态觉醒之后，首先产生的就是环境保护意识。大地伦理学、环境伦理学、生态伦理学、生态主义、绿色环保运动、绿党运动等，这些表面上是人的思想理论先行的东西，实际上都是从对环境与资源的保护出发的。使其成为国家行动的，主要是联合国在 1980 年的《世界自然保护大纲》，它首先从保护人类安全生存的生态环境的视角提出问题，它要求发展"不要超过支持发展的生态系统的能力"。1987 年又进一步强调可持续发展观：要求一切"满足当代人基本需求的发展不损害未来后代人满足基本需求的发展"，这也是从对"境"的保护出发的。同时，一切生态化发展，生态文明建设，都不能不最终落实到对于境的保护和补偿上。所以，这一环节是起点也是落脚点。因此，对人—境生态系统中的"境"的保护，包括对已经造成的损失进行生态补偿，是生态文明建设的基本环节。

就人—境生态系统中"人"对"境"的态度、关系而言，保护性发展手段首先是从悲观论出发以求得人—境生态系统的安全的。因为，生态发展观的直接根据，是地球资源滑向枯竭、生态破坏日趋严重的现实，它已经严重危及本代人的健康生存（如十多亿人口缺水），任何乐观论者都不应置此于不顾。人境生态整体发展的首要手段，就是为了本代人、后代人在他们的人—境生态系统中的良性生存，而全面地、从浅层（自然环境）到深层（自然资源、自然的物理生理生态变化）对于人类借以生存发展的生态进行保护，改变过去盲目的、不顾后果的掠夺。在世界上首先把可持续发展从思想、理论转化为实践的《中国 21 世纪议程》，主要也属于这一手段。可以说，任何国家的生态化发展战略，都不能不从环境保护、资源保护这一手段开始。因为这既是对过去行为的一种纠错手段，也是初步的、基本的、最容易办到的，不从这里开始，生态化发展就无法进行。生态化发展的本质在于发展的可持续性，而人类的经济社会发展的前提，就是与"境"的结合，借助于"境"中的资源、能源的不断注入人的生产活动之中而发展，因此，保护型手段的基本规范，人们概括为：

"环境资源存储量和环境纳污能力不发生负变化"[1]，其最低的安全标准是："社会使用可再生资源的速度，不得超过其更新的速度；使用不可再生资源的速度，不得超过其可持续利用的代替品的开发速度；社会排放污染的速度，不得超过环境对污染的吸收能力。"世界银行经济学家赫尔曼·戴利在 1993 年就提出。[2] 否则，就不可持续，不能保护。

换言之，环保型发展手段的理想状态，是相对地保持存量资源（经使用不会在数量和质量上减少的资源）不被损耗、流量资源（经使用会发生数量和质量上减少的资源）的利用不超过环境阈值。[3] 由于当前人—境生态系统的现实状况是人的数量和其经济规模早就造成了存量资源的损耗和流量资源的阈值，因此，这一对境的保护手段就必然反求到人本身：大力缩小人口规模和其消费污染耗散程度，使它保持在流量资源范围内发展。

但是，由于耗散原理和熵增原理的不可逆性和未知因素导致的不确定性，这种对"境"的保护、限制的要求也是相对的，难以完全实现的，而当代世界的生态治理危机，却恰恰在于仅仅依靠这种手段进行生态治理，生态改良，这种片面的单维的手段不能不导致失败。因为，这一手段仅仅是必要手段而不是充分手段。生态化发展，生态文明建设，其关键，在于"境"与"人"两种手段的相互为用，并在二者的关系中展开。

---

① 杨发明等：《生态性发展的涵义及其实现的基本条件与手段的探讨》，《自然辩证法通讯》1997年第 1 期。
② 转引自范柏乃等《生态性发展理论综述》，《浙江社会科学》1998 年第 2 期。
③ 杨发明等：《生态性发展的涵义及其实现的基本条件与手段的探讨》，《自然辩证法通讯》1997年第 1 期。

2. 从"人维"出发的调控性建设手段

在人—境生态系统中，人处于主导地位。有什么样的人，就会有什么样的人—境生态系统。因此，对人—境生态系统的整体性生态文明建设，关键是要抓住人这一环节，从人的维度进行建设。但是，从世界历史的发展来看，这一步似乎还远未能达到普遍共识，更没有成为规范性的行动。

对"人"的调控性建设手段，包括许多方面，首先是人的精神方面，因为人是由其精神规范着的人，前述的各种生态理论、生态理性，可以说都属于这一环节。但是，人的问题关键在于物质基础问题。因为人的精神是由人在物质占有关系方面所规定的，这种物质占有关系决定人的社会关系，而人的本质"在其现实性上，是一切社会关系的总和"。因而，对人的生态调控，除了精神教育之外，关键在于对人的物质占有关系的调控。

人类社会自古以来的最大问题，就是在物质占有特别是生产资料占有上的严重不公，即贫富之间的两极对立。从今天的观点看，富者对贫者不仅存在经济剥削关系，更存在生态掠夺、生态侵犯关系。

当前，人类的社会经济状况主要是富国与穷国、富人与穷人的巨大反差与尖锐对立。以及富者对巨量资源、巨量财富的掌控和巨量的超高的耗费。而这是通过对自然、对广大劳动者的生态掠夺集聚而成的。资料表明，世界上的财富主要集中在发达国家和极少数富人手里。联合国 20 世纪末的数字是：世界 20% 的富人消耗着 86% 的财富和服务，而 20% 的穷人只消耗着 7.3% 的财富。前者与后者的收入之比，1980 年是 30 比 1，1997 年是 74 比 1，而今则达到了更高的比值。而世界前三名巨富的资产，可敌不发达的 48 国的国内生产总值之和。所以，主要是富国和富人破坏了生态平衡。从国家来说，20 世纪 50 年代，富国比穷国富 30 倍，90 年代，富国比穷国富 150 倍，在今天则更进一步扩大。在一国之中，富人与穷人的分化也大体如此。这是一种全球不平等现象，是动物生态世界的 20% 与 80% 的生态比值在人类社会中的再现，是人类社会的动物性表现，因而是人类社会的耻辱。这种贫富分化，应当视为人类的社会生态系统的生态裂度。裂度越深，危机越大，如不加以改变，最后会形成吞没生命的裂谷。而 75% 以上的污染，也是由这些人、这些国家被耗散的资源造成的。正是富有者的过量耗费，使资源加速变成了污染，加速了世界的熵增过程。实际形成的生态不公是：20%以下的人对 80%以上的人发生了生态侵犯。这不是简单的"代内不公"的问题，而是前者对后者的生态掠夺、生态侵犯的问题。生态化发展观首先要反对的是一部分人剥夺另一部分人的"发展"。而这种贫富对立日益严重的状况，是直接违反生态化发展的，它本身就是对社会生态的严重破坏，是一种反生态现象。不改变这种状况，"生态化发展"只能是一句空话，甚至会作为富国反对穷国发展、富人反对穷人发展的借口。因此，对当代世界来说，这种生态侵犯、生态掠夺虽然还不能大力终止，但至少应当得到调控、得到补偿，以避免反差太大，危及人类整体的生命安全。它不但抑制了不发达国家的发展（资源已被掏空），也使广大穷人最基本的健康环境需要遭到破坏。根据这一事实，对人的调控性发展手段就明朗化了，这就是首先要缩小人与人之间的贫富差距。马克思的无产阶级革命思想和社会主义思想，就是从贫富对立、阶级对立出发对这一问题提出的最有力的解决方式。而今天的世界，则有可能通过财富占有制度的改革，逐步缩小这一趋势。但是，绝大多数的国家并没有这样做，这是世界性的一大难题，它主要是社会调控、社会整治乃至社会改革和社会革命的问题。针对这种问题，有的学者提出针对富国和富人的"反熵税"①，并利用"反熵税"开辟生态产业，如荒山植树、沙漠绿化、垃圾处理、新能源开发等全国性、全球性环境整治活动。这一建议为今天对人的调控性发展手段打开了一条思路。

如果能够利用从富人富国征收巨量的反熵税，整修环境与开发新资源，发展绿色技术、绿色产业，那么，这种产业才是对贫国、贫区和后代人的巨大的补偿，也是代内、代际的有效的平衡手段。这实际上是对保护性手段的有力支持。但它更需要国家的制度理性、国际社会的国际政治理性加以有力推进。可惜，这一手段还没有得到普遍认同，更不要谈具体实施了。而要真正实现对人的物质调控，只有实行上一篇所讨论的"生态—社会革命"。它有待于国际社会在思想观念上发生革命性变化，这就是承认各个国内和国际的"富极"对"贫极"的生态掠夺、生态侵犯这一事实，承认熵增原理这一大限和熵理思维方式的必要性，才有可能把对人的调控手段，发展成为控

---

① 张传奇：《建设有中国特色社会主义的生态性发展体系》，《社会科学辑刊》1998 年第 3 期。

制性的革命手段，否则，就不可能推进生态化发展，就不可能不受到熵增原理的严重惩罚。

在此基础上，大规模的生态教育才有可能把人转变为生态人，才有可能实现生态文明的转向。

3. 从人—境"关系维"出发的生态技术开发性建设手段

人—境"关系维"有几个方面，一是人与境的物质变换方面，它主要体现在物质生产方面，二是人与境的管理即制度调控方面，三是以消费为体现的人与境的生活消费方面。这种物质生产、政治调控和生活消费是人与境的物质关系的基本方面，对此我们放在后面再研究。这里要强调的是借以开辟、形成"人境关系"的技术手段层面，这是必须考虑的基础方面。

人—境生态系统的整体发展，实现生态化发展的关键手段，在于通过绿色科技手段对人—境生态系统的开发。人不是直接作用于自然界，他总是通过工具和科技手段与自然界发生物质变换关系的。但是，它建立在对"境"的保护和对"人"的调控性两大基本手段之上，否则，它就不能达到目的。

相对于对"境"的保护型、相对于对"人"的调控型这种经济政治手段而言，开发型发展手段则是长远的、起关键作用的科技手段。这一手段不仅能使前两种手段发展提高，协调统一，它本身也是最有力、最有前途的改善、创新人—境生态系统的手段，这就是以知识、以智力、以人的创造性为推动力的生态科学技术的开发创造。乐观派之所以乐观，主要就立足于这一点上。但是，生态危机的事实表明，这种乐观论不过是一种过度的希望和预设。

的确，人类赖以生存发展的人—境生态系统，是人通过不断转换深化对自然资源的利用（如煤—石油—电力）而不断创造新的生存发展方式、新的文化和文明形态而不断发展的。这种转移式的开发，主要是依赖于人的智力与先进的工具仪器技术，通过科学发现、技术创新而实现的对于新的生存手段的开发和转换。有的学者（韩民青）因此提出"转移式发展"的新概念，把它看作是开发新文明的创造性手段。

从历史上看，人类通过科技创造开发人—境生态系统的新境界从来没有停止过。我们今天的电器文明，就是从石器、铜器不断开发转移的结果。生态化发展的一个本意，就是通过不断的技术开发和物质转换，使人类能持续生存发展下去。无论过去还是今天，不依靠科学技术的开发，就不可能有发展。因此，开发型发展手段，是生态文明发展的最有力、最重要也是最有希望的手段。凭借它，我们不仅可以在不断恶化的环境中有一种动态反应能力，而且可以创造由非自然物组成的新文明，从而建立人工的、可持续的新的人—境生态系统。

实际上，环保型发展手段与调控型发展手段的有力程度，实现状况，有赖于科学技术的发展开拓水平。自然科学、技术科学、社会科学、社会技术（如科学管理）、人文科学，生态哲学等，乃是生态化发展的龙头。例如，从生态技术上说，如果我们能够通过普遍利用太阳能、风能、潮水能、各种活动能及其蓄电池作为工业生产、地市生活和海陆空交通的主要能源，我们就将既能以对生态无害的清洁能源代替有害生态的煤能、油能，又能在这些能源告罄之前，转移到以新的清洁能源为动力的发展方式上来。如果能够大力鼓动中国的智力创造性在这些生态技术方面走在世界前面，中国就将由"中国制造"风行世界各地，转化为"中国环保"风行世界各地。通过这种绿色技术、环保技术的领先开发，中国就会走在世界生态文明建设的前沿而对世界历史的生态文明转向做出中华民族的杰出贡献。而对于一省一地的生态发展来说，也会是这样。

概而言之，人—境生态系统的整体性发展理念要由理论、理想转化为现实、行动，必须依赖于它的这三维手段的共同实施。首先是近期即可实施的生产的、初级的、基础性的因而也是迫切的对"境"的保护性手段；进而是中期的、社会性、政治性的中级的对"人"的调控性手段；最后是从现在到远期的、科技的、智慧的、知识的，因而也是高级的、创造和改善人—境生态系统的技术—环境开发手段。这三大手段，都是人—境生态系统整体发展的最有力、最基本的手段。但是，必须强调，这些手段的实施，在资本逻辑和拜物教的强大力量面前是难能展开的，不容乐观的。唯一的希望是社会主义制度的率先实施，把全人类的生存安全上升到第一位，走上生态社会主义道路。

二　生态文明建设的结构性推进

人—境生态系统的生态文明建设，从整体性全面性看，主要是人的社会生态系统（人维）、自然生态系统（境维）和二者结合成的人—境"关系维"即科技发展系统的三维生态合成问题。这三维对象不同，性质不同，各有各的要求和规律。因而，生态文明建设，要从这三维的特性出发，进行结构性、配合性的三维协调生态文明建设。其目标是达到人—境生态系统的整体和谐：人与自然的和人与人的双重生态和谐。

要树立人—境生态系统的三维协调发展理念，还必须对人与自然的关系有正确的看法。这是由于人与自然的生态关系是在人的精神构想、精神主导之下的物质变换、物质交流的关系，人和其精神构想成了他参与的自然生态活动的一部分；人建设和改变着环境，环境也建设和改变着人，马克思早就说过：人的改变与环境的改变是一致的。这就是说，从人—境生态系统来看，"人"包括人的知识理念问题、技术手段问题、理想奋斗问题；"境"既包括生态环境问题，还包括深层的能源和资源问题，天文物理生化问题，生物圈问题，生态系统的协调问题，"关系"包括人作用于自然之后引起的自然对人的反作用、反约束问题，它包括人对环境的创造开拓或破坏以及环境对人的作用问题。这个系统要健康地长期发展下去，其基本要求是"人"不对"境"造成危害，"境"不对"人"形成危害，它们不能互相破坏而只能互相成就，这是生态文明建设的基本要求。如果这是对的，那就应当把生态文明建设进一步放在人—境生态系统这种人类生存事实中加以考察。这应当是生态文明建设的最切近的事实基础。"人"和它赖以生存的"境"在活动和交流中形成为互动一体的不可分割的人—境生态系统，因而不能把人与其生存环境在生态上割裂开来。

长期以来的非生态反生态的发展，由于没有意识到人—境生态系统中人的生存环境和其资源的有限性，没有意识到在一个有限的环境中技术与物质消耗，既改善着、创造着人与境的关系，又破坏着、熵化着人与境的关系，正是这后一方面，使人—境对立随着科技发展而日趋严重，而今已使这种只考虑人自身、只考虑自我的掠夺式发展不能为继。这就需要新的发展理念：

既要把人作为在同一个生存之境中生存发展的整体加以考虑，又要考虑"境"对人类现时的与长远的生存发展的限制，考虑人的生存之境的发展。这种由"人"及"境"、由"境"及"人"以及它们的"关系"的"人—境"共同发展观，就是一种认识到人与境是同一个生态整体的发展观。同时，人与境的依存关系，不只是过去和现在的存在，还包括未来历史的永续存在；这就要求把"人与境"作为一个久远的共生共荣、协同进化的生态系统加以考虑。人境生态整体发展观，就是要求人们不仅要以人的尺度把握环境，同时也要以境的尺度把握人，把人与环境作为同一个生态整体加以考虑。

　　为什么有了"可持续发展"观之后，我们还要提出这种人—境生态系统的三维协调的生态发展观呢？一则由于前者的提出已经20多年了，它是从消极的资源保护出发的；二则由于它已经不能概括当代世界的生态形势，没有明确包括人—境生态系统和生态伦理实践①这些思想于其自身。这里提出的三维立体结构的生态发展观强调：当代世界的生态发展，应当是在生态伦理实践支配下的三维生态结构的协调发展。这种发展当然包含了可持续发展原理于自身，但是又明确强调人、境和其关系的三维发展。联合国以可持续发展为中心的《21世纪议程》强调："要充分认识到和妥善处理人口、资源、环境和发展之相互关系，并使它们协调一致求得互动平衡"，这里已包含人、境和其关系于其内。这是思想史和人类发展观念史上的飞跃。但是，"可持续发展"的提出是建立在资源短缺这一消极性基础上的，人—境生态系统的三维协调发展观，则是建立在人与境的生态整体、生态系统这一积极性构建基础之上的，是一种全面的生态发展观，是一种包含资源环境的、生态学的、人类学的、未来学的发展理念。

　　只有坚持人—境生态系统的三维结构的生态整体发展观，才能改变过去那种人—境对立的自戕式、掠夺式的盲目发展，它要求把发展首先理解为社会与人文发展。这就是：采取合理分配，以保证社会公正，一方面改变贫穷和落后，一方面抛弃对自然的掠夺和浪费，消除异化消费。在此基础上进一

---

　　① 生态伦理实践：这里是指本书阐发的根据马克思的生态理念、生态逻辑以及今日严峻的生态形势而形成的人类不进行环境保护和生态文明建设就没有未来的生态思想。主要是指依据生态伦理的实践行为。

步与自然求得协调一致的发展。这既是为了下一代、子孙后代，也首先是为了解决当代人类的健康生存的危机。

但是，有这样的思想观念是一回事，真正把发展转到这一轨道上来则又是一回事。只有各个企业、各个地区、各个国家的发展决策者们，都建立了人—境生态系统的生态化发展理念，并且感到无可选择且只有如此这般做的时候，感到不这样做就会危及自身生存的时候，才会推进这种综合性、整体性的生态发展观。只有这种发展才是可持续的发展。而对它的推进，就要落实到具体的发展手段、发展战略上来。而这一切就是人—境生态系统的整体性生态文明建设的任务。

事实上，自从自然界通过亿万年生物进化形成自然生态系统之后，人的出现由于他的自生产性和自组织性，进一步升华了对自然界的生存依赖关系而形成了人—境生态系统，以及建立在人—境生态系统之上而形成和运转的人类生态系统。生态文明建设，就是要通过人—境生态系统的建设，既保障自然生态系统的良性运转，又达到人类生态系统的健康发展。只要人—境生态系统能够健康发展，这两个生态系统就都能够达到它们的健康和完整。一般讲来，自然生态系统的完整性，在于它的生物多样性，以及生物与环境之间、生物与生物之间的生态协调和生态平衡。人类生态系统的健康和完整，在于在人类文化多样性基础上的自由平等和公平正义，它建立在人与人的物质变换的相对均衡即合理性之上。而把自然生态系统与人类生态系统联系起来的，是人与自然界的物质变换的合理性即相对均衡，它以不破坏自然生态平衡为前提。人们可以看到，马克思的人与自然界"合理的物质变换"原理之所以是生态哲学的核心原理，在于它贯穿于三个生态系统之中。

作为一种结构性推进，任何一环都不能弱。特别是人维的调控，主要涉及对既得利益的富裕阶层的调控，这只有通过生态—社会革命才能做到。这是一种平衡人间不公的、带有强烈政治性的调控性手段，如果不能以普遍的、有效规模的方式在全国、全世界实施，无法变成人类的行动，生态文明转向就是困难的。但是，它是人类社会走向生态化发展的必要手段，随着人类生存恶化的加剧，有可能、有希望在21世纪中叶唤醒人们的生态伦理实践精神，进行生态—社会革命，使它成为人类普遍的生态发展理念。

三　生态技术文明在"人—境关系"构建中的根本作用

今天，世界正面临第三次工业革命，本质上也就是第三次技术革命。这一革命对于从技术上解决人与生态环境的关系至关重要。生态文明建设不仅仅是外在的环境文明建设，不仅仅是地球表面的绿色建设。如前表明，它涉及人与自然之间的数理、物理、生理的深层生态关系，而这是通过科学技术而实现的。马克思表明，人与自然界的生存关系，是通过头脑对世界的掌握即科学认识为基础的实践技术手段进行的，它既把人与自然界区分开来，又把人与自然在深层次上联系起来，使人与自然之间的生存实践关系成为一种不断变革的技术实践关系。所谓"人的本质力量的对象化"与"自然界的人化"，主要就是通过技术手段而实现的。所以，人的生存发展是随着人类技术深入自然的物理、数理、生理程度而发展的。因此，生态文明的成立，依赖于它内在的生态技术、绿色技术，它要通过深及数理、物理、生理的技术文明方能实现。所以，生态文明建设的实质，在这个科技时代，只有通过技术文明才能开辟出有希望的道路。

1. 技术及其可能的生态破坏力量

但是，人类创造的技术，在本质上就有非自然、反生态的一面。如何避免其反生态的一面而发扬其可以改善生态的一面，全在于人的创造和运用。

技术是马克思所说的人的"内在固有的尺度"和对象的"物种的尺度"在工具上的结合，因而是人与物、人与自然之间的物质变换的中介；技术把"非人的存在"（自然物）转化为"属人的存在"（物品），即适应人的生存需要的文明存在物，从而创造出以物质—财富为表现形态的物质—财富文明，使人的生存成为一种建立在技术文明基础上的生存。

然而，由于以智慧为基础而发展起来的工业技术不能不被人的无限欲望（马克思所说的拜物教）所滥用，它在人的欲望的支配之下切入到自然界内部，通过其深入数理、物理与生理深层，创造出超自然、反生态的力量供人利用，例如核辐射、基因作物、化学添加剂等，这便有可能走上与自然生态相悖的道路。这种超自然、反生态的力量是对自然条件的背离，是对于自然条件的破坏性改变：这就转化成为对自然生态平衡的深层破坏力量，异化力量；特别是这种破坏力量与资本增值的逻辑力量相结合，形成了对于工业技术的滥用，使工业技术发生反生态的膨胀，从而使技术脱离了人与自然界的生态关系，产生技术异化，这就是生态危机的技术根源。这也就是马克思指出的现代工业社会在人与自然关系方面的不合理性。它已导致全人类共同的、最大的健康生存问题，它在20世纪中期已经凸显，21世纪如果不能上升成为每个国家的乃至全人类必须解决的重大问题，生态逆转本身就会导致人类毁灭。

2. 对技术的生态文明要求

首先必须明确：人类对生态环境的破坏，除了自身的庞大数量超过自然的承受力之外，主要在于有害生态的技术的破坏。不加特殊规范的现代技术是既伤害自然又伤害人的双刃剑。这就必须发展绿色生态技术，使人类赖以生存发展的技术本身成为人类对自然的文明行为。所以，生态文明建设在根本上要从改变破坏生态的技术手段方面着手，即发展不破坏生态、保护生态的绿色技术。

对于当前的生态状况和破坏生态的技术来说，求饶是没有用的，倒退是不可能的，"依然故我"只能走向灾难。唯一的道路是进一步通过全人类的智慧和意志，大力发展绿色技术、生态技术、环保技术、恢复技术，以恢复人与自然界在数理、物理、生理基础上的生态和谐关系，至少是不再破坏这种关系，建立技术文明，使人的生存发展在技术文明所能开辟的世界中发展。

技术文明的数理基础，就是自然界对人的数量、人的活动、人的消费的天然限制，即自然界对人的熵增破坏力的吸收能力、物质转换的承受能力的天然限制。具体地说，就是任何一个人—境生态系统中的既有的和潜在可用的物质与能量的限度，环境的承受限度等先天有限性与人的需要、人的改变的比值。20世纪的《增长的极限》对此做了概略的研究，但是，对于每一个具体的人—境生态系统来说，还需要具体地对这种吸收能力、承受能力深入地加以研究。

技术文明的物理基础，从科学哲学上说，是以物理学的熵原理，作为衡量从自然物质世界向人的生存价值世界的物质变换的手段和规模：它要求这种变换所产生的总熵量，不能高于自然界或一定人—境生态系统的自我恢复力量，以及人的绿色技术、创造发明对它的改进和代替速度。

技术文明的"生理"基础，是人的生存发展活动，不能超越任何生物物种以及自然的生态系统对人的活动所产生的破坏性的承受限度，即人类活动范围、人的技术力量以及它产生的结果，不能破坏自然生物的生存需要（现在的自然保护区能不能达到这一目的还是个问题），以及生物圈的生态循环的限度。务使当前的自然物种和生物界不能再继续发生人为灭绝和破坏。

总之，人以数学、物理和生理手段对于自然物种的影响，不能引起生物界的或一些物种的恶变或灭迹，它要求从人与自然是同一个生态整体的视域，从而既克服人类中心主义又克服自然中心主义地来解决这一问题。必须明白，人作为自然界的一部分，没有破坏自然生态的权利；人作为自然界的"主人"，首先在于人对自然界的生态保护职责。生态文明的现实要求是：以自然科学研究人—境生态系统中的人与自然的数理、物理、生理关系，并以这种关系为科学依据指导生态文明建设。

3. 通过技术的生态文明建设进行生态保护

技术文明在今天不是单轨火车，不可能单线突进。因为它不仅是整个科学技术体系的产物，也是社会、是人们思想观念的操纵物。正如马克思所说，人与自然的关系要通过社会关系实现出来。如果社会关系本身是异化的、不合理的关系，还被人们的无限欲望或资本逻辑所统治，那就不可能有真正的技术文明出现。

技术文明既然是一种把人与自然界的物质变换关系建立在合理的即不违背人与自然界的数理、物理、生理的生态关系基础上的文明，那么，它就必然是一种有限制的文明，有所不为的文明，有节制、有选择的文明，具有公共理性的文明。这里不仅要杜绝那种非生态、反生态的技术如战争技术、掠夺技术、毒害技术的发展，也需要对人的"无限需求"、"超需掠夺"以及种种破坏（如战争）和"滥费"（过高消费）进行节制，以减轻人对自然的压力，并对人所创造的生存价值世界进行合理的、调和性的"合理分配"，实现人类在生存价值世界占有方面的和谐关系（主要是缩小贫富分化）。因为只有通过人类内部世界的这种和谐的社会生态关系，才能使技术文明在恢复人与自然之间的和谐生态关系中发挥最大作用。这是技术文明得以实施的社会理性、政治理性前提，也是人类文明继续发展的希望。

这就是说，技术文明要发挥整体作用的根本前提，是它要建立在"人理"基础上，这里主要谈以下四方面：

其一，任何技术在生产使用方面，使用者不能为了自身利益而对其他人和环境造成生态侵犯：一则人人都有平等的生态权利，二则任何生态侵犯的结果都会导致两败俱伤，更是对于人类整体的生存条件的破坏。因而，任何人对任何人的生态侵犯都是犯罪，并最终都是反他人、反人类罪，这要通过严格的法律来实现。

其二，技术发明所产生的物质—财富世界，其分配应当趋于需要平衡，即既制约一些人对资源的挥霍无度和滥费，又改变一些人缺乏基本生活资源保障的状态，即消除那种既违背社会生态又违背自然生态的两极分化的不合理、非法性状态，这是马克思主义的基本社会态度，是社会主义的本质之所在。因为，只有人类社会的治理技术使社会达到社会生态平衡，人与自然界之间才有可能达到自然生态平衡。在人类还不能理性地、合理地处理自身的生态关系的时候，人也不可能理性地、合理地处理人与自然界的生态关系。

其三，人的欲望在一定条件下总是无限膨胀的。这种膨胀的界限就是自身的社会力量和科技力量的边界。因而人总是在竭力发展自身的社会力量与科技力量。但是，应当明白，这种超自然力量的发展最终都会成为对自然的破坏力量。因此，对社会的"人理"的改变，最终都要归结到对人的无限欲望的改变，以及破坏生态的掠夺自然财富的"黑色技术"及其滥用的改变。

其四，在某些方面，并非技术越多越好，特别是在生活方面，一定程度的返璞归真，恰恰是最生态的生活，许多人已在这样做。

回到马克思，回到马克思所希望的人与自然的"合理的物质变换"关系上来看，所谓"合理的物质变换"，从今天来理解，既是以绿色的技术文明进行的的合乎生态关系的变换，又是合乎人的基本需求的变换，在此基础上，城市的环境文明建设，地球表面的绿色文明建设，各国、各地、各民族的生态文明建设，才能真正成为走向 21 世纪的生态文明建设。

由于人类通过非生态的技术，在无限物欲的支配之下对自然界的无节制的开发和不合理的社会占有，形成了对当代乃至今后人类生存的最大挑战。当前的任务就是根据马克思的生态理念，通过技术文明建设，克服人对自然、人对人的不合理的掠夺关系，走向对自然、对社会来说都比较合理的生态关系建设，让马克思所说的"每个人"和"一切人"都能在良好的自然生态条件和社会生态条件中健康生存——这是一种全世界都应当接受的、现代社会主义性质的价值目标，也是全人类性的价值目标。而这只有上升到全人类的社会政治层面上来，否则不足以解决问题。中国由于自身的生态性质和社会主义性质，应当成为这一生态价值方向的领航者。

总之，自觉的生态文明建设，要通过技术的生态文明来实现；而技术的生态文明建设，又要通过社会的生态文明来实现；而社会的生态文明建设，更要通过政治理性、制度理性或者说政治的生态文明来实现。当前的生态危机是一种被人类不文明的资本逻辑打成死结的连环结，它应当在马克思的生态理念和今日的生态科学的基础上，树立适应当代世界历史发展要求的生态伦理实践，以及把人与自然界作为同一个生态整体的生态发展观，在这些观念的强力支配下，逐步地、互动地解开人类生存发展的这一死结。

四　人—境生态系统的三维生态拯救

这些情况表明，自工业革命以来，传统发展方式已经走到尽头，人类整体的发展方式本身不过是一种异化的发展。20 世纪 80 年代提出的可持续发展方式，由于没有认真执行，也未能挽救这种发展异化，人类进一步陷入生态困境和生存危机之中。

根据这样的生态恶化态势，应当在世界历史发展的高度上，在人类文明的生态转向的高度上，提出社会主义生态文明建设。而不是一种改善生态环境的权宜之计。基于这一考虑，我们认为有必要提出人—境生态系统这一概念，来改变人类当前的对付生态危机的改良主义的软弱无力状态。而这样一种建设，就其基本环节而言，主要就是指在一定人—境生态系统中，进行

"人"、"境"和"人境关系"的三大生态建设：一是以马克思主义的生态正义、生态理性指导下推动人的变革，即生态人格的形成；二是对生态环境的保护、补偿和建设，使其停止恶化；三是在"人境关系"中，一方面进行新的绿色科技创造，开辟新的生态性发展，另一方面推动物质变换关系的变革，即进行生态性生产、生态性分配和生态性消费。通过这三维的生态—社会革命，从三个维度拯救人类的生态危机，实现生态性发展。对于生态危机严重的地区和国家来说，制定这种三维拯救的框架战略，是至为必要的。这是生态文明建设的根本所在。这里要强调的是：如果人类不能在一代人的时间内实现生态文明转向，那就真的会踏上生态灭亡的道路。

因此，生态理性——或者从社会主义的政治立场上说——制度理性，就在于如何根据人—境生态系统的结构、要素和其生态原理、生态逻辑进行人—境生态系统的生态文明建设，克服人的、境的和"人境关系"的自行恶化态势，做最后的回天努力，实现人类的生态文明转向。

第三章

人—境生态系统的五层关系与五位 一体的全方位生态文明建设

【小引】人—境生态系统中有五层基本关系：其一是人与人的社会关系，其二是人与自然环境的依存关系，其三是人与境的物质生产关系，其四是制度调控关系，其五是人在境中的生活消费关系。它要求生态文明建设，其一要进行人与人的生态精神文明建设，其二要进行人与境的生态环境建设，其三要进行生态物质文明建设，其四要进行生态制度文明建设，其五要进行生态生活文明建设。通过这些建设，实现人与自然环境在生态生存方面的生态合理化：即以生态精神文明建设为主导的生态环境文明建设；在生态物质文明建设的基础上，实现人与自然的物质变换关系的合理化和人与人在分配上的公平与正义；在生态制度文明建设的保障下，实现经济—生态政府的构建，保障物质和财富的合理生产与合理分配；在生态生活文明建设方向上，向每个人与一切人的合理生存与健康发展方向发展。只有抓住人—境生态系统的这五层关系进行建设，才能使生态文明建设在整体上展开和全面实现。

【新词】人—境生态系统的五层关系　生态文明建设的五个层次　生态精神文明　生态环境文明　生态物质文明　生态制度文明　生态生活文明

人—境生态系统作为人的生命在自然界的生存系统，不仅有它的三维结构，它内部还有复杂的关系，认清这些关系并根据这些关系进行生态文明建设是至关重要的。这就是说生态文明建设，既要根据人—境生态系统的三维结构进行结构性的生态文明建设，又要根据其内部的生态原理和生态逻辑的要求进行建设，同时，更要根据其内在的五层关系，进行五层次的生态文明建设。

人—境生态系统，既是人把自然与社会两个迥然不同的系统结合成同一个生态整体；又是社会把人与自然结合成的同一个生态整体。这种从自然、经社会到人构成的人—境生态系统，它包含着这样的五层关系：

其一，人境生态系统，首先是人与人的社会的、精神的、利益的、分工合作关系，即人际关系。

其二，在人与人的关系下，是人与境的关系，这是人对环境的眼见身受直接作用关系，是人对环境的生存和享用关系。

其三，人与境的物质变换关系，这是人借重于技术在"境"中活动，实现人的目的，创造人的生存价值物，即把"境"中之有益物质流向人类世界的过程，是人与境在技术基础上进行的"物质生产关系"和物质流变关系。

其四，人对境的和对物质变换的制度调控关系，这是人们在这种关系中实现自己对社会财富的生产、占有和分配的关系，但这是通过社会共同体中的制度和权力的政治调控而实现的，这是人与境、人与人之间的"制度调控关系"。

其五，人对境、对物的消耗消费关系，这是人在物质占有和分配基础上的生活消费，它是维持人的生命生存过程，同时也是人把有益物质通过消费转化为有害物质而返回于"境"的过程，这是人与境、人与人之间的"生活消费关系"。

人—境生态系统的这五大关系构成的生态系统，决定了生态文明建设应当针对这些关系进行建设。

如果这一考虑是对的，那就找到了生态文明建设的基本的不可或缺的方面：

（1）人与人的关系，人在社会生活中的精神主导等，主要形成生态精神文明。

（2）人与自然的关系，特别是人对自然环境的直接关系和要求，主要形成生态环境文明。

（3）人与境的物质变换关系，主要形成社会性的生态物质文明。

（4）人对境和对物的制度调控关系，主要形成生态制度文明（政治文明）。

（5）人与境的生活联系，人的物质生活与精神生活，主要形成生态生活文明。

于是，生态文明建设就成了一个从人的精神建设出发的、根据从自然、经社会物质变换关系又返回到人的五重关系的五层次生态文明建设系统。由于"精神"在人类行为中的先导作用，应当把生态精神文明置于首位。

如果以上考虑是合理的，那就是说，社会主义生态文明的整体建设方略，可以概括为如下相互因依的针对人—境生态系统的五个层次而进行的五位一体的生态文明建设，即：以生态精神文明建设为主导、以生态环境文明建设为根基、以生态物质文明建设为主体、以生态制度文明建设为保障、以生态生活文明建设为归趋的全方位生态文明建设。下面分别讨论之。

一　以生态精神文明建设为主导（生态正义、生态理性、生态伦理与生态人格的建设）

生态精神文明，是社会性的人自身的精神特征的文明，是人与人、人与社会以及人与自然界的精神联系的文明。它可以归结为生态性的精神理念和规则规范两方面，即理性和实践两方面。一方面，人在本质上是由其精神理念主导的存在物，另一方面，人又总是要在种种规范、规则包括法律等的范定之下活动。生态精神与生态规范，是人的理论与实践、知和行的不可分割的一体性存在。因此，生态精神文明，也就是精神—规范文明。

生态精神文明，从直接性上说，生发于人的思想认识和精神理念之中，从间接性和根基上说，它植根于人的社会物质生活与制度生活之中，是二者在人身上的精神体现。

1. 生态精神文明的主导内容

人在本质上是由其精神主导的存在物。人类精神的最深刻的形态是科学和哲学精神，而最有力的形态则是宗教。今天的科学和哲学的最重要发现之一，是自然界的普遍的生态联系以及人与自然界的生态关系的规律和原理。因此，生态精神是人类今天最高的最重要的有关人类生态生存的精神。这不仅包括对生态规律的理解，更包括人的生态理性、生态伦理的构建和生态人的形成及其实践要求。因而生态精神不像过去的旧哲学那样是一种理性的直观，冷漠的审视，而是人性发展的新境界，它要求行动，这就不能不成为一种生态规范。因此，就生态文明建设来说，生态精神要转化为对人的生态规范才能实现其价值，而规范本身不能不是一种生态精神的实现。

进而，生态文明不像以前的文明形态那样是一种无限的没有约束的放纵发展的文明，它是人类在生态大限之下不能不走的有限的、约束性的、不能放纵而需要小心翼翼地加以建设的文明形态，是每个人与一切人的生存责任文明。这样的文明本身只能是在种种理性的规范限制下方能实现。对于人来说，不受生态精神的规范，就会受非生态、反生态欲望的支配。没有严格的发自内心的生态精神的规范，生态文明建设就只能流于形式，失去实现的可能。因此，在生态文明建设中，人的精神—规范文明建设不能不起着主导作用。自觉地以人的精神—规范文明建设主导整个生态文明建设，是生态文明建设走向成功的前提。

2. 生态精神文明：精神理念与实践规范并重

生态精神文明建设之所以起主导作用，在于人作为由精神意识直接支配的存在物，他的精神意识普照着他的行动和行为：他的生存价值追求、他所理解的世界和他感兴趣的一切事物。并且，他总是按照他的精神旨意来生活。人的一切活动，除了潜意识之外，都要通过人的精神意识并受制于人的精神意识。甚至人的本能，如吃本能，性本能，生本能，都要以文化的形式即精神意识认可和崇尚的形式进行。而人的生存发展活动，更是在精神的直接支配下进行的。

在这里，人的这种指向行动的精神理念，对人的行动和行为有广泛的规范作用。不仅人的生产、交往有它的规范，而且人的审美娱乐活动、认识发展活动、宗教信仰活动、生活行为活动也都有它的规范；不仅在人与物的关系、人与人的关系、人与类群的关系和人与自然、与社会的关系方面有它的规范，甚至人与自身的关系方面也都有它的规范。而一切民族在其历史的一切时期都显得十分重要的宗教，则是对人的整个生存理念、思想意识和生活态度的规范。精神是"体"，规范是"用"。精神是人的存在性特征，人是精神的存在物；规范是它的功能性表现，人是在规范下生存的。二者是一而二的两个方面，精神与规范是不可分割的。因而，只强调精神文明或只强调规范文明都是片面的。人，正是凭借他的"精神—规范"这一层次而高于自然界。对于经济—生态政府与生态文明建设来说，更是有什么样的精神—规范文明，就会有什么样的经济—生态政府与生态文明建设，精神和规范主导一切。

从生态文明建设的方法论角度说，由于人是精神文化的存在物，他的一切都要通过精神文化的自觉引导和认可，因而生态精神文明在各个文明环节中，不能不起主导作用。它不仅在精神理念上主导着生态环境文明建设、生态物质文明和生态制度文明建设，它也主导着人的生态生活文明建设。在这一意义上，它应当置于首位。事实上，任何生态文明建设，都不能不首先从思想精神方面做起。

3. 精神—规范文明的转变：从"人胜天"到"人法天"的转变

生态文明与以往的一切文明不同的是：以往的一切文明形态都是从物质财富出发的构建，它首先考虑的是人如何改变自然界，讲究的是"人胜天"，追求的是更高的物质文明。而经济—生态政府和生态文明，则是从人与自然界的生态生存关系出发的构建，强调"人法天"，即人根据自然界的生态规律确立人的生产和消费，确立人与人的物质的、制度的与精神的关系。从生态文明来看，那种传统上把"文明"理解为人改造世界的进步和成果的观点是浮浅的，它既没有考虑人与自然界的关系的合理化程度，也没有考虑人与人的关系的合理化程度，是建立在"人胜天"之上的一种非历史、非社会、反生态的观点。诚如张孝德教授所说，从"人胜天"到"人法天"的转变，[①] 不仅需要在文明观念上发生革命性变化，更需要在人的全部思想理论、人生态度、社会生产、社会分配、社会关系以及人的生活行为等方面发生革命性变化。所以，以深刻的生态思想理念进行的生态教育，是生态精神文明建设的主导环节。

以马克思的生态理性为基础的这种精神—规范文明建设，是对人类精神

---

① 张孝德：《中国和平崛起的文明之路：生态文明建设与创新》，《中国改革论坛》2009 年第 2 期。

与人类行为的拨乱反正，特别是对工业革命以来人类的价值观念和行动目标的拨乱反正。它是对人类生存之本这一盲区的清醒认识和重新定位，是一种全面的生态觉醒，因而是一种历史性进步。如果说，在"人胜天"这种人们习以为常的观念下，人们无须对文明做太多的理论思考就可以进行建设的话，那么，对于经济—生态政府和生态文明来说，"人法天"无论从科学的角度还是从人类行为的角度来说，都需要在精神意识领域和科学文化领域开始一场革命，一场让人们脱胎换骨的精神理念的革命，否则，经济—生态政府和生态文明建设只能成为一句空话。

不错，当代的生态危机，以否定的形式教育了每一个大人和小孩，无论东方还是西方，生态危机都成了每个人感同身受的问题。但是，生态感受不能代替生态启蒙教育。人们需要重新认识自然界，认识它在生态方面的有限性、脆弱性和对人的生态要求，而这就需要从数理科学、物理科学、生理科学的深度加以理解；同时，由于人与境是同一个生态整体，还必须认识人的心理（人作为有主观意识和心理特性的人）、人理（人作为社会存在物进行社会活动的人性特征）和事理（人为事物的相互关系原理）方面的规定性，以及以人的智理（智慧）面对这一切，为自身的生态生存进行优化选择和协调规范。生态文明作为人类的新式文明，是不能不考虑这些心理、人理和事理的原理的。所有这一切，都要求人们上升到科学的、理性的高度加以认识，这对于当代人来说，不能不是一个全新的问题。

4. 通过教育促进全面的观念变革

经济—生态政府与生态文明建设，是以一定的生态性的自然观、世界观、价值观、伦理观、生命观、人生观、资源观以及社会发展观等为前提的，它需要人们在这些方面发生全面的变革。这对于传统观念来说，是一种正本清源的变化，没有深刻广泛的教育是不行的。在这方面，西方近一个世纪以来兴起的生态伦理观念和生态主义思想，特别是绿色生态主义和生态整体主义思想，以及生态马克思主义和生态社会主义思想，和把这种生态理论付诸实践而形成的生态伦理实践（绿色运动等），都对生态文明的思想变革有重大的不可替代的作用。只有通过对这些人类的生态生存原理有深刻知晓和仿效，真正的具有生态理性的生态人才能形成。特别是对自然生态负有重大责任的各级行政干部、企业决策者和领导者、教师与学生这些对经济—生态政府与生态文明建设具有"关键作用的人群"（云南师范大学宋锡辉女士的生态调查），如果没有深刻而全面的生态知识、生态理念和生态意志，就不可能进行经济—生态政府与生态文明建设。如果这些人不在人性方面从"经济"人格转化成为"生态人格"，即使身受生态灾难的折磨，也只会进行一些生态改良活动，而不可能进行经济—生态政府的构建和生态文明的转向。因此，对以上关键人群和全民进行分层次的生态启蒙教育，即在生态改革实践中首先进行生态性的精神—规范文明建设，是绝对必要的，是生态文明建设的精神理念前提。一种全民性、分层次的生态启蒙教育——无论从生态科学的角度还是从生态实践的角度来说都是这样。这种生态启蒙教育，要以生态科学、生态哲学、生态意识、生态正义、生态理性、生态伦理、生态实践等为核心，以促进生态人的形成。曲格平①的如下一段讲话，表明人们早就认识到这种全民生态启蒙教育的重要性：

> 强化生态文化宣传教育制度。生态道德驱动着人们的生态意识和行为的自觉性、自律性与责任感。通过生态文化宣传和教育，让生态文明观念深入人心，最终化为社会行为，使个人发展同生态环境形成良性互动。人们的生态道德水准的高低，直接影响着生态环境的优劣。加强生态文化教育，可以使人们自觉地承担保护生态环境的责任和义务，并同一切破坏生态环境的行为斗争；引导各级领导干部树立生态文化意识，深刻认识发展与人口、资源、环境之间的辩证关系，增强保护和改善生态环境、建设生态文明的自觉性和主动性。

这种教育，当然既包含学校教育，也包括一般的思想理论教育与法律教育。

生态性的精神文明建设，生态教育，其根本目的，在于使人的整个伦理观、价值观和人生观得到生态提升，形成新的生态观、生态世界观、生态价

---

① 曲格平，第八、九届全国人大环境与资源保护委员会主任委员，中华环境保护基金会理事长。本段话转引自网络。

值观和生态人生观。只有在这些方面都发生深刻变化，才会有生态人的形成。生态人的形成，就会使经济—生态政府与生态文明建设成为自觉的当然的行动，人们才能把对单纯物质的追求转化为对生态物质文明的追求。人的生态生活文明也才能够形成。

二　以生态环境文明建设为根基（生态技术与生态环境的生态合理化）

如果说，人与人的生态精神关系可以概括为生态精神文明的话，那么，人与自然界的眼见身受的直接存在关系，人的处境，可以概括为生态环境文明。在今天，生态环境文明既是生态文明的直接表现，又是其根基。因为只有生态环境文明建设到位，才能在这一根基之中创造出人们赖以生存的、符合自然生态原理的物质财富文明来。它建立在技术的"生态性"深度和环境的"技术性"保护程度之上。生态性的技术与生态性的环境，是当代生态环境文明建设的两个根本环节，它在本质是技术—环境文明。因而它需要物质的、技术的、制度的保障。

今天人类赖以生存的自然环境世界，是被科学技术深深耕耘的自然界。人与自然界的关系不是赤裸的动物式的直接的关系，而是以技术为中介的生态关系，技术把自然世界与人结合成了互动的适宜人的生存的整体。即使原始时代的弓箭，也是技术的结果。在工业文明的今天，没有技术，或不从技术上考虑，就没有人在自然界中的健康生存。而任何技术，如果不以生态环境为前提，就会成为反生态的、能把人类引向生态灾难的技术。今天人类要建立的生态文明，从根本上说，建立在"技术"的"生态性"深度之上。在今天，只有技术与环境结合一体，才能构建符合生态要求的环境文明来。孤立的环境考虑或孤立的技术考虑，都不能形成真正的生态环境文明。如果这一点可以成立，那就是说，人类的生存价值世界的第一层基础，不是单纯的荒野环境（这是遥远过去的事），也不是单纯的技术，而是技术与环境的一体化发展。它处在从自然物质向社会物质转化的中介环节上甚至是关节点上。不通过这一环节，人的生态性的生存价值世界就无法创生出来，物质—财富世界就不会以文明的形态出现。

人类世界不同于自然世界，但是基于自然世界。人类是自然界的一部分，是在一定的宜生的自然生态环境中生存发展的生命存在物。但是，人如何在"走着自己道路"的自然物质世界中创造人的生态性的生存价值世界，如何把自然物质转化为"属人的"、"为了人的"有价世界，转化为人性的、诗性的、人们赖以生存发展的社会物质财富，这是人通过技术—环境这一环节而实现的。没有广泛的由山水土地和动植物组成的适宜生存的"自然生态环境"，人不可能实现这一转换。比如说，人不可能在单纯的沙漠中或不宜生命存在的高温下实现这一转换，也不可以在没有任何技术手段下实现这一转换，即使原始人也要使用简单的石器进行生产。不使用任何器具的"生产"还不是"人的生产"。因此，"技术与环境"是人在自然界进行物质变换的起始性环节，是所谓经济—生态政府与生态文明建设的根基。

一般讲来，人总是以其强烈的生存欲望，选择有利于自己生存发展的生态环境，并激发他的智能去发现和开发生态环境的利生性，以自身的意志与智慧为动力，以双手和器具为工具，作用于生态环境，创造出有利于自己生存发展的即有价值的东西的。在这一过程中，他的智慧和双手总要以技术工具作用于物，在物对物的作用中发现物可以改变物，并有意识地以人工形式实现这种改变，这就在社会中产生了超越自然限制的技术。其超越性来源于智能与双手的创生能力。而技术一旦产生就成了人在生态环境中生存的人工手段。最初是打制石片的打击技术，制造鱼钩的技术等。技术的出现，使人可以不直接依靠肉体作用于外物，而是通过技术工具作用于外物，这就使人走上了"以物降物"的技术发展道路。单纯的对物的认识是不够的，人对物的认识如知识与科学，一定要转化为"以物降物"的技术、技能，才能改善人的生存。人对生态环境的选择和利用，是靠技术来实现的。正是凭借技术的中介，人们才能利用生态环境实现其生存。没有技术，生态环境大都不能直接成为人的生存资源。技术不仅是人与物之间的中介物，也是物与物、人与人之间的中介物。技术的发展一般是不断改进的，可以累积转化的。当技术的知识基础由经验知识转化为科学知识之后，手工技术就转化为工业技术。而科学作为技术的基础，与技术一道成了人类自由解放的最重要的动力。科学与技术共同构成了生产力发展之母。它不仅为一定的社会奠定物质—技术基础，也为它奠定制度—权力基础、精神—规范基础，并最终渗入人的生活—行为之中。马克思曾经指出：手工磨产生的是封建社会，机器磨产生的是资本主义社会，这一点清楚地表明，在一定的生态环境中，技术成长为人的生存力量，人类世界就建立在它所掌握的科学技术的基础之上。

但是，必须注意到：技术作为对环境加以改变的力量，它与生态环境之间既有统一的顺应生态的一面，又有对立的忤逆生态的一面。当从生产中产生的技术不再顾及环境，不再以环境为归依，而转变为仅仅根据人的经济欲望而自由地规模性地改变环境时，它就走上了生态破坏道路。服务于资本的工业技术就是这样。在今日，所谓"技术的资本主义运用"，就是指人们为了资本增值而对技术力量的滥用，这反倒造成了生态环境的破坏，为人类生存服务的技术反过来危及人类自身的生存基础，这是生态辩证法对人的惩罚。其教训，就是要对技术及其运用进行生态反思和生态改变。于是，以生态为前提的绿色技术、生态性技术的发展，成了第三次工业革命的主题。

从较深的角度考虑，生态环境文明，作为经济—生态政府与生态文明建设的根基，主要在于：宜人的生态环境总是有限的。原始时代的战争，基本上就是选择和争夺生态环境的战争。强的部落占据良好的生态环境，弱的部落被逼到不良的环境中去。而生态环境内部也是分层次的：人对无机的生态要素如阳光、空气、水、气候的选择，人对有机的生态要素如植物、动物的利用与互动，人对可资利用的生态资源如土地、矿物的占有等，在不同时代的不同技术水平下，这些东西都是有限的。地球的有限性、资源的有限性、环境的有限性是一个方面，而人的需要则随着人口的增长有一种内在的张力，它作为一种膨胀的东西则是无限的。它所推动的技术发展也是无限的。这种有限与无限的矛盾，在远古和历代都表现出来。因此，生态环境文明的难题就在于，如何处理这种有限与无限的矛盾？如何以有限性为依据实现人的合理生存与健康发展？今日，人们终于明白：一方面，人们不能不以世界的有限性来约束自己的发展。所谓"可持续发展"，生态化发展，就是这种有限性约束的形式之一，但它并不能解决这一有限与无限的矛盾。另一方面，就是发展绿色科技来相对解决这一矛盾，更主要的是要依赖人的制度理性的干预。只有这个矛盾处理好了，技术与生态、人与环境才能和谐发展，才有文明可言。因此，在今天，生态环境文明的合理化发展，不仅在于人的经济活动不能超越生态门槛，更在于如何以绿色技术还原出绿色的生态环境

来，创造出人与自然的生态和谐。其和谐发展的水平，就是生态环境文明的
合理化水平。

在这里，环境为技术提供运用的基础，技术不违背环境的生态要求，使
技术与环境相一致，相协调，既服务于生态保护，又服务于生产发展，这就
是生态环境文明建设的关键所在。以前的技术创新仅仅追求效率，并为资本
增值服务。新的绿色技术创新，则同时要为生态与生产服务，违背生态的技
术就不能使用。但是，即使是绿色技术，一旦滥用，服务于人的发财私欲，
也会成为破坏力量。生态危机与环境破坏，就是由这种滥用导致的。因此，
控制技术发明的方向和运用，是生态环境文明建设的重要任务。经济—生态
政府与生态文明建设，人与自然界的物质变换，都要以针对自然界、针对
"境"的技术—环境文明建设为根基。这是人类生存发展的自然—技术基
础。所以，经济—生态政府与生态文明建设，它的直接呈现的工作，就是进
行技术—环境层次的生态环境文明建设。这一环节的合理性要求，就在于任
何技术都不能破坏生态环境为前提。

三　以生态物质文明建设为主体（生产—交换—
　　分配—消费的生态公平与生态正义）

生态物质文明，植根于生态环境文明之中，它是在人类社会中发生的人
与自然界之间、人与人之间的物质变换关系的文明，包括物质和财富两环
节。"物质"是就人与自然界的物质变换关系即生产创造的生存价值物而
言，"财富"是就它在人与人之间的物质变换关系即占有和分配而言。在这
个意义上，生态物质文明建设，不能不包括物质与财富两个环节，即物质—
财富文明建设。

人们在他的生态环境中，运用一定的技术，把荒蛮的、与人隔离对立
的、不能享用的自然物，转化为人们可以掌握、可以享用的社会价值物，如
衣食住行、生产交往所需之万事万物。这种人与境的物质变换关系就是人类
赖以生存发展的最根本的社会价值物的创造活动。对此，人们有之则可生存
发展，无之则不能不走向消亡，因而是人的生存发展的命脉，但这只是就物
质创造即生产和交换的层面说。而真正来讲，不仅物质财富的合理创造（生

产与交换），而且其合理的分配和使用（消费），共同决定着社会共同体是否能够合理地生存发展。因而，要把握生态物质文明，就既要考察一定社会共同体的生产和交换，考察其物质创造是否符合"人与自然的合理物质变换"这一自然生态原则；又要考察其分配和消费，考察其是否符合"人与人的合理物质变换"这一社会生态原则。这是马克思生态哲学思想的核心生态原理。通过这两个环节，人与自然界在物质生产上的合理化，以及人与人在物质分配方面的合理性，就都可以得到分析。

这就是说，物质—财富的合理创造与合理的分配享用，决定着人们是否能够合乎生态地生存发展，它是文明发展的主要任务。因此，生态物质文明建设是生态文明建设的主体工程。

通常，人们把物质财富的创造过程，理解为"物质文明"。但是，所谓"物质文明"，是一个仅仅与精神文明相对立的非社会、无倾向的概念，不适合描述有要求、有意向的生态文明。只讲"物质文明"，就把对文明的社会分析排除在外了，因而无法分析其符合人理的程度，无法分析其文明的人伦发展水平和合理分配水平。例如，它无法分析人们在物质上的不同占有和分配，而这却是文明不文明的关键。因而，这是一种不全面的方法。而"财富"的引入，就可以改变这种情况。因为，"财富"是"物质"的社会本质，"财富"总是有主的，是对主体而言的，是个倾向性的经济学、政治学概念，可以涉及财富的占有和分配。马克思的名言是：财富不过是物质资料的法律用语。换句话说，"物质"是指生产的创造物，是对它的客观的、抽去主体性的、没有所属关系的指称，"财富"是对它的主观的、包含主体性的、有了所属关系的指称，因而它规定着"物质"的社会属性。"物质—财富"并提，就既可以用来分析它的生产和交换，又可以分析其占有和分配，使用和效能，从而可以分析它文明不文明。要知道，生态文明不是要创造更多的"物质文明"，恰恰相反，而是要看这种物质创造是否符合生态规律以及它在社会共同体中如何分布和分配，如何使用和消费，是否达到了生态公平和生态正义。所以，就生态文明而言，只有从"物质—财富文明"这种存在性与本质性的双重视角，才可以从生态价值层面上把握其合理化程度。

事实上，自从文明发生以来，任何物质方面的文明都是与一定的所有制相联系的，而与所有制相联系的物质文明就是处在生产关系、社会关系、分配关系中的"财富"文明。"财富"这一本质属性的引入，使人们不能不考察一个社会在物质成就方面的社会普遍享用程度。跳过这一层，不利于对文明做合理性分析与合法性批判。也无从谈论生态——社会革命。所以，从生态文明来看，必须把"物质——财富"结合成一个概念，才能考察其文明不文明。

这就是说，物质——财富并提，涉及人在物质——财富世界的基本矛盾。这种矛盾是：财富一旦可以集聚起来，就会被有势有力的人所占有，形成生产资料私有制，而财富的私人占有总有一种极大化倾向，这种极大化倾向如果没有禁阻力量的节制，就会形成为一种对他人的侵犯性力量，结果不能不形成财富占有的两极分化。如前表明，从世界总体情况看，一方面是20%以下的人占有80%以上的财富而形成价值密集状态；另一方面是80%以上的人只占有20%以下的财富而形成价值稀薄状态。这种人数与财富的反比占有的对立情况，不能认为是符合生态和符合人伦的，不能认为是文明的。因为这种集聚不再是为了生存的基本需要，而是为富而富，为竞争而富，为统治他人和世界而富，因而必然在社会中造成反生态的两极分化，这是它的不合理、反生态、非文明的根源。它只能被视为人的动物性的不文明的表现，或者说是人的动物本性的社会形式。但是，历史事实表明，人类自进入阶级社会以来，社会总是处在这种价值密集与价值稀薄的矛盾对抗状态，它有时缓和，低于上述比例，社会就比较和谐、文明；有时远远高于上述比例，社会就动荡不安，文明就转化为不文明。它的强度可以让成千上万的人为之流血，为之生死，以至改朝换代。历代以不同形式表现出来的贵族与平民的斗争，都是这一问题的体现。

这种对立，这种矛盾，是人类世界最不文明的体现，也是反社会、反生态的体现。这就昭示了它的根本解决途径，就是消除这种两极分化。即主要靠"制度——权力"层面的调控，使社会的物质——财富在人群中的分布或者说占有，趋向相对平衡，实现公平正义（即社会主义要求）的分配。所以，生态物质文明建设，除了人与自然之间的合理物质变换即生态性生产之外，最主要的就是在分配上的公平与正义。这是社会生态原理的基本要求，也是经济——生态政府与生态文明建设的核心问题。

总之，在今天和今后，生态物质文明建设的最高体现，就是通过人与人的合理物质变换（分配正义与消费正义），而反过来达到人与自然界的合理物质变换的实现（生产正义与交换正义），这是马克思的基本生态哲学思想的当代体现。但它不能自动实现，而有赖于生态制度文明建设的保障。

四 以生态制度文明建设为保障
（经济—生态政府的构建）

生态制度文明，植根于生态物质文明之中，它是人类社会调节人与人的、人与社会的以及人与自然界的利益关系而使其合理化的文明，也是一个社会共同体的存在方式的文明，它一般包括制度和权力两环节。在任何足够大的社会共同体中（如国家），都有它的支配共同体的制度—权力机制。由于生态文明不是自发的，任意的，而是必须根据自然的与社会的生态原理加以自觉构建的，因而，它需要强大的制度和权力的保障。所以，生态制度文明建设，实质上就是进行"制度—权力文明"建设。

人作为社会存在物，不是以孤立个体的形式存在着，它总是以社会共同体的形式共同生存发展。共同体存，其人则兴，共同体亡，其人则伤。而任何共同体，小到家庭，大到国家，即一个相对独立的人—境生态系统，作为一个生存整体，它都需要从整体上加以组织、控制和管理。因而，在任何足够大的共同体中，都有它的支配共同体的组织体制。在原始时代之后，在任何社会共同体中，都有它的任何组织体制和其权力中枢，它成了社会共同体的代表，以致这种共同体成为一种政治共同体。同时，人—境生态系统中的技术—环境因素，物质—财富因素，发展到一定的水平，也都要求社会性的组织和管理。特别是稀缺的"物质—财富"的主体归属性和社会争夺性，它作为人的生存价值世界的基础，本身产生了保护和管理它的必要。于是，以物质—财富世界为基础的组织管理体系便不能不建立起来。任何一个人—境生态系统或社会共同体，都不能不靠这种组织管理体制来维系。它把人结合成为一种分层的社会整体，使人人都成为社会不同层次的要素，规定着人的社会性和社会的组织性。

重要的是，一定共同体中的这种相对稳定的组织体系，一旦以习惯的或法律的形式固定下来就成为制度，它是政治共同体的相对固定的组织体制，而制度的这种组织功能又是靠其权力来维持的。制度是权力的组织形式,权力是制度的运行功能。制度与权力同在。或者说,组织的惯常结构形式形成"制度",管理的影响范围和力度形成"权力"。即制度是它的存在层面,任何社会共同体都有其制度;权力是它的功能属性层面,任何制度都有它的权力属性,都由它的权力本质所规定。只讲制度或只讲权力,都不能揭示它的深层特质。制度与权力不可分割。一般来讲,制度为体,权力为用,一个共同体才能有其形,成其态,才能运转和生存发展。只讲制度不讲权力,就抓不住关键;只讲权力不讲制度,就抓不住本体。因而,必须"制度—权力"并提,才能完整地把握住主导社会共同体的关键因素。

这就是说,在任何社会共同体中,制度—权力因素都是该共同体的调节控制因素。没有制度—权力的保障,生态文明就不能依生态规律和生态要求而活动。因为生态文明不是自发的文明,而是自觉的根据生态规律和要求而构建的文明,它需要强大的制度保障和权力调控,才能向生态文明方向发展。例如物质—财富文明建设,由于和人们的生存利益息息相关,由于是要在利益生产与利益分配上发生革命性变革,从来都不是可以自动实现的,它需要在制度—权力系统的调控下才能实现。因而,制度—权力文明的建设,是物质—财富文明建设的制度保障。而制度—权力文明建设的核心,是在把自身建设成为经济—生态政府的同时,保障人与自然、人与人的生态性的合理物质变换,保障社会在物质财富的生产和分配上的生态公平和生态正义。所以,生态物质文明也好,生态环境文明也好,甚至生态精神文明建设,都需要强有力的生态制度文明的保障,才能有效地走向每个人与一切人共享的生态文明方向。

更深一层看,生态制度文明作为生态文明的构成要素,它不是无选择、无方向的。那种为少数特权者服务的、那种让资本逻辑任意践踏自然和民众生存的、搞两极分化的制度和权力,与文明是背道而驰的,那种高内耗(争斗内耗、贪腐内耗、结构内耗、耗费内耗等)、广征服(如帝国主义)的制度和权力,不是社会主义的,也不可能是文明的。马克思指出的"自由人的联合体"这种发展方向,是对传统的制度—权力体制的否定,是一种公共性的社会体制,是一种"自由人"的民主共和的联合体制,因而它是生态制度文明的发展方向的极致。而作为一种符合生态原理的体制,它应当是能量消耗最小而社会功能最大的体制，是没有内耗的优化体制。所以，生态制度文明不是自发的，任意的，而是必须根据自然的与社会的生态原理加以自觉构建的。只有生态制度文明本身建设好了，它才能支配整个社会共同体及其各个环节的生态文明建设。一个社会文明不文明，既体现在它的制度设置中，又体现在它的权力运行中。所以有"制度文明"与"权力文明"的分别提出。制度是简洁还是臃肿，是任意组织还是科学设定，权力怎么取得，怎样规范约束，本身就是重大的社会生态问题。这个问题的解决绝不是简单的，人类文明通过几百年的发展所形成的宪政制度，就是解决这一问题的较好的方式。一个社会的制度—权力层次，可以是最不文明的，也可以是最文明的。制度—权力文明，既是指它的生成性、构成性的即自身的文明，也可以指它在功能上的文明，并且通常这两者是一致的。

因此，生态文明建设，关键是生态制度文明建设，它是一切文明建设的保障：既保障自身也保障整个共同体的生态文明发展方向。"经济—生态政府"和它的生态文明制度建设，是它在当代最重要的体现（详见第二篇）。

五　以生态生活文明建设为归趋（生态生活、生态行为与人的生态实现）

生态生活文明，作为人在物质分配基础上的物质生活文明，植根于以上各个文明层次的构建之中，是其共同体现。它是人自身的、人与人的以及人与社会在个人生活、社会生活中的价值追求与行为体现。

1. 生态生活文明的特征

人作为一种生活的、行动的、实践的，有其需要、情感和意志的感性存在物，他的一切都不能不体现在他所追求的感性的生活与行为之中。生活，其丰富性可以包含人的一切感性活动，它形成人的"生活世界"。而一切生活，它的内容、形式等，人在社会中进行的生活活动，又是通过人的行为体现出来的。生活是行为的名词，是存在性概念，人总是在生活着；行为是生活的动词，是实现生活的功能性、活动性概念。不讲生活，行为便无所根、无所据；不讲行为，生活就无法体现出来。所以，"生活—行为"是一个整体，形成人的生活—行为世界，因而，生活与行为应当并提。

　　人的一切都是为了生活，因为生活是生存的方式，无生活也就无生存。生态文明建设，从根本目的上说，就是为了人们能够长久地合理而健康地生活。在这个意义上，它是生态文明建设的归结点，即它要归结在人的生活—行为文明之中，否则一切都是空话；而人的生活—行为又必须趋向生态文明方向，否则，就会走上破坏生态的道路。人的生活—行为世界所达到的生态合理化程度，形成了人的生态生活文明。这里的合理化，既是符合自然生态之理的合理化，又是符合社会生态之理的合理化。

2. 生态生活文明的本质

　　重要的是，生态生活文明不是凭空的，它在本质上依赖于人在社会财富上的合理分配与合理消费。没有分配与消费的生态合理性，生活—行为文明就会成为空话；在合理分配与合理消费的基础上，实现人的合理生存与健康发展，这是马克思的每个人与一切人的合理生存与健康发展原理在生态生活文明中的体现，是生态生活文明的根本原理。而合理生存与健康发展，就建立在物质分配的合理性与物质消费的合理性之上。

　　生态生活文明之所以依赖于物质分配与物质消费的合理性，在于人的生活—行为是个耗散系统。它要靠耗费物质财富才能维系和运转。通过这种耗散，维持人的生命的存在和发展以及社会的存在和发展。人在物质生产方面所创造的生存价值世界，人通过社会分配而得到的生存价值物，人能掌握的社会物质财富，除了用作建设、发展和积累之外，最后都不能不通过人的生活—行为而消费掉、耗散掉。如果说，技术—环境层次是自然富源进入人的生活世界而形成物质—财富的社会"入口"的话，那么，生活—行为层次则是社会物质—财富通过分配与消费的"出口"——即耗费掉。生态资源通过技术—环境这个入口进入人类世界，又通过生活—行为这个出口返回到自然界，通过这种输入和输出，有用自然物转化成了废物、垃圾返回到自然界，败坏自然界，从而破坏了人赖以生存的自然生态系统。生态生活文明建设，就是要使这样一个生态破坏过程最小化。因而，就生态文明建设来说，控制"出口"，使它在耗费方面生态化、文明化、最小化，是控制"入口"即控制生态破坏的开始点的有效手段。人类生态危机的根源，根本上在于资本推动的过高生产与过高消费。因而，经济—生态政府与生态文明建设的重点之一，就是通过约束人们的生活与行为，使它在物质消耗方面生态化、文明化、最小化，从而约束人们的过高消费和过高生产，特别是发达国家的"发达"的消费，即克服消费异化。

因此，人的生态生活文明建设的重点，一是社会物质财富的合理分配，二是在合理分配基础上的合理消费，生态消费。不可想象，当前世界上的富国和富人的异化消费，这种巨量耗费物质财富从而巨量破坏资源和生态环境的生活与行为的大量存在，能够奢谈世界性的生态文明。因而，生态生活文明建设，必须通过社会性的合理分配与合理消费，实现人的生态生活、生态行为与人的生态实现，才有可能把生态文明落到实处。在这里，主要就是要求经济—生态政府，通过制度—权力文明控制社会财富的入口和出口，即既以生态的名义控制生产和交换，又以生态的名义控制分配与消费，控制社会活动、政治活动的社会性消费，特别是经济—生态政府本身的清廉和节俭，是进行全社会和一切人的生活—行为文明建设的关键。通过生态生活文明建设，既消除一切人的过度耗费，又消除每个人的稀缺消费，即实现每个人与一切人的合理生存与健康发展，是生态生活文明建设的归趋。

但是，生态生活文明也不完全是被动的，它同样是人的主动构建过程。人毕竟是能动的有觉悟的主体，是为自己和他人的合理生存与健康发展而奋斗和献身的主体。因此，生态生活文明建设，还要依靠人自身的生态化发展。如前所说，人首先应当建设成为生态人——生态精神文明建设就是为了把人建设成为生态人。只有生态人的形成，人才能自觉约束自己的非基本消费，也只有人人都能达到这一步，人们才能实现自己的生态愿望、生态福利，才能在改变自己的非生态行为中也改变别人，从而拯救全人类，拯救地球这个宝贵的唯一的人类赖以生存的生态系统。

在这里，对生态生活文明建设，还需要全面理解，即它体现在两方面：个体方面与群体方面。个体，即每个人的生活与行为；群体，即形形色色、大大小小的共同体，特别是从家庭这种稳定的最小共同体，到政府这种从基层到高层的最大组织实体，它们同样有其生活与行为。因此，生态生活文明建设，也应当明确从这种个体的与群体的两方面进行。就个体而言，主要是个体的衣、食、住、行、用的生活—行为。而就群体而言，则比较复杂，它涉及类群的、社会的、政治活动、经济活动、文化活动以及军事活动等的消费，并且是有可能超过所有个体的生活与行为的消费。因此，反对消费异化，既要反对个体的消费异化，也要反对这些社会性、群体性的过高消费，异化消费。这就是说，全社会、每个人与一切人，特别是群体的消费，都应当放在生态天平上加以衡量，是否符合生态道德、生态原则。节制消费，是生态时代的大事。

在这里，生态文明建设应当区别：在一个共同体中，所有个体的消费与作为群体的公共消费，其对财富的耗损应当有怎样的比例，才是符合生态原理的。力图降低整个社会的熵增现象，使人的消费和耗费不破坏人—境生态系统的生态平衡，这是生态生活文明建设的一大原理。

3. 生态生活文明与其他文明的联系

人的生活—行为世界建立在人性的自然要求、人的意志与情趣的自由选择和生活的丰富多样性之上，建立在一定的文化形式之中。人总是利用各种文明的成果，创造发展自己的人性的生活世界。它是人的生存价值世界的人的实现层次，也是其他各层次文明在人身上的显性表现。相应地，其他各层次文明则是它的隐性的但却对其有决定意义的层次。因此，生态生活文明，不仅是人的生态意志的实现，也是整个社会的生态意志、生态伦理实践和生态理想的实现。这就是说，人的生活—行为文明不是孤立的，它一是建立在人的物质生产和物质分配基础上，二是受一定的制度—权力的规范和调控。三是受人的精神—规范的制约和主导，在这三个大的前提下才有人的生态生活文明的形成。

当然，人的生活—行为世界，总是处在形形色色的矛盾之中。人作为高等动物，至今未能完全摆脱人的动物本性中高于别人、统治别人、主宰别人的一面。人有理性，但又有非理性的一面。人的这种理性与非理性、动物性与人性的矛盾，人的温和与残暴的矛盾，都会直接反映在人的生活—行为世界里。人的生存境遇的有限性与人对生活的无限期盼，人的行为的任意性倾向与社会的生态性约束要求之间，也从来都是有矛盾的。这种有限与无限、任意与约束之间的矛盾，使生活—行为世界的生态文明建设充满不确定性。但是，人在生活—行为方面表现出来的人对人的宽容、礼让、善意、关怀、合作、互利、共赢、共存以及为此而对自身的限制、约束等，以及人对真理与正义的追求，对民主、自由与平等的向往与努力，这些毕竟越来越成为社会历史发展的主流。马克思所期望的每个人与一切人的生态性的合理生存、健康发展与走向自由解放——即从自然的必然性统治与社会的必然性统治中的解放，不仅是可能的，在经济—生态政府与生态文明建设中也会成为现实。自己生存也让别人生存，自己发展也让别人发展，自己自由解放也让别人自由解放，即共存理性，是对人的生活—行为文明的最为合理的要求。这就是说，人们的物质—财富文明建设，制度—权力文明建设，最后也不能不归结到人的生活与行为中来，这样那样地规范着人的生活—行为世界。而生态生活文明建设，就是要在这些建设的基础上，在具体的生态环境文明之中，进一步通过人的感性生活，实现每个人与一切人的生态性的合理生存、健康发展与走向自由解放这一根本价值方向。这是马克思生态哲学思想的也是整个马克思主义的最高价值追求，当然也是生态文明建设的最高价值追求，它通过人的生态生活、生态行为而达到人的生态实现。

这就是说，前面各环节在总体上所达到的生态水平，都会返回到人的生活—行为文明之中。因此，生活—行为文明，既是各层次的基础，一切都以这里为起点；又是各层次的总体表现和集中体现，是它们集中显性的常规状态，并在这种辩证的反复规定之中不断在生态文明的意义上发展和丰富。

4. 五层并举的全方面生态文明建设

概括前面五个方面，可以说，文明的五个层次在生态文明中的功能是既不同又互补的：生态精神文明，是生态文明的主导，是生态文明建设的精神动力；生态环境文明，是生态文明形成的根基，它为生态文明奠定了生存价值世界的形成基础；生态物质文明，是生态文明的主体，它为生态文明构建了物质技术基础以及生态生产与生态分配；生态制度文明，是生态文明的关键和保障，它为生态文明框定出了合理性与合法性范围，提出生态公平与生态正义的准则；生态生活文明，是生态文明的归宿与人的体现。一般来讲，只有前者的良性构建，才有后者的合理的正常的发展。所谓经济—生态政府和生态文明建设，就是指这些基本层次在一个社会共同体中互相促进所达成的生态合理化程度，它体现在人的生存价值世界的各个层面。如果这是对的，那就是说，对经济—生态政府和生态文明建设的分析，应当具体到对这五个层次的生态合理性的分析。进行社会主义的生态文明建设，更应当把这五个层次作为一个有机整体进行建设。那种把生态文明与物质文明、制度文明和精神文明并列起来的做法，只是一种外在的理解，对于初步开展的生态文明建设来说还可以，但是，对于力图建成的生态文明社会来说，并不存在处于生态文明之外的与其并列的物质文明、精神文明等。

最后，还想指出的是，文明的历史发展趋势，规定了当代经济—生态政府与生态文明的发展路径。就其应然性上说，它在生态环境文明层面的体现，是力图构建绿色的生态和绿色的技术；在生态物质文明方面的体现，既在于通过物质财富的生产创造使人们可以超越贫困，更在于占有与分配关系的公平合理，克服两极分化和一部分人的物欲膨胀给大众和环境带来的灾难，而以实现每个人与一切人的基本生存发展需要为目标；在生态制度文明层面的体现，主要在于建构一套科学的、符合人理、主权在民、清正廉洁的生态制度；在生态精神文明层面的体现，主要在于形成人性与理性相统一的文化形式和生态化的伦理道德观念，力图以生态原理规范人的生活、行为与种种社会性的活动，规范人的生存价值世界的均衡占有与均衡消费，实现人与自然、人与人的和谐共存的生态局面。这也就是要求人的生活—行为世界，应当是有限的、有节制的、让自己生活得好也让别人生活得好的共同生存世界。否则，就只能是不合理、不文明的"动物世界"。在当代，经济—生态政府与生态文明的发展路向就体现在技术—环境层面的绿色化生态化、物质—财富层面的公平正义化、制度—权力层面的科学民主化、精神—规范层面的生态化与人性化、生活—行为层面的和谐化与共生化的发展水平。使人们所创造的生存价值世界，成为人人都可以合理生存、健康发展并走向自由解放的保障世界。

这就是说，对于今天的复杂社会来说，生态文明建设要想成功，必须进行五层次全方位的整体性生态文明建设。生态文明建设愈向深处发展，就愈需要全方位展开，五环并举。当然，任务艰巨复杂，但为了人们的健康生存和全人类的持续生存，势在必行。中国在世界上率先提出走社会主义生态文明建设之路，这就首先要对生态文明有正确深入的把握，才能引领世界文明的生态发展方向。事实上，生态文明就在于对肆意膨胀的资本逻辑的克服，它在本质上就是社会主义原则在当代生态问题上的新发展。

这样的五层次全方位的生态文明建设，一般是通过政治性的全面发展战略而实现的。

第四章

人—境生态系统的生态原理生态逻辑
及其对生态文明建设的要求

【小引】马克思的人与自然界是同一个生态整体以及它的一系列生态原理，都具体体现在人—境生态系统中。人—境生态系统是人与自然界形成的充满矛盾的生态系统。在人—境生态系统中，人的主动构建在于既把自然纳入人的社会体系中，按照社会的逻辑而发生作用；又把人与社会纳入自然体系中，按照自然的逻辑而活动。这种双向构建就形成了支配人—境生态系统运动发展和物质变换的生态原理和生态逻辑。其物质变换原理主要有：人的合理构建原理和环境的生态有限原理；人—物相生尺度原理和人—物变换限度原理；以及作为整体的合理生产与合理消费原理；输入输出合理化原理等。所谓生态逻辑，就是在一定的人—境生态系统中，如果人们遵从这些原理，人—境生态系统的生态状况一般表现为互济互生的正值，生态逻辑并不表现出来；如果人们违背这些原理，良性的人境互生系统就会转化为恶性的人—境互戕系统，使人的良性生存转化为恶性生存。生态逻辑是人—境生态关系的负值逻辑，是负值增长的逻辑，由于"境"与"人"的生态相关性，生态逻辑就体现为"人"对"境"的危害会反转过来成为"境"对"人"的危害，这种危害随着生态负值的扩大而扩大，加深而加深。人与自然界的生态平衡是生态逻辑的起点，可以用"0"表示，不平衡可以划分为从-1到-9的10个等级。-4级应当定为生态红线。生态逻辑的负值一旦达到-6级，就会出现生态悖论：即人越是要解决生态问题，生态问题就越会严重。生态原理和生态逻辑的存在，要求人们树立生态理性，进行生态实践和生态文明建设，以保障人—境生态系统的持续存在。

【**新词**】人—境生态原理　生态逻辑　生态负值　生态悖论　生态红线生态理性

马克思的人与自然界是同一个生态整体以及它的一系列生态原理，都具体体现在人—境生态系统中。人—境生态系统是人与自然界形成的充满矛盾的生态系统。人—境生态系统作为人们在一定地域环境中生长生存的生态生存系统，是人与自然界的物质变换系统。因而有它一系列的生态性的物质变换原理，以及由于人们对这些生态原理的违背而形成的生态逻辑。问题在于，人们常常不知道或罔顾这一点，好像人与自然界的物质变换是无条件的，无止境的，可以无限进行的。

在人—境生态系统中，一方面是人把自己的生命力、创造力、生产力（马克思所说的人的本质力量），通过劳动、通过生存实践活动转化到自然物之中，把自然物变换为适应人的生存需要的价值物，即人的生存价值世界；另一方面，被转化、被改变的自然物——即自然的物种的力量和尺度也改变着人，转化为人的生命的力量和欲望、知识、技能等。这样一来，人的力量和欲望、知识和技能等就是一种增量，一种不断随着物质变换而发展强大的增量，这种增量反过来扩大和加强人与自然之间的物质变换，从而迫使人—境生态系统在物质变换上成为不断膨胀变革的系统。由于人—境生态系统中的环境又总是一种相对限制因素，而人的欲望又总是膨胀的，这就不能不产生人与境的生态矛盾。人们通过人与物的相互转化和物质变换，不断产生和不断解决这种矛盾，从而实现自己的生态发展。这一过程当然有它一系列的原理。

一　人—境生态系统的生态原理

人—境生态系统是个有限的耗散系统，它一方面要通过物质、能量、信息的不断耗散而维持系统的存在，一方面又要节约这种耗费，才能维持人—境生态系统的长期存在，才有人的生存发展可能。这就决定了生态文明建设必须研究、发现其中有些什么原理，如何遵从它们，以保障人—境生态系统的良性发展。人—境生态系统的三维结构和五层关系，以及它的有限性、耗散性和矛盾性，规定了它的一系列原理。

1. 人的合理构建与合理调控原理：人—境生态系统的生成和运作原理

人—境生态系统，是"人与人"的社会生态系统和"境与境"的自然生态系统在社会中的两相结合而形成的人与境的物质变换系统。它的合理性，既依赖于人与人的社会生态系统的合理性，也依赖于境与境的自然生态系统的合理性。社会对它的合理构建，就体现在人与人的、境与境的和人与境的三层关系之中。由于人是人—境生态系统中的构建者，调控者，左右者，一定的人—境生态系统之所以形成，主要就在于一定的人们在一定环境中的积极主动的合理构建。而人不论在怎样的生态系统中，都是一种积极主动的作用力量和为自己的生存而控制、调节和改变他的自然生态环境的力量。在人类早期的氏族、部落的游荡时代，稳定的人—境生态系统还没有形成。一定地域的部落联盟的出现，开始走向相对稳定的人—境生态系统的形成，中国的夏、商时代就是这样。由于早期人们的生产力、调控力都还比较弱小，最初形成的稳定的人—境生态系统都很小，在希腊是城邦国家，在中国是西周封建的诸侯小国。随着生产力、调控力的增强，罗马和秦汉的大帝国即国家这种大的稳定的人—境生态系统才出现。但它的合理构建也是有限度的。历史上亚历山大和成吉思汗等的欧亚大帝国之所以很快瓦解，就在于其所构建的军事国家，由于其"人与人"之间不能形成稳定的社会生态系统，因而其稳定的人—境生态大系统也就不能形成，从而不能不瓦解。历史上形成的稳定国家大都是民族国家，就在于其人、其境都相应地形成了一种稳定的生态系统。在一个国家内部的省与省、县与县的划分也是这样，往往不能不因其山岭水域的地理环境以及民族的文化的不同而划分，不能太大也不能太小。这些都是人的合理构建原理的实际表现。这一历史形成的原理表明，在进行生态文明建设时，合理划分和构建稳定的人—境生态系统是个基础工程。

问题是，人的调控和改变是随着人的数量和能量的增长而增强的，随着人与其需要与能力的增长，而不断把自然的东西以增量的形式转化为人的东西，也以增量的形式把人的东西转化和作用到自然界中去，实现人与自然界之间的不断增长的物质变换，以满足人的生存发展需要。这就出现了人们合理调控的问题，人对自然对象的调控必须既符合自然对象的性质和要求，又合乎人类自身的合理要求，即既符合自然对象之理，又符合人的合理要求之理，才能在一定人—境生态系统中实现自己的长久生存。这就是说，合理构建原理主要体现在系统的形成方面，而合理调控原理主要体现在对系统中物质变换的增量控制方面。如果人们不对这种增量进行合理调控，一定的人—境生态系统就会受到破坏。两者结合就形成系统的人的合理构建调控原理，它决定着一定人—境生态系统的兴衰。在这一原理的牵动下，以下一系列原理就都活动起来，并且受以下原理的支配。

2. 境的资源有限和纳污有限原理：人—境生态系统的物质变换前提原理

人—境生态系统是建立在一定的有限的自然生态系统之上的系统。自然生态系统是个自循环、自平衡的生态系统，它作为一定时空中的存在，是个有限系统，有它的具体条件和资源，有它一定的污染容量，这些形成了它的资源有限性和纳污有限性。地球的有限性，资源的有限性，进行生态降解的纳污能力的有限性，以及由它形成的人—境生态系统的有限性，这是一个生态铁律。而人的欲望和其生产创造能力却是走向无限的增量，但是不论人的能量如何增长，都难以改变自然界的这种资源有限和纳污有限性，因为它是受自然界、自然事物的数理、物理、生理这种自然规律支配的，而不是由人支配的。所以，在任何人—境生态系统中，都存在着"境的资源有限纳污有限原理"。它表明，人—境生态系统中的物质变换是有限度的，人要良好生存，就只能在资源有限纳污有限原理下活动。这是人类发展活动的大前提。

3. 人—物相生尺度原理：人—境生态系统的生存价值创造原理

在人—境生态系统中，在"境"的资源有限原理之下，是人的创造原理。但人的创造不是神话般的随意创造。马克思在讨论人的生产创造活动时，指出了这种创造是在"人所固有的尺度"即人的尺度与"物种的尺度"的双重规定性下的创造：

> 动物的生产是片面的，而人的生产则是全面的；动物只是在直接的

肉体需要的支配下生产，而人则甚至摆脱肉体的需要进行生产，动物只生产自己本身，而人则再生产整个自然界；动物的产品直接同它的肉体相联系，而人则自由地与自己的产品相对立。动物只是按照它所属的那个物种的尺度和需要来进行塑造，而人则懂得按照任何物种的尺度来进行生产，并且随时随地都能用内在的固有的尺度来衡量对象，所以，人也按照美的规律来塑造。①

这里所谓的"物种的尺度"，也就是事物的数理、物理、生理尺度，这也应当包括自然事物之间的生态尺度。而所谓"内在固有的尺度"，就是人的尺度，人的生理、心理、人理尺度，也就是由人的生存发展需要所规定的人类学价值尺度。人的任何生产实践，都是在这两种尺度的规定下进行的。在这里，人的尺度成于物的尺度，物的尺度成于人的尺度，二者相互作用，相互适应，相生相成，从而创造出人的生存价值物，创造出一个生存价值世界。所以，人—境生态系统中存在着人—物相生尺度原理。人—境生态系统的维系，既在于人以他自身的人的尺度在自然界中利用自然生成某物，又在于自然物也以它的物的尺度作用人，要求人，并在人的作用下向人的需要转化，成为自然的人化物。这是人—境生态系统中的最基本的物质价值变换过程。问题是，人们常常不知道这种物质变换过程是有尺度的。其表现，一在于主观欲望的无限膨胀，二在于不知道自然界也有它的数理物理规律和转变要求，形成一种盲目的实践活动，如要求土地亩产数万斤粮的"大跃进"等，就在于不知道人—物相生尺度原理的存在。

事实上，任何事物都有它的尺度。所谓尺度：既是质的尺度，又是量的尺度。人—物相生尺度要求人的尺度有利于客观自然界的物的尺度，按照物的种属生态规律把握事物；物的尺度有利于人的尺度，以物的种属生态规律适应人的需要，转化为人的生存价值物，实现人的合理的目的和要求。其中包括量的关系，可容忍程度等。只有在这种双重适应的情况下，才能越来越深地达到人成于物、物成于人，二者才能相生相成。一般讲来，人们遵从人—物相生尺度，就会在其人境互生系统中创造其生存价值世界。人类的前

① 马克思：《1844年经济学—哲学手稿》，刘丕坤译，人民出版社1979年版，第50—51页。

工业时代大体就是这样。而工业时代——由于产生了资本和工业技术这个文明的怪物，就开始破坏人物相生尺度，向人—境相克转化，终于酿成今日的生态危机。

4. 人—物变换限度原理：人—境生态系统的有限变换原理

境的资源有限纳污有限原理或者说生态有限性表明，人—境生态系统中存在着人—物变换限度原理。因为对于我们赖以生存的这个地球来说，无论就其存量资源还是就其（由太阳能源催生的）流量资源来说，都是个有限常数，因此，这种系统是一种既受人的增长逻辑推动又受自然物质的常量制约关系制约的有限物质变换系统。它表明人与物的相互变换，不能超越自然环境的数理、物理与生理限度，这也就是马克思所说的人与自然界的"合理的物质变换"的自然根据。换句话说，这种变换，既不能破坏整体生态系统的现存的良性运转，也不应破坏其未来的良性运转（可持续发展）。如何理解和掌握这种合理物质变换的限度，是个非常复杂也非常重大的生态科学技术问题。不把这种限度研究清楚，我们就只能像动物那样在遇到生存灾难时再转而陷入逃生的被动局面。但是，它首先依赖于社会支配关系的合理性。资本逻辑的统治，不可能使这种变换关系合理化。例如，当前国际上的限制大气排放物的生态举措，在本质上就是要求遵从这种人—物变换限度，但要达到这一步是很难的。美国始则抵制，续则加入又退出，就是明证。人—物变换限度原理，也就是马克思的人与自然的合理物质变换原理在一定的人—境生态系统中的具体体现。在当前，如何在发达国家坚持其人—物变换限度原理，是个世界性的大问题。

5. 人—境生态系统的社会生态原理：合理生产与合理耗费原理

人—境生态系统，也是个物质和能量的耗散系统，这种耗散，从直接性上说是通过生产而发生的，但生产是为了消费，生产直接就是消费，而消费反过来决定生产。所以，从间接性上来说，是通过消费——生产的耗费与归根结底的生活的消费而造成的。如果说，生产是有效的自然物质能量进入人的社会生活的入口的话，那么，耗费则是让这些物质能量转化为无效有害废物的出口，并且通过这个出口又返还于自然界，这就导致自然生态的异化，这就是人对自然生态发生巨大破坏作用的根源。所以，合理生产与合理消费，是生态系统中的铁律。它是马克思的人与自然、人与人、人自身的合理物质变换原理在人—境生态系统中的具体体现。因此，对于生态文明来说，通过节制消费而节制生产，以及通过节制生产而节制消费，是一种根本途径。当然，这里的消费不仅仅是指狭义的人的个人生活消费，它也是指广义的社会消费、战争耗费、公共损耗、生产耗费等。人类 5000 年历史没有对自然生态造成大的破坏，主要在于其生产和消费规模都比较小，比较浅，没能深入自然骨髓。而近 300 年的工业生产之所以导致了生态全面恶化，就在于它同时是一种巨大耗费，是通过耗费而反作用于生产才导致了生态恶化。所以，对于任何人—境生态系统来说，要使其成为人境互生系统，就要从节制生产和节制消费着手。这是人—境生态系统中最为重要的社会物质变换原理。古代一些地区由于过度消费森林，从而导致绿洲沙化，是最明显的例子。

6. 人—境生态系统的和谐运作原理：系统的合理输入输出原理

人—境生态系统是个输入输出系统。输入的一方面是"人"的需要、意志、观念、技术等，一方面是"境"的物质、能量、信息等，它们在人的生产实践活动中实现物质变换，然后形成生存价值物和垃圾一同输出，价值物实现人的需要，垃圾则败坏自然环境。通过这种不断的输入和输出，人—境生态系统就同时成为一种耗散系统。问题是，一旦人的输入是人的超绝欲望等不合理的要求，也就要求自然方面的超常输入。然而，由于自然有常，生态有限，人的超常的不合理的输入必然导致自然生态的破坏，其输出也就不会合理，不会符合人的需要。所以，这里客观地存在着输入输出的合理化原理，只有合理，系统才能和谐运作。这是马克思的物质变换原理在系统运作中的体现。

7. 人—境生态系统的修复原理：系统的生态保护与生态补偿原理

由人构建的人—境生态系统，是随着人的生存发展而发展的系统。因而，它的基本功能，是把自然物质存在转化为社会物质存在的物质变换系统。考虑到自然环境有它的生态大限和生态可续性要求，有它的资源有限和纳污有限原理存在，就此而言，这种物质变换不能不是有限的（物质变换限度原理）。问题是，人的自然数量，受生物规律的支配，是个力求以几何级数增长的增量，而人的需要在环境和技术许可情况下更是个无止境膨胀的增量，这些迫使人类社会本身也是个膨胀着的增量。在这三大增量的张力下，人—境生态系统就不能不是一个不断膨胀着的增量系统。这不仅表现为自原始时代以来人群的扩大，从而使人—境生态系统在数量上扩大，也更体现在各个系统内部规模的扩大和活动效能的提高。但是，今日人们的生态觉醒，就在于认识到这种增量系统不是无限的，而有它的生态大限：即不能超越自然环境的生态容量和生态良性循环的可能性的限制（生态有限原理和物质变换限度原理），一旦超越，就要进行生态补偿，它既包括对生态环境的保护和修复，又包括对代替不可再生资源的新材料新能源的创造，通过这种保护和补偿，保障人—境生态系统的正常持续运行，否则不能长久运行。此即"生态保护补偿原理"。今天人类的生态治理，大都是这一原理在作用，但是，比起人的生态破坏来，它的力度和办法都还很不够。

以上是从"人"到"境"、到"人境关系"以及生态整体的基本原理。当然，这里的总结还是初步的，还可以总结出一些原理来。

二　人对生态原理的违背：生态逻辑的生成

上节讨论的这些物质变换原理，存在着这样的相互关系：人们大都是在人的合理构建原理的支配中活动的，但这种活动一要遵从资源有限原理，在这一大前提下活动；二要遵从"人—物相生尺度原理"；三要遵从"人—物变换限度原理"；四要在整体上遵从输入输出合理化原理；五要在出现生态问题时遵从生态保护生态补偿原理等。否则，人—境生态系统就会日渐受到破坏而不利于人的生存。今天的世界性生态危机，正是有些人长期不遵从这些物质变换原理而导致的。

问题是：人们遵守和不遵守这些原理是大不一样的，它有一种内在的生态性的逻辑制约关系存在。人们如果遵从（包括不触犯）这些物质变换原理，人与自然的物质变换的生态逻辑就是一种相生相成的正值，因而不会表现出来。而一旦人们不遵从这些物质变换原理，其相克相悖就会触犯这些生态逻辑，导致生态恶化，生态逻辑就会以负值表现出来，这就是生态危机。在今天，这种负值在一系列物质变换原理中都表现出来，这里仅举其要。

1. 生态逻辑在人们违背"人—物相生尺度原理"中产生

人—境生态系统，是在"人—物相生尺度原理"支配下的动态创造系统。这种创造一方面在于人以自己的人的尺度改变自然事物，另一方面在于自然事物也以它的物的尺度要求人，改变人。一般讲来，人正是通过人—物相生尺度来创造人们的生存价值物的。但是，一旦人们在人—境生态系统中以人的无知和欲望任意代替"人的尺度"和"物的尺度"而改变自然事物时，即尺度的运用由于欲望和无知的作用而变成尺度的消解时，人—境生态系统中的生态平衡就会被打破，向不利于人的健康生存方向发展，出现生态负值。而随着人的规模性扩大和生产力的规模性提高，从而把生态负值推向自然深处，导致自然生态的破坏和资源匮乏，导致生态逆转，生态逻辑就会由正值转化为负值，它的累积就造成了今日的生态危机，这是生态逻辑的显现之三。

换句话说，人—物相生尺度的良性运转与合理发展，有赖于人的行为的科学性和创造性，有赖于人对自然生态规律的认识和掌握方式的进步，并在这种进步中使人—物相生尺度不断符合生态要求。相反地，如果人的欲望有悖于物的尺度以及物的尺度有悖于人的尺度，人—物相生就转化成了人—物相克，人—境生态系统也就转化成为人—境相克相悖的恶性破坏"系统"。当然，这一生态逻辑不是孤立发生作用的。

2. 生态逻辑在人们违背"人—物变换限度原理"中产生

由于人—境生态系统中存在着"人—物变换限度原理"，或物质变换限度原理，这就给人的活动设下大限，出现了随着人的发展而生成的限量与增量的矛盾。其调和的道路，是既限制从自然界向人的正能量的物质变换，又限制从人向自然界的负能量的物质变换，这也就是马克思所说的人与自然界的"合理的物质变换"及其良性变换关系。在一定的人—境生态系统内，这种人—物相生尺度与人—物变换限度相互适应，形成了一定人—境生态系统的生态平衡，从而能够持续存在。但是，一旦人与物的物质变换超过了一定的限度，良性的人—境互生系统就不能不转化为恶性的人—境互戕系统。最后是人—境生态系统的瓦解。这种情况在每个时代都在不同层次、不同地点上发生，如许多绿洲变成了沙漠等，这是生态逻辑的显现之二。

3. 生态逻辑在人们违背"合理输入—输出原理"中产生

人—境生态系统，既是生产、建设的负熵系统，同时也是一种耗散和败坏资源环境的熵增系统。这些都是通过其物质、能量、信息的合理的输入和输出而实现的，因而存在着输入输出合理化原理。

这里的逻辑制约关系是：如果"人"的输入是人的无限欲望、超绝需要、混乱思想、主观意志、过时观念等不合理的东西，而"境"的输入则是已被败坏而没有恢复的环境和困境，甚至是通过生产耗费和人的浪费而形成的垃圾、败絮、紊乱与熵化，那就会影响人—境生态系统的良性运转，使它向恶性方向转化，并且有可能转化成为负值的"人—境互戕系统"。换句话说，其逻辑制约关系是：如果输入超过了系统的承受能力，输出的垃圾超过了系统的吸收、净化、恢复能力，系统中的生态负值就开始滋生，并有可能超过正值，从而使良性生态系统转化成为恶性生态系统，这是生态逻辑的显现之六。

这里要强调的是：在任何人—境生态系统中，都包含着这些物质变换原理，都需要按照这些原理进行活动。而如果由于人的认识的局限和欲望的膨胀，或者由于规模的扩大，任凭人们把违背天理（数理、物理、生理）人心（人的心理、人理、事理）的东西输入自然界，这就会迫使人—境生态系统发生紊乱而受到破坏，生态逻辑就会把人—境生态系统转化为人—境互戕系统。

人—境生态系统不是静止的系统，而是在平衡与不平衡中运动的。其变化的总体逻辑规律是：在工业社会之前，是自然界统治人，"人"受"境"的奴役，但人也很少能违背这些物质变换原理；而以大机器为主的现代工业社会出现之后，特别是大规模资本动力的驱使，人借机械的力量深入自然界的内部，其改变自然的量的扩大与质的加深，开始了人与自然生态关系的逆转，人日渐统治了自然界，"境"日渐受"人"的奴役，人们的生存发展活动由于受资本逻辑的膨胀而日益违背这些物质变换原理，造成生态严重失衡，生态逻辑就日益严重地惩罚人们，终致出现生态危机。

这就涉及必须坚守生态原理的问题。而如果不能坚守，不知遵从，就会出现生态逻辑的惩罚。当前的生态问题是，一方面由于一些不可再生资源即将耗尽，而人的创造力又相对落后，另一方面由于人所导致的环境的恶性特别是气候变暖有不可复原之势，而人的数量、欲望和其对自然的败坏还在无止境地增加，从而使"人—境"生态矛盾加剧。可以说，生态逻辑已经导致了人类的生存危机。

应当指出，人们违背人的"合理构建调控原理"，违背"境的资源有限、纳污有限原理"，违背"合理生产与合理耗费原理"，违背"生态保护补偿原理"等，都会导致生态逻辑的产生。这里不再分别论述。

三 生态逻辑的作用级别与生态红线

前面的讨论表明，在人—境生态系统中，人既主动地把自然纳入人的社会体系中，按照社会的生态制约逻辑而发生作用，又主动地把人与社会纳入到自然体系中，按照自然的生态制约逻辑而活动，这种双向规定就形成了支配人—境生态系统运动发展的生态逻辑。它是人的需要增长逻辑与自然界的生态制约关系在人的活动中的体现。它由人与自然界之间在物质与精神方面的输入—输出所规定，这种输入—输出有它的人—物相生尺度和人—物变换限度等，由这些物质变换关系所形成的生态逻辑，就具体建立在这些规定性中。

人—境生态系统中的上述七大物质变换原理和违背之后的逻辑机制，作为融合人与自然界相互作用的共同规律，有它的复杂规定性，而不是任由人们的主观欲望来摆布的。这就是说，人与境的矛盾，人—物相生尺度和人—物变换限度等的内在制约关系，在人的生存发展活动中转化成了人—境生态系统中的生态逻辑。人类迄今都是在这种生态逻辑的支配下呈现自己的生存状态的。

所谓生态逻辑，就是人—境生态系统中的相生相克的逻辑。这种相生相克矛盾的产生，在于人的主动构建和环境的资源有限原理的矛盾存在着二重可能性：即人可以遵从生态有限和生态可续原理，也可以不遵从它，破坏它。如果遵从上述原理，人—境就会相生；如果不遵守上述原理，人—境就会相克，就会加速破坏其人—境生态系统。在这种维持与破坏之间，就出现了人—境生态逻辑。相生相克就是人—境生态逻辑的基本关系。人—物相生，生态平衡，其生态价值体现为正值，而人—物相克，生态失衡，其生态价值就转化为负值。正值一般不显示出来，负值一般会表现出来，生态逻辑就是对于负值的衡量。

具体地说，所谓生态逻辑，就是在一定的人—境生态系统中，人的生产生活活动，如果不遵从人—物相生尺度以及人—物变换限度等原理，良性的人境相生系统就会转化为恶性的人—境互戕系统。即一旦人的要求超过一定限度并危及"境"的正常生态，人与境的生态关系的平衡就开始受到破坏，由于"境"与"人"的生态相关性，"人"对"境"的危害就会反转过来成为"境"对"人"的危害，这种危害随着生态负值的扩大而扩大，加强而加强，人与境的互生互成，就反转为互攻互伐，互违互戕，这就是生态逻辑的体现，严重的就会发展到生存悖论。这也就是说，人对具体目标的过量追求，反而会在总体上阻碍人的根本目标的达成，使人的良性生存转化为恶性生存，甚至是趋于灭亡的生存。生态悖论是生态逻辑的极限，在生态悖论出现的情况下，人愈是努力克服生态问题，就愈会迫使良性的人—境互生系统转化为恶性的人—境互戕系统，从而导致人的生存异化，使生态悖论加剧。例如，牧者为了增加财富而过度放牧，但人人过度放牧又破坏草原的生态环境，反而使牧业的成效降低，甚至草原变成荒漠，使人不能不趋于贫穷。而相反地，如果人们遵守这些尺度和限度，那就能够维持生态系统的良性运转，实现人的良性生存，就不会出现生存异化和生态悖论这些生态逻辑的作用。生态逻辑的复杂性，在于它不仅依赖于人与境的特质，也依赖于人与境的关系，以及把二者结合起来的社会及其形形色色的生存发展活动是不是符合生态规律和事理要求。所以，人—境生态系统不是任由人们的主观欲望来摆布的。

重要的是，人—境生态逻辑的这种互违互戕负值关系有不同的恶化等级。人愈是不利于自然界，自然界也就愈是不利于人；如果我们把人与境的生态平衡设定为0，把人与境的生态毁灭设定为-9，那么，在0和-9区间的8级数字，就可以表明人—境生态系统里的生态逻辑的恶化趋势和人—境互戕程度。一般讲来，人—境生态系统的恶化程度即生态负值达到-1级，人们开始感受到了生态问题，到了-2级，就比较严重了，点式的生态灾难时有出现，少数人的健康生存受到威胁；安全水不足，饮用水业开始出现；人已开始影响其他生物和气候向不良方向转化。到了-3级，生态灾难片区式发生，不少人的健康生存受到威胁；人们为生态不良而不安，生态性的群体性事件时有发生，生态移民时有发生，国家的生态安全出现缺口，人对气候和其他生物发生明显不良影响，人为的生物大灭绝明显加快。到了-4级，就达到了危险的程度，生态灾难大面积爆发，大多数人已不能健康生存，生态移民突出，生态灾民时有发生，国家生态安全受到严重威胁，气候变暖和全球生态出现严重问题；这应当设为不能突破的生态红线。-5级就达到了极化的程度，生态红线被突破，生态疾病大量出现，生态灾民无处安身，生态问题几乎覆盖全国，国家出现生态治理困境；自然界的某些生态稳定阈值被突破，出现自然生态自行恶化态势；人类开始共商生态大计，但为时已晚，全球生态下滑难以扭转，除非某种科技奇迹出现。-6级就开始向不可还原方向转化，人类掌握的现有科学和财力都无法阻止自然的和人为的生态下滑态势，于是出现生态悖论——人越是想克服生态灾难，就越会陷入生态困境。达到-7级，人们就只能在生态灾难和全面的生存危机中挣扎，宇宙移民出现。到了-8级，人就像因干旱而开裂的田野里的禾苗，除非逃离地球（如果还有能力的话），不去球外冒险就只有无奈地等死了。但是，这只是人—境生态负值逻辑恶化的一种抽象的逻辑态势。人在-6级以前是可以改变这种逻辑态势的。就中国的生态状况而言，当前可能已恶化到接近-4级的程度，部分不发达地区可能还保持在-3级以下，部分地区开始突破生态红线向-5级恶化。

当前的生态问题是，一方面在于一些不可再生资源即将耗尽，而人的创造力又相对落后，不能创造出代替自然物的产品；一方面在于人所导致的环境的恶性改变有不可复原之势，而人的数量、欲望和其对自然的败坏还在无止境地增加。从而导致第6次生物大灭绝的出现，这表明已滑到生态崩溃的边沿。因此，从全世界来看，人—境生态逻辑已经处于-4级左右的状态。

这就是说，当前的生态危机，从理论上说，其克服道路就在于：遵循人—境生态逻辑的要求，遵循人—物相生尺度和人—物变换限度的要求，实现人与自然的合理的物质变换的生态要求，通过对人类不合理欲望的克服和绿色科技的创立，而建设良性的人—境生态系统，克服人—境生态系统的异化，从而克服由于人的过滥活动导致的人的生存悖论。这一层是可以希望的，因为人毕竟是有理性的存在物。当系统的生态危机转化成为人们实际生活中的生存危机时，人们就会通过其社会的力量加以调控。这种调控的力度和成效，决定着人的生态命运。

当代的问题在于：世界上的国与国都相互戒备，武器相向，核战阴云不散，一旦大规模战争或核战爆发，生态逻辑就会下降 1 至 2 个等级，人类就会陷入生死边沿。而如果能把用于战备的人力、物力、财力、智力和组织力量用于生态问题的解决，生态逻辑就会逆转 2 至 3 个等级，就会有利于人类从传统工业文明向生态文明方向发展。有识之士早就看到这一危机，于是，一方面，志在消灭一切战争根源的爱因斯坦世界政府再次提出，另一方面，代替传统工具理性的生态理性、代替传统工业文明生态文明，日渐受到重视。

这就是说，当前的生态危机，从理论上说，其克服道路就在于：通过遵循人—境生态系统的物质变换原理，特别是要把节制生产（物的生产和人的生产）和节制消费转化为社会革命原理，才能走出人—境生态系统的恶性逻辑机制，从而克服由于人的过滥活动导致的生存悖论。这一层是可以希望的，因为人毕竟是有理性的存在物。

四　生态原理、生态逻辑对生态文明建设的要求

如果我们承认这种人—境生态系统的生态原理和生态逻辑是客观规律，违背就会导致生态危机，那么，所谓生态文明建设，就在于按生态原理和生态逻辑的要求进行建设：

1. 人—境生态原理和生态逻辑对生态理性、生态实践的要求

第一，物质变换原理和生态逻辑的存在，要求人们据此形成生态理性，以指导人的生态化发展。生态理性是与导致生态危机的资本主义的工具理性和经济理性相对立的，它要求以人与自然界的这些生态关系为纲指导人类的

生存化生存与生态化发展。它要求以人类学生态学以及生态经济学、生态政治学、生态科学技术、生态工程学、生态社会学以及马克思生态哲学思想等，进行不同于工业文明的生态文明的构建。生态理性也就是人的新的生存理性，它和当代的交往理性、公共理性这些概念是并驾齐驱的，甚至是更为根本的范畴，因为后者涉及的是人类内部的范畴，而生态理性进一步涉及人类与自然界的关系和人类的生态生存方式问题。而任何理性的形成和树立，都不是任意的、主观的，都是基于某种客观性要求，这就是生态逻辑的存在；以及某种历史或现实形势的客观需求，即生态危机的逼迫，这种需求具有某种必然的性质。另一方面，作为人的一种新的思想理念，它总有一定的社会历史进步性和诉诸意志的潜在实践性、行动性。而没有理性的先导，人的行动只能是盲目的行动。过去 300 年的工业文明正是由于生态理性的阙如，正是工具理性、经济理性的扩张，才导致今日不得不如临大敌的生态危机。

第二，生态理性不仅是理论理性，更是实践理性，这就是要进行生态实践。生态实践就是要把生态正义、生态理性、生态伦理转化为实践行动。这是走向人与自然界的和人与人的生态和谐关系的文明建设活动。在这里，就是要根据人—境生态系统的物质变换原理及其逻辑要求进行生态实践。

第三，人—物相生尺度原理表明，人不能仅仅以自己为根据与自然界建立生态关系。对于生态实践来说，他必须从自然环境、从客体出发，即以物的生态尺度——生态有限原理等为根据建立生态关系，进行生态实践。特别是在生态危机日趋严重、生态治理也陷入困境的今天，人与境的生态关系，人—物变换限度，都只能从自然、从境、从物即从自然的生态要求出发，来建立人—境生态关系。没有这样一种客观本位的生态观念，无法进行合理有效的生态实践。它尤其要求革除那种对自然资源、自然环境的掠夺态度和掠夺行径，建立人的有限生存、有限增长、有限消费观念，一改资本逻辑对世界的统治，树立生态逻辑、生态理性压倒一切的核心思想，用以指导人的生态实践。

第四，充分认识生态逻辑的铁定性和重要性，即在任何人—境生态系统中，人的活动如果不遵守系统的物质变换原理，良性的人—境生态系统就会转化为恶性的人—境互戕系统，人在其中的过滥活动就会导致人的生存异化和生存悖论，使人的良性生存转化为恶性生存，趋于灭亡的生存。即树立如果全人类都持续违背生态逻辑要求而不改变，就会导致生态性灭亡的生存危机观念。

第五，把生态文明建设当成每个人和一切人的职责，尤其是掌握和控制人—境生态系统整体的权力中枢，负有对子孙后代责无旁贷的责任。即任何权力中枢都必须承担改善人—境生态系统的责任，否则就是犯罪。这就要求把人的健康生存即生态福利列为人的基本生存需要，列为人的吃、穿、住、行、用所要达到的目标需要，列为经济社会发展的主要目标之一。在这个意义上，要求以生态逻辑控制资本逻辑，控制权力逻辑，把资本主义和资本逻辑以及权力逻辑置于生态逻辑管制之下。

第六，由于生态问题的深层性和广泛性，在今天，任何人、任何单位对于生态的破坏，同时也就是对于其他人、其他地区的生态侵犯。而生态侵犯就是生态犯罪，这是今天的大罪。这样，人与自然的生态关系，实际上已上升为人与自然的伦理关系，由于法律已参与对生态的保护，它也上升成了法律关系。在这里，对于人的良性生存来说，人与自然的生态伦理关系和人与社会的生态伦理关系，已成了人类生存之车的双轮，对人的生存来说二者已具有同等重要性。因此，所谓生态实践，它要通过一切人的生态道德努力才能实现。这就是说，生态实践的关键是人本身的建设，正如任何人都不能侵犯任何人一样，任何人也都不能侵犯任何生态，因为侵犯生态也就是对别人的生态侵犯，生存犯罪。只有人的这种生态实践做好了，生态文明建设才能落实。

第七，确立人的生存发展活动的生态逻辑红线，借此让人—境生态系统中的生存发展活动得到生态规范。树立生态红线意识，确立-4级或-5级的生态红线，是生态逻辑的最重要的要求，等等。

总之，只有根据系统的生态原理和生态逻辑进行自觉的生态调控，才会有相应的生态文明建设。其中最为重要的，首先是各个人—境生态系统的权力中枢——政府机构及其官员，以及企业决策人员，要对这种物质变换原理和其生态逻辑有清醒的认识，并以强大的生态理性规范人的活动、境的保护和人—境生态关系的建设。否则，任何人—境生态系统都难逃厄运。在今天，人的生存首先是生态理性的生存，才能是生态安全的生存；人的发展首

先是生态正义的发展，才能是生态健康的发展。因为人类与自然的生态关系
已经走到了危险的边沿。

这就是说，对当前的生态危机，其克服道路就在于：在任何人—境生态
系统中，都应遵循人—境物质变换原理和其生态逻辑的要求，实现人与自然
的和人与人的合理物质变换，方能克服人—境生态异化，从而克服由于人的
过滥活动而导致的人的生存悖论和生存危机。

2. 人—境生态系统的生态文明建设要求

明白了上述生态逻辑原理以及由此产生的生态实践，也就明白了人应当
如何进行生态文明建设活动了。那就是：在大大小小的任何一个人—境生态
系统里，其权力中枢在生态危机的今天，最重要的功能就是进行生态调控，
把它的生产、交换、分配、消费纳入这种生态调控之中；就在于既按照物的
尺度、生态的尺度进行生产，又按照人的尺度即实现人们基本生存需要的尺
度进行生产，而人的基本生存需要首先是人的生态安全需要。从而避免让人
的欲望插上资本的翅膀按照资本的逻辑来支配生产。否则，就不能不受生态
逻辑的恶性惩罚。

于是，全部的问题就归结为：如何根据人—境生态系统的原理、特性和
生态逻辑的要求，进行生态文明建设呢？

其一，由于在任何人—境生态系统中，都客观地存在着由自然的物理、
数理、生理规律所限定的人与物之间相互变换的限度（人—物变换限度原
理），这就要求研究掌握这种客观限度，以它规范和限定人的生存发展活动，
除了绿色科技的创造性开发外，不能随意超越它。这也就是说，由于人—境
生态系统既有自然性又有社会性的双重特质，那就要求在考察任何人—境生
态系统时，都既要充分认识它的自然性特质——它的地下资源、地上资源和
空中资源（气候）的特质，又要认识它的社会性——它现有的物质文明形
态和它在生态上可能承载和支持的人的生存发展的活动量，即摸清其自然和
人文家底和生态容量，特别是那些已经违背自然生态和有害于人的生态生存
的情况，或者说，已被生态逻辑惩罚的情况，以作为进行生态文明建设必须
加以改变的方面。

其二，由于任何人—境生态系统中都有由于人的过高欲望与生态环境之

间形成的人与境的相克相悖的生态矛盾，那就要掌握和分析这种矛盾，从满足人的基本生存需要和生态需要出发，调整人与自然生态之间的物质变换关系，切除人的过高欲望，把人—境生态矛盾调整到最低点，并通过新的绿色科技、生态科技解决这些矛盾。

其三，由于人—境生态系统的良性运转有赖于人—物相生尺度原理，这就要求在掌握这一原理的基础上，进行既有利于人的物质变换又有利于境的物质变换而创造人、境相宜的生存发展环境。

其四，由于人—境生态逻辑有一个从良性向恶性转化的阈值，生态红线的阈值，生态悖论的阈值，这就需要摸清这些阈值，特别是生态红线，一般都要在远离这些阈值的范围内活动，避免把良性生态系统转化为恶性生态系统。

其五，要把当代的任何人—境生态系统，都视为一种有限的、脆弱的、再也经不起任意性折腾的系统，因为它们都成了一种包含生态灾难并会导致系统解体的系统；即首先树立生态紧迫观念，生态危机观念。

其六，人—境生态系统的相对性和互通性，要求各个生态系统要进行协同一致的生态文明建设，而不能转嫁污染，或"我污染你治理"，在这里容不得"囚徒心理"，否则，"公共池塘悲剧"这种生态悲剧，也就是人类的悲剧。

其七，由于人在人—境生态系统中的主导地位，由于生态系统的恶化都是由于人的过滥活动——只要资本、产值、高耗能的生活、浪费、破坏以及利益争夺的战争等，因此，今天的生态文明建设，首先要节制人的破坏生态的过滥活动，回复到只满足全体人民的基本生活要求上来。当然，这还有待于许多社会问题的合理解决。

其八，现代生态文明已不仅仅是表面的感性的绿色文明，清水文明。因为，人与环境的生态关系，已通过科学技术转化为深层次的隐秘关系。科学技术通过深入自然界的数理、物理、生理的底层，影响着自然生态，自然界作为我们的生存环境已经在数理、物理、生理方面影响着人的健康生存。因而，现代生态文明建设不能不依赖科学技术从深层次上解决问题，它在本质上已转化成为绿色的技术—环境文明。它要求各级生态系统的权力中枢，要树立通过绿色科技进行深层次的生态文明建设理念。

其九，根据物质变换原理和生态逻辑的要求，要求任何人—境生态系统中的人的生存活动，都要根据生态许可进行生产，根据生产许可规范人的生活，走一条生态—生产—生活的道路。或者从发展战略的角度说，走一条生态—经济—社会—生活—精神的五维协同的生态发展道路。

上面的讨论表明，任何人—境生态系统，在今天要进行有效的生态文明建设，都首先要根据生态系统的特点相应地形成生态理性和生态实践，有了生态理性和其伦理实践的自觉的推动，才会有相应的生态文明建设。它一般不能不包括："人"的建设、"境"的建设和"关系"的建设，其中关键是每个人和一切人的生态理性与生态实践建设。其中最为重要的，首先是各个生态文明建设的主体——权力中枢的生态理性和生态实践建设。因为人——特别是其经济政治的权力掌控者，始终处于主动的方面。

人—境生态系统是个有限的耗散系统，它一方面要通过物质、能量、信息的不断耗散而维持系统的存在，一方面又要节约这种耗费，才能维持人—境生态系统的长期生存，才有人的生存发展可能，等等。这些原理的存在，决定了生态文明建设必须研究、发现和遵从这些原理。不从人—境生态系统出发，就不便于发现、掌握和遵从这些原理。所谓生态承载力、生态容量、生态足迹等科学分析，都只有在一定的人—境生态系统中才更有其科学分量。人—境生态系统的三维结构和五层关系以及它的有限性、耗散性和矛盾性，规定了我们的相应行动。

在今天，人的生存首先是生态安全的生存；人的发展也首先是生态安全的发展。因为人类与自然的生态关系已经走到了危险的边沿。

总之，人—境生态系统的生态原理和生态逻辑，从总体上看，既要求我们按照人—境生态系统的基本关系全方位进行生态文明建设，又要求我们制定具体的政治性的发展战略。实施生态化发展，这是下面要讨论的内容。

第五章

社会主义生态文明建设的政治推进方略：
人—境生态系统的生态化发展方略

【小引】马克思的生态哲学思想，是在社会主义理念基础上批判资本主义的反生态性而产生和形成的。因而，它的基本思想和基本原理，在资本主义还难以做到，但却特别适用于社会主义时代的生态文明建设。它对中国生态文明建设的基本要求，除上述人—境生态系统的基本建设外，从总的原则上看，概括为以下几点：一要从人与自然、人与人的双重生态关系考虑问题；二要促进政府的生态转向，成为经济—生态政府，以推进人与自然的和人与人的双重生态文明建设；三要进行人本身的生态革命，克服金钱物欲消费价值观与人生观；四要为"每个人与一切人"的合理生存与健康发展方向而奋斗；五要向中级阶段的生态—社会革命方向发展等。这是马克思生态哲学思想原理的基本政策性要求。在当前的初级阶段，从政治方略上说，主要就是要针对中国这个时空中的人—境生态系统，制定切实可行而又有力度的生态化发展方略：其一，实行人—境生态系统的生态责任制和生态接力制；其二，制定"生态—经济—社会—生活—精神"的五维协同发展战略，这也就是坚持五位一体的生态文明发展方略；其三，推行生态经济、生态政治和生态思想文化建设；其四，奖励生态科技、实行生态科技考核、构建生态准入和生态生产体系；其五，构建完整的生态法律制度体系。从制度理性上说，把生态文明及其建设绩效作为政府首要职责。从思维方式上说，要确立人天协调的生态思维方式，促进思想观念的生态文明转向。通过这些措施系统地推动中国的生态化发展，并为下一阶段的生态性政府和生态—社会革命做好准备。

【新词】双重生态文明建设　人本身的生态革命　政府的生态转向

"每个人与一切人"的价值准则　生态化发展方向　五维协同发展战略　制度理性　人天协调的生态思维方式　生态发展观

　　人—境生态系统的生态原理和其生态逻辑，以及中国人—境生态系统面临的严重生态形势，都要求我们率先进行真正的社会主义生态文明建设。生态文明的五层次全方位的建设手段，也不是可以自动实现的，它需要社会主义制度理性这一强大的精神力量的自觉推动，并把它转化为政治推进方略。

　　一般来说，从哲学层面讨论生态问题，如卜祥记所说，应当是"立足于原则性的理论高度，在这样的理论高度上，它的提出问题与解决问题的方式才能既不纠缠于实证层面和技术层面的追问，也不局限于经验或情感层面的伦理批判和道德追求，而是一个发生于本体论层面上的旨在澄清提前、划清界限、指明方向的工作"①。但是，由于人们需要具体的东西，特别是生态文明的具体建设方略，这里就不能不过渡到政治层面的具体方略方面的思考。

　　从政治层面考虑，社会主义生态文明建设应当分阶段进行。初级阶段主要是全面展开人—境生态系统建设，深入阶段才能展开生态性政府和生态—社会革命的建设。当前主要是把中国这个人—境生态系统的生态文明建设做好。前面的讨论表明，人—境生态系统的三维结构和五层关系，则从外在结构方面规定了生态文明建设的基本构架；而人—境生态系统的生态原理和生态逻辑，从内在原理方面规定了生态文明建设的本质性要求。而人—境生态系统中的生态原理和生态逻辑表明，任何对生态原理的疏忽，都会导致生态灾难。它要求人们的生存发展不能违背这些生态原理和生态逻辑。这两方面归结到一点，就是人类要想健康生存下去，只有走生态文明的发展道路。这就要求社会主义的制度理性，把生态文明及其建设绩效置于首位。过去正是做不到这一层，才导致全方位的生态危机。亡羊补牢，犹未为晚。

　　然而，如何进行这种建设呢？它的政治性、政策性的可操作的建设方略

----

①　卜祥记：《试论马克思感性活动理论境域中的生产力与交往方式理论》，《哲学研究》2007年第2期。

是什么呢？没有这样一种政治性的建设方略，上述建设都难以落到实处。这不是一个简单的问题。它既需要思想理论方面的开拓，也需要可操作的实践方法，更需要思维方式的转变。而这也就是建立怎样的发展观的问题。我们知道，我国曾经在不同发展条件和不同社会需要下提出过两纲发展观（以钢为纲、以粮为纲）、四个现代化发展观、和谐发展观、科学发展观等，根据当前的生态条件，很自然地应当提出生态发展观，即生态化的发展方向，以推动中国走向社会主义生态文明新时代。

生态文明的发展建设，关键是实践方法问题，这是政治方面和生态理论方面都迫切关心的问题，也提出了一些很好的实践方略，如一些生态文明建设重大课题的专家们所表示的，"一是要探索生态文明融入经济建设、政治建设、文化建设、社会建设各方面和全过程的具体路径；二是要加强有利于促进生态文明建设的税费制度、政府补偿制度、生态产品和生态服务交易市场制度等重要制度建设；三是要立足基本国情，以资源承载能力为基础，注重国土开发的生态文明导向；四是要针对我国区域差异较大的特点，实施共同而有差别的生态文明建设空间推进战略；五是要明确林业在生态文明中的关键地位和主阵地作用，大力建设林业生态文明；六是要进一步完善相关法律，加强生态文明法制化建设；七是要根据我国目前经济社会和资源环境状况，构建科学的生态文明评价指标体系"①，等等，以及各种具体的建设方略。毫无疑问，这些都是重要的，但不属于这里的哲学探讨范畴。这里只涉及符合马克思生态哲学思想原理的政策方略，并且侧重于思想理论方面，故未对一些具体可行方略进行全面深究。基于这一考虑，我们还想突出以下方面，这些方面可以视为迈入生态时代的初步的生态化发展方略。

一 思想原则：把马克思生态哲学思想与中国生态实际相结合

马克思的生态哲学思想，既然适应于当代整个人类世界的生态文明转

---

① 全国哲学社会科学规划办公室：《国家社科基金重大项目首席专家研讨社会主义生态文明建设》，2013 年 1 月 18 日，人民网。

向，也更适应于社会主义中国的生态文明建设。在这里，首先是他的本于社会主义的一系列符合人类学生态学原理的哲学精神和哲学视野，如建立在这种精神和视野之上的人的生命理性、生存理性、共存理性精神，人类学意义的自由、真理、正义、平等精神，人类学的政治正义、经济正义、社会正义的全面公平正义精神以及社会公共人本主义价值精神等（见第一篇），这些都是真正的生态正义赖以确立的哲学精神，是生态文明赖以建立的前提性的哲学精神，应当说，这些精神理念不仅适用于社会主义中国开拓生态文明方向的哲学需要，更是中国应当高高举起于世界的因而能影响世界的生态发展方向的哲学精神。未来的生态文明社会，只能建立在既符合自然生态正义又符合社会生态正义的全面的生态正义的哲学精神之上，只能建立在包含这种双重生态正义的社会公共人本主义价值精神之上。这里，我们不能忘记马克思的根本价值追求，是人类从自然的与社会的双重异化中解放出来，实现人的合理生存与健康发展。自觉举起马克思高瞻远瞩构建起来的这种人类学生态学的哲学精神，是社会主义中国对于人类文明的生态转向的义不容辞的精神责任。对此，这里不再一般地讨论，只重点结合马克思的生态哲学思想原理，讨论中国迫切应当树立的生态理性精神和迫切应当建设的生态文明建设。

1. 中国首先面临经济发展的生态转向问题

为什么我们要把马克思的生态哲学思想首先运用于中国？并且强调中国的生态文明转向？这既是中国的生态危机状况所要求的，也是生态经济学的生态足迹分析已经表明了的。

首先从中国的生态危机状况来看，据有关报道[①]，更让人触目惊心：中国环境科学研究院院长孟伟指出：中国的水环境的 COD（化学需氧量）的承载力为 740.9 万吨，但实际 COD 排放量达到 3028.96 万吨，是承载力的 4 倍。污水排放远超过环境容量的结果是水污染：《2012 年中国环境状况公报》显示：中国 10 大水系的 31%、62 个主要湖泊的 39% 的水达不到饮用要求，2.8 亿人饮用水达不到安全标准，198 个地级市的地下水有六

---

① 章柯：《中国污染到底有多重》，《第一财经日报》2014 年 5 月 22 日。

成较差或极差。水污染又是土壤污染的重要源头,据国土资源部 2014 年《全国土壤污染状况调查公报》显示:全国耕地污染超标率为 19.4%,而耕地污染的结果是粮食污染。另据国际低碳经济研究所于 2014 年 5 月 15 日的《中国已成为污染大国》的报告称:中国各种污染排放量都居世界首位,排放的二氧化碳、二氧化硫、氮氧化物分别占世界排放量的 25%、26%、28%,远远超过了中国环境容量的极限。以二氧化碳为例,2011 年排放量达到 80 亿吨,是全球总排放量的 25.5%,超过美国成为第一碳排放国。而二氧化碳排放过量又是导致气候变暖的主要根源,这更加剧了世界环境的恶化。再看这两年被称为健康杀手的严重的雾霾天气,100 多个城市、6 亿人口受害,被称为“当今全球最大的环境灾害”,其直接结果,是一些外企撤离,一些富人移民,广大民众受灾。而值得警惕的是:这些污染都是通过资源的过量消耗性投入转换而成的:中国目前消耗了世界 11% 的石油、49% 的煤炭,消耗了世界 21% 的能源。而中国的资源能源也大都趋于紧张。以全国最大的大庆油田为例,过去年稳产 5000 亿吨,2011 年后逐年下降,而现在的“采出物 90% 以上都是水”。与资源趋枯、发展受困相伴随的,是国家不得不拿出巨量资金治霾治污。仅北京一地至 2017 年的 5 年治理 PM2.5 的经费就要达到 7600 亿元。而据中科院 2013 年的《中国可持续发展战略报告》的测算,今后 10 年的环保投入的需要是 10 万亿元,这当然还远远不能适应治污需要。我们处在污染导致的健康困境、发展困境之中。

进而,从生态足迹(或译为生态占用)分析来看(生态足迹就是根据现有生活水平分析生产每一个人的生活所要消耗的物质资料以及其污染排放所需要占用的土地面积),据权威测算,世界人均生态足迹为 1.9 公顷(2001 年水平)。中国 2003 年人均生态足迹为 1.6 公顷,而中国的人均生态容量仅为 0.8 公顷,人均生态赤字达到 0.8 公顷。但更不容乐观的是,中国人口基数过大,乘以中国的人口总数,中国总的生态足迹占据世界首位。而地球总的生态足迹,仅为 114 亿公顷,据 2001 年的测算,全球生态足迹已达 137 亿公顷，超过地球总的生态承载力的 20%。① 中国人口的生态占用总量，也远远超过了中国土地的总的生态承载力（生态容量），处在严重生态负载状态（生态赤字），其结果是生态退化在加剧，再不改变就有走向生态崩溃的危险。目前的水污染、空气污染已使广大民众不能健康生存，国家的生态安全不保，更无从谈健康发展。而中国的社会主义制度理性，是对人民、对祖国、对世界、对未来负责任的。因而，奋起转变生产生存方式，走生态文明发展道路，是全民的、国家的、中国执政党的共识。那么，根据马克思的生态哲学思想，中国的社会主义的生态文明道路应当怎样走呢？

2. 从马克思解决人与自然、人与人的双重矛盾立场考虑中国生态问题

马克思对资本主义的首要的批判，就是批判资本主义导致了人与人的和人与自然界的双重异化，使人类社会不能合理生存和健康发展。马克思的整个生态意向，像"原理 3"所表明的，既要求解决人与自然界的合理生态关系，实现人与自然界的生态和解，又要求解决人与人的社会生态关系，实现人与人的社会生态和解，并且通过后者而实现前者。社会主义之所以作为人类历史中最进步的思潮诞生出来，就在于它从一开始就是为了解决人类社会中背反社会生态要求的不合理的物质支配关系的。这种物质支配关系以生产资料的占有关系为基础，决定了物质分配关系的反生态的不合理性，它是人类社会在物质财富上的两极分化的根源。马克思高举的社会主义革命旗帜，首先就是为了解决这一社会根本问题的。因而，对于今天的社会主义生态文明建设来说，首先就是要解决伴随经济转型和市场经济的发展而出现的财富占有上的两极分化，构建社会物质财富上的合理分配关系，消除两极分化的自然的和人为的趋势，实现社会生态的平衡。这既是社会主义的政治要求，也是生态文明的社会要求。所以，社会主义生态文明建设，根本的就是要根

---

① 录另一组数字供参考："根据 Wackernagel 博士等对 52 个国家和地区的生态占用进行了实证计算，其生态占用分析包括了食物、木材、能源等 20 类主要消费品。按 1995 年数据计算，就人均而言，全球人均生态占用为 2.4hm²，而地球的供给能力人均为 2.0hm²，即全球人均生态赤字 0.4hm²；从全球范围来说，人类总的生态占用为 13420.1 万 hm²，地球的生态占用供给能力为 11207.4 万 hm²，全球生态赤字高达 2212.7 万 hm²，超出了地球生态承载力的 20%。也就是说，无论是人均的还是全球的生态占用都已经超过了地球自然资源的持续供给能力，即在过度消耗全球的自然资产存量。"黄伟等：《生态占用衡量可持续发展的生物物理方法》，《广西农业生物科学》2013 年第 12 期。

据马克思的人与自然的和人与人的双重生态关系考虑生态问题，而不能像西方生态主义者那样仅仅从人与自然的生态关系考虑问题。因此，我们应当在大力进行的针对自然界的生态文明建设的同时，开展针对社会内部的物质占有关系、物质分配关系上的社会生态文明建设。前者是追求"美丽中国"的实现，后者是追求"和谐中国"的实现，而且更加根本。这是马克思主义的也是可以高于西方的更彻底的社会主义生态文明建设方向。当前兴起的西方生态社会主义者，已经对资本主义提出了这种"既是生态的又是社会的"双重生态革命要求，认为只有这样才能拯救人类于生态水火之中，难道我们能落后于这一生态社会主义要求吗？

3. 大力推进人—境生态系统建设，改变整个社会的自然—社会生态状况

要解决人与自然、人与人的矛盾，在今天，单靠生态治理是不行的，如第一章所分析，全世界没有哪个国家不陷入生态治理困境之中。联合国领导的世界性的庞大的生态治理计划难以很好实施，气候变暖依然在加剧表明，其根源在于社会生态问题没有解决。当然，这种解决可以是和平式的，教育性的，在人们的生态理性、生态价值观上升成为主导观念的同时，通过相关制度的变革而循序渐进地进行人—境生态系统建设，并着力解决社会生态问题而从根源上解决自然生态问题。马克思的人类学、生态学双重一体的哲学立场，他的全面的正义精神，马克思生态哲学思想的五大奠基原理，如人与自然界的辩证生态一体原理，自然界和人与自然关系的生态循环、生态平衡原理，人与自然、人与人、人自身的三重合理物质变换原理，"每个人与一切人"的合理生存与健康发展的社会公共生态原理，双重生态正义原理等，这些原理是进行人—境生态系统建设最为必要的马克思主义理论基础。也是马克思的实践哲学思想、生态哲学思想与今天中国的生态实际相结合而应当提出并大力推行的建设。只有通过全方位的人—境生态系统建设，才能真正朝生态文明方向发展。否则，生态崩溃，灾难生存，就无可避免。

4. 促进政府的生态转向，推动双重并举的生态文明建设

那么，如何进行、如何进行人—境生态系统建设呢？这里应当注意到：

中国为了摆脱历史形成的贫困，一段时间以来不能不用西方非生态的工业模式集中注意发展经济，从而导致了生态环境问题。而在我们自己的生态问题之痛促使我们生态觉醒之后，大力开展针对自然界的环境治理的生态文明建设，是可以理解的，也是一种必然的过程。但是，应当明白，对于生态文明建设来说，仅仅的生态环境建设只是一条腿走路，不仅不能从根本上解决生态问题，如果忽视社会生态问题的解决，像既往那样任由地方政府和公私企事业以环境和资源为代价而自由发展经济并把财富尽量集中于自己手中，让一些工人去讨薪，去为生存挣扎，就会丧失社会主义的本质，不符合社会主义的制度理性。这种情况的产生，是我们的社会主义改革错位的表现。今天中国的经济发展已接近中等收入国家水平。但是，中国的贫富差距也突出在世界前列。世界通用的衡量贫富差距的基尼系数，从低于 0.2 的绝对平均开始，从 0.2 到 0.3，属于比较平均的水平，0.3 到 0.4 以下，属于相对合理，也是各国争取的目标。0.4 以上为贫富差距的国际警戒线，0.5 为收入差距较大并向收入悬殊发展，社会就会因收入差距过大而不稳定。中国的基尼系数，根据国家公布的数字，2000 年已达 0.412，超过了国际警戒线。此后国家虽然没有再公布，但据国际组织和一些专家的测算，2010 年已超过了0.5，进入危险阶段。[①] 北大《中国民生发展报告 2014》给出的数字是：2012 年达到 0.73，这是在世界上最惊人的收入不平等。从实际的家庭收入来看，收入最高的 1% 家庭，占有的国民财富达到 34.6%，10% 的家庭占有的国民财富达到 62.0%。相反地，从最低收入来看，25% 的家庭只占有1.2% 的国民财富，而 50% 的家庭只占有 7.3% 的国民财富。从而导致民声嗷嗷，所以群体性事件不断上升。而且这种严重情况如不改变，会造成中国经济的恶性循环乃至断裂，陷入"中等收入陷阱"难以自拔。这是为经济增长而忘记社会主义根本宗旨的方向性错误。如果说，我们的生态文明建设到了关键的时候的话，那么，关键就在于首先促进社会生态平衡建设，即克服两极分化，把社会生态问题的解决作为自己的义不容辞的责任。中国作为社会主义国家，发展经济主要是政府的责任，不领导经济是不可能的，但是，

---

① 参见熊光清《中国贫富悬殊的成因与对策：制度层面的考察》，《哈尔滨工业大学学报》（哲学社会科学版）2012 年第 6 期。

自然的与社会的生态问题的严重性，要求政府同时把两个生态问题作为自己的双重政治责任，特别是长期积累起来而又被忽视的社会生态问题的解决，是能不能建设社会主义生态文明的关键。政府的生态转向，不是放弃经济责任，而是经济和生态问题一起挑，自然生态问题与社会生态问题一起挑，从解决社会生态问题入手，一方面提高人民的生态觉悟和生态责任，在不妨害生态安全的前提下发展经济；另一方面在不加剧社会矛盾的情况下实现社会物质财富的合理分配，铲除导致两极分化的不合理关系，不容许任何特权阶层和某种利益集团的出现和长期存在，更不能允许一些人依靠某种不合理关系蚕食民众的利益，从而既消灭贫穷也减除不合理的暴富，践履伟大改革家邓小平所期许的社会主义"共同富裕"道路。只有这样，一个人与自然的和人与人的双重和谐的社会主义生态文明才有可能实现。

5. 进行人本身的生态思想革命，克服金钱物欲消费价值观与人生观

人是一种思想观念的存在物，在一定社会实践基础上形成的思想观念，往往成为人们的行动范式、价值追求和生活方向。马克思的生态哲学思想，与人们在整个资本主义时代发展起来的经济主义、物欲主义、消费主义、享乐主义、个人至上的价值观与人生观是相对立的。这些是人统治自然这种反自然、反生态观念的表现，也是长期以来的二元论世界观、无限发展观、单面伦理观和个人主义肆行无忌的产物，即使在资本主义社会，这些思想观念也属于不正确的东西。所以，西方生态主义者也在竭力反对这些观念。但是，在中国借助市场经济方式发展经济并倡导富裕的舆论渲染下，这些思想观念和价值追求几乎成了人们的普遍奋斗目标。勤俭节约、艰苦奋斗这些传统的符合生态价值观念要求的思想美德和生活要求，反而成了一些人耻笑的对象。应当指出，正是这样的价值观和人生观在经济高层的横行，助长了中国直追发达国家的高消费现象。其中一个表现就是奢侈品消费已经走在世界前列。这种经济主义、物欲主义、消费主义、享乐主义的横行，就不能不践踏自然生态法则，蔑视生态价值要求，恣意消耗以资源环境为代价的社会财富，从而加重整个生态环境的恶化，这实际上是一种生态犯罪。从整个世界来说，发达国家和发展中国家的几亿富人的侈靡的异化消费，是导致生态危机的重大根源，中国富裕人群也在力图迈向这一高消费方向，这不能不成为

中国走向生态文明的巨大阻碍和破坏性因素。因此，如果说生态文明相对于无节制发展的工业—资本文明是一场革命的话，那就首先需要一场思想精神的生态革命，即人的革命，人本身的精神意识的生态革命。为什么在国家大力进行生态保护、一系列生态环保法规连连出台的情况下，各地为经济、为侈靡消费而大兴土木破坏生态的现象却屡禁不止、有增无减呢？从精神上说原因就在于这种反生态的价值观、人生观与发展观依然统治着人们的头脑。马克思的"三重合理物质变换原理"中的人自身的合理物质变换要想实现，就要进行人本身的思想意识革命，形成生态理性和生态人格，才能有人的生活行为的革命性变化。所以，进行人本身的生态思想革命，建立生态理性、生态价值观和生态发展观，既是马克思生态哲学思想走向实践的必然要求，也是社会主义生态文明建设的必然要求。我们再不能走与伟大的自然生态规律相违背的道路了。

6. 坚持社会公共人本主义：朝向"每个人与一切人"的健康生存方向发展

马克思的另一个伟大生态原理，是"每个人与一切人"的合理生存与健康发展（原理5）。这是马克思在《共产党宣言》中对于社会主义革命的人类学的也是生态学的价值要求，是马克思在进行社会主义的合理发展方向思考时提出的价值原则，而这首先适用于社会生态的发展。虽然在初级阶段的建设中还不能达到这一目标，但应当向这一方向发展。这既是一种可以实现的社会生态要求，也是一种可以实现的自然生态要求。社会主义要消灭贫困，当然要消灭产生贫困的自然条件和社会条件，不允许任何人不是由于懒惰而陷入贫困。但是，也不允许一些人借助某种权力和机会占据别人的或集体的、国家的资产而一夜暴富，或依靠某种特殊政治资源而占据经济资源，成为社会主义革命本来要铲除的某种特殊利益阶层。如果出现这种情况，必然导致财富在一边的集中而贫困在另一边的集中。不仅下层民众会出现一个贫困阶层，不能合理生存，更无从健康发展，上层也会出现一个特殊阶层，由于富有财富而恣意挥霍，从而也突破合理生存与健康发展的范畴。马克思强调的是"每个人与一切人"，即任何人既不应当达不到合理生存与健康发展的范畴，也不应当无尽超出这一范畴。马克思既批判导致劳动者"不拥有"合理生活资料的现象，也批判资产阶级奢侈消费现象。他的社会公共人本主义价值精神，就是在这种人类学意义下的即全民的公平正义精神。这种人类学原则虽然还不能在全世界实现，但它应当首先能在我们这个社会主义大国实现，至少是在走向这一实现的途中。社会主义生态文明建设，如果能自觉践履马克思的自然生态与社会生态双重并举的原则，就有可能实现每个人与一切人都能合理生存与健康发展的价值目标。一般说来，社会生态文明关乎人们的合理生存，自然生态文明关乎人们的健康发展，因而这是对社会主义生态文明价值要求的全面表达。

在坚持以上这些社会主义原则的基础上，我们才能进而根据其他原理如人与自然的生态一体原理等，进行人与环境的双重一体的生态文明建设等，这是后面要着力讨论的问题。

为什么要提出这样一种生态文明建设方略？这里，我们应当注意到，当代世界的生态觉醒和人们的绿色生态运动，已促使世界上大多数政府都在进行生态治理。但是，正如我们在一开始就分析的，广泛的生态治理并未能改变生态危机恶化的态势，生态治理本身也陷入了危机。其原因，如前表明，在于无论中国还是世界上的生态治理，都不过是由经济性政府坐在传统工业这只追求经济增长的生态破坏船上的治理。这种借重于反生态的工具进行的单纯生态治理，本身就是一种生态悖论，它当然不能扼制生态恶化的态势，我们特称之为"生态治理危机"。所以，中国的社会主义生态文明建设，显然不能再局限于这种单面的生态治理，而必须走马克思主义的双重生态文明建设道路。根据马克思的生态原理进行生态文明建设，是我们最正当的、最应该首选的道路。（林安云主笔）

二　实施方略：开辟生态化发展道路（生态发展观）

把上述思想原则付诸行动，就转化为实施方略，它包括：

1. 总体把握：根据中国人—境生态系统的人、境和人境关系展开全方位生态文明建设

人—境生态系统，是我们根据马克思的人与自然界是同一个生态整体、

人靠自然界来生活的思想所确立的概念，但它也是一种实际的客观存在。由于没有这一观念，通常一讲生态文明，大家都只想到环境，把生态文明建设等同于环境保护，如前表明，这是导致生态治理危机的根源。生态文明是一种总体性的文明，它要求从人—境生态系统中的三大结构要素——人、境和人境关系全面展开：既重视"境"的建设，又重视"人"的建设，更注重"人—境关系"——人与环境间的技术交往、物质变换、生活交流的平衡关系的构建。作为一种生态化的发展方略，一种生态发展观，不能陷入片面性之中，因而必须从人—境生态系统的基本结构上全面考虑，要特别通过对"人的"和"人—境关系的"生态建设，从根源上实现对"境"的生态建设。这是实际存在的人—境生态系统对生态化发展和完整意义的生态文明建设的基本要求。

2. 起始环节：构建一定人—境生态系统的生态责任制和生态接力制

人—境生态系统，就是由一定的相对稳定的人们与其相对稳定的生态环境所组成的生态生存系统，这是一种实际的客观存在，特别是在少数民族地区更能典型地体现出来。在进行生态文明建设时坚持这一分析方法和建设方略，可以把在一定地域和环境中的人们所进行的经济活动、生存发展活动与其环境之间的生态关系作为一种生态整体进行系统考虑，分析其人的生态足迹与其环境的生态承载力之间的关系，有其独到之处。今天的生态经济学正是建立在这一客观情况的基础上的。首先，它有利于调动一定地区的人们热爱乡土的感性和责任，不能因为自己的经济追求而破坏乡土的生态环境。通过生态文明教育，成为生态文明建设的主导力量。其次，它有利于对一定人们的生存环境进行生态条件分析，经济发展可能性分析。再次，它有利于调动一定地区的行政首脑分析掌握本地区的人和环境的生态关系，切实掌握人和境的生态情况，更便于从人和环境的生态实际出发。最后，有利于构建一定地区行政首长的生态责任制，把绿色审计、绿色考核置于第一位。

但是，由于我们的行政首长实行的是任期制，往往三五年一换，经济社会发展战略一般也都会有相应改变，一些连续性的建设工程就有可能中断。而生态文明建设工程作为一种投入性、监督性、持续性的长久工程，往往会受到"人走政息"的影响。所以，对于一定的人—境生态系统来说，对于主导其生态发展的已经实现生态转向的政府来说，就需要制定长期的生态文明建设责任制，人发生变化，政府组织发生更替，但其生态规划和生态责任制不能因之变化，需要一代代的行政首长接力推行下去，不能中途变卦。所以，应当推行一定人—境生态系统的行政首长生态责任制和生态接力制，以保障生态文明建设顽强地不间断地进行，避免冷一头、热一头、建设一头、违背一头，甚至为了暂时经济利益把生态法律规范也丢弃一边的不良状况发生。

3. 全面统筹：制定人—境生态系统的生态—经济—社会—生活—精神的五维协同发展战略

二战以后，如何走上和平发展道路，成了世界各国的问题。最初把发展理解为单纯的经济增长，两大阵营在冷战时期的紧张氛围中各施新招追求自己的经济增长，第三世界也在追求民族独立和摆脱贫困，联合国向第三世界推出的两个"发展十年"，也主要是经济发展。经济主义和经济增长成了支配世界实际发展的最根本的原则，而生态危机也就在人们高唱经济凯歌时爆发出来。越是经济发展得快的地方，生态问题就越严重，而不论是什么主义。这本身暴露出传统工业模式和单纯的经济增长，与自然界的生态规律是背道而驰的。新中国成立后，我们也只有走这条世界上唯一的经济增长道路。改革开放前已经出现了生态问题，但没有把它看成重大问题。当时世界的主导精神，是"和平、发展、环境"，我们只抓住"和平与发展"两条，开辟了改革开放的新时代，和平是机遇，"发展才是硬道理"，而发展也就是 GDP 的增长，这成了每个五年计划的核心内容。世纪之交，社会生态问题比较突出了，这才突破单纯经济观点，提出了经济—社会协调发展方向。虽然国家开始紧跟世界生态形势制定了许多生态政策法规，但飞奔的经济马车可以将其置之度外，从而造成了当前的生态局面。

于是，在世纪之交，人们提出"生态—经济—社会"的三维发展战略，这应当是认识到单纯经济观点的局限性之后的重要举措。它要求把生态问题作为经济发展的前提，为此国家还制定过生态经济发展规划，但经济利益的考虑使这一切在实践上难以推行，因为我们——从领导到广大群众，大都还没有摆脱经济利益的帅位统治，生态理性还没有上升到主导地位。即使中央已经提出了生态文明的建设方向，但经济主义根子依然统治着人的行为，局面仍然难以改变。所以，在当今，我们应当把一定的人—境生态系统的人们——从各级领导到广大群众——的生态—社会革命提上日程，根据本系统的生态承载力和生态可续性制定以生态安全为前提的"生态—经济—社会—生活—精神"的五维协同发展战略，在经济上、社会上、生活上和思想上都发生生态性的革命性转变，才能真正走上生态文明的发展道路。

"生态—经济—社会—生活—精神"的五维协同发展战略，不是无主体、无对象的，它是生存于一定环境中的人们所进行的、以其生态环境治理和生态复兴为根基的生态经济建设、生态社会建设、生态生活建设和生态精神建设。重要的是，只有这种五维协同发展战略，才能实现人民和国家的生态安全。这也就是要求在"生态"与"经济"两环节之间，实现人与自然的合理物质变换，即实现生态性生产；在"经济"与"社会"两环节之间，实现人与人的合理物质变换，即实现生态性分配；在"社会"与"生活"之间实现人自身的合理物质变换，即实现生态性消费；在"生活"与"精神"两环节之间，实现人们的思想观念和生活行为方式的变革，自觉践行生态行为和生态消费，实现生态性的思想观念革命，把生态正义作为人类世界的最高正义，并且通过人自身思想观念的建设为整个生态文明发展奠定精神基础。这些都要通过全社会的生态理性和生态人格的形成才能实现。而合理的生态性的分配则是调节并形成生态生产和生态消费的关键环节。所以，实行生态—经济—社会—生活—精神五维协同发展战略，是马克思生态哲学的核心原理——人与自然、人与人、人自身的合理物质变换原理在当代生态危机条件下的必然要求。马克思把这一原理的实现，寄希望于未来的共产主义，但生态危机的提前到来，迫使我们不得不提前以这一原理指导人类当代的生态实践。

总的来看，生产是从自然物质转化为人们的社会财富的入口，它以生态资源和生态环境的损耗为代价；消费是人们的社会财富转化为人的生存并把废物返回自然界的出口，它以社会物质财富的损耗和生态环境的污染为代价。如何让每个人与一切人都既能合理生存与健康发展，又能让社会物质财富的损耗最小化，从而让资源环境的损耗污染也最小化，是五维协同发展战略的基本方向。

4. 主要环节：推动生态经济发展、走向生态政治方向、展开生态思想文化建设

生态—经济—社会—生活—精神的五维协同发展战略，从具体的分类的实践方法上说，也就要求我们要推动生态经济的发展，走向生态政治方向，展开生态性的思想文化建设。生态危机以来，人们从生态环境的角度重新考虑人的经济活动，把生态学与经济学结合起来创立了"生态经济学"，通过半个世纪的发展，现已开始走向成熟和实用。传统经济学是西方资本逻辑和经济主义的产物，经济效益最大化是它的根本要求。在生态经济学面前，这些不过成了技术性要求，即经济地进行经济活动。生态经济学要求以生态环境的永续安全为前提发展经济，把生态环境系统和人的经济发展系统作为同一个系统来对待。由于生态环境在各地都是不相同的，这就不能不进入具体的生态环境中考虑可能和应当的经济发展；又由于生态环境从来不是孤立的，它总是与人的生存结合在一起，而任何经济活动都不能不是人的活动，因而，这也就是要求从"人—境生态系统"综合考虑问题。我们认为，在一定的人—境生态系统中综合考虑其经济、社会的发展以及相应的思想精神文化建设，是生态经济学应当有的理论视野。

生态经济学要求把生态环境与人的经济活动作为同一个东西进行考虑，建立生态性的物质财富文明——生态物质文明，这就避免了把生态文明与物质文明作为"两张皮"并立起来的形而上学理解，避免了在实践中有时强调物质文明、有时强调生态文明从而两边摇摆的片面性危害。这种思想仅仅把生态环境建设视为生态文明，这不过是"浅层生态学"的主张，连西方的"深层生态学"思想都没有达到，因而不可能真正进行社会主义的生态文明建设。

问题的复杂性和艰巨性还在于，单纯的生态经济是不可能建立起来的。经济从来都是与政治纠结在一起，要靠政治的保驾护航。所以根据生态经济学发展生态经济，同时也就是要求进行相应的生态政治文明建设。在当今，生态政治学还很不成熟，在理论上还无所依傍。但是，经济决定政治，我们可以根据生态经济的建设需要，逐步进行与其相适应的法律制度建设、思想政治建设，特别是具有社会主义性质的社会生态（消除两极分化）建设，

这样，生态政治学也就不难建立起来。事实上，人们提出的生态性政府，政府的生态转向，也就是社会政治向生态方向的发展，是一种生态政治文明建设。同样的道理，也不应再有生态文明与政治文明的两分提法，生态性的制度权力文明，是它的基本发展方向。总之，坚持人—境生态系统的五维协同发展战略，坚持生态经济和生态政治以及生态思想文化的发展，与人们提出的五层次的生态文明建设是一致的。即"以生态精神文明建设为主导、以生态环境文明建设为根基、以生态物质文明建设为主体、以生态制度文明建设为保障、以生态生活文明建设为归趋"①。这是生态经济、生态政治、生态思想文化建设的实际体现。

5. 关键手段：发展生态科技、实行生态科技考核、构建生态生产体系

今天的经济是科技经济，高科技经济。因而，要真正进行生态经济建设，就首先要进行生态科技建设，特别是第三次科技革命建设，以及推进生态科技、生态经济发展的生态制度体系建设。所以，生态经济、生态政治和生态思想文化制度建设，在具体的政治操作上就进一步深入体现为发展生态科技，实行生态科技考核，构建生态准入和生态生产体系。

社会主义生态文明建设是个复杂的系统工程。除了思想理论方面外，关键是要靠生态性的科学技术手段的实施和一系列法律制度体系的硬性规范。第一，生态经济的发展不是孤立的，它建立在新兴的生态科技发展的基础上。生态经济能不能发展起来，生态文明能不能实现，关键取决于生态生产体系的构建。特别是生态性的以互联网和新能源、新材料相结合的第三次工业技术革命的到来，将有可能改变经济发展对资源环境的压力，在科技基础上实现生态文明的转向，这是新的重大战略转机。因此，大力推动中国的第三次工业革命，发展奖励新生的生态科技的发展，补贴还比较弱小的生态性的生产试验，就成了政府的重大生态政策转向。第二，对生产建设要求进行全面的生态考核，对领导生态文明建设的干部进行生态理论和生态业绩的考核，也势在必行。第三，对一切新上建设项目进行生态准入制度，并对既在项目进行生态核准制度，凡是有害于生态的坚决不准做，构建基本的生态生

---

① 苗启明、兰文华：《生态文明建设三题》，《哈尔滨工业大学学报》（社会科学版）2013 年第 4 期。

产体系，是政府的重大生态责任。

6. 发扬生态民主，走群众路线的生态文明建设

生态事业是群众自己的事业，群众最关心生态健康、生态安全，是自发进行生态文明建设的力量。群众路线，在这里就是以制度建设的形式，形成群众性的生态民主制度，生态监督制度。以制度的形式保障群众应当有的生态知情权、生态参与权、生态申诉权、生态行动权、生态追究权、生态否决权等。坚持群众的生态有责、生态有权，是生态文明建设的群众形式。所有这些都应当以制度的形式规定下来。它与其他制度性法律性建设同样重要。在今天，生态安全应当上升成为人的生命安全的基本人权。这方面群众和专家都早已提了出来。只有在群众性的生态民主、生态监督的制度性保障的基础上，高层的生态规划评议院、生态检察院、生态法院才有社会基础和制度基础，才能全面实施政府的生态转向。

7. 以教育为手段：推动全民生态教育，对人和社会进行全面的生态化改造

生态文明建设不仅是政府行为，更是全民行为。没有全民的生态觉悟、生态觉醒，生态文明不可能实现。因此要对全民特别是关键人群如政府各级官员、企事业决策管理人员、教师和学生、知识分子和工农业生产者进行生态理性、生态人格教育。不仅上面提到的迫切的思想理论和整个马克思主义的生态哲学，而且人类的一切生态思想和理论，都应当分层次进行学习。在生态决定生存和发展的时代，生态就是政治，生态教育也就是政治教育。与这些教育相联系，是相应的制度体系和全社会的生态规范建设，把它贯彻到全民的生活行为中去（林安云主笔）。

三　制度建设：进行五位一体的生态文明制度建设

上述生态发展观和生态制度建设，在具体工作方法上也可以通过五层次的生态文明的制度建设来进行。

生态文明不是自发的文明，而是人类被迫适应有限自然界的、需要自觉

地强力构建的文明，甚至是需要割肉的"克己复礼"的强制性建设，因而，在理论和教育的基础上，还必须有制度性、法律性的硬性保障。这是生态文明建设取得成效的关键。那么，如何考虑生态文明的制度建设问题呢？前已提出，从生态文明的建设视野看，生态文明是包括生态环境文明、生态物质文明、生态制度文明、生态精神文明和生态生活文明这种全方位而实现的。而这些建设都要诉诸制度建设才能落实。

1. 生态环境文明的制度建设

生态环境文明作为生态性的技术—环境文明，其制度建设可分为两个方面：

（1）环境的生态保护法律体系建设。这方面国家已经形成了一系列的环境保护法规，但是，对于生态文明建设来说，还是很不够的，还需要随着生态文明的深化发展而加强环境保护立法。它不仅包括土地、水文、山岳、大气、海洋等一系列的自然生态保护法律，也包括污染检测的方法、手段、标准、公布以及反馈到立法中心加以监督改进的一系列法律法规的制度建设。

（2）对于直接的或终究要作用于环境的技术的生态评估和生态准入的立法和检查制度的建设。包括各种技术产品、化学品的生态评估和生态准入、生态限定（使用范围和使用量等）的立法，这方面还需要加强调研、认识和立法。

2. 生态物质文明的制度建设

生态物质文明的制度建设更加复杂和艰难。这是由于生态物质文明包括"物质—财富"两个方面，这两方面作为物质利益，都和人们的思想意识有关，它需要把一般的经济理性上升转化为生态理性，才会有重大的改观。从当前的观念看，其制度建设也包括两个方面：

（1）物质生产领域的生态制度建设，包括立项的环境准入制度，生产的资源限定立法，资源节约立法，生产的污染检测立法，污染治理立法，污染排出立法，污染责任立法，以及对企事业的污染否决制度，并逐步以生态技术淘汰以污染环境为代价的生产。

但是，提高到生态文明建设的高度看，物质生产是一个通过资金、技术和劳动而实现人与自然的物质变换的持续过程。它是一个追求投入—产出效益的过程。因而其一般趋势是在经济主义支配下的规模和利益的趋大化，极大化，直到今天的世界各国都在这方面进行竞争。穷国是这样，富国也是这样。所以西方生态主义者提出了"零增长"、"稳态经济"等，这是必要的。从生态文明看，脱贫是必要的，但并非越富越好。由于现有的物质工业生产方式是以生态环境、生态资源的损耗为代价的，可以说，生产得越多对生态和文明的破坏越大。所以，生态物质文明的制度建设，首先是由法律保障和限定的适度规模建设制度：即保障人民在贫穷与富裕两端之间的合理生存与健康发展，而不是竞争式发展，野蛮式发展，极富化发展。但这需要人们特别是全球性的国家决策者们的精神理念上的生态革命，同时也以全民性的生态理念革命为前提。这当然是一种长远的不现实的话，但绝非是不重要的话。

（2）财富文明的生态制度建设：人类世界的最大问题，一是财富的生产问题，一是财富的分配问题。前者主要是技术与管理问题相对好办，所以一直在以加速度大力发展。后者则是社会问题、精神问题，是人类迄今尚未能解决的问题——资本主义没有解决，社会主义也没有解决。穷国没解决，富国也没解决。这方面的制度建设与整个社会的精神进步和政治进步有关。因为这方面的生态制度建设，一是为生态减压的财富相对均衡分配制度，二是财富消费（消耗）的节制制度，从而既改变目前世界各国内部和相互之间的财富分配的两极分化状态和财富消费的异化状态——异化消费和不足消费。在今天相对丰足的生产力水平上，我们可以真正实现马克思的"按劳分配"和"按需分配"制度。按劳分配在一切劳动者中展开，保障他们的合理生存与健康发展。"按需分配"在公私企事业家、政府的高级官员中进行，以保障他们和其事业的健康发展。知识分子，则居于两者之间。那种既压低劳动价值的分配，又抬高按资分配的制度应当以生态的名义淘汰。在这种情况下，一个好的符合生态节制原则的财富分配和财富消费制度应当可以制定出来。当然，这本身就是一个需要进步政治理性或者说社会主义的制度理性加以解决的历史问题，更是一个生态危机、生态崩溃逼迫人们必须解决的现实迫切问题。因为，从世界上来说，生态危机正是由人类的贫富两只手造成的。

3. 生态政治文明的制度建设

生态制度文明或者说生态政治文明的制度建设，主要就是进行"经济——生态政府"的制度建设。如前表明，主要有：

其一，是政府本身的生态构建，它的组织结构，它的规模，它的运行方式，应当符合最节约的原则。不能叠床架屋、臃肿不堪等，这就需要一系列的符合生态要求的组织制度建设。即把一系列生态机制、生态规范和生态要求转化为政府自身的建设。

其二，是它所建立的生态制度，如生态性的法律制度、考评制度、监督检察制度，有独立的审议、批准、监察权力的生态规划评议院和生态检察院、生态法院等来把持生态红线。

其三，是政府的生态功能的制度构建。即它要把如何促进经济的、社会的和人们精神的生态化发展的规范性要求，都转化为法律制度，以符合生态原理的法律制度规范整个社会的生态文明建设。这就会形成强大的政治生态门槛，成为经济——生态政府的铁腕手段。

其四，是适应于整个社会的一切活动的生态奖惩制度建设。这既包括物质生产和精神生产方面，也包括物质生活与精神生活方面，以及社会的和政府的各种行为方面。从小学生到老年人，从个人到组织，凡是符合生态要求、为生态文明做出贡献的人和组织，都应当受到奖励，凡是不符合生态要求有碍和破坏了生态文明建设的，都应当受到惩罚。这方面，有一系列奖惩制度需要建设，并把这些奖惩制度贯彻到五个文明建设中去。

总之，经济——生态政府的天职，就是以制度和责任的形式全面推进生态文明建设，实现中华民族发展道路的生态转向，使中国特色社会主义走向生态社会主义方向。

4. 生态精神文明的制度建设

生态精神文明的制度建设，主要是"精神"——即思想观念建设和"规范"——即各种生态行为规则和法律制度的双重建设。这主要是通过教育——各级学校教育和全民的、关键人群的生态教育制度而实现的。比如，小学的生态习惯教育，中学的生态法规教育，大学的生态理论教育等。关键人群，主要是各级教师、企业决策人员、政府决策人员、涉污企业人员的生态理论教育和生态责任制度、生态奖惩制度建设。通过教育和奖惩制度建设，促进人们的生态觉醒和生态理性、生态伦理、生态规范的盛行。

5. 生态生活文明的制度建设

生态生活文明，是生态文明在人身上的全面实现，也是人的生态实现过程。它包括生活和行为两方面。由于生活与行为包括政治生活与政治行为、经济生活与经济行为以及个人的文化生活、家庭生活、社会生活的生活与行为等，由于所有这些生活和行为都涉及物质消费和物质消耗，生活过程就是个物质的消费和消耗过程，因此，生态生活文明的制度建设，可以通过消费制度建设和消费行为规范建设达到目的。这主要是各种克服异化消费的制度立法建设。一方面通过节制过度消费的资金制度、税收制度、奖惩制度节制一切领域的过耗消费，异化消费，一方面通过分配制度和社会保障制度而保障每个人和一切人的合理生存与健康发展，建设一种和谐健康的生态生活和生态行为方式。只有通过这种消费终端的生态文明的制度建设，才能反制于社会物质生产在生态可续的前提下进行。否则，一小部分人异化消费，让一大部分人不足消费，人类就不可能走向生态文明方向，生态崩溃就会出现，人类也将不能生存。（林安云主笔）

四 思维方式：确立人天协调的生态思维方式主导中国的生态化发展

要真正进行全方位的整体性生态文明建设，要根据生态原理把生态文明建设绩效置于首位，要有决心进行一场生态—社会革命实现马克思主义的生态化发展战略，从精神基础上说，也就要求同时发生一场思维方式的革命，构建能够主导整个生态文明建设的人天协调的生态思维方式。不可以想象，以传统的经济主义为根基的经济思维方式，能够正确思考生态文明问题并指导这一建设。

如果说，"在21世纪，人类正面临生死存亡的抉择"，如果说，"我们必须克服现代性哲学的某种错误，实现一次哲学的革命；必须扭转现代工业文明的发展方向，实现一次文明的革命"的话，① 那么，在这里，同时也必须发生一场思维方式的革命：即从当前的普遍盛行的经济主义和经济思维方式中跳出，转换为人天协调的生态思维方式，从"思维"这种精神发生根基上支持经济活动的生态转变。

那么，要实现这种思维方式的变革，应当从哪里做起呢？一是从马克思以及其他许多生态思想家那里学习生态理论和思维方式，这方面后面再说。二是要自觉认识到思维方式的调控结构并自觉地、理性地加以改变。即要自觉认识到，人的思维方式是由其内在的三维调控结构在规范和调控，这就是产生思考的主体维、主导它的运行方向的观念维和思考认识事物的对象维三维互动结构。只有当这种三维调控结构都被生态原理渗透时，生态思维方式才能完整地形成。其中起关键作用的，是由主体维的生态意念与观念维的生态理性相结合而产生的生态思维理念，它可以主导生态思维方式的形成。对此我们在附录中的"熵理思维方式"中进行较深入的研究，这里主要强调以下外在的方面。

1. 反对经济思维方式的统治，构建人天协调的生态思维方式

当前主导我们的思维方式的，一般都是自觉不自觉地建立在经济主义基础上的经济思维方式。特别是在经济增长上的无尽追求，在致富上压倒别人的追求，资本无限增值的追求等，都不能不以经济思维方式支配思维。

经济思维方式，是伴随资本和资本逻辑的出现、伴随着工业革命和工业文明而兴起的现代性思维方式之一，它的合理性与工业文明、与人类巨大的经济成就同在。但是，它的问题，也像传统工业文明一样，如不改变，将使人类陷入生态绝境，并最终断送整个人类的生存，从而使它的成就转化为罪过。

经济思维方式，直接建立在经济主义基础之上，它就是把拜金主义情绪膨胀为压倒一切的原则。因而，这一思维方式的典型特征，一是思维主体对经济利益的强烈追求，二是在思想观念上的传统经济主义和经济学的统治，

---

① 卢风：《生态文明建设的哲学根据》，《光明日报》2013 年 1 月 29 日第 11 版。

以及二者形成的强有力的主导思维的经济思维理念，三是在现实的经济活动中寻求一切机会、方法、手段超越别人而无所顾忌，从而使人们的经济活动不再是为了自己生存和别人生存，而是为了自身无限膨胀而压倒别人，不再是为了人、为了社会，而是为了资本和个人争雄天下，这就迫使整个社会处于经济竞争或经济挣扎并存的发展状态，两极分化就成了它的自然趋势，并且被认为是天经地义的。这样一种看似合理的思维、思想和行动，在客观上却使人类的经济活动不再是经济的，而成了反经济的，因为它导致了资源的巨大浪费。整个人类经济系统成了一种为资本、为增值的经济膨胀系统，正是这一层，使它成了一种巨大的反生态精神力量。而也正是在这里，使经济主义和经济思维方式陷入反生态的泥淖之中不能自拔。因而，在人类开始走向生态文明新时代的今天，在人类的一切活动都需要纳入生态规范之下的今天，不仅经济主义及其背后的资本动力应当彻底改变，就连它的经济思维方式也需要彻底改变，即在思维方式中发生生态的革命。

虽然生态后现代主义和生态马克思主义早就率先批判了经济主义的不合理性，然而，问题在于：在当今世界上，起主导作用的政治力量，还没有这样的批判意识，还不能从经济主义和经济思维方式中走出来，更无从超越这种把人类导向生态灾难的思想观念和思维方式。这是由于今天人类的一切经济活动都是以企业为主体进行的，而企业的本质就是经济扩张，就是在经济主义和经济思维主导下的利润扩张；而国家也成了企业的总代言人，甚至也企业化、经济化了，因而不能不成了经济主义和其经济思维方式的总的倡导者，推行者。今天衡量国家和地区发展的，还不是贫困减少了多少，不是社会不公消除了多少，不是社会耗费降低了多少，而是经济增长率，经济实力增长水平，是富豪榜、大公司、500强的拥有率等。这一切都使经济主义和经济思维方式不能不高居主帅地位，要使它发生革命性变化还必须花大力气。

当然，由于世界发展的不平衡性，在一些还没有走向现代化的、还处于贫困边沿的地区，"发展"别无选择，经济主义和其经济思维方式还有它的正当性与合理性，但也同时需要从生态上考虑，需要以生态主义和生态思维方式解决贫困问题。对已经实现现代化的国家来说，特别是进入后现代社会的发达国家来说，只有把经济主义转变为生态主义，把经济思维方式转变为生态思维方式，把企业转化成为为了人的生态生存的事业，才能主导自己向人天协调的人类学生态学方向发展，而这是任何国家以及全人类要想生存都不得不走的方向。

所以，革命迟早总要发生，推迟发生不如提早发生。生态危机和生态治理危机会迫使人们——特别是决策者们，不得不放弃经济思维方式，改变经济主义的行径，在思维的主体维度不再以经济利益为主，而是不得不以生态利益为主，在思维的观念维度不再让经济主义支配，而让生态主义、生态精神（包括生态科学和生态哲学）上升到主导地位。生态利益与生态理性的结合，就会形成主导思维的生态思维理念，新的追求人天协调的生态思维方式就有可能成为普遍的日渐重要的思维方式。当然，这有待于以生态革命解决人天协调问题，以社会革命解决由经济主义形成的全社会的生产、交换、分配、消费方面的生态化问题。只有在生态性发展的实施过程中，才能更好地形成生态思维方式。

生态文明转向，只有到了在思维方式上也发生生态革命，新的人天协调的生态思维方式成为主导思维方式的时候，才能提上日程。半个世纪以来在全世界兴起的生态主义、生态马克思主义、生态社会主义，已为这种革命性转变提供了思想观念的理论基础。问题在于经济政治高层的生态转变和全民生态教育的实施。

一般来讲，人天协调的生态思维方式，主要在于从人与自然界的生态生存关系出发，思考人的应有的经济社会活动。但是，这种思考要能实现，前提是要从人与人的社会生态生存关系思考问题，并通过社会生态问题的解决来解决人与自然的生态问题。人天协调的生态思维方式，不是单纯从人与自然界的关系出发，而是同时要从人与人的相互依存的社会生态关系考虑问题。只有人类内部的生态生存关系建设好了，人天协调的生态关系才有希望形成。不可以想象，在人类内部到处充斥贫与富的两极对立、你死我活的斗争、党同伐异、争霸天下等状况下，人天协调的生态关系能够实现。

总之，所谓人天协调的生态思维方式，主要就是从人与自然界的以及人与人的、人与社会的生态生存关系进行全面思考的思维方式。人与自然的即人天关系是人类生存的最基本关系，这从古代最先发达起来的学问——天文学、气象学和植物学等中就可以看出。但是，在人类进入工业时代以后，就渐渐忘记了人天之间的协调，一意把大自然作为自己掠夺的对象，从而导致了今日的生态危机。这一事实再一次教训了人类，必须回复到人与自然的生态依存关系即人天协调的关系中来。这就需要在思维方式这种精神根基处进行变革。

2. 从马克思的生态哲学思想中学习人天协调的生态思维方式

人天协调的生态思维方式的特征，一般主要在于从人与自然界的生态生存关系出发，思考人的活动，特别是经济社会活动。而马克思生态思考与众不同的是：他在此基础上同时从人与人的社会生存关系思考问题，并希望通过社会生态问题的解决来解决自然生态问题。前已指出，马克思构建了一种从宏观上把握人类世界的生态生存的双重生态历史构架（人与自然、人与人在历史发展中互相实现），就是他的生态思维方式的典型体现。马克思眼中的世界，不是单纯的自然界也不是单纯的人类世界。而是以生态学人类学和经济为根基的人与自然、人与人的相互依存的关系世界。所谓依存关系，就是相依相生的生态生存关系。马克思既从自然界出发看待人，把人视为"自然存在物"；又从人出发看待自然界，把自然界视为"人类学的自然界"。因而，他在自然界中看到了人的本性，在人中看到了自然的本性，从而形成了他的人与自然界相互内在、相互生成对方的即相依相生的、不可分割的生态关系世界，而这既是他的生态一体世界观的集中体现，也是他的生态思维方式的集中体现。因此，要学习马克思的生态思维方式，就要：

（1）从人与自然的相依相生关系、人与人的相依相生关系以及这两种关系的互为中介出发思考人的生存发展问题。

（2）要站在自然观基础上看待社会历史，把社会历史的发展建立在自然历史发展的基础上；同时，又站在历史观基础上看待自然，把人类学的自然界纳入人的社会历史发展范围内，始终站在二者统一的立场上分析二者的关系。这是马克思生态思维方式的典型特征。

（3）站在生态学人类学立场上，从克服人的异化和自然界的异化着手，力图"复归"于人与人的和人与自然界的生态统一。马克思的基本思路是：只有通过人与人的生态异化的克服，才能进而实现人与自然界的生态异化的克服，当然这是一个历史过程。

（4）从人类学的"每个人与一切人"的共同立场出发。生态思考不仅仅是为了哪个阶级、哪个民族、哪个国家的思考，而同时是为了全人类。任何一个地方的生态改善或生态恶化，都是全人类生态状况的一部分。不能像资本主义那样，为了我的生态良好而恶化你的生态。这样做只能恶化整体的生态状况，到头来反加到自己身上。所以，要特别强调马克思的"每个人与一切人"的人类学立场，这是我们的生态思考的基本价值原则。

由马克思的生态思维方式的这些特征可以看出，所谓人天协调的生态思维方式，主要就是从人与自然界的以及人与人的、人与社会的生态生存关系进行思考的思维方式。

3. 形成人天协调生态思维方式的基本方法

如果说，生态科学、生态哲学和东方道家的人天协调的生态生存方式，已经发现了丰富的生态原理，构建了丰富的生态思想，而马克思的生态哲学思想也建立了社会主义的生态观、生态价值观、生态世界观和生态人生观的话，那么，我们就应当把这些生态理性转化为进行生态思考的理论立场即方法，才能有效地进行生态思考，才能不违背生态原理的要求，推动生态文明这一新时代尽快到来。

一种思维方式的生成和盛行，既在于客观的需要，又在于先行者们的主动构建，更在于社会高层的觉悟和推行。那么，仅从方法论上讲，怎样主动形成、怎样构建人天协调的生态思维方式呢？

根据思维方式的三维结构，可以大体从三个方面促进这种思维方式的构建。

（1）从生态理性、生态学以及人的生态责任出发，形成生态思维理念。对于人天协调的生态思维来说，首先是思维者要有感同身受的生态问题的压迫，从而有一种强烈的生态危机感和匹夫有责的生态责任感，由生态问题和生态责任推动他去思考，这是进行生态思考的前提。抱着"我死后管他洪水翻天"或逃往他乡的不负责任的态度，即使看到严重的生态灾难，也是不可能进入生态思维行列的。与此同时，要有生态理性。没有由生态科学知识、生态主义思想和生态哲学精神组成的生态理性精神，没有个人对社会的生态责任，没有代表一定群体乃至全人类生态命运的生态理性、生态伦理精神，没有这种观念维度的主导，也就不可能形成以人天协调的生态关系为核心的生态思维理念，从而无法启动生态思维，更无以指导生态实践。只有人的生态责任和生态理性的互相胶着促进，才会关注生态现象，进入生态性的对象领域，形成人天协调的生态思维方式。

（2）根据人—境生态系统的生态原理进行生态思考。如果思维能够从人与自然界是同一个生态整体进行思考，如果思维能够进入人—境生态系统中，根据人—境生态系统的结构、层次和生态原理进行思考，那么，人天协调的生态思维就有可能形成。这是进行生态思考的最重要的方法。从人—境生态系统中的人、境（天）和人境生态关系这种三维结构把握种种人—境生态系统，是进行生态思考和生态文明建设的有力方法。

（3）在生态文明建设中从生态绩效出发进行思考。实践逼迫思维，目的决定思考。如果人们在实际的生态文明建设中，能够通过考核激发人们把生态文明的建设绩效置于首位，最大限度地促进生态绩效的形成，那人们就会从各个方面考虑生态文明建设，从而会自觉不自觉地发现事物的生态关系、生态原理，从而生态思维方式也会在实践中生成。当然，这一过程一般不是与理论相隔绝的，往往是在生态性的实践—理论—实践的反复之中，不断改善实践和改进思维的，对于绝大多数领导生态实践的决策层面的人物来说，在这种实践中形成的生态思维方式，是真正实用的，行之有效的。总之，如果政治理性能够迫使人们进行生态实践并制定有力的生态法律制度以规范人们的经济活动，相应的人天协调的生态思维方式也会形成。

总的来说，只有革除导致人天对立的经济思维方式，把人天协调的生态思维方式置于首位，才有可能全面推进生态文明建设或者说生态性发展。否则，生态绝境就会在前面等着我们。（第四节苗聪主笔）

第六章

制度理性：把人—境生态系统的
生态文明建设绩效置于首位

【小引】马克思的社会主义思想，从哲学上说就是为了解决"人与自然界的和人与人的矛盾"而提出来的。马克思"社会所有制"的提出，就是为了反对和结束私有制对人、对自然界的掠夺，让人能够在社会和自然界中合理生存。为了这个根本目的，不惜以暴力反对旧世界，建立新的社会主义制度。这就决定了社会主义社会的制度理性，就是自觉地解决人与自然界的和人与人的根本问题——这在今天就是自然生态与社会生态问题。所以，我们只有发挥制度理性，把生态文明及其建设绩效置于首位。这就要求把人们的生存发展建立在其"人—境生态系统"中的生态资源承受力、环境纳污承受力即一系列的生态原理基础上。这种生态文明建设，就其基本环节而言，主要是指在生态理性指导下推动不同程度的人的变革（促进生态人的形成）、人与其生态环境的物质变换关系的变革（走向生态性生产）、人的社会物质变换关系的变革（走向生态性分配）、人的生活方式的变革（走向生态性消费）以及其所导致的整个人—境生态系统的生态变革。只有通过这些方面的变革，生态文明才能逐步实现，才能向中级阶段的生态—社会革命发展，走向生态文明的制度实现。

【新词】制度理性　生态革命　生态性生产　生态性分配　生态性消费生态文明建设绩效　人的第二次提升

　　从哲学上说，马克思的社会主义思想，根本上就是为了解决"人与自然界的和人与人的矛盾"而提出来的。马克思"社会所有制"的提出，就是为了反对和结束私有制对人、对自然界的掠夺，让人能够在社会和自然界中合理生存。为了这个根本目的，不惜以暴力反对旧世界，建立新的社会主义制度。这就决定了社会主义社会的制度理性，就是自觉地解决人与自然界的和人与人的根本问题——这在今天就是自然生态与社会生态问题。当前的中国，正是由于一段时期忘记和放弃了社会主义的这种根本性的制度理性，才造成了严重的自然生态与社会生态的双重危机，突出表现就是两极分化进一步导致人与人的和人与自然界的反生态关系的加重，既使自然生态有崩解之势，又使人不能合理生存。人—境生态系统这种全方面生态文明建设的提出，就是为了从人与自然界、人与人的双重生态立场解决这一问题。所以，它也是社会主义的制度理性的集中体现。

人—境生态系统的三维结构和五层关系，从外延方面规定了生态文明建设的基本构架。它表明，当前世界上那种仅仅局限于生态环境治理的做法是多么片面。它无助于克服生态崩溃所带来的危机。而人—境生态系统中的生态原理和生态逻辑，则从内涵方面规定了生态文明建设的具体的本质的要求。它表明任何对生态原理的疏忽都会导致生态灾难。它要求人们的生存发展不能违背这些生态原理和生态逻辑。这内外两方面归结到一点，就是人类要想生存下去，中国要想发展下去，只有走人—境生态系统整体发展的生态文明建设道路。这就要求社会主义政府及其制度理性，把这种全面的生态文明及其建设绩效置于首位。过去正是不明白这一层，才导致全方位的生态危机。亡羊补牢，犹未为晚。

如何根据人—境生态系统的生态原理、生态逻辑进行生态文明建设，是这些原理已经指明了的，这里无须再述。这里要强调的是：当前的生态形势，要求代表一定人—境生态系统的政府，把马克思的生态哲学要求与社会主义要求统一成制度理性，承担当代世界的生态责任，以及政府对国家、对人民、对人类共同体的生态政治责任，进行生态文明建设。在这里，一是要具体研究和发现其人—境生态系统中的生态原理和生态逻辑向负值转化的临界点，根据这些原理和逻辑要求进行生态文明建设。二是要在发展观念上发生革命性变化，不是把资本增值、GDP 增值放在首位，而是要把人在自然界和社会中的安全生存、和谐生存放在首位。三是要在受到阻力时，勇于进行生态—社会革命打开局面，真正推进生态文明建设。总之，是把生态文明的建设绩效置于首位。这是本章所要加强讨论的方面。

一　当前人—境生态系统的自行演变恶化趋势

在今天，我们应当确认，在人与其生存环境之间构成的人—境生态系统中，除了太阳的一定能量和地能以及不同系统之间的物质交换之外，除了人的智能和创造性之外，基本上是一个相对有限、相对封闭的系统。在这个系统中，自然环境方面是有限的，基本是个常数。而人的方面，由于人是一种能动的具有生产力和创造力的主体，相对来说却是一种有无限发展潜能的力量，是个变数，是个增量。生态危机的出现表现，人的这种增量发展远远超过了地球生态系统的常量状态，在中国这个人—境生态系统中也是这样，成了一个自行恶变的演变系统。这种人—境生态系统从和谐到恶变经历了以下阶段：其第一个阶段，是人本身的数量比起自然环境来说还是微不足道时，当人主要依据农业维持其生存发展时，其人—境生态系统的生态逻辑一般呈现为正值，不会出现明显的生态问题。第二阶段，是人作为一种无限追求物质财富的动物，并为此发明了"狡猾的"科学技术和工业，这是人们以人的能动性为动力而制造出来的可自行增长的非生态、超生态甚至是反生态的力量，这种力量一旦与人的物质财富膨胀欲望合而为一，就形成了一种追求无限增值的社会怪物——资本，这就开始走向恶化。正是在资本逻辑的增值动力的推动下，出现了一种以资本主义社会为特征的现代工业经济模式。它通过劳动、资本和技术，在人与自然生态之间进行巨量的物质变换，即把自然生态物质，转化成为人和资本所追求的社会物质财富，并且主要归资本所有。过去，人们只看到这是一种创造财富的伟大过程，但是，却没有关注到：这是一种严重违背生态原理和生态逻辑的自戕行为。它把本国的人—境生态系统中的有效物质资源"掏空"之后，进而通过火力大炮与商品大炮，打入其他人—境生态系统（殖民地），一方面进行资源掠夺，使这些殖民地的人—境生态系统成为由于资源"掏空"而变成贫困化即"熵化"的人—境生态系统，一方面以它所制造的大量商品所促进的巨量消费，使整个地球上的人—境生态系统成为一种由于过度消费而形成的熵增系统。因而，在加速的财富创造、资本积累的过程中，由于违背生态逻辑而导致的生态恶化、熵增也在积累，终于形成今日的世界性生态危机。第三阶段，是人类的生态觉醒之后的生态治理。但是，一直以来，都是由经济性政府借助这种由资本推动和控制的传统工业生态破坏船进行生态治理。任何人、任何制度只要驾驭的是这种生态破坏船，它就总会在克服生态危机中增加生态危机，即陷入生态悖论。马克思的生态哲学和今日生态文明建设的提出，特别是人—境生态系统建设，有可能自觉地开辟第四个生态文明的发展阶段。

然而，当前的人—境生态系统的自行恶变态势还主导着今天的人—境关系。在人和自然环境这一生态系统之间，人一直把他赖以生存的有序的、有着丰厚自然潜力和生态循环能力的自然界，推向贫困化的、废弃化的单向的熵增败坏过程。这是"境"的败坏；而"人类"这一有巨大能量的物种，它的生产和生活，在它的能动性、创造性和所掌握的巨大的工业科技能力及其错误价值观念的综合作用下，成了它所属于的人—境生态系统中源源不断地导致熵增的力量，这是"人"的败坏。在人和境的这种双重败坏的前提下，有着巨大生态能力的自然生态系统，其熵增过程使其无法恢复到它原来的良性循环状态，从而出现人与境的关系的败坏和危机，即生态危机。而问题和危险还在于：这些超耗和破坏，这种单向的熵增过程，在今天已经启动了自然界本身的能够改变、破坏乃至毁灭其在亿万年中形成的良性生态平衡的恶性力量——具体地说，主要是启动了自然界的可自行导致气候变暖的自然过程，即自然熵增过程，从而给依赖这种生态平衡而生存的人类和整个生物界造成了生存危机。

二　以制度理性推进人—境生态系统的生态化发展

如前表明，生态文明建设有三个互相支持的手段——人的、境的和其关系的建设，这些在今天都在不同程度、不同意义上实施着。问题是相对于生态问题的严重性，这些都还极为不够，要在全人类的意义上实施，要成为全社会参与的、国家的、国际的大行动，成为人类的类行动，成为全球人—境生态系统的活动，这就有待于各国和国际社会，把生态理性转化为政治理性或者说制度理性，并以制度（先进的政治理性与法律的制度体系的统一）加以保障；并且在相关制度的主导和保障下，把三大手段转化为政治战略，即有计划、有政策、有目标的、得到制度保障的政治性行动。而这种政治性的、制度性的、主体性的战略行动，一般包括这样四大战略：

（1）保护性战略，即针对"境"的基础性的初级战略，也是紧迫战略。

（2）调控性战略，即针对"人"的关键性的中级战略，根本战略。

（3）开发性战略，即针对"人境关系"的高级战略，即以绿色科技为手段的长远发展战略。

（4）生态—社会革命战略，即人与境的物质变换关系中的从生产到消费的生态平衡战略。

从世界范围来看，当前，只有第一个已经形成为不完全的战略，如大规模的环境治理。至于包含这四大战略的整体性的生态发展战略，即全面的生态文明建设，则还有待于 21 世纪中新的以国家和地区为单位的政治理性、制度理性的觉醒，更有赖于国际社会的推动与协同。没有国际社会共同的制度理性的全力推动，把它转化为全球人—境生态系统的发展战略，生态文明就不可能得到有效发展。这四大战略都是以熵增原理为基础的悲观性战略。如果从乐观主义出发，那就会什么也做不成，既眼看世界几十亿人受着生态折磨，又坐失挽救人类生态灭顶的良机。我们作为社会主义国家，作为人口极多而平均资源极少的国家，作为生态问题已经极其严重的国家，不仅应当是率先以社会主义的制度理性推动这一发展战略的国家，也应当是推动世界生态文明发展转向的国家。这是马克思生态哲学在今天的根本要求。

制度理性要完成这一使命，应做好以下工作。

其一，首先是要对人类在不合理的发展活动下的熵增趋势、熵增原理要有深刻的认识，以及作为其基础的熵科学、熵哲学、熵理思维的武装，把熵哲学、熵理思维作为生态化发展的哲学基础和思维基础，作为生态伦理实践的基本科学和哲学理念。在此基础上，认识和掌握大大小小的人—境生态系统中的生态原理，生态逻辑，并以其为根据审视和调整我们的行为，这样才有可能把关系全国的、全人类的生态化发展作为自己的旗帜。

其二，把人—境生态系统持续发展的三维建设手段，通过宣传教育和政策法律，转化为强制性的社会政治战略，成为国家和类群整体的自觉意志和生态理念，从而实施之。

其三，通过实施四大战略，建立社会群体的合理的生产方式和生活方式，建立合理的生存发展规范与和谐的人—境生态系统。

其四，把人类的类群发展，由当前的单纯追求经济增长的一维发展和追求"经济—社会"的二维发展，转化上升为追求"生态—经济—社会"的三维发展和四维发展——"生态—经济—社会—精神"的协同发展，同时，人类的个体和群体，也应当由经济人向伦理人、生态人发展，否则，生态化发展就没有人的基础，生态—社会革命也无法落实。

其五，通过对人—境生态系统的这三大环节的生态文明建设以及生态—社会革命，使人—境生态系统过渡、上升到新的文明境界、文明形态，成为一种良性的人—境生态系统。

在 21 世纪，制度理性如果能实现它的这五大功能，它就能主导、调控和保障人—境生态系统的健全发展，从而创造不同于传统工业文明的新型的生态文明。

对这种生态文明，人们早就在期待它了，它可以用很多不同的词来表述：从人赖以生存的自然环境的视角看，人们称之为绿色文明。从人与人的、人与社会的关系的视角说，人们称之为和谐文明，和合文明。从人依据于自己的创造而生存的视角说，可以称之为自足文明。在这里，我们还可以就其物理基础上称之为"熵理文明"等。它们是人对自然的依存关系的高级发展阶段。

当然，由于未来总有不确定性，由于熵增的普遍性和不可逆性，因而，各种阻碍、破坏、灾难不可避免，问题是在何种规模、何种程度上出现。

在我们走向现代化时，可持续发展观、生态化发展观的出现应当说是我们的幸运机遇。而社会主义制度又可能使我们有一个比较健全的制度理性推进我国这一特定的人—境生态系统的生态化发展。因此，对我国的人—境生态系统的良性发展来说，我们可以有一个慎重的乐观态度。但是，我们必须看到问题的严重性，必须从悲观方面做起，争取乐观的结果。否则，我们就不能挽回我们和全人类生存发展的悲剧。

三　制度理性：把生态文明建设绩效作为政府的首要职责

1. 社会主义的制度理性：自觉承担生态文明建设这一历史性任务

人们常常对生态文明建设作浮浅的理解，把表面的生态环境治理理解为生态文明建设，这是不能奏效的。诚如诸大建先生所说："并不是一切标榜为'生态文明'的理念、学说、口号都是……有益的。如果我们不能从深绿色的角度去引导社会改进传统的发展模式，而是停留在浅绿色的水平上去号召人们被动地应对资源环境问题，那么这样的生态文明是不可能换来我们所期望的……发展模式转型的。"① 当前的"生态治理危机"，就是一种世界性的"浅绿色"行动的结果。当然，生态文明还刚刚提出，一开始还不能不是一种传统的、改良性的浅绿色行动。那么，如何把浅绿色的生态运动改变为"深绿色"行动呢？其实，"生态文明"本身，就是俄国学者于 20 世纪 80 年代在深绿色生态思想基础上提出来的。生态文明已被公认为人类新的文明发展形态，它要求全世界的国家或早或迟都要走向这一方向。如我们一再论证的，社会主义的深层意蕴包含生态正义于其自身。所以，自觉地进行深绿色的社会主义生态文明建设，应当是制度理性所唤起的国家行动。本篇所提出的人—境生态系统及其三维调控建设，五层关系及五层次全方位的生态文明建设，根据生态系统的生态原理和生态逻辑进行建设，作为马克思生态思想的体现，也都可以视为生态文明建设的当然方法。

在马克思的生态理念中，虽然蕴含着人—境生态系统和人—境生态逻辑这些原理，但是，马克思并没有把它推导出来，这是由于它还没有成为时代需要。马克思看到了人与自然界在"物质变换"上的不合理性，他的深刻性在于：他把这种不合理性的改变，寄托于未来人的社会关系的合理性改变之上，因而首先要解决社会关系特别是生产关系的合理性问题。而今天的世界，虽然还远没有走上这一步，但是，一则由于资本逻辑对自然的毫无节制的掠夺已造成了生态危机，二则由于人类本身数量的巨大发展，三则由于实

---

① 诸大建：《中国发展 3.0：生态文明下的绿色发展》，《新闻晨报》2010 年 12 月 8 日。

现人与自然之间物质变换的科技手段已经深入自然的骨髓，从而迫使人与自然的生态关系已经上升成为这个时代的迫切问题：它不仅导致了大规模的物种灭绝，导致不可再生资源告罄，而且已经在整体规模上影响到世界气候，使其日趋变暖，从而导致整个"自然界"不利于现有生物圈的良性生存，这就会使任何人—境生态系统中的"境"走向恶化，从而通过生态逻辑反制于人的生存，出现了人的生存危机。当然，乐观主义者认为，人凭借其创造性的科学技术可以超越生态逻辑的惩罚，实现自己的良性生存。如果真的能够这样，人类今天就不会有生态危机、资源危机和生态治理危机的出现了。一些国家也就无须在暗暗准备进行资源战争、生态战争乃至于打极地和深海以及其他星球的主意了。所以，在这个有可能迫使整个地球生物圈不利于人的生存的时代，发掘马克思的生态哲学思想理念，把它由背后推动前台，以便推进人类世界的生态化发展，就成了我国以及全人类的合理生存与健康发展有重大意义的行为了。这里要强调的是：当前的生态形势，要求代表一定人—境生态系统的政府，把马克思的生态正义与社会主义的本质要求，统一成制度理性，承担当代世界的生态责任以及政府对国家、对人民、对人类共同体的生态政治责任，进行生态文明建设。在这里，一是要求在发展观念上发生革命性变化，不是把资本增值、GDP增值放在首位，而是要把人在自然界和社会中的安全生存、和谐生存放在首位。二是在受到阻力时，勇于进行生态—社会革命打开局面，真正推进生态文明建设。三是要把生态文明建设作为走向未来的国家大事、人类大事来做。这就要求进行政府本身的构建。

根据以上发展态势，可以说，社会主义的生态理性——或者从社会主义的政治立场上说——制度理性，就在于如何通过政府本身的生态构建，推动生态文明建设，实现人类文明的生态转向。

思想理论的坚持，行动方略的实施，都需要社会主义制度理性的保障。而坚持以制度理性推动社会主义生态文明建设，是我们的历史使命。因为中国是世界上最大的社会主义的精神力量、物质力量和制度力量。马克思创立社会主义，从深层次上说，就是要把人们从社会生态危机中解放出来，进而又把人们从自然生态危机中解放出来，即实现阶级解放和人类解放。而这两大解放在今天的最大阻力，一是资本逻辑，一是生态危机。而克服这两大阻力，就要以制度理性进行政府本身的生态性构建。而这一构建的目的，就是要把生态文明及其建设绩效作为政府的首要职责。这里，有必要再强调以下几个方面。

面对全人类的生态危机和生态治理危机这种生态困境，面对我们在日益加强的生态治理中还日益严重化的生态危机，面对人类未来的、有被恶化的生态环境吞噬的生存绝境，我们只有猛醒，断然选择与传统工业文明不同的生态文明发展方向。但是必须认识到：从工业文明到生态文明，不是增加，不是发展，不是过渡，不是走向，而是革命：人的精神理性革命，人的价值观念革命，人的生活方式革命，人的生产方式、分配方式、消费方式等全面的生存方式的生态革命，是文明本身的革命。有如在第二篇所讨论的，它要求重估一切价值，重构人类文明的发展方向。生态文明，就其深刻的理念来说，它不是改良性的，也不是权宜之计的概念，而是被作为否定工业文明的人类新的生存发展方式来理解的文明形态。虽然，它常常被作为改良主义来理解，来运用。

今天的现代化，已不是一般的现代化，经过可持续发展观的洗礼，经过生态文明观的洗礼，应当是生态现代化。因此，坚持生态发展观，实现生态现代化，就成了制度理性的根本方向。我们有理由希望，我们的社会主义制度可能提供一个比较健全的制度理性推进我国生态化发展这一大方向。因此，我们可以有一个慎重的乐观态度。但是，我们必须看到问题的严重性，必须从悲观方面做起，争取乐观的结果。否则，我们就不能挽回生存恶化的悲剧。

2. 以生态文明建设绩效作为总体考核准则

在这里，首先要在发展观念上发生革命性变化，放弃对资本增值和GDP增值的追求，把生态文明的发展绩效置于考察的首位。如果说，人们的一切活动都要追求绩效的话，那么，生态文明建设尤其要追求绩效。根据戴利的生态经济学公式，生态文明的发展绩效可以以这样的公式来衡量：

$$EP = WB/EF$$

其中，EP 是生态文明的建设发展绩效，WB 是人们获得的经济福利，EF 是生产和消耗这些经济福利的生态足迹。即生态文明的发展绩效（EP）＝人类获得的客观经济福利（WB）／生产和消耗这些人造资本的生态足迹（EF）。这就是说，在同一个人—境生态系统内，生态文明的建设发展绩效，固然与经济福利成正比，但与生态足迹成反比，生态足迹越大，客观福利就越小，生态文明的绩效也就越小。即人们的经济福利是以生态为代价的。这就要求：要把以人造资本为基础的经济发展，转向以自然资本为基础的生态发展，一切发展不能超过自然资本所约束的生态门槛。"生态门槛"的发现进一步表明，任何经济发展一旦超越生态门槛，就会转向负面，形成生态灾难，破坏人们的生态福利。超过生态门槛的经济发展，不仅不会提高人们的经济福利和生态福利，反而会降低之。所以，生态文明建设就是考察这种生态绩效并在追求这种生态绩效中的文明建设。

当然，这一步不是一蹴而就的，它有个发展过程。在当前，它至少应当从以下方面着手：

其一，把对"人"的生态建设和对"境"的生态建设协调起来，防止一方面以巨大物质力量进行生态治理，一方面放纵和鼓动人们的物质消费、物质浪费来发展生产，这是以破坏生态的方式进行畸形的"生态文明建设"。当前世界上的生态治理大都如此，离生态文明建设很远。生态文明建设，本质上就是进行其人—境生态系统的双重建设，即它既要进行"人"的生态文明建设——人的生态理性、生态平等，人的合理分配与合理消费，生态人格的实现等，又要进行"境"的生态文明建设——环境保护、生态补偿建设等，并以生态科技的发展在二者的物质变换关系中实现生态平衡。但是，当前世界上大都没有走出片面的畸形的生态治理，因而走不出生态危机的阴影。生态文明以人的合理生产与合理分配、合理消费为前提，而要走上这一步，只有通过生态—社会革命把革命矛头指向人本身才能实现。

其二，消除资本逻辑和 GDP 对于生产的统治，逐步走向生态性生产。除了为消除贫困而进行的发展之外，一切发展在资源消耗上说都应当是零增长并向负增长发展。这是走向生态性生产的第一步。

其三，逐步实施生态性分配，消除贫富两极分化以及贫富两只手的生态过耗，逐步走向生态性消费。无论是资本主义还是社会主义，都应当通过缩小社会物质财富的两极分化，既抑制富人的异化消费造成的资源浪费，又改变穷人无以生存而对自然环境的直接破坏。

其四，把人的生态福利而不是经济福利置于首位。人的健康生存，不仅依赖于经济福利，更依赖于生态福利。特别是在生态灾难笼罩的今天。生态福利是普遍的人性追求，是最高的生存价值。中国传统文化中的人生追求是"福禄寿康"，"福禄"即经济福利，是表面的，"寿康"是生态福利，是根本的。古代民族间的斗争，就是为了争夺好的生态环境，生态福利，以实现其经济福利。古代文明大都在大江大河等好的生态环境中发展起来，每个人也都希望到一个好的生态环境中生活，就是追求生态福利的体现。所以，政府是既要追求人民的经济福利更要追求人民的生态福利的政府，生态福利固然是建立在一定的经济福利基础上的，但经济福利不能不以生态福利为前提。因为生态福利关系到人的健康生存。在一定的经济发展基础上（如脱贫之后），就要把人的生态福利置于首位，而生态福利首先就是不受污染的健康生态环境，尤其是在生态危机的今天。

其五，把经济发展的生态足迹与本系统的生态供给能力协调起来，不允许生态负值的出现。根据发现生态足迹的加拿大生态经济学家威克纳格等的说法，生态足迹就是为经济增长提供资源和吸收污染所需要的地球土地面积。根据他们的测定，1980年之后，人类经济增长活动的生态足迹已经超过了地球的生态供给能力，而今天已超过了25%以上。这表明，生态足迹与生态供给之间存在着生态门槛，这个生态门槛应当是生态足迹与生态供应的比值小于1，否则，就会走向生态负债，其累积就是生态危机。这也就是说：在一定的人—境生态系统中，当人们的生态足迹高于系统的生态供给能力即其比值大于1时，生态系统就向恶性转化，就会出现生态负值，人—境生态系统的生态文明建设就会走向失败。当前的中国是已接近生态负债的国家。因此，这不仅要求现行的经济发展不能超过生态门槛，还必须花费巨大经济和科技力量进行生态补偿。生态建设任务十分艰巨。政府的天职，就是以制度和责任的形式全面推进生态文明建设，实现中华民族发展道路的生态转向，使中国社会主义走向生态社会主义方向。

总之，只要思想观念的问题解决了，具体的符合生态文明建设要求的合理的制度体系建设，各种实用的科学而合理的方法，就会逐步建立和发展起来。对此，我们将在适当地方再做研究。

3. 从初级阶段向中级阶段发展

在以人—境生态系统建设为主体的初级阶段生态文明建设任务基本完成之后，就可以考虑推行中级阶段的生态文明建设。可以概括地说，届时进行的生态—社会革命，就其基本环节而言，主要是指在生态正义、生态理性指导下的人的变革（生态人格的形成）、人与其生态环境的物质变换关系的变革（实现生态性生产）、人的社会物质变换关系的变革（实现生态性分配）、人的生活方式的变革（实现生态性消费）以及其所导致的整个人—境生态系统的生态变革。只有通过这些革命性变革，生态文明才能逐步实现。即以马克思的人与自然、人与人、人自身的合理物质变换原理为指导的生态—社会革命以及生态性政府的构建。这是生态文明深入发展的大战略，它决定着人类的第四文明即生态文明时代能不能真正实现。就中国而言，它有待于把政治性政府的威力（改革开放前 30 年）、经济性政府的效率（改革开放后 30 年）通过现阶段的经济—生态政府过渡到生态性政府的能力的构建。它的主要手段，就是通过生态—社会革命，完成未来的深层次的生态文明建设。问题是它如何成为全社会参与的、国家的、国际的大行动，成为人类的类行动，成为全球人—境生态系统的活动，从世界范围看，这还有待于 21世纪的以国家和地区为单位的政治理性、制度理性的觉醒。没有国际社会共同的政治理性、制度理性的全力推动，把它转化为全球发展战略，生态文明就不可能得到有效发展。而只有通过全球性的生态文明建设，才能进一步形成人类的命运共同体。（以上苗聪主笔）

四 把经济人格转化为生态人格：人类生存 发展的第二次提升

1. 以教育促进人的社会主义生态人格理性的上升

从工业文明走向生态社会主义文明，是人类文明发展史上的重大转折。回顾从农业文明走向工业文明，是生产力和科学技术的发展，是人类发展的步步高升，虽然不存在转折问题，但已要求人们从被动臣民转向主动公民，从封建社会的等级人格转向工业社会的"经济"人格，从等级理性转向经济理性，从身份主义转向经济主义，开辟了人类经济大发展的整个工业时代。但是，人类不是生存于无限的宇宙里，而是生存于极为有限的地球生物圈内。自然资源环境的有限性不允许人们再毫无节制地发展。生态文明要求把人的一切生活和经济发展都建立在自然生态承载力的范围内，是对人的限制性、纠正性发展甚至是在经济上的倒退式发展。任何人都不可能再无限制地追求经济增长和高消费的经济生活。勒马回头，小心地按照自然生态的要求而调整人们的生存方式、发展方式和生活方式，是生态文明的基本要求。这种社会历史的变化是一种生存方式转变，生活方式转变，而这些社会历史转变，归根结底是要求人的转变，要求人要从经济理性转化为生态理性，从"经济人格"转化上升为生态人格，从而也要求其征服自然的科学技术，转变为调整自然和调整人与自然关系的科学技术。所有这些都会转化为对人的新要求，对于原来的"经济"人格来说甚至是逆要求。因而，它不是可以自然形成的，不是递升的。它要求社会政治力量、要求制度理性有意识、有意志地长期对人进行生态教育，这种生态教育可以归结为生态理性和生态人格的教育，只有这样从改变人的人格理性出发，才能艰难地走向生态文明方向。

生态正义、生态理性是一种全新的理性。如前表明，它建立在人的生存理性、共存理性等的基础上。一向被视为冠冕堂皇的经济理性，经济主义，"经济"人格，在生态正义、理性面前都不能不转变成不合理的、非法的、旧时代的东西，只有弃之如履，重新根据人与自然界的生态形势和人对自然、对社会的生态责任和生态义务，让生态正义、生态理性和生态人格走向支配地位，才能在人的方面消除走向生态文明的大碍，使人类文明转向在两三代人的时间内走向成功。这绝不是轻而易举的。它需要建设、建设、建设！

那么，如何进行生态正义、生态理性和生态社会主义人格的教育建设呢？

其一，理论教学化，即让马克思主义的生态正义、生态理性与社会主义精神成为每一代青少年的必修课程。当前，云南教育界大力推行的三生（生命、生存、生活）教育，如果能够以生态教育为基础，即进行生态、生命、生存、生活的四生教育，就离生态理性教育不远了。

其二，教育关键化，即对政府官员、企事业领导人、决策人（包括公有制、私有制）和教师这些关键人群，必须进行严格的生态正义、生态理性、生态人格以及社会主义方向的教育，因为他们往往是经济社会活动、思想意识活动领域的关键的决策人、推动者，能影响整体局面的生态化发展。他们有没有生态正义、生态理性，决定着当下社会能不能、肯不肯告别对经济主义的热恋，走上生态社会主义道路。

其三，生态政策化。生态社会主义文明作为一种新式的有节制的文明，新的生产方式和生活方式的文明，它要求整个社会的自觉的有恒心的改变，因而没有整个立法系统和思想理论系统、伦理价值系统的改变是不可能的。资本主义的出现，宣布私有财产神圣不可侵犯。同理，生态社会主义文明要想实施，要求宣布生态原理和广大民众的生态权益神圣不可侵犯，任何经济考虑都要在这里让路。这就需要一系列的生态法规来保驾护航。由省以上的有立法权的政府发挥政治权威，根据生态正义、生态理性和生态社会主义文明建设制定一系列的生态法律体系，并且以"徙木立信"的形式树立生态权威，形成一种社会生态的政治法律力量，才能有力扭转人们习以为常的反生态状况。

其四，从社会生态入手。走向生态社会主义文明，无论哪个国家，都是一种从割动物的肉到割自己肉的重大转变。这种转变的困难，除了生态科技有待艰难地创造之外，关键是社会生态难以改变。贫富两极分化，一部分人过着穷奢极欲、花天酒地的浪费资源的生活，即异化分配、异化消费的统治，助长经济主义的肆行，国家和民众人人都想发大财，那就只有把生态文明像花瓶一样放在桌上，继续走破坏生态的道路，最后换来的不能不是国家民族和人类的生态绝境。可以说，全世界的生态主义，生态经济和生态政治，没有不主张节制消费的。但是，生态消费以生态分配为前提，生态分配又以生态生产为前提，而生态分配和生态生产又以生态—社会革命为前提。而要进行生态—社会革命，就要首先从解决社会生态入手，才能展开人与自然的合理生态关系。不解决社会生态问题，任何生态文明都不能不流于空话，生态社会主义也就只能是空谈。这是马克思的双重生态原理的根本要求。因为，人对自然的反生态掠夺，绝对根源于人对人的反生态掠夺，不解决人的社会生态问题，绝对不能解决自然生态问题。

那么，合理的社会生态是怎样的呢？没有赤贫，没有巨富，在满足人的各种合理发展需要的基础上人人都过小康生活，社会生态大体均衡（不是平均），应当是生态社会主义文明的社会经济状态。有人会说，搬出小农经济或小资产阶级的经济理想来为生态社会主义定性，不可笑吗？不但不可笑，而且可敬！要知道，人类的地球生态环境只能允许这样，这是由自然生态规律转化而来的人类生态规律所决定的，违背这一规律，让一部分人任意暴富、恣意消费并因而刺激全社会的经济主义道路，人类只能走向生态灭亡。在这里，生态主义只有与社会主义合流，借助社会主义的实践力量，才能走向生态社会主义文明。

2. 把经济人格转化为生态人格，促进人的人格理性的第二次提升

在人—境生态系统的建设中，关键是人的建设。人作为社会人，在前资本主义社会，是以"等级人"的面目出现，在资本主义社会里，则以经济人格面目出现，即他的理性是完全用来追求经济增长的，而不论他是处在社会经济活动的生产、交换、分配、消费的任何一个环节。社会主义社会，从理论上讲，要求人从经济人格上升为道德人。但是，只要他的经济活动依然是在私有制下的传统经济活动，并且属于市场经济体制，他就不能超越经济人格的内在本性。即使他超越了这种经济人格本性，成了道德人，对于生态文明来说，也还是不够的，但它却是人们进一步转化成为生态人格的道德前提。

所谓"生态人格"，就是在思想、行为和生活上都被生态理性所支配而生态化的人。由于人是以自己的意识、观念和思想开辟自己的生存道路的，因而，生态人格首先是具有深刻的生态思想、生态理念并以此作为精神规范，即由类群伦理、国家伦理的主导上升到世界伦理、生态伦理的规范来引导自己的生活与行动的人。是有人类学、生态学价值观念的人。至少说，是应当具有马克思主义的生态整体世界、生态价值观和生态理性、生态发展观的人。同时，生态人格也是根据自己的行动可能引起的后果来纠正行动的人，因而，生态人格是可以规避不良生态后果的人。基于这一认识，人能够

改变自己的不顾生存危险而追求经济无限膨胀的"经济人格"面目，关键在于深刻的生态教育和有力的社会生态约束。把经济人格转化成生态人格，是生态文明建设的核心问题。这与马克思的人的发展思想是相一致的。社会主义社会，在人的理论要求上讲，要求人们从"经济"人格上升为伦理人格，生态人格。

所谓"生态人格"，就是在思想、行为和生活上都被生态理性所支配而生态化的人，也就是在世界观、人生观、伦理观、生活观等方面都生态化的人。由于人是以自己的意识、观念和思想开辟自己的生存道路的，因而，通过生态正义、生态理性教育（理论的和实践的）而形成的生态社会主义人格，首先是具有深刻的生态思想、生态理念并以此作为精神规范，即由类群伦理、国家伦理的主导上升到世界伦理、生态伦理的规范来引导自己的生活与行动的人。是有人类学、生态学价值观念的人。至少说，是应当具有马克思主义的生态世界观、生态价值观和生态发展观的人。对于这样的人来说，他会认为暴富、独富和暴殄天物是一种罪过，他会坚持生态正义和遵循生态原理，自动放弃异化消费而以生态生活、生态消费为满意。同时，具有生态人格的人也是根据自己的行动可能引起的后果来纠正行动的人，因而，生态人格是可以规避不良生态后果的人。基于这一认识，人是能够改变自己的不顾生存危险而追求经济无限膨胀的"经济"人格面目的，关键在于深刻的生态社会主义教育和有力的社会生态约束。把"经济"人格转化成生态人格，是生态社会主义文明建设的核心问题。这与马克思的人的发展思想是相一致的。

马克思恩格斯把人类从必然王国向自由王国的过渡，划分为两个阶段，它是通过人类生存发展的两次提升而达到的。其第一次提升是从自然界提升出来，即通过劳动"在物种方面把人从其余的动物中提升出来"①，即劳动创造了人。其区别是："动物仅仅利用外部自然界，简单地通过自身的存在在自然界中引起变化；而人则通过他所作出的改变来使自然界为自己的目的服务，来支配自然界。"② 这也就是马克思所说的："一当人开始**生产**自己的

---

① 《马克思恩格斯选集》第 4 卷，人民出版社 1995 年版，第 275 页。
② 同上书，第 383 页。

生活资料的时候，这一步是由他们的肉体组织所决定的，人本身就开始把自己和动物区别开来。"① 这一阶段属于人类这种有意识、有意志、有理性的存在物的历史发展的必然，是第一次提升，即从自然方面把人从动物界提升出来。但它还是以"盲目作用"的形式出现的，人还没有超越"动物人格"、"经济"人格的范畴。

第二次提升，指人从社会关系方面把自己从动物界中提升出来，使人真正成为人类学意义上的人。虽然"人是最名副其实的政治动物，不仅是一种合群的动物，而且是只有在社会中才能独立的动物"②，人的本质是"一切社会关系的总和"，但是，并非有了复杂的社会关系，就表明人能实现第二次提升。而是只有当这种社会关系以及由其组织的社会生产与社会生活，是建立在以"伟大的自然规律为依据的人类计划"③ 之上，是在"有计划地合理地从事生产和分配的自觉的社会生产组织"中生活时，才能说是在实现人类的第二次提升。恩格斯强调：

> "只有一个有计划地从事生产和分配的自觉的社会生产组织，才能在社会方面把人从其余的动物中提升出来，正像生产一般曾经在物种方面把人从其余的动物中提升出来一样。"④ 马克思也说："只有当社会生活过程即物质生产过程的形态，作为自由结合的人的产物，处于人的有意识有计划的控制之下的时候，它才会把自己的神秘的纱幕揭掉。"⑤

这里所说的"伟大的自然规律"，今天应当理解为人与自然和人与人的生态整体的生态规律，是整个地球生物圈万千物种的生态和谐规律。"有计划地从事生产和分配"，就是人与自然界的合理的物质变换，即不破坏自然生态循环的仅仅满足人的基本生存发展需要的生产；以及人与人的合理物质变换即仅仅满足基本生存发展需要的分配。而"自觉的社会生产组织"，可

---

① 《马克思恩格斯选集》第 1 卷，人民出版社 1995 年版，第 67 页。
② 《马克思恩格斯选集》第 2 卷，人民出版社 1995 年版，第 2 页。
③ 《马克思恩格斯全集》第 31 卷，人民出版社 1979 年版，第 251 页。
④ 《马克思恩格斯选集》第 4 卷，人民出版社 1995 年版，第 275 页。
⑤ 《马克思恩格斯选集》第 2 卷，人民出版社 1995 年版，第 142 页。

以理解为马克思所理想的"自由人的联合体"。这也就是说，只有当人类自觉根据人与自然生态关系和人与人的社会生态关系而生存发展时，人类才能实现自己的第二次提升，才能真正脱离动物世界。今天，人类世界的核武相向，强权统治，资本霸权，异化消费，物欲膨胀，资源掠夺，污染转移，贫富分化，尔虞我诈等动物行径，表明人类还远没有最终"从其余的动物中"提升出来，人还没有脱离自己的动物本性。生态危机就是人类的动物本性和动物盲目性所导致的结果。今天人类面临的生态危机，从反面迫使马克思恩格斯所期望的这样的时代提前到来：

> 历史的发展使这种社会生产组织日益成为必要，也日益成为可能。一个新的历史时期将从这种社会生产组织开始，在这个时期中，人自身以及人的活动的一切方面，尤其是自然科学，都将突飞猛进，使以往的一切都黯然失色。[①]

这也就是马克思所说的实现人与自然、人与人以及人自身的合理的物质变换的时期，即生态社会主义文明时期。马克思所说的"人同自然界的完成了的本质的统一，是自然界的真正的复活，是人的实现了的自然主义和自然界的实现了的人道主义"[②]，应当就是这种时代所达到的境界。人类只有在这种生态正义、生态理性和社会主义精神的支配下，才能实现这种第二次提升。而这种提升在人的人格理性方面的体现，就是由"经济"人格升华为生态人格，即生态社会主义人格。

这里，让我们再一次强调：马克思从人的自然本性出发，把人与自然的关系视为自然界内部的互为对象、互相依存、双向塑造的关系，这实际上是把人与自然界视为同一个生态整体，这只能概括为人—境生态整体。从这种人—境生态整体出发，可以为人类今日破解生态灾难、走向生态社会主义文明开辟道路，它应当成为人类建设生态社会主义文明的哲学理念基础。

① 《马克思恩格斯选集》第4卷，人民出版社1995年版，第275页。
② 马克思：《1844年经济学—哲学手稿》，刘丕坤译，人民出版社1979年版，第79页。

　　从这个角度说，生态危机不是人类的末日危机，它将迫使人类本性发生变化，实现第二次提升，即从人的动物学时代而真正走向人的人类学生态学时代。那时人类就可在生态社会主义文明的方向上长期发展，中国尤其是这样。（林安云主笔）

结　语

发扬马克思生态正义与社会主义精神
开辟东方生态社会主义道路

【小引】：马克思社会主义的核心精神，是通过社会所有制实现社会在物质财富分配方面的公平与正义，用哲学的话说，就是人与人的合理物质变换。而从生态思想看，这是典型的社会生态思想。另一方面，马克思提出在未来要实现人与自然的合理物质变换，这是在人与自然关系上的典型的自然生态思想。这种社会生态思想与自然生态思想的统一，就是马克思生态哲学思想的起始性原理。这一原理表明，马克思的生态哲学思想与社会主义精神是"同一个东西"，即二者是完全一致的，这种一致从社会政治主张上说就是生态社会主义。这应当是马克思哲学的当代重要形态，也是人类世界未来文明发展的唯一方向。因此，我们应当理直气壮地深入进行生态社会主义教育，促进人们从"经济"人格向生态人格转化，实现人的第二次提升，为生态社会主义奠定人格理性基础。自觉根据马克思的这一生态社会主义要求，一方面进行美丽中国、和谐中国到生态中国的建设，另一方面高举这一能够推动人类文明生态转向的伟大旗帜，引领世界生态文明的发展。

【新词】：人与人的合理物质变换　人与自然的合理物质变换　社会主义生态文明　生态社会主义　美丽中国　和谐中国　生态中国　生态正义　生态理性　生态人格　制度理性　人的第二次提升

生态文明的全方位推进，生态化的发展道路，都不能不指向共同的一点：即生态社会主义的发展方向。这是我们原来没有意识到而最后却发现，马克思的生态正义、生态理性精神与社会主义精神在本质上却原来是"同一个东西"。马克思的生态哲学思想，他的生态正义、生态理性，在本质上是关于人类社会如何在人天协调的大前提下实现合理生存与健康发展的新哲学。毫无疑问，这既是全面生态主义的，又是彻底社会主义的，这就决定了它在今天这个生态危机和人类文明的生态转向的时代，不能不把生态思想与社会主义思想结合起来，形成生态社会主义，作为解救人类生存困境、开辟未来文明发展的根本方向。这不是我们接受西方生态社会主义思潮的主张，而是由马克思生态哲学思想的性质引导出来的。中国有条件在东方雄厚的生态文化理念的背景下引领这一方向的发展。

一　生态原则与社会主义原则在本质上的统一

马克思是历史上最深刻的、最关心人和人类世界生存发展的哲学家。这种关心首先集中体现在他的社会主义理论之中。在一定意义上说，马克思主义就是社会主义，马克思的名字也就是社会主义的代词。但是另一方面，马克思又是一个生态思想家，有他一系列的生态哲学思想，并且两者基本上都发源于他的《巴黎手稿》。那么，在今天来看，马克思的这两种思想有什么关系呢？一句话：这两种思想在根子上是同一个东西，在理论目标上是统一的。所以，我们在今天可以而且应当既坚持马克思的社会主义精神，又坚持马克思的生态正义、生态理性精神，开辟生态社会主义文明的新时代。

马克思社会主义思想的产生，是为了解决人类生存发展的第二次正义危机即劳动者不拥有基本生存资料而产生的危机。因而，社会主义的核心精神，主要是通过生产资料的"社会所有制"（公有制、共有制、股份制等）这些手段的实施，实现社会在物质财富分配方面的公平与正义，用哲学的话说，就是"人与人的合理物质变换"。今天看来，我们不能把它仅仅当成社会主义原理来理解，而应当认识到：人与人的合理物质变换，同时就是马克思的社会生态原理。另一方面，马克思在谈到社会主义的未来发展时认为，人们应当"合理地调节他们与自然之间的物质变换"[①]，而这正是马克思的人与自然关系的生态思想，可以对应地称之为自然生态原

[①]　《马克思恩格斯全集》第 25 卷，人民出版社 1972 年版，第 926 页。

理。把作为社会主义原理的"人与人的合理物质变换"和作为自态原理的
"人与自然界的合理物质变换"结合起来，就是马克思生态哲学的核心原
理。所以，马克思的社会主义的核心价值要求——即人与人的合理物质变
换，与他的自然生态思想的核心价值要求——人与自然的合理物质变换，
不过是同一个思想的两方面，是同一个原理在人与人和人与自然两方面的
分别表现。或者说，两者共同组成同一个生态原理。从这一原理可以看
到：马克思的社会主义的核心价值要求，与生态正义、生态理性的核心价
值要求是完全一致的、同一的，同一到可以用同一个生态原理表述出来，
注意到这一层有巨大的理论意义。

马克思生态正义、生态理性与社会主义精神的一致，还在很多方面体现
出来：

体现之一，是在《手稿》中对自然主义和人本主义的多次强调。他借
费尔巴哈的这两个词语所表达的，是他的自然生态思想和社会主义思想：当
他说"共产主义，作为完成了的自然主义，等于人本主义，而作为完成了的
人本主义，等于自然主义"①时，他的"自然主义"一词强调的是人对自然
界的尊重、顺从的自然生态价值要求（自然生态伦理）；他的"人本主义"
一词所强调的，是人对人的尊重、关爱的社会生态价值要求（社会生态伦
理）；前者是生态主义的，后者是社会主义的，二者的统一和完成就是"共
产主义"。

体现之二，是认为共产主义就是对"人和自然界之间、人与人之间的矛
盾的真正解决"②。今天看来，这种人与自然界之间的矛盾的解决只能是生
态主义的，而人与人之间的矛盾的解决只能是社会主义的，两者并提，表明
了二者的同一性。

体现之三，是恩格斯在《德意志意识形态》中所说的，他认为马克思
的学说就是"替我们这个世纪面临的大转变，即人类与自然的和解以及人类
本身的和解开辟道路"③，这种人类与自然的和解，只能是生态正义，生态
主义；人类自身的和解，只能是社会正义，社会主义，二者就是同一回事。

---

① 马克思：《1844年经济学—哲学手稿》，刘丕坤译，人民出版社1979年版，第73页。
② 同上。
③ 《马克思恩格斯全集》第3卷，人民出版社2002年版，第449页。

体现之四，在消费问题上，社会主义要消除"浪费和节约、奢侈和寒酸、富有和贫穷"① 这种消费对立，而这同时也就是生态哲学反对异化消费的基本要求。

所有这些绝不是偶然的，它体现了在马克思的精神深处，彻底的社会主义在本质上就是生态性的，而彻底的生态主义在本质上也就是社会主义性的。例如，由本书提升出来的马克思的生态正义、生态理性的基本内涵不外是：

"（1）从人类学生态学的双重哲学立场出发，（2）构建自然生态与社会生态双重并举的历史构架，（3）确立生态世界观、生态价值观以及生态人生观的基本原理，（4）追求人的自然的与社会的双重生存合理性要求的实现，（5）创立从自然生态到社会生态的五大生态原理等"，有哪一点不是社会主义在今天这个生态危机时代应当追求的呢？这些无不表明，在今天，在人类面临生态灾难的关头，应当而且可以把马克思的社会主义精神与生态正义、生态理性结合成"同一块钢铁"，以解决人类今天面临的关乎人类生死存亡的第三次正义危机。在今天，社会主义只有同时坚持马克思的生态正义、生态理性，才能继续发展；而生态正义、生态理性也只有同时坚持社会主义方向，才能走向实现。本书提出的"生态—社会革命"，就是把生态性的革命与社会主义性的革命作为同一个方针政策提出来的。所以，彻底的生态主义与彻底的社会主义在今天就不能不是同一个东西。正由于此，在今天产生了生态社会主义这一最进步的世界思潮。而中国最有条件自觉走上这条新道路。

回顾人类的近代历史，人类世界在经过经济、政治、科技、文化的巨大发展——基本是盲目发展之后，在今天却由于这种盲目发展形成了新的问题，即新的世界性、全人类性的第三次正义危机——生态正义危机：原来，人类的基本生存方式即现代工业文明，基本上是非生态、反生态的，从生态上看是非正义的，因而出现了生态正义危机。正是这一点，使我们发现了马克思思想的深刻性：他为克服人类第二次正义危机所确立的人与人的社会生态原理以及在未来争取实现的人与自然界的自然生态原理，成了解决人类第

① 马克思：《1844年经济学—哲学手稿》，刘丕坤译，人民出版社1979年版，第89页。

三次正义危机的核心原理。他在一百多年前对人与人的和人与自然界的合理物质变换问题的关注，既是社会主义的人类学深度的关注，又是生态学深度的关注。正是在这一深度上，彰显出他的社会主义与生态正义、生态理性本来就是同一个东西。

那么，根据当代的时代需要，如何概括马克思的这种思想呢？东西方已经有了两个概念可以概括，一个是中国提出的"社会主义生态文明"，它把社会主义与生态结合成同一个东西，是一种从实际出发的建设性、操作性理论；一个是西方提出的"生态社会主义"，同样把社会主义与生态结合成同一个东西，但却是从理论主张上提出来的，这是西方为解决生态危机而出现的一种政治理论学派。二者在当代社会历史中的大体同时出现不是偶然的。它们虽然不是直接源于对马克思思想理论的自觉概括，但它们正是在人类第三次正义危机产生之后在不同社会制度里涌现出来的解决危机的实践主张：即社会主义与生态主义在现实历史中的结合。所以，从理论上看，我们应当把它们理解为对马克思的生态思想与社会主义思想在新的历史条件下的一体性的发展概括，是马克思思想在这个自然生态与社会生态问题压倒一切的时代的再次自然涌出，它要求把生态主义和社会主义作为同一个东西推出。用马克思的说话方式可以这样来说：在今天和今后，实现了的社会主义，就是生态主义；实现了的生态主义，就是社会主义。生态主义与社会主义的互相实现，就是"生态社会主义"或"社会主义生态文明"的实现。因而，从理论主张而不是从实践手段上说，"生态社会主义"一词既符合当代的时代要求，又能概括马克思的这种双重一体的思想，并且更便于概括人类未来的生态文明发展方向。所以，"生态社会主义"是马克思社会主义思想理念在当代生态危机中、在人类未来的生态文明转向中的自然体现。可以断言，由于生态问题的逼迫，由于在人天关系上天对人的限定，人类世界只能走"人天相协调"和"人人相协调"的生态社会主义道路。这是马克思的社会主义精神（社会生态思想）与自然生态思想在当代的结合，因而也就成了我们应当构建的当代马克思主义（当然不排除其他提法）。所以，生态社会主义是我们应当高举的能够代表人类文明发展方向的当代马克思主义旗帜！

总之，我们提出生态社会主义，不是根据西方的生态社会主义思潮，而是根据马克思的社会主义思想与生态思想在本质上的一致，以及它在现代和未来历史发展中的必然的明确的结合。可以说，无论资本主义还是社会主义，要想解决生态问题，都不能不走生态社会主义道路。马克思的生态哲学思想，在今天就是指导全世界走生态社会主义道路的哲学。

二　开辟东方生态社会主义的文明发展道路

马克思生态思想与社会主义思想的原本一致表明：在生态危机的今天，彻底的生态主义，即坚持自然生态与社会生态要同时解决的双重生态主义，不能不是社会主义的；而彻底的社会主义，即坚持人在与社会、与自然的关系中都能合理生存的社会主义，也就不能不是生态主义的。所以在今天，彻底的生态主义与彻底的社会主义就是同一回事，它在本质上就是生态社会主义。这是由马克思生态哲学思想开辟出来的人类世界的当代发展方向。我们提出的"社会主义生态文明"，与"生态社会主义"在内涵上没有本质的区别。但是，前者只适用于国内，后者则同时适用于国际，可以成为当代国际发展的新理念。21世纪，无论资本主义还是社会主义，无论愿意不愿意，无论主动也好被动也好，无论真实也好变相也好，都不能不向生态社会主义方向发展转变。如果说，过去单纯的社会主义还没有这样的强制力的话，那么，在生态问题逼迫的今天，人们只要还想健康生存，还想让其子孙后代也能健康生存，就不能不走生态社会主义道路。因为道理很简单：要解决自然生态问题，就要解决社会生态问题；而要既解决社会生态问题又解决自然生态问题，那在本质上就是走生态社会主义道路。

面对这样一种世界历史形势和文明发展态势来看世界历史的当代主导力量，历史不能不选择中国。从传统文明来说，中国文明一向主张天人合一，而天人合一的精髓是"人法天，天法道，道法自然"，即遵守自然生态规律。这与今天的自然生态主义精神是一致的。而传统文明的社会理想是"大道之行也，天下为公"的"大同"世界，并且"不患寡而患不均"。这与今天的社会生态思想或社会主义精神也是一致的。历史文化如此，现实状态也如此：社会主义是我们的现实基础和人民的发展愿望。中国作为传统上比较重视生态的东方大国和现实社会主义大国，是现今世界上最强大的走向生态社会主义的实体力量。中国由于人口与资源的悬殊这种客观情况，由于这些年的传统现代化发展方式，生态问题已经"到了最危险的时候"，生态猛醒，毫不犹豫地让社会主义走向生态方向（社会主义生态文明），是中国上下一体最明智的选择。问题是怎么走，怎么从原来的经济主义价值观和其发展模式中跳出，怎么教育富人和穷人都回到生态生存方式中来，都把我们的智慧和德行用到人与人的和人与自然的合理物质变换即和谐关系建设中来，把对自然的与社会的生态合理性追求上升成为我们最大的社会公共价值追求，并以这一强大声势改变人对自然的非生态关系，改变人与人的非生态价值追求，改变我们的文明发展方向，开生态社会主义文明之先，这是历史赋予富有生态意蕴的东方文明的现实责任。至于贫富分化问题、社会腐败问题、过度耗费问题、环境破坏问题等，都是可以通过生态—社会革命加以解决的。我们应当相信，在一定条件下人是可以改变的。全民动员走生态社会主义道路，对我们已有半世纪经验的社会主义制度来说不是难事。

无论从今天人与自然界的生态局势及其可能的发展演变来看，还是从马克思的生态哲学思想以及当代世界最先进的生态思想来看，人和自然界的生态和谐都只有通过人与人的生态和谐来解决，而这也就是社会主义在今天的核心价值要求。生态社会主义方向，是今天东方和西方、南方和北方唯一可行的发展方向。

放眼世界，人类今天的一切手段之所以都难以解决全人类面临的生态崩溃问题，在于都没有或不愿正视那种导致自然生态恶化的真正根源：即社会生态危机的存在。所谓社会生态危机，让我们再一次强调：就是人类创造的在均衡意义上超过人类基本生存需要的巨量社会财富，出现了连动物都不如的物质财富的强对立的宇宙学分布①：在上层、在核心是价值的集中和密集；在下层、在边际是价值的稀薄和稀缺——从而，前者（富国富人）为了豪华享乐造成世界性的巨量生态物质耗费，后者（穷国穷人）为了简单生存但由于数量庞大而直接伤害地表生态状况。相互对立的穷富两只手都在加剧生态恶化。即人类世界还直接被自然物理的或者说连动物性都不如的物质聚合关系所统治，没有显示出人的理性精神的高尚价值和均衡力量来。马克思

---

①　最新的报道是全世界最富有的 86 人的财富相当于贫困的 35 亿人即人类半数所掌握的财富，这只有用无机自然物质的宇宙学分布来概括。

斥之为"动物世界"对人的统治还是轻的，这既是社会生态问题的症结所在，也是自然生态问题的总根源。生态问题本质上就是物质均衡问题。

问题是，这种社会生态危机在今天与自然生态危机一同发展，并且作为自然生态危机的主要成因而导致自然生态的恶性演变。有鉴于此，西方在生态主义基础上又产生了生态马克思主义和生态社会主义思潮，他们作为由马克思那里发源的、在当代世界中属于最进步、最关心人类命运的思想理论体系，秉承了马克思的思想和意志，提出要进行"既是生态的又是社会的革命"，即自然生态与社会生态问题一同解决，这不能不是一种较为彻底的解决人类生存危机的方略。由此我们看到，马克思为解决20世纪的人类生存发展问题的社会主义革命思想，与当代世界为解决人类生存发展问题的生态革命思想，就汇合成为同一种革命思想：生态—社会革命即生态社会主义思想，而国际上的"红绿结合"，也为这一方向提供了广泛的社会基础。

但是，由于西方并没有现成的社会主义制度，生态社会主义思想在西方要付诸实践还是一个大问题。"生态革命"已够困难，"社会革命"更加艰难：二者都要触动控制财富的富人的利益。所以，生态社会主义思潮在西方世界还是比较弱小的、有待发展的生态政治力量，仅凭这种还比较弱小的思潮，无法有力推动西方生态社会主义走向实践。只有中国，能成为这一思潮的强大推进力量。

从世界历史来看，如何才能走上这种美丽与和谐共赢的生态社会主义的文明发展道路呢？依靠传统的资本主义吗？生态危机正是由它导致的。依靠当前在各个重要国家进行的改良主义的生态治理吗？"生态治理危机"已经表明，它不可能扼制世界生态的大步恶化态势。靠所谓新的"绿色新政"这种改良主义能否解决问题？事实表明它也没有力量扼制这种恶化态势。唯一的希望在中国，因为中国有世界上最强大的社会主义制度。

在这里，我们不能因为"生态社会主义"一词首先产生于西方或有西方色彩而不愿接受。其实，马克思的生态思想与社会主义思想在本质上的一致，在当代只能概括为生态社会主义。因此，这是马克思生态思想和社会主义思想的当代结合形态。中国的社会主义，为马克思生态思想的全面实现提供了有力的社会制度保障，马克思的生态思想为中国社会主义发展提供了人类学生态学方向。这两方面在中国传统生态文化中的结合，可以形成中国特色的生态社会主义道路。果能如此，就是马克思主义在 21 世纪的新胜利。这不仅由于马克思的社会主义思想在今天只能是生态社会主义思想，更由于只有这一方向才能解决中国和人类未来的生态生存问题。如果我们真正进行了社会主义的生态文明建设，我们就是在开辟东方的生态社会主义道路。

　　事实上，马克思的理论体系就是为了解决人类历史发展中的根本问题而产生的思想体系。人类当代的根本问题，或者如马克思所说的"时代的迫切问题"，既是作为全人类合理发展方向的社会主义原则的实现问题（不论在什么制度里），这是一个老问题，又是生态危机的解决道路问题（不论在什么社会里），这是世界历史性的新问题。这两个问题在今天集结成了人与人的社会生态问题和人与自然界的自然生态问题。如前表明，马克思主义从一开始就是以"人和自然界之间、人与人之间的矛盾的真正解决"为使命的。因此，马克思的生态哲学思想，在今天更是要把这两个问题作为同一个问题来解决。如果说当年马克思由于时代需要不得不优先解决社会生态问题的话，那么，同样由于时代需要，当代马克思则不得不同时解决自然生态与社会生态这一双重问题，——因为这在今天已经不是两个问题而是互为根基的同一个问题。在今天，舍去生态问题的解决，就没有社会主义的实现；舍去社会问题的解决，也就没有生态主义的实现；而它们的同时解决，就是向生态社会主义方向的迈进。如果马克思出现在当代，他就必定会把他的社会主义，发展为同时解决自然生态问题的生态社会主义。所以，进行社会主义生态文明建设，在本质上不能不是对于生态社会主义道路的开辟。而高高举起生态社会主义大旗，正是马克思主义针对当代问题的新发展。至于西方出现的生态马克思主义和生态社会主义思潮，他们是否达到了这一步，那是另一个问题。所以，不论怎样，我们只有理直气壮地开辟东方生态社会主义道路，才能引领 21 世纪的世界历史发展方向和马克思主义的发展方向。

　　总之，中国可以在人类文明的生态转向中做出一定的贡献，甚至成为一种主动性激励性力量，这是中国的社会主义性质使然。把社会主义的发展建设与生态文明的发展建设结合成同一种建设，是中国的社会主义制度理性的当然选择，也应当是中国特色社会主义的新发展。中国的未来发展，就是社会主义原则与生态文明方向的双重合一的发展，而这也就是中华文明可以为世界文明的生态转向做出的最新贡献。根据这一世界生态发展大势，资本主义也只有同时解决人与自然的生态关系和人与人的社会生态关系，即走生态社会主义道路，才能有其未来。

三　中国生态社会主义建设：从"美丽中国"、"和谐中国"走向"生态中国"

那么，中国如何领世界之先，开辟东方生态社会主义的文明道路呢？中国率先提出的"社会主义生态文明建设"，实际上就是对这一道路的选择。因为生态文明正如我们一再强调的，它作为人类学与生态学的统一，也就体现为生态性的社会主义和社会主义的生态性的统一。在这方面，我国已经提出了许多有益的思想。最近（党的十八大）提出的"美丽中国"，可以说是建立在社会主义基础上的对于自然生态建设的新要求。而在此基础上，我们更应当进一步明确提出"和谐中国"的建设要求。胡锦涛早先提出的"和谐社会"与"和谐世界"，从生态文明上说也就是对"和谐中国"的提出，并且提出了和谐中国的基本原则：普遍的"公平正义"原则，而这一原则也就是马克思的"每个人与一切人"的公平正义原则的当代体现。如果说，"美丽中国"是对自然生态的要求的话，那么，"和谐中国"则是对社会生态的要求，这也就是在自然生态建设的基础对全社会在物质分配方面的"公平正义"要求，没有公平正义也就没有和谐可言，这是社会生态的也是社会主义的基本要求。而没有和谐中国的实现，美丽中国也不可能真正实现。两者的结合正是马克思生态哲学思想的完整体现，它们可以集结为"生态中国"的提出。事实上，党的十七大提出的"社会主义生态文明"，也就是对"生态中国"的提出。因为"社会主义生态文明"不能不既包括自然生态又包括社会生态，实际潜在着"美丽中国"与"和谐中国"的双重意蕴。只有美丽中国与和谐中国的共同推进，同步实现，生态中国才能真正走向成功。"美丽中国"是生态中国建设的一翼，"和谐中国"是生态中国建设的另一翼，双翼振飞就是生态社会主义在中国的实现。我们有理由相信，中国能够成为实践和发展马克思这种生态哲学精神的领头国家。

在基本完成人—境生态系统的生态文明建设后，就要向深一层发展，即进行生态—社会革命和其制度保障：即生态性政府的构建。

所谓生态—社会革命，就是人们在自然生态与社会生态这种双重意义上的革命性变革。由于积重难返，由于从观念到行为的经济主义，由于种种习惯，由于人们对增长物质财富的渴望和既得利益集团的自我保护，我们很难实现社会的生态文明转向。所以，无论中国外国，生态—社会革命都不能不是当代最重要也最艰难的革命。当然，革命不一定是暴力，在当代智慧、当代精神主层下，它一般能够以和平的方式实现，即改革。要知道，中国20世纪50年代的资本主义工商业改造，台湾的土地改革，这些涉及所有制的和重大利益的改革，都是以和平的方式进行的。所以，生态—社会革命是一种以自然生态原理和社会生态原理为依据的重大改革，重大建设。在这个意义上，"美丽中国"的建设，就是根据自然生态原理的自然生态革命，"和谐中国"的建设，就是根据社会生态原理的社会生态革命，两者的结合，就是通过生态—社会革命对于生态中国即中国生态社会主义的构建。在这里，我们需要再一次强调：无论对于中国还是世界来说，生态—社会革命都是必要的。这是由于：

其一，生态文明建设，无论东方还是西方，如果要深入有效地进行，那就是一场生态—社会革命——或者说非通过生态—社会革命不能实现。而这场革命要想成功，必定是建立在社会革命即社会主义方向的革命之上。中国虽然是社会主义制度，但社会主义的本质还很不完善，其核心问题是社会物质分配的合理化即消除贫富两极分化的问题，这在今天成了特大问题。在这个问题上无疑需要社会主义的社会革命（改革也是一场革命）才能解决社会生态问题。

其二，中国为了脱贫致富和赶超世界，不能不以经济主义、经济思维方式和传统工业生产模式推动经济发展，这里同样面临着指导思想、思维方式和社会生产的生态—社会革命问题。

其三，中国从省部级的高层精英到基层民众，虽然饱受生态环境恶化的困扰，但是既没有深刻的生态思想，生态理性，生态伦理，更不可能一夜之间为了生态而轻松放弃经济追求和物质享受，放弃经济主义和经济思维方式，这里同样面临着生态—社会革命问题。

但是，只要我们能通过生态社会主义教育，把当前的经济性政府转化为经济—生态的过渡政府，并在不久的将来能进行生态—社会革命，那么，美丽中国、和谐中国、生态中国就都可以实现。只要我们把这两手抓好了，生态中国——即一个灿然的东方式的生态社会主义文明，就会作为新的人类文明出现于世界，从而也为西方的生态社会主义的发展，树立一种榜样，拓展出一种道路。总之，通过经济—生态政府向真正的生态性政府转变，提倡和进行生态—社会革命，是马克思生态哲学思想从当代向未来发展的实践要求，也是生态中国建设的基本要求。

如果说，本书第一篇主要是研究马克思一般哲学原理的生态意义，第二篇主要是深入研究马克思的生态哲学思想理论和原理的话，那么，本书的第三篇，作为社会主义生态文明建设方略，则是根据马克思的生态理论进一步针对中国特色而提出来的特殊的建设理论。中国特色是人口世界最多，人均资源几乎是世界最少，生态状况特别恶化，发展的生态足迹已接近饱和，世界性的生态危机和生态治理危机我们也同样严重……同时，这些年的经济发展水平如果能够大体均衡，也能让全民达到或超过小康水平，这就有了进行全面的生态文明建设乃至生态—社会革命的后盾。

根据这种情况，就中国的生态文明建设而言，我们一是要坚持马克思生态哲学思想的以人类学世界观代替机械论世界观、以人与自然界的辩证的生态一体论代替主客对立二元论、以生态价值观和生态消费观代替金钱物欲价值观和消费观，即在世界观和人生观上发生革命变革。二是要坚持马克思生态哲学思想的核心价值准则，即通过社会生态变革实现每个人与一切人的合理生存与健康发展，这是价值观的根本变革。三是要坚持马克思的经济、政治和社会的全方位正义观，这是正义观的革命变革。四是要坚持合理生存观、健康发展观与精神的生态境界观，即以每个人的合理生存为基础，实现既符合自然生态要求又符合社会生态要求更符合人的精神的生态要求的生态发展观。五是要坚持以生态思维方式以及深层次的熵理思维方式进行思考。六是要坚持分阶段性步步深入地进行建设等。在这些精神变革的基础上，我们才能形成解救生态危机的全面生态规范理论，这是马克思哲学的五大精神理念①和四大生态原理②的基本要求，但这些都主要是理论上的。

就实践上说，也就是以"美丽中国"与"和谐中国"为双翼的"生态中国"建设，通过这两手，生态中国即生态社会主义文明就有可能实现。至于具体措施，正如我们已经讨论过的，主要体现在四个方面：

从制度层面说，主要是要以社会主义的制度理性，把生态伦理实践、生态发展观上升为政治战略，并且批判资本及其反生态的传统工业，推进生产制度的实践变革。

从责任层面说，主要是要构建责任分明的人—境生态系统，进行分层次、求绩效的生态文明建设。

就实际建设环节方面说，主要是要进行人的、环境的和"人境关系"的三维结构生态文明建设。

就生态文明建设的社会构成方面说，就是要从人—境生态系统的五层关系全方位展开生态文明建设：即"以生态精神文明建设为主导"，把人建设成为具有生态正义、生态理性、生态伦理、生态要求和生态行为的有生态品格的生态人；"以生态环境文明建设为根基"，即在绿色生态技术基础上实现人对自然环境的尊重和生态补偿要求；"以生态物质文明建设为主体"，即实现全社会的生产—交换—分配—消费方面的社会生态正义；"以生态制度文明建设为保障"，即构建全民参与的又有强力推进能力的生态性政府，以实现生态公平与生态正义；"以生态生活文明建设为归趋"，即全民参与的推动人们在生态、生存和生活行为方面的生态实现；等等。

所有这些建设，不能不归结为生态经济、生态政治和生态社会的实现。具体地说，生态文明要求：中国的经济应当向人与自然界的和人与人的合理

---

　　① 参见第一篇第三章马克思的哲学精神：开启生态时代的基本哲学精神：一是人类学精神：人的生命理性、生存理性、共存理性精神，二是马克思人类学的自由、真理、正义、平等精神：开启生态时代的前提性哲学精神，三是马克思人类学的全方位正义精神：解救人类第三次正义危机的公平正义精神，四是马克思的社会公共人本主义价值精神：生态时代的生存理性和共存理性精神，五是马克思的人类学、生态学价值观及其与反生态的金钱物欲价值观的对立。

　　② 参见第二篇第三章马克思生态哲学思想的四大理论基石：人类文明生态转向的五大原理：一是理论基点：人与自然界的辩证生态整体原理（原理1），二是奠基原理：自然界和人与自然关系的生态循环、生态平衡原理（原理2），三是核心理念：人与自然、人与人、人自身的三重合理物质变换原理（原理3），四是理论目标：自然生态正义与社会生态正义的双重实现原理（原理4），此外还可加上：价值准则："每个人与一切人"合理生存的社会公共生态原理（原理5）。

物质变换的生态经济方向发展，同时也是向坚持生态公平和生态正义的生态政治方向发展，这种生态性的经济—政治的具体要求，大体可以这样说：在不断降低人口基数的基础上，中国贫困地区和贫困人口的生活能够接近"小康社会"的台阶；中国富裕地区和富裕人口的生活能普遍停留在"小康社会"的高端，大家都过着一种基本满足生存发展需要的生活，追求一种更少的物质消耗和更安闲、更有精神质量和精神创造的和谐生活。从社会发展战略上说，就是坚持"生态—经济—社会—生活—精神"的五维协同发展模式，这应当是适合中国多亿人口这一国情的生态发展战略。如何以我们中国的方式创造适应于中国的生态承载力和生态可续性的中国人的合理生存、健康发展与不断实现自由解放，这考验着中国的生态政治意志、生态政治胆量和生态政治智慧。否则，"生态中国"不能不流于空想，"灭顶之灾"就会到来。

也许有人会认为，这是不可能做到的。但是，只要我们真的有马克思的人类学意义的自由—真理—正义—平等的理性精神，有社会主义的全方位正义精神，有实现"每个人与一切人"的社会公共人本主义精神，有当代人类的生态伦理精神，即如果我们是真正的马克思革命精神的继承者，我们就能够实现这一生态价值方向，率先推进人类文明的生态转向。

为要保障这一切能够实施，我们特别提出，应当创立各级经济—生态政府，建立各个人—境生态系统的生态规划评议院、生态检察院、生态法院、生态民主程序等生态文明的制度构建，以通过思想理论和科学精神的民主发扬，转向法律制度的建设与监察监督的实施，把自然生态与社会生态的考虑作为压倒一切的考虑。不这样下决心，我们就不能从生态破坏船上走下来，而生态改良主义几十年的工作"成就"，就是既未能阻止生态危机，又反而形成了生态治理危机，在不断治理之中的生态滑坡的速度和规模越来越大，把人类推向了生态崩溃的边沿。中国和地球的生态环境已不允许再这样滑下去。各路专家掌握的生态恶化信息表明，目前的生态恶化速度和规模如果不变，那么，在"一代人的时间内"，就会出现生态崩溃，我们的儿子辈、孙子辈就会陷入生态逆转之中不能自拔，更何况子孙后代呢？拯救人类于生态水火之中，拯救地球这一宇宙中唯一的几十亿年形成的稳定生态系统，正是应当从当代人开始的世界性的生态职责，中国人首当其冲。本书能够在这方面发生一点促进作用，也就尽到了作者作为一个生态社会主义者的历史责任。我们只有理直气壮地举起东方生态社会主义大旗，才能真正走在解决中国和世界的生态问题的道路上，才能为人类率先探索出作为人类"第四文明形态"的生态文明的具体实现问题，才能为人类文明的生态转向开辟道路。消除关乎人类生死存亡的第三次正义危机，只有走生态社会主义道路。

总之，一切建设都从人与自然界的和人与人的双重生态和谐关系出发，就会打开社会主义生态文明建设的新局面，主动走上生态社会主义道路。这就会为全人类探索出一条人与自然界的和人与人的和谐共存的生态文明方向，这本身不仅是对人类文明的生态转向的重大贡献，更是推动马克思主义走向当代和未来的伟大业绩。

四　人类未来的发展方向

概括前述，可以说，在西方从实际问题兴起的生态马克思主义和生态社会主义思潮，代表了西方解决生态问题的社会发展希望，但是，由于他们没有制度基础，不能借助政治的力量加以推进，所以目前势力还比较小。而在中国从实际需要兴起的社会主义生态文明建设，也代表了东方应对生态危机的社会发展方向。如果两大潮流能够自觉地明确地从理论上根据马克思的这种既是生态的又是社会主义的哲学思想，共同奋斗，既是生态的又是社会主义的生态文明就一定会到来，因为它是解决人类的自然生态问题与社会生态问题的共同归趋。

附 录

人—境生态系统的深层生态思维
方式：熵理思维方式

【小引】生态思维方式，对人类生存发展来说是具有革命性的思维方式。其深层体现，在一定人—境生态系统中可以称之为熵理思维方式。熵增定律表明，在一个相对封闭的系统内，物理学的熵定律是宇宙的根本定律。包括人在内的地球生态系统，是个有其常数的相对封闭的生态系统，人在其中的过量耗费会导致熵的增加。从这一原理出发，应当进一步以熵理思维方式，思考处理人—境生态系统中人与自然界的生态关系。这里首先要注意的是：自然界的三个有限和人类活动的三个无限必然导致熵的增加。它的基本原理，是人类的安全生存空间 S，与有用自然资源 F 成正比，与人对有用自然资源的耗散 H 成反比。它的基本要求，是人与自然界的物质变换必须趋于相对均衡，并给出了在这种均衡基础上的实践活动的优化原理、优化公式。其最终发展方向是熵理文明，即建立在物理规律上的深层生态文明。这是生态文明建设的哲学基础和思维基础，是对一浪高过一浪的关于人类生存发展危机的深入思考。它尤其适用于发达国家和地区。

【新词】深层生态思维方式　熵理思维方式　三个有限与三个无限　安全生存度　熵理思维方式基本原理　熵理文明

人类行为固然是建立在现实需要的基础上的，现实需要会转化为它的行为动机，但是，人是凭借思考而行动的存在物，有什么样的思维方式，其动机就会以什么样的方式实现出来。要克服人类的第三次正义危机即生态危机，以及要进行人—境生态系统的生态文明建设，就需要树立生态思维方式。这是建立在辩证思维方式、系统思维方式以及当代的网络思维方式之上的适应于这个生态危机、生态觉醒、生态理性实践即生态时代的思维方式。它建立在生态学和生态哲学的理论基础之上。生态学、辩证法、系统论、生态科学与生态哲学，是它的科学和理论基础。自然界的生态关系，人与自然界的生态关系，人与人、人与社会的生态关系，以及整个生物圈的生态联系，是这一思维方式的思考主线。事实上，从生态学产生的时候起，这一思维方式也就产生了。生态学之父恩斯特·海克尔（1866 年）把生态学定义为"研究生物与其生存环境之间关系的科学"，就已经把握住了生态思维方式的本质特征：思考的生态特征——即思考生命与其周围环境的相互依存、相互作用即相生相克的关系而实现自身与他物在客观上的协同生存、共同繁荣的系统特征。生态系统就是思考的对象。生态思维方式以生态系统的整体繁荣和持续健康的存在为目标，思考它的物质变换、能量转化、输入输出、新陈代谢、生态循环以及如何达到平衡再生。在这样的生态系统中，每一种存在物对整个系统都有它内在的价值。所以，人类要尊重地球这个生态系统的万事万物并加以保护。这是一种有明确价值方向和价值要求的思维方式。生态思维方式要求以自然生态和人与自然生态的生态整体关系为本位，思考和调整人类的生产、交换、分配、消费行为，并把人类的伦理关怀扩充到整个自然界，即以生态伦理为根据，为人类和整个地球生物圈的持续生存与健康发展服务。马克思的一切事物互为对象、人与自然事物互为对象，是这一思维方式最早的哲学表述方式。他的人与自然、人与人的合理物质变换思想，是这一思维方式的思考准则。阿伦·奈斯的深层生态学通过批判浅层生态运动及其人类中心主义而构建了生态中心主义的价值观，这对生态思维的发展起了重要作用。因为生态思维就是以生态为本位思考人的作用与行为对系统的影响的思维。阿伦·奈斯从哲学高度指出："今天我们需要的是一种极其扩展的生态思想，我称之为生态智慧，它与伦理、准则、规则及其实践相关。因此，生态智慧，即深层生态学，包含了从科学向智慧的转换。深层生态学理论的基础是两条最高准则，即自我实现原则和生态中心平等主义准则。"他又说："深层生态学的一个基本规范就是，从原则上讲，每一种生命形式都拥有生存和发展的权利。没有充足理由，我们没有任何权利毁灭其他生命。……生物圈中的所有事物都拥有生存和繁荣的平等权利，都拥有在较宽广的大我的范围内使自己的个体存在得到展现和自我实现的权利。"①
这些对生态思维的特征做了很好的表述，生态思维就是一种拥有"生态智
慧"的思维。

生态思维方式的根本任务是以生态原则、生态伦理思考和解决人类面对
的生态危机，以及各个地方的生态危机及其解决方式。对生态危机进行深层
思考，不能不涉及人的伦理观、价值观、世界观、人生观、实践观、生存发
展观和一切导致生态危机的传统观念，以及由这些思想观念所形成的人的生
产、分配和消费行为，并要求对一切不合理的观念、关系和行为进行改变，
以适应地球整个生态系统的要求，建立一种"生态—生产—生活"的新的
文明和文化生存模式。这也就是要以生态思维重估一切价值，重构人类文
明。在这个意义上，生态思维方式比起以前的思维方式来，是一种革命性的
思维方式。它超越了类群伦理、国家伦理而建立在世界伦理、生态伦理和生
态理性的基础之上。它既要求思维主体要有积极的生态意向，强烈的生态需
求，并以此为动机推动自己的思维；又要求思维者要有深刻的生态理念、生
态观念、生态思想、生态伦理和生态科学知识，以及生态价值观、生态世界
观、生态人生观和人类学观念；那种人与自然界的二元对立世界观，机械论
世界观，以及只考虑本单位、本地区发展的自私发展观以及自身任意消费的
自私自利的人生观，人与人、国与国的对立观、征服观，是不可能真正进行
生态思维的；它更要求以人—境生态系统的生态关系、生态对象、生态任务
并向生态实践敞开，有一种生态视野，或者说在生态价值实践中进行生态思
考，解决生态问题。对于大量的非生态的对象或非生态任务，倒并不需要强
行进行生态思维。

生态思维的最为深沉的形式，是根据热力学的封闭系统的熵增原理进行
的思考，我们称之为熵理思维或熵理思维方式②。它是生态思维的深层形式。
因而，我们这里主要对这一思维方式加以研究。

---

① 转引自程平《道德共利：深层生态学视界的研究及其合理性论证》，硕士学位论文，陕西师范大
学，2006年。

② 如何命名根据熵增原理而形成的思维方式，是个颇费思量的问题，直接用"熵思维"或许比较
明白，但未能突出其思维方式的意义，"熵理思维"又过于简单，所以用"熵理思维方式"一词。这一
概念在1998年的《学术月刊》和2000年的《浙江社会科学》发表后，已被一些同志用来分析其他生态
问题。这里改称也许更为恰当，但它与已经沿用的"熵理思维"一词并无二意，特此说明。

要理解熵理思维方式，就应当理解宇宙和人类活动的特别是人—境生态系统中的熵增原理。

1865 年，德国物理学家克劳修斯提出了熵概念，"熵"表示一个孤立系统中的热力流向的热力学概念。热力学第一定律是：能量在转移与转化中数量保持不变，即守恒。第二定律是：能量在转移与转化中，会由高向低流动，即会由能用状态转变为不能用状态，而不能用表示熵的增加，其不能用的数值与这一过程中的熵增成正比。最后趋于热平衡，熵也达到最大化，系统归于死寂。1872 年，物理学家玻尔兹曼对熵的概念做了统计学的解释，从而使其成为对一个孤立系统在组织上的无序化程度的量度。经过这种统计解释之后，熵增概念就超出了热力学范围，成了表征一切有机的、无机的、自然的、社会的系统中"不能用状态的增加、组织有序化程度的降低、有益过程的消亡和加快"等的量度。因此，第二定律就是熵增加定律，又称熵增原理，它表明了任何孤立系统中的能量流动过程总是朝着熵增加的方向进行。20 世纪以来，这一原理被普及到生物学、气象学、天文学和天体物理学等自然科学中。最近几十年，又渗透到社会科学和人文科学和哲学之中。应当说，在人类活动的一切领域，作为一种以物质和能量流动为基础的过程，都不能不受这一定律的支配。因为，人类活动目的实现，无不是以熵增加（消耗能量——能量从能用到不能用）为代价的。这就是说，能量在转移与转化中虽然在总量上是守恒的，但这种转化在方向上是唯一的，只能不可逆转地从高能位流向低能位，即沿着对人类来说从有效的到无效的、可利用的到不可利用的这一个方向转化。这就意味着在我们创造价值的同时，也就减少了人类生存的可取价值。因为人类的一切活动都离不开能量的转移与转化。"某处发生熵的逆转，必然以周围环境的总熵的增加为代价。换句话说，人所创造的价值中包含着熵值；价值越大包含的熵值越高。"① 因此，"不应被表面的财富所迷惑"。这样一种熵增原理，特别适应于对人—境生态系统的考虑。它应当是我们思考人—境生态系统这一整体性的生态文明建设的科学和哲学理论基础。这里只是提示：人—境生态系统的整体性生态文

---

① 陈智、杨体强、李曼尼：《熵理思维对西部大开发中决策的启示》，《科学管理研究》2002 年第2 期。

明建设，应当是在熵原理的笼罩之下加以考虑的。而这样一种依据熵增原理的生态思考，属于最深沉的生态思维方式。

一　从熵增原理到熵世界观

在人类的精神历史中，每一种有足够重要性的关于世界的认识，都有可能转化为一种世界观；而作为一种世界观，就有可能转化为一种思维方式。这两者的结合，就会形成一种实践活动和其优化模式，从而自觉不自觉地引导着人们的生存实践活动向优化方向发展。"熵"，就是一种具有这种世界观意义的极为重要的科学认识。① 杰里米·里夫金与特德·霍华德合著的《熵：一种新的世界观》这本著作，促使我们进行这一思考。可以说，丹尼斯·米都斯等人的《增长的极限》和杰里米·里夫金等人的《熵：一种新的世界观》，就是在这一背景下产生的，它完成了从科学原理到世界观的认识论飞跃。

作为从热力学中引申出来的熵增原理，指出了能量转化的方向性和不可逆性，但是，当它作为一种世界观被提出之后，其意义已超出了能量的界限，而包含了地球上一切对人有用的物质和人类的生态环境。从这个意义上说，里夫金的话是对的：

热力学第一定律告诉我们：在我们这个世界里，所有的物质和能量都是守恒的，既不能被创造，也不能被消灭，而只能在形式上被转化；但是，第二定律告诉我们，这种转化是不可逆的，只能向一个被耗散的即熵增加的方向转化："从可利用到不可利用，从有效到无效，从有秩序到无秩序。"② 这便是有名的熵增原理。热力学这两个定律形成的熵原理、熵概念，概括起来是：

宇宙的能量总和是个常数，总的熵是不断增加的。③

---

① ［美］杰里米·里夫金、特德·霍华德：《熵：一种新的世界观》，上海译文出版社1987年版，第4页。
② 同上书，第113页。
③ 同上书，第23页。

对此，爱因斯坦称之为科学的首要定律，爱丁顿称之为宇宙的最高的形而上学定律。

熵的定律是宇宙中的封闭系统中的能流定律，它也是地球这个相对封闭系统的定律。因为地球除了太阳的热能、引力以维持生命的存在之外，基本是个封闭系统。但是，人们一直没有认识到它对人类生存的重要性。直到当代世界在总体上表现出来的能源危机、物质匮乏和生态恶化，才迫使人们注意到它在人和自然相互作用的人地生态系统中的重要性，认识到熵原理是从总体上支配人地生态系统的最根本的原理。它将会成为 21 世纪的人的最根本的世界观。里夫金等人满怀信心地指出：

> 一种新的世界观即将产生，它最终将作为历史的组织机制取代牛顿的机械论世界观，这就是熵的定律，它在今后的历史时期中将成为占统治地位的模式。①

的确，"熵"作为无效能量的量度，总是趋向无限大。"而熵的增加就意味着有效能量减少"②，这一事实是极为重要的。用克劳修斯的话说就是："世界的熵总是趋向最大的量的。"它表明，我们这个世界作为一个相对封闭的生态系统，它内部的活动即人和自然之间的物质变换过程是不可逆的，总要导致熵的增加。而熵增加到最大值时便是系统的平衡即"热寂"（死亡）。这就不能不迫使人们重新思考人和自然的关系，以及整个人类的经济政治活动问题。熵原理作为一种新的世界观的革命性意义，就在于它从深层自然规律的层次（环境污染则从事实的层次），把人类的"世界的无限性和活动的无穷性"这一世界观、实践观，一下子转化成了"世界的有限性和活动的局限性"这一使人沮丧的不得不小心谨慎的世界观、实践观。的确，它让我们认识到："人类作为自然存在物，必须与自然进行物质、能量交换才能维持生存。可以说，热力学定律为人类物质活动的开展提供了整体的科

---

① ［美］杰里米·里夫金、特德·霍华德：《熵：一种新的世界观》，上海译文出版社 1987 年版，第 123 页。

② 同上书，第 30 页。

学框架，人类所参与的每一项活动都受着热力学定律的支配。只有遵循热力学定律，人类才能持续地取得自己所需的资源和能源，从而维持自己的生存和发展。"① 诚如俄国哲学家斯米尔诺夫所说，自然界曾以它的威力使人害怕，现在却以它的脆弱性使人害怕。人类早已到了重新调整自己和自然的关系的时候了。但是，这一调整有赖于新的世界观、新的思维方式的出现。

显然，这样一个日渐重要的世界观，作为使人类观念和人类活动发生转折性的世界观，也必然会导致人类思维方式的根本变革。由于世界观和思维方式的一致性，原则上可以说：有什么本质不同的世界观出现，就会有什么样的本质不同的思维方式出现。如果说，"熵"这种新世界观就要出现的话，那么，也将会有一种新的思维方式——我们名之为熵思维、熵理思维或熵理思维方式——出现，而且通过"生态运动"、"生态思维"、"可持续发展"这些新的思想和行为，已经不自觉地进入我们的实践之中了。因此，对熵理思维方式的研究，就成为实践的迫切需要了。问题是，熵原理或者说熵世界观，是如何转化为熵理思维方式的呢？

二　从熵世界观到熵理思维方式

我们多次强调，人的思维，首先属于一定的主体，有它的主体维；同时，人的思维总是在一定的既有的思想观念中进行的，这是它的观念维。与此同时，任何思维总是关于某事某物的思维，总要关涉一定的对象，属于一定的客观范畴，即客体，这是它的客体维（对象维）。人的任何思维，除了灵感、直觉和顿悟，都是在这种思维的主体维、观念维、对象维的三维协同规定之下进行的。同一种思维表现为不同的方式，主要就在于这种三维结构的内容和组合方式的不同，以及三维中何者处于主导地位的不同而形成的。因而，要分析思维方式，就要从思维的这种三维结构进行分析。

如果这一关于思维方式的想法是对的，那么，熵理思维方式之所以能够成立，在于它也有它的三维结构：它的主体维，除了思维动力之外，不再是

----
① 陈智、杨体强、李曼尼：《熵理思维对西部大开发中决策的启示》，《科学管理研究》2002 年第 2 期。

个体心理而是人类的生态安全心理，是人类的整体或群体在自然界中的生存问题。因为，在今天，无论他是谁，只要他真的运用熵理思维方式，他都不能不站在民族生存、人类生存乃至生态系统的生存这一整体的立场上进行思考；它的客体维，则是人类的超过自然供养能力和自身控制能力的庞大群体，在有限自然界中的生存活动所引起的生态变化和后果；而它的观念维，就是前述的熵增原理，熵哲学，熵世界观。在这三维规定之下思考人—境生态系统和人类群体在其中的生存发展问题，就形成了熵理思维方式。简言之，熵理思维方式，就是建立在熵增原理基础上的由这全新的三个维度的综合而成的思考人类在一个有限环境中的应然行为的全新思维方式，是从人类永久生存的高度思考全球问题的思维认识方式。这是熵理思维与其他思维方式不同的地方。可以看出，哲学化的熵概念，是这一思维方式得以形成的关键。

这就是说，热力学第二定律即熵增原理，就是熵理思维方式的观念基础。而它的思维方法，就是以熵增原理分析认识地球这个相对封闭、相对孤立的生态系统、人类与自然之间的物质变换限度、人类全体在此基础上的文明进步、人类与自然界的共同发展问题。《熵：一种新的世界观》，不论它的作者自觉到没有，它都标志着这种新的思维方式的产生。这是一种根本性的、深层次的生态思维方式。本书以及"罗马俱乐部"在这之前推出的《增长的极限》、《人类处在转折点》等报告，表明这种新的思维方式早就在少数先进学者那里萌发了。在这个意义上可以认为，60年代以来，正是熵理思维方式（虽然还没有这个名词）这一新思维，在改变着我们人类对自然界的任意征服、无限掠夺、盲目乐观的态度。因此，可以肯定"以热力学定律为基础的新型观念结构将激励其他人用新眼光观察政治、文化和经济等不同侧面①"，这就是说，熵理思维必将成为人们考察人类危机、解决全球问题并以此规范、创造人类新的生态文明从而改变人类文明航向的最有力的思维方式。可持续发展的理论与实践，只有建立在这一哲学基础和思维基础之上，才能成为有力地规范人类行为的"硬道理"。

---

　　① ［美］杰里米·里夫金、特德·霍华德：《熵：一种新的世界观》，上海译文出版社1987年版，第241页。

今天，熵思维是思考人类生存发展问题的最有力、最重要的思维方式。人类正是由于自己的非理性的发展触犯了熵定律而导致了种种灾难：能源危机、物种灭绝、资源匮乏、环境污染、气候变暖……但是，人们只是感受到了这些问题，就事论事，针对性地提出环境保护，生物多样性，可持续发展等生态发展对策，还没有自觉认识到改变我们主观的思维方式的重要性。没有找到它的思维基础。熵理思维方式，以及由这一思维方式应当形成的人类活动的优化模式，有可能从世界观和思维方式的深层次上，推动人类文明转向新的更合理的生态发展方向。或者可以这样说：人们所说的生态思维，可持续发展，如果要想彻底、自觉和有力，都必须以熵思维为基础。没有熵理思维，它就只能就事论事，就不会有改变人类行为的伟大力量。问题是，里夫金等人提出了熵世界观，虽然这种"提出"本身就是一种熵理思维，但是，他们对这种思维方式及其根本原理，却缺乏研究。因此，这里有必要对它加以探讨。

三　熵理思维方式的根本原理

一般讲来，不自觉地根据生态伦理或自觉地根据熵增原理思考人类的生存发展行为，熵理思维方式也就产生了。

要理解熵理思维方式的根本原理，首先必须认识到，对于我们这个小小的太阳系和地球，熵定律是"自然界一切定律中的最高定律"。人类作为自然界的一部分，无法逃脱熵定律的支配。除了太阳的能源之外，地球几乎是个孤立系统。因而，它的生态系统，即它的资源、能源与环境都是有限的。这"三个有限"作为地球生态系统总的负熵，可以用 A 表示，这是人类的安全生存空间。其中，无论就太阳能源引起的负熵流的增加即生物界的发展来说，还是就无机自然界来说，A 都有它的上限，都是个常数或定数。寄生于其中的人类，其生存只能建立在"三个有限"的基础之上：即在有限资源、有限能源、有限环境的变化常数中求生存，求发展。

在这里，我们当然要考虑到太阳的源源不断的能源，新的可利用的资源和能源，以及人类的智能及其科学技术创造所带来的负熵流，包括不断形成的新的可再生能源与人类自创的新的发展手段、发展资源（如韩民青所说的

"转移式发展"）。对此，可以用 B 表示这三个新增负熵流，但它也是个有限量。因此，人类所能利用的总的负熵流，可用 A+B 表示。人类注定只能在 A+B 这个总的负熵流中追求自己的生存发展。

同时，人类社会作为一种耗散结构，它总要通过对能源资源的耗散实现自己的生存和发展。当他谋求自身的生存和发展时，他对能源、资源与环境的"耗散"，就导致了熵的增加，这可以用 H 表示。

但是，人类是个有无限欲望的动物，一方面，他所面对的"三个有限"和三个增量都是个常数，但他自身则处在"三个无限膨胀"之中：人类自身数量的无限膨胀、人的欲望（表现为资本和经济增长）的无限膨胀和人类活动负面效应的无限膨胀。即 H 不为常数，而是个不断膨胀的变数。在今天，人们已经尝到了人口无限膨胀的恶果：在努力控制时它却已经膨胀到了 70 亿。人类的生产总值在不断增长，负面效应导致的生态环境恶化也是如此。正是人类自身的三个无限膨胀，使 H 膨胀到了危险边缘，才与三个有限、三个增量构成了尖锐的矛盾，导致了我们今天的生存危机。这个矛盾，就是 A+B 不断被 H 熵化，即从有效到无效，从可利用转化为不可利用，从而缩小着人类的安全生存空间。H 的增长与 A+B 构成了反比关系，这个比值，即 A+B 与 H 的比值，就是人类的安全生存空间值，或安全生存度，显然，这个比值不能小于1。这可以用 S 表示。

于是，从总体上看，我们就得到了熵增原理与人类生存活动的关系，它的安全生存度可概括为如下公式：

$$S \geq \frac{A+B}{H} \geq 1$$

在这里，有用自然 A 基本是个给定数，新增负熵 B 也是个有限数，耗散 H 越大，其与 A+B 的比值就越小（消失耗散得越快）。即人类的安全生存度 S，与有用负熵流 A+B 成正比，与人对有用负熵流的耗散 H 成反比。二者的比值即人类的安全生存度 S 不能小于1。一旦小于1，人类的安全生存就开始逆转，受到威胁。

这是熵定律与人类活动的基本原理，也是熵理思维方式的根本原理。这一原理启迪人们：自然界的三个有限是不能从根本上改变的。它只能被人类活动耗散掉、熵化掉，因而，人类只能在三个有限和三个增量之下活动，不约束自己的三个无限膨胀就只有自取消亡。这一原理及其引起的危机，迫使人们不得不依据它对人类行为进行思考和规范。这就形成了熵理思维方式。在今日的生态危机面前，人类应当根据这一原理审视一切，规范人类的一切活动。

熵理思维方式特别注意如下的熵增事实：

> "每当我们创造了价值时，我们就减少了人类生存的可取价值。" "价值中包含熵值"，价值越大包含的熵值越高。因为，"某处发生的熵的逆转，都必然以周围环境的总熵的增加为代价"。在这个意义上，"国民生产总值＝国民污染总值"①。

迄今的事实表明：现代化与资源贫困化成正比；经济发展与环境恶化成正比。这就造成了人类物质活动的悖论：我们既在越来越富，又在越来越穷。从相对上看，我们在越来越富；从绝对上看，我们在越来越穷。从经济上看，我们在越来越富；从生态上看，我们在越来越穷。最后，我们的富有要被我们的生态窘困逐步夺走。这是一个严峻的事实。

那么，在这一严峻的事实面前，熵理思维方式是如何解决它的问题呢？其基本方法，就是考虑人与自然的物质变换，在总量上不应超过人和自然界的创生能力——即既包括自然界的原有能力，又包括人类智能和科技导致的创造与发展转移（转移式发展），使二者在一相对范围内保持相对平衡。

这个相对范围是：太阳的能源与地球的生态系统形成了抗拒熵定律的生物圈，形成了生命负熵流。在这个生命负熵流的基础上走出来的智慧生命，即人，利用其生命的与非生命的环境，在自然再生产基础上建立了一个"社会圈"。社会圈中的智慧及其创造——科学技术、思想道德与制度规范，形成了社会负熵流。因此，对于人类的生存智慧来说，有不利于生存的熵，就

---

① ［美］杰里米·里夫金、特德·霍华德：《熵：一种新的世界观》，上海译文出版社 1987 年版，第 114、121、40、121 页。

有有利于生存的负熵，正是这种负熵流，开辟着人类的相对生存空间。这是熵理思维方式必须注意到的方面。前者是自然的规律，后者是创造的规律。在地球上，生命的出现，生物的进化，人类的出现，人类的进化，社会的发展，智慧的运用，技术的创造，制度的改进，行为的优化，这些具有创造因素的东西，都在本系统内形成了一种生命有序性的负熵流，抗拒着本系统内的熵增趋势。但是，这不仅只是个更小的有限量，而且，我们不应忘记：这一切是通过生态系统从日一地环境中汲取物质和能量而使生态系统不断恶化为代价而实现的，它与日一地生态系统之间的物质变换，一旦打破了生态系统的平衡，一旦导致生态系统的贫化和恶化，就会使生态系统加速向熵增方向发展。创造的规律不可能超越自然的规律，因为它是相对的，是在自然规律之上进行的。

在这里，人们首先应当正视：由于人类数量的巨量增加，由于历来的战争，由于富国和富人的挥霍无度，由于工业的反自然、反生态的巨大的物质变换能力，人类的生存空间危机在各方面都显示出来。许多重要的不可再生的能源、资源都会在不久的将来告罄。有资料表明，从全球来看，煤炭、石油、金属、非金属等矿物资源，年消耗量超过 100 亿吨。以这样的速度，煤在 200 年间、石油在 30—40 年间、天然气在 60 年间就会用尽（其他乐观的估量也长不了多少）。从中国来看，有人指出："到下世纪初，我国矿产资源将全面紧张；到 2020 年，除煤、钨、稀土及一些非金属矿产尚能保证建设需要外，大部分主要矿产（如石油、天然气、铁、铜、钾盐、天然碱等）将缺乏必要的储量保证，将严重影响经济建设的发展。"① 地球中对人类生存发展的有用成分，地球在 30 亿年中储存的太阳能量，从人类日渐大量消耗能源资源的工业革命（1750 年）开始，仅仅 200 多年的开采就已呈现出紧张态势，更何况人类还要千年万年地生存发展呢？"当有效能量告罄时，我们称之为'热寂'。当有效物质用尽时，我们称之为'物质混乱'。两者导致的都是熵，都是物质和能量的耗散。"② 它们的利用是一次性的，一旦耗散完毕并且无可转移，人类就将失去生存的基础。

---

① 宋新宇：《我国矿产资源现况与可持续发展战略》，《大自然探索》1997 年第 1 期。
② ［美］杰里米·里夫金、特德·霍华德：《熵：一种新的世界观》，上海译文出版社 1987 年版，第 34 页。

不仅如此，人类的危机更主要地表现在可再生的资源、能源与环境方面。由于人口和工业这种耗散源的巨量增加，水资源已经严重不足，世界总水量虽有 13 亿—14 亿立方千米；但人类可用的淡水仅占 0.35%，世界年用水量已达 5 万亿立方米，60%的地区缺水，可用水与人类需要的差距越来越大。许多地区、许多国家都在争水夺源，一些地区大有演化为战争之势。粮食的短缺与环境的污染更是严重的现实，等等。这表明人类不克服自己的三个无限膨胀就会走向灾难。

这些情况是重要的，它迫使我们必须重新确立我们对自然的消费 H，使它不超越自然本身的恢复再生能力和我们的创生能力 A+B，即：

$$H < A+B, \quad 或 \quad H = A+B$$

反之，如果 H>A+B，二者的比值 S<1，那么，人类的安全生存空间就受到破坏，人类就在自己戕害自己，自己加重自己的生存危机。

当然，这显然只是一个粗略的相对的准则，遵守它，也只能从相对方面改善人类的生存处境。即使如此，这也意味着人类必须限制自己的物质欲望，使人类的经济发展与自然界的三个有限相适应，使人类的财富再生产与自然界的自然再生产相均衡。它要求在人和自然的关系中，社会消费速度与自然再生产速度（包括人的创造速度）必须均衡，即平衡我们与自然界的物质关系，使其不出现人—境赤字。这是熵理思维方式进行思考的基本方法和指导实践的基本原理。里夫金已经表明了这一点：

"人类在这个地球上的一举一动都直接影响到熵过程的缓急。我们可以通过对自身生活与行为方式的选择，决定世界上有效能量的耗散速度。"① "社会的消费速度就不应高于自然生产速度。生态系统的运转就应尽可能地接近于稳定状态。"②

---

① ［美］杰里米·里夫金、特德·霍华德：《熵：一种新的世界观》，上海译文出版社 1987 年版，第 47 页。

② 同上书，第 116 页。

显然，这就是要求人类的人口再生产、经济再生产不能超过自然再生产和科学再生产的速度。人与自然的物质变换应当趋于稳定。

总之，熵原理是人类迄今认识到的宇宙最根本的、对人类生存最有影响的原理之一。熵理思维方式也将成为关乎人类生存的最重要、最根本的思维方式。一旦熵理思维方式成为我们生存发展的支配思维方式，人类的生存方式将发生根本性的改变。在这里，熵理思维方式要求首先彻底改变传统经济学。传统经济学是建立在无限资源、无限能源、无限环境基础上的，因而是根本颠倒了人和自然关系的向自然无限掠夺的经济学。传统经济学的原则是：单位产量/速度；而熵经济学的原则是：单位产量/熵①。推而广之，根据上述公式表示的原理，形成新的熵伦理学、熵法学、熵政治学、熵管理学、熵社会学、熵价值观、熵哲学等，就不仅是可能的，而且是必然的。它将进一步给人们带来全新的价值观、世界观。而这一切的实现，有待于熵理思维方式成为我们思考有关问题的基本的思维方式。如果不大力树立熵理思维方式并以其规范人的活动，当前的可持续发展就会成为一句空话。

这里要强调的是：在 21 世纪，地球是个文明村还是个灾难城，取决于人类自己的思维、意识和行为。从长远来看，人类如果不能把熵理思维方式上升到支配自身的生存行为的理性殿堂，等待人类的只会是毁灭性灾难。

四　熵理思维方式的基本思维指向与熵理文明

根据上面提出的熵理思维方式的根本原理，可以推出它在思考人与自然、人与人、人的社会生存、人的伦理精神等几个基本方面的表现和要求，这就形成了熵理思维方式的基本思维指向。

1. 熵理思维的第一思维指向：人与自然界的物质变换应当趋于最小化，即以满足人们的相对平衡的基本生存发展需要为限

上述熵增原理启迪人们：自然界的三个有限是个常数，是不能从根本上

---

① ［美］杰里米·里夫金、特德·霍华德：《熵：一种新的世界观》，上海译文出版社1987年版，第114页。

改变的。人自身的创生能力也是个不大的增量，因而，人类不约束自己的三个无限膨胀就只有自取消亡。这就要求人和自然界的物质变换规模应当趋于缩小，走向以满足人们的基本生存发展需要为前提，从而使社会消费速度与自然再生产速度趋于均衡，即平衡我们与自然界的物质变换关系，使其不出现人—境赤字。这是"熵理"思维指导思考的基本方法和指导实践的基本方向。

熵理思维方式看到了人从自然中的提取超过了自然增长的极限，从而减少了资源、能源和环境的可资利用价值，而利用价值是人类持续生存之本。因此，对于已经发达的地区来说，熵世界观提倡零增长，负增长。难以接受？但必须如此。即便如此，我们也不能阻止生态系统在绝对方面的熵增现象。当然，增长还是可以考虑的，那就是必须建立在人类智能和科技导致的创造与发展转移的基础上。

在今天，熵理思维方式首先在环境、生态方面突出表现出来，这就是生态思维方式的出现，它是熵理思维方式在当前的生态危机中的不自觉的直观的表现形式，但它是通向"熵理"思维的。不同的是，熵理思维方式的出发点是不可再生的能源、资源的耗损导致的地球生态系统不可逆转的熵增大，而生态思维方式的出发点，则主要是人类活动导致的环境恶化和生态破坏，它主要出现在可再生、可改善领域（如水），这可称之为可逆的熵增现象，它是前者在可再生、可改善领域的表现形式，即地球浅层次的生态环境形式。它的基础和进一步的深化，仍然是熵增原理这种不可改变的事实。20世纪80年代出现的可持续发展思想，比生态观念前进了一步，它进一步涉及地球的不可再生资源和人类长久的生存发展范畴上来。它是熵理思维方式不自觉地在发展观上的有力表现。这些情况表明，人们所说的生态思维，可持续发展，如果要想彻底、自觉和有力，都必须上升到熵理思维方式上来。没有熵理思维，它就只能在浅层次上打转，就不会有改变人类行为的伟大力量。熵理思维方式，虽然在有识之士的头脑中已经发生，但是，还不是自觉的，还远没有达到它应当有的程度，还没有在知识界、首脑界、决策界的思维中占据应有地位，还没有成为社会思维的统治形式。它还被人自身的非理性掩盖着，被机械论的无限发展观念、资本的掠夺意识、无止境的物欲膨胀、科技万能的乐观情绪、不负责任的短期行为等拒斥。熵理思维方式一旦发生作用，首先就体现在人与自然界的物质变换趋于最小化，只以满足人们的相对平衡的基本生存发展需要为限。为避免人类自己把自己推向加速灭亡，在人与自然界的物质变换关系上只能选择这一方向，即以满足人们的相对平衡的基本生存发展需要为限。

2. 熵理思维方式的第二思维指向：人与人的物质占有必须趋于相对均衡

今天，世界被区分为发达国家与发展中国家，二者处在贫富的两极，富国的人均 GNP 向 15000 美元以上发展，贫国的人均 GNP 则在 150 美元左右，相差在百倍以上。另一个事实是，发达国家的人口不超过世界总人口的25%，但其能源消耗却占世界的75%（污染排放也在70%）以上，美国则以5%的人口消耗着世界50%的已开发资源。而在大多数国家，大体上像英国那样：10%的富人家庭占有80%的私人财富，而10%的穷人家庭几乎什么也没有。其富与贫之间的差距也远在百倍之上。这样一种人与人的、国与国的（归根到底是人与人的）贫富对立，自从文明伊始就随着经济发展而愈演愈烈。资料表明，今天，这种贫富分化随着经济增长更加扩大：20世纪60年代，富国比穷国富30倍，90年代，达到150倍！为什么经济越是发展，越会导致贫富两极的扩大呢？原因就在于它建立在人对自然的和人对人的物质掠夺之上。这是传统文明发展模式的根本缺陷。我国辩证哲学家老子早就把它的本质概括为"天之道损有余而补不足，人之道损不足而奉有余"。在这个"损不足而奉有余"的传统文明发展模式下，一部分人只能越生产越相对贫困，越发展危机越大。因为这种掠夺式的发展模式首先指向人对自然的更大掠夺。在这种情况下，它违背了熵理思维方式的第一生存优化模式；进而指向人对人的掠夺，在这种情况下，只会加强人类自身的灾难性的对立。在这两种情况下，都是与熵增原理相违背的。它只能使人类愈发展愈接近灾难。出路只有一条，不仅要用熵理思维方式调整人与自然的物质变换关系，使人与自然的物质变换趋于缩小，更主要的在于以熵理思维方式调整人与人的物质占有关系，使国与国的、人与人的物质占有趋于相对均衡。它表明，缩小国与国之间的、人与人之间的、地区之间的贫富分化，就可以在不太大的生产总值之下满足人们基本生存发展需要。这就可以不再无限制地掠夺自然界、掠夺他人。这是 21 世纪迫在眉睫的任务。这也是前面提出的生态—社会革命的真意所在。荷兰的生态主义组织"地球的朋友们",甚至为此提出了一个宇宙分配定律:

> 宇宙为地球上的每个公民分配相等的原料和可以利用的面积。

可悲的是,今天人类的思想和行为的统治原则,仍然是为满足私欲膨胀的掠夺,把这一掠夺指向自然,形成了人对自然的掠夺关系;指向人,形成了人对人的掠夺关系,即社会掠夺关系。熵理思维在本质上是社会主义的,它不仅要消除人对自然的掠夺关系,更要消除国对国的、人对人的掠夺。因为,掠夺是万恶之源,掠夺产生异化,异化使发展走向灾难。必须看到,人类今天的异化是普遍的。马克思指出了劳动异化,今天,从熵理思维的观点来看,人类的生产、经济、政治、军事、消费、享受等行为,人类的许多思想文化观念,通过熵增原理的反照,无不出现了异化,即自己走到了自己目的的反面,人类反而不能不受自己所创造的东西的统治和折磨。因为,异化增加了耗费,加速了熵增,其总和就构成了人类面临的危难。而一切异化的根源都在于掠夺。掠夺的根源又在于少数人对财富贪婪。

总之,贪婪和掠夺使社会财富集中于少数国家,集中于少数人手中,少数国家和少数人集中了财富,一方面是纵欲无度的生活方式,一方面是通过财富控制政治,控制其他国家和其他人们,这就出现了整个社会的不平和动乱。回首人类史,历史上的残酷战争,基本上都是掠夺和反掠夺的战争,是由于财富富集和财富不均衡而导致的战争(而这种情况在今天依然严重存在)。可以说,人类的基本灾难都源于这里。从熵理思维方式看,贪婪、纵欲、掠夺、战争、财富的过分集中于少数人手中,极大地增加了自然资源的浪费,增加了人—境生态系统的熵增过程,从而增加了人类的灾难。因此,根据熵增定律消除人与人的物质占有的严重悬殊,是熵理思维方式的最困难的使命。这就是说,人与人的物质占有必须趋于相对均衡,这是熵理思维方式所指向的第二思考范围,第二生存活动优化原理。

3. 熵理思维方式的第三思维指向：人类在地球之船上必须同舟共济，和谐生存

熵理思维的重要性在于使人们意识到了人类经济活动的二重性，即工业革命以来，人类的经济发展一直是一把既趋利又趋害的双刃剑，传统工业文明对自然的掠夺如不改变，将导致对人类的有限生存条件的剥夺。不错，人类凭借自己的智慧，凭借科学技术，可以解决一部分问题。在科学的期望里，纳米技术可以创造新的物质，基因工程可以创造新的生物，新材料的创造每年以 10% 的速度增长着，新的能源也似乎很有希望。但是，人类是否可以创造一个基本不依赖于自然界的人造能源、人造资源、人造环境呢？没有任何人可以打包票，美国"生物圈 2 号"的失败表明这只是一厢情愿，即使可能也不会令人信服，更不会令人向往。因为，即使在今天，人类科技创造的人造环境也并不利于人的健康生存，早就迫使人们不能不叫嚷"回归自然"了。随着人口的增长和工业的发展，以及社会本身中的非理性不合理因素，当今社会已开始破坏其赖以维生的生命的与非生命的深层环境，即三个有限。并且，只是很少一部分人（主要是几个发达国家，25% 的人口消耗着 75% 的能源），在很短时间的挥霍（近二三百年的工业时代，这只是人类生存史的一瞬间），就已危机四伏。这一事实终于通过"熵"这一科学概念，迫使人们认识到了人类赖以生存的地球这一生态环境的有限性，脆弱性；认识到了生命与智慧所创造的负熵流的脆弱性。因此，人类再也不能像过去那样盲目繁衍人口、恣意增长经济、任意挥霍财富、频繁进行战争、只顾自我膨胀了，而必须保护我们共同赖以生存的这只宇宙船。这就是说，熵理思维方式的又一思维指向是：人类在脆弱的宇宙之船上不可能恣意妄为，互相攻伐，而必须有所节制，互相合作，互相支持，同舟共济。这是熵理思维方式必须指向的思考范域（范围和领域），是熵理思维方式指向实践的第三生存活动优化原理。这一原理是全人类性的，但它尤其值得掌握巨大生产力、进行巨大物质消耗的富国富人和富裕地区的思考。

4. 熵理思维方式的第四思维指向：人类应当过渡到低耗节俭的与自然协调共存的熵理社会

既然人类必须同舟共济，人类社会的物质增长速度不能超过自然生态的

再生速度和人类的创造速度，既然人类社会成员的物质占有应当相对均衡，那么，人类的社会结构和社会生活，就应当是低耗的，全人类都应当过只满足基本生存发展需要的节俭生活。例如，建立小城镇，就近取得农产品的供应；提倡共用汽车、洗衣机、吸尘器，共用庭院和花园等。提倡多利用太阳能，少建火电站、高速道路等耗能耗资、败坏环境的东西。降低交通速度，设计时速不超过 120 公里的交通工具。因为，"求快的反面往往成为浪费时间，求多会使日常生活梗塞、分散注意力并消耗能量"。德国联邦环保局甚至计算：到 2050 年，每人的肉类消耗，应由目前的每天 250 克降到 160 克以下，等等。另一方面是对浪费的谴责：《熵：一种新的世界观》的作者，指责美国每人每天耗能（汽车、电力等）竟达 20 万热量卡，为人们所必需能量的 100 倍。布热津斯基也指责发达国家的"丰饶中的纵欲无度的生活方式"，指责物欲追求之风日趋炽烈的发达社会。未来学家强调，全球如果都像美国那样耗费，"地球将在一代人的时间内流尽最后一滴血"，等等。可以说，当前的生态主义者大都在强调这一方面。有些提法难免有乌托邦性质，但思维的基本指向不能不说是正确的。从自然出发来决定人，依据自然的生产能力和生态关系形成人的社会生活和社会关系，这是建立绿色的熵理文明的基础。因为人类如果想维持自己在这个脆弱的宇宙之船上的长期生存，那就要抛弃通过掠夺自然而无限发展、极欲挥霍的观念和行为，抛弃相互为敌、为一点利益而耗费资源而互相攻杀的战争行为，转向建立一种与自然条件、与自然再生产能力相适应的有节制的新文明。即人类必须过渡到低耗节约的与自然协调共存的熵理社会。这是熵理思维方式的第四思维指向，它所提供的是人类生存的第四优化原理。

5. 熵理思维方式的第五思维指向：人类应当走向以和合精神为主导的熵理文明

由前面的讨论可以看出，熵理思维方式是以熵增原理为基础的关于人类生存的优化模式的思考。它要求根据熵增原理对整个人类文明加以彻底的反省，努力建立新的以人类共同生存发展为出发点的新文明。因为人和自然之间组成了相互依赖的人—境生态系统。这个系统中最重要的关系，是人与自然的人天关系和人与人的人人关系。人天关系历经了"天人合一"（朦胧时期）、"天制人"（对立时期）、"人治天"（掠夺时期）几个阶段，现在应当向天人协调（和谐时期）发展。① 而就人人关系看，用马克思的话说，也相应地经历了人对自然的依赖、人对人的依赖、人对物的依赖三个时期，目前也有待于向人的自由而全面的方向发展。就人天关系和人人关系的当前阶段看，人类基本上仍处在两个不协调之中："人类社会与自然界的不协调问题"与"人类社会自身内部的不协调问题"②，此即"全球问题"的两方面。前者要求探讨新的物质文明形式，后者要求探讨新的制度文明形式。而这两者都要求人类新精神即新的精神文明出现。可以说，熵哲学与熵理思维就是这种新精神的核心。它要求人类精神在熵定律的逼迫下，来一个彻底的转化。这个转化可以通过如下三大转换来实现：

第一，是从物质中心观转向精神中心观。人首先是物质的人，人类几千年来的发展都不能不把物质发展放在第一位。特别是工业革命以来，人类更是以资本的原始积累、殖民掠夺的形式积累物质财富的。今天，由于科学技术，财富以更为惊人的速度增长着。人类今天掌握的巨量物质财富如果均衡分配，完全可以使全人类超越贫困而达到较丰富的状态。更主要的是，熵定律表明，人类已不可能再无止境地通过掠夺自然达到物质财富的无限增长。即使科学技术导致的增长，也不可能不要自然资源。对于全人类来说，今天的问题已不再是物质贫乏而是精神贫乏。人类的三个无限膨胀正是精神低劣的表现。因此，在物质财富已可以满足人类的基本需要之后，人类要想幸福生存，只有改善人类自身的精神状态，把人作为"精神的人"、生态的人的本质实现出来，从而改善人与人和人与自然的关系，实现人类的和谐共存。汤因比在 70 年代就强调：人类要"从物质中心转向精神中心"。

第二，是从关注物质生产力的发展转向关注社会协调力的发展。维系人类生存发展的力量从来都有两种：物质生产力量和社会协调力量。前者主要是由人与自然的关系产生的，后者主要是由人与人的关系产生的。人类正是凭借前者进行物质生产，凭借后者调整人类的社会生活。由于历代统治阶级的不良作用，社会协调力实际上以阶级统治力的形式出现，真正的社会协调

---

① 肖子健：《关于人类下一个文明和发展战略的思考》，《自然辩证法研究》1995 年第 2 期。
② 同上。

力并没有形成。这就是为什么人类社会总是处在不平等中、总是出现种种灾难的原因。但是，几千年来，人类解放运动、社会民主运动的发展，特别是物质生产力的发展，使人类今天已经处在大社会之中。在这种情况下，仅仅只有生产力的发展是不行的，而必须加强一向被忽视的社会协调力的发展，才能与当代社会的复杂需要相适应。另一方面，从长远考虑，在物质生产力发展到一定阶段之后，其首要的发展不应再是经济发展，而应当是社会发展，人文精神的发展，根据社会人文精神的发展而调节经济发展和经济分配。要实现这一步，一般必须有强大的社会协调力，既根据人与自然的均衡物质变换关系的要求，调节人的物质生产，又根据人与人的均衡的物质变换关系的要求，调节人的社会物质关系。生态—社会革命的目的即在于此。

社会协调力之所以重要，在于它能调节和克服社会中的不合理因素，使其中的误会、误传、摩擦、破坏、浪费、暴力、反道德、反生态等熵增因素减少到最低限度，以有利于人类社会的合理发展。如果说，科技是一种负熵的话，那么，以社会科学为基础的社会协调力也是一种负熵，它可以创造人类借以良性生存的社会环境。正如社会要不断发展自己的科学技术一样，社会也要不断发展自己的社会协调力，这就要求今后把关注的焦点集中到社会协调力的发展方面来。

总之，对今天的社会发展来说，重要的不仅是物质生产力，还有更为重要的社会协调力，只有社会协调力的发展，才有未来社会的合理发展。

第三，是从工具理性、经济理性的支配转向生态理性和生态伦理实践支配。人类既有理性的一面，又有非理性的一面。在人类的活动中，这两方面往往是交错互渗相互消长的。但从整个人类史看，理性往往集中在认识、科技方面，非理性往往集中在行为和欲望方面，特别是在人的经济贪求、社会统治方面，非理性一直处于支配地位。生产作为满足人的非理性消费欲望的生产，也已经是一种非理性生产。前述的掠夺、贪婪、纵欲无度等都渗透到了生产之中。而支配生产的，一向是工具理性和经济理性的支配。从一个更阔的熵理视野来看，工具理性、经济理性实际上都不过是非理性的表现形式。所以它通过生产和消费形成了人与自然、人与人的反生态关系。

那么，人类今天究竟是理性还是非理性在占据支配地位呢？自60年代以来，"发展"成了席卷全球的问题。但是，发展这一活动，在许多国家都是非理性的：盲目片面追求 GDP 和人均 GNP 的增长，既扩大了社会贫富危机，又扩大了人与自然的危机，更扩大了人类精神危机。人们所说的"过度发展病毒"、"超增长病毒"，布热津斯基所说的"追求物欲上的自我满足之风日趋炽烈的社会"，在发达国家尤其突出，它们都是非理性统治的表现。

但是，人类毕竟是有理性、有希望的。只要认识到人类的非理性活动迫使人—境生态系统的熵加速增加，认识到自然界的三个有限和人类自身的三个无限的尖锐对立，以及人类整体的危险处境，真正的理性就有可能逐渐取得支配地位，支配人—境生态系统的良性发展。这种理性，就人类共同生存的意义上说，可用中国传统文化的"和合精神"来概括——和生、和处、和立、和达、和爱——这当然应当包括人对自然界的伦理态度。张立文认为，它是人类在 21 世纪的最高价值原则。①

对于人类向生态文明或者说熵理文明的过渡来说，上述三大转化是至关重要的。通过这三大转化，人类有可能克服当前的物质中心观，建立一种理性的、以和合精神为核心的精神中心观，使新的以科学理性推动的社会既不破坏人与自然的物质变换的均衡，又能推动人与人的物质占有趋向均衡，从而把"损不足而奉有余"的动物学原则，转化为"损有余而补不足"的人类学原则。如果真能这样，那么，以熵原理为基础的熵理文明或者说熵理文化，就有可能建立起来。

熵理文明，实际上就是建立在宇宙根本物理定律基础上的深层生态文明，是人类以低耗节俭的方式与自然共生共荣的熵理发展观。人类过去只考虑自身的生存发展，而不考虑他人、他群、他族、他国的生存发展，只考虑社会的生存发展，而不考虑自然的生存发展，这是整个社会悲剧的根源，也是人类悲剧的根源。熵理发展观，首先要求把两种掠夺关系都降到最低限度，并随之都向协调关系转化，以便建立人类自身的以及人类与自然界之间的共生共荣的协调关系。熵理文明保护人类生存环境的三个有限，寻求一种新的把人口、环境、资源、能源、社会、未来等都纳入其中的质的发展模式，这就是向人们向往的未来的生态文明、绿色文明即熵理文明过渡的方式。因此，所谓熵理文明，就是以低熵增原理为尺度调节人和自然、人和

---

① 张立文：《中国文化的和合精神与 21 世纪》，《学术月刊》1995 年第 9 期。

人、人和社会的物质关系，调节人类社会各种不经济的社会现象和社会冲突，使人类活动的熵增现象降到最低限度，建立一种符合熵增原理的深层生态文明社会。熵理思维方式，就在于以熵增危机唤醒人类的熵理性，使它上升到支配地位，主导人类从现在向未来社会合理发展，建立 22 世纪的更合理的深层生态文明即熵理文明。

扬弃人与自然的和人与人的对立关系，建立人与自然、人与人的和合统一的绿色关系、生态关系，创造绿色的生态文明、熵理文明，这是熵理思维方式的当今选择。

当然，在今天，生态、绿色已经从思想观念、技术实施到政治活动都展开来，但是，如果它不能通过一种生态—社会革命战胜人类的贪欲，以及由此导致的人对自然、人对人的掠夺，只是停滞在生态治理这种生态改良活动中，那就会导致生态危机的不可逆转。但是，人类毕竟有精神的一面，有自我控制的一面，从长远来看，在 21 世纪中期，这种被迫理性的熵理文明是会到来的。到了那时，我们就会看到："社会化的人，联合起来的生产者，将合理地调节他们和自然之间的物质变换，把它置于他们的共同控制之下，而不让它作为盲目的力量来统治自己；靠消耗最小的力量，在最无愧于和最适合于他们的人类本性的条件下来进行这种物质变换。"[①] 借用马克思的话说，人类的理性的自由王国只有建立在熵定律这种必然王国的基础之上，才能繁荣起来。

这也可以视为熵理思维方式的第五思维指向和第五行为优化原则。

总之，让我们重复地讲：熵增原理是人类迄今认识到的宇宙最根本的、对人类生存最有影响的原理之一。熵理思维方式也将成为人类最重要、最根本的思维方式。一旦熵理思维方式成为我们生存发展的支配思维方式，人类的生存方式将发生根本性的改变。熵理思维方式，就是构建包含以上几个原理在内的、以和合精神为中心的熵理文明的思维方式。它指向人类在有限自然中的最优的生存活动模式的构建。

（原载《学术月刊》1998 年第 11 期和《浙江社会科学》2000 年第 1 期）

---

① 《马克思恩格斯全集》第 25 卷，人民出版社 1974 年版，第 926—927 页。

主要参考文献

一　经典著作

1. 《马克思恩格斯全集》，人民出版社第 1 版。

2. 《马克思恩格斯全集》，人民出版社第 2 版（部分）。

3. 《马克思恩格斯选集》，人民出版社 1972 年版。

4. 《马克思恩格斯选集》，人民出版社 1995 年版。

5. 马克思：《1844 年经济学—哲学手稿》，刘丕坤译，人民出版社 1979 年版。

6. ［德］马克思、恩格斯：《德意志意识形态》（节选本），人民出版社 2003 年版。

7. ［德］《马克思恩格斯信札选》，1948 年俄文版。

8. ［德］马克思：《资本论》第 1 卷，人民出版社 1972 年版。

9. ［德］马克思：《资本论》第 3 卷，人民出版社 1975 年版。

10. ［德］马克思：《资本论》（节选本），人民出版社 1998 年版。

11. 胡锦涛：《在省部级主要领导干部提高构建社会主义和谐社会能力专题研讨班上的讲话》，2005 年 2 月 19 日，人民网—中国共产党新闻网。

12. 温家宝：2009 年 12 月 18 日在哥本哈根联合国气候变化大会领导人会议讲话：《凝聚共识、加强合作、推进应对气候变化历史进程》。

二　中外文献（以专著为主）

1. ［美］W. R. 艾什比：《控制论导论》，张理京译，科学出版社 1965 年版。

2. ［美］埃莉诺·奥斯特罗姆：《公共事物的治理之道——集体行动制度的演进》，余逊达、陈旭东译，上海三联书店2000年版。

3. 安启念：《新编马克思主义发展史》，中国人民大学出版社2004年版。

4. ［加］本·阿格尔：《西方马克思主义概论》，慎之等译，中国人民大学出版社2003年版。

5. 包亚明主编：《后现代性与公正游戏——利奥塔访谈书信录》，上海人民出版社1997年版。

6. ［加］查尔斯·泰勒：《现代性之隐忧》，程炼译，中央编译出版社2001年版。

7. 陈学明：《苏联东欧剧变后国外马克思主义趋向》，中国人民大学出版社2000年版。

8. 陈学明、王凤才：《西方马克思主义前沿问题二十讲》，复旦大学出版社2008年版。

9. 陈墀成：《全球生态环境问题的哲学反思》，中华书局2005年版。

10. 陈先达：《马克思哲学关注现实的方式》，《中国社会科学》2008年第6期。

11. 崔文奎：《论福斯特"马克思生态学"的生态政治哲学思想》，《科学技术哲学研究》2010年第27卷第3期。

12. ［美］大卫·雷·格里芬编：《后现代科学》，马季方译，中央编译出版社1998年版。

13. ［美］大卫·雷·格里芬编：《后现代精神》，王成兵译，中央编译出版社2005年版。

14. ［法］德里达：《一种疯狂守护着思想》，包亚明编，上海人民出版社1997年版。

15. ［法］雅克·德里达：《马克思的幽灵》，何一译，中国人民大学出版社2000年版。

16. ［法］德里达：《未来不能没有马克思》，《东方》1996年第6期。

17. ［英］戴维·佩珀：《生态社会主义：从深生态学到社会正义》，刘颖译，山东大学出版社2005年版。

18. ［美］德内拉·梅多斯、乔根·兰德斯、丹尼斯·梅多斯：《增长的极限》，李涛、王智勇译，机械工业出版社 2013 年版。

19. ［美］丹尼尔·A. 科尔曼：《生态政治：建设一个绿色社会》，杨俊杰译，上海世纪出版社 2002 年出版。

20. 杜秀娟：《马克思主义生态哲学思想历史发展研究》，北京师范大学出版社 2011 年版。

21. 段中桥：《当代国外社会思潮》，中国人民大学出版社 2001 年版。

22. 衣俊卿、丁立群、李小娟等：《20 世纪的新马克思主义》，中央编译出版社 2001 年版。

23. 余谋昌：《生态哲学》，陕西人民出版社 2000 年版。

24. 叶峻：《社会生态学与协同发展论》，人民出版社 2012 年版。

25. 叶平：《环境哲学与伦理》，中国社会科学出版社 2004 年版。

26. 余佳樱：《马克思交往理论视野下的生态哲学思想》，硕士学位论文，厦门大学，2009 年。

27. 杨通进、高予远编：《现代文明的生态转向》，重庆出版社 2007 年版。

28. 严耕、林震、杨志华编：《生态文明理论构建与文化资源》，中央编译出版社 2009 年版。

29. ［德］弗洛姆：《马克思关于人的概念》，《哲学译丛》1979 年第 5 期。

30. ［美］约·福斯特、刘春元：《生态危机与生态革命、社会革命》，《国外理论动态》2010 年第 3 期。

31. 范柏乃等：《生态性发展理论综述》，《浙江社会科学》1998 年第 2 期。

32. 高小平：《落实科学发展观加强生态行政管理》，《中国行政管理》2004 年第 5 期。

33. 桂起权：《马克思主义创始人的生态哲学思想》，《河池学院学报》2004 年第 4 期。

34. ［美］赫伯特·马尔库塞等：《工业社会和新左派》，任立编译，商务印书馆 1982 年版。

35. ［美］赫伯特·马尔库塞：《单向度的人：发达工业社会意识形态研究》，刘继译，上海译文出版社 2006 年版。

36. ［德］哈贝马斯：《交往行动理论·第一卷·行动的合理性和社会

合理化》，洪佩郁、蔺青译，重庆出版社 1994 年版。

37. ［美］霍尔姆斯·罗尔斯顿：《哲学走向荒野》，刘耳、叶平译，吉林人民出版社 2000 年版。

38. 郝克明主编：《面向 21 世纪：我的教育观》，广东教育出版社 1999 年版。

39. 韩立新：《环境价值论》，云南人民出版社 2005 年版。

40. 何怀宏：《生态伦理——精神资源与哲学基础》，河北大学出版社 2002 年版。

41. 贺来：《马克思哲学与"存在论"范式的转换》，《中国社会科学》2002 年第 5 期。

42. 黄爱宝：《生态型政府构建与生态企业成长的互动作用》，《山西师大学报》2008 年第 1 期。

43. 韩立新：《马克思的物质代谢概念与环境保护思想》，《哲学研究》2002 年第 2 期。

44. 何萍：《生态马克思主义作为哲学形态何以可能》，《哲学研究》2001 年第 2 期。

45. ［英］吉登斯：《现代性与自我认同》，赵旭东等译，上海三联书店 1998 年版。

46. ［美］杰里米·里夫金、特德·霍华德：《熵：一种新的世界观》，吕明、袁舟译，上海译文出版社 1987 年版。

47. ［美］霍尔姆斯·罗尔斯顿：《环境伦理学：自然的价值及人对大自然的义务》，杨通进译，中国社会科学出版社 2000 年版。

48. ［美］施里达斯·拉夫尔：《我们的家园——地球：为生存而结为伙伴关系》，中国环境科学出版社 2000 年版。

49. ［美］拉瑞·劳丹：《进步及其问题》，刘新民译，华夏出版社 1999 年版。

50. ［美］罗德里克·纳什：《大自然的权利》，杨通进译，青岛出版社 1999 年版。

51. 刘仁胜：《生态马克思主义概论》，中央编译局出版社 2007 年版。

52. 鲁克俭：《国外马克思研究的热点问题》，中央编译出版社 2006 年版。

53. 刘东国：《绿党政治》，上海社会科学出版社 2002 年版。

54. 李博：《生态学》，高等教育出版社 2000 年版。

55. 卢风：《从现代文明到生态文明》，中央编译出版社 2009 年版。

56. 雷毅：《深层生态学研究》，清华大学出版社 2001 年版。

57. 李培超：《自然的伦理尊严》，江西人民出版社 2001 年版。

58. 卢风：《生态文明建设的哲学根据》，《光明日报》2013 年 1 月 29 日第 11 版。

59. 刘仁胜：《马克思主义生态文明观发展概述》，载《当代中国马克思主义研究报告（2007—2008）》，人民出版社 2009 年版。

60. 刘仁胜：《生态马克思主义的生态价值观》，《江汉论坛》2007 年第 7 期。

61. 刘思华：《论以生态为本位的科学依据与理论框架》，《中南财经政法大学学报》2002 年第 4 期。

62. 刘辉：《马克思恩格斯与生态学》，《江西社会科学》1997 年第 5 期。

63. ［美］迈克尔·P. 托达罗：《经济发展与第三世界》，印金强等译，中国经济出版社 1992 年版。

64. 苗启明：《思维基础与思维规律论》，云南人民出版社 1994 年版。

65. 苗启明：《辩证思维方式论》，高等教育出版社 1990 年版；云南大学出版社 2014 年版。

66. 苗启明：《马克思关于人和人类世界的哲学构建》，中国社会科学出版社 2013 年版。

67. ［英］尼格尔·多德：《社会理论与现代性》，社会科学院文献出版社 2002 年版。

68. ［美］奥尔多·利奥波德：《沙乡年鉴》，侯文蕙译，吉林人民出版社 2003 年版。

69. 卜祥记：《福斯特生态学语境下的马克思哲学》，《哲学动态》2008 年第 5 期。

70. ［美］乔尔·科维尔：《马克思与生态学》，《马克思主义与现实》2011 年第 5 期。

71. 曲格平：《我们需要一场革命》，吉林人民出版社 1997 年版。

72. ［美］蕾切尔·卡逊:《寂静的春天·前言》,科学出版社 1992 年版。

73. 任平:《当代视野中的马克思》,江苏人民出版社 2003 年版。

74. ［美］塞缪尔·亨廷顿:《现代化:理论与历史经验的再探讨》,罗荣渠主编,上海译文出版社 1993 年版。

75. ［美］斯普瑞特奈克:《生态女权主义建设性的重大贡献》,《国外社会科学》1997 年第 6 期。

76. ［德］施密特:《马克思的自然概念》,商务印书馆 1998 年版。

77. ［德］马克斯·舍勒:《资本主义的未来》,刘小枫编校,罗悌伦译,生活·读书·新知三联书店 1997 年版。

78. 佘正荣:《生态智慧论》,中国社会科学出版社 1996 年版。

79. 沈孝辉:《集体林权改革中农民权益与生态安全的观察报告》,载《中国环境发展报告(2009)》,社会科学文献出版社 2009 年版。

80. 张时佳:《生态马克思主义刍议》,《中共中央党校学报》2009 年第 2 期。

81. 宋新宇:《我国矿产资源现况与可持续发展战略》,《大自然探索》1997 年第 1 期。

82. 生态王诺的 BLOG(http://blog. sina. com. cn/ecoliterature)。

83. ［德］托马斯·吉特:《地球悄然迎来"人类世"》,《参考消息》2013 年 2 月 19 日。

84. ［美］唐纳德·L. 哈迪斯蒂:《生态人类学》,郭凡、邹和译,文物出版社 2002 年版。

85. 王雨辰:《生态批判与绿色乌托邦:生态学马克思主义理论研究》,人民出版社 2009 年版。

86. 魏波:《环境危机与文化重建》,北京大学出版社 2007 年版。

87. 王子坤:《生态危机的资本主义制度根源——生态社会主义的阐释》,《福建省委党校学报》2004 年第 3 期。

88. 王鲁娜:《当代生态生产力的基本特征探析》,《福建论坛》2008 年第 8 期。

89. 王雨辰:《制度批判、技术批判、消费批判与生态政治哲学》,《哲学研究》2004 年第 2 期。

90. 王树恩：《试析马克思恩格斯的生态环境思想》，《哲学研究》1996年第6期。

91. 王诺：《生态整体主义》，转引自网络"生态王诺的博客"，2005年12月17日。

92. 肖显静：《生态政治：面对环境问题的国家抉择》，山西科学技术出版社2003年版。

93. 解保军：《马克思自然观的生态哲学意蕴——红与绿结合的理论先声》，黑龙江人民出版社2002年版。

94. 谢鸿宇等：《生态足迹分析的资源产量法研究》，《武汉大学学报》（信息科学版）2006年第11期。

95. 肖子健：《关于人类下一个文明和发展战略的思考》，《自然辩证法研究》1995年第2期。

96. 郇庆治：《自然环境价值的发现》，广西人民出版社1994年版。

97. ［美］约翰·贝拉米·福斯特：《马克思的生态学——唯物主义与自然》，刘仁胜、肖峰译，高等教育出版社2006年版。

98. ［美］约翰·贝拉米·福斯特：《生态危机与资本主义》，耿建新、宋兴无译，上海译文出版社2006年版。

99. 杨耕：《为马克思辩护》，北京师范大学出版社2004年版。

100. 杨学功：《构建马克思主义哲学新形态》，《吉林大学社会科学学报》2004年第5期。

101. 杨东平主编：《中国环境发展报告（2009）》，社会科学文献出版社2009年版。

102. 严耕、林震、杨志华：《生态文明理论构建与文化资源》，中央编译出版社2009年版。

103. 杨通进、高予远编：《现代文明的生态转向》，中央编译出版社2007年版。

104. 杨发明、许庆瑞：《生态性发展的涵义及其实现的基本条件与手段的探讨》，《自然辩证法通讯》1997年第1期。

105. ［美］詹姆斯·奥康纳：《自然的理由——生态学马克思主义研究》，唐正东、臧佩洪译，南京大学出版社2003年版。

106. 周义澄：《自然理论与现时代——对马克思哲学的一个新思考》，上海人民出版社 1988 年版。

107. 郑慧子：《走向自然的伦理》，人民出版社 2006 年版。

108. 周慧明：《智力圈——人与自然关系新论》，科学出版社 1991 年版。

109. 赵剑英：《构建中国化马克思主义哲学新形态的再思考》，《南京大学学报》2005 年第 6 期。

110. 赵剑英、庞元正主编：《马克思哲学与中国现代性构建》，社会科学文献出版社 2006 年版。

111. 赵剑英、叶汝贤主编：《马克思哲学的当代意义》，社会科学文献出版社 2006 年版。

112. 张孝德：《中国和平崛起的文明之路：生态文明建设与创新》，《中国改革论坛》2009 年第 2 期。

113. 张云飞：《罗马俱乐部的生态道德观评述》，《道德与文明》1989 年第 5 期。

114. 张业蕾、胡于凝：《论生态型政府的逻辑困境与出路：基于技术约束和制度约束的分析》，《云南行政学院学报》2010 年第 1 期。

115. 张治忠：《美国式现代消费文化的伦理省思及理性抉择》，硕士学位论文，湖南师范大学，2002 年。

116. 张传奇：《建设有中国特色社会主义的生态性发展体系》，《社会科学辑刊》1998 年第 3 期。

117. 张立文：《中国文化的和合精神与 21 世纪》，《学术月刊》1995 年第 9 期。

118. 诸大建：《中国发展 3.0：生态文明下的绿色发展》，《新闻晨报》2010 年 12 月 8 日。

119. 曾文婷：《生态马克思主义与马克思主义》，《学术论坛》2005 年第 6 期。

后　记

　　本书是国家社会科学基金 2012 年立项的西部课题"马克思生态哲学思想与社会主义生态文明建设"（批准号：12XKS023）的成果，2015 年结项，成绩良好。课题负责人：苗启明（云南省社会科学院哲学研究所研究员（返聘）；课题组成员：谢青松（云南省社会科学院哲学研究所所长，研究员），林安云（云南省社会科学院图书馆研究馆员），吴茜（厦门大学马克思主义学院副教授）。课题组全体成员以及其他青年教师参与了本书的研究讨论和部分写作，特别是林安云参与了对众多资料的选择与整理。

　　在一本书完成之后，谈谈其形成过程，也许不是多余的。本书虽然在一年中草出，但其形成却有个漫长的过程。

　　我本来不是研究生态文明的，但自进入云南省社会科学院后（1984年），要求我同时要参与现实问题的研究。我选择了当时很热的精神文明建设问题作为我的副业。首先是要深入田野调查，在调查中我发现了两点值得注意的事实，一点是无论物质文明还是精神文明，都得通过政府来进行，而政府本身的建设，既不能归结为物质文明建设，又不能归结为精神文明建设，但它的建设好坏，却是两个文明建设的关键问题。从这个事实出发，我提出"制度文明"这一概念，从而得出了社会主义文明不是哲学性的两个文明能够概括的，应当从系统论出发概括为"物质文明、制度文明和精神文明的三维结构"。文章发表后（1985 年）引起很大反响，一时间全国有几个会议都在讨论，提倡了六年的"两个文明建设"被突破，文明的多维划分如权力文明、政治文明以及行为文明等也都先后被提了出来，制度文明以及政治文明（其所指相同）等也成了长期讨论的学术问题。另一点值得注意的，是我发现一定地域的人（少数民族）与其环境有深刻的生态生存关系，我最初把这一事实在调查报告中概括为生态意义的"人境系统"（1988 年），进而又概括为"人境生态系统"（1989 年），这就在对精神文明建设的调查中发现了生态文明中的关键问题。接着对人境生态系统的三维结构和五层关系即五种文明建设（2006 年）进行了研究。我对这一问题进行的深入思考，是以热力学第二定律来分析人境生态系统，从而得出未来要走向"熵理文明"这一思想，这是一种深层次的生态文明概念。另一方面，我把《熵：一种新的世界观》这本著作放在思维方式这一范畴中来研读（当时我正在研究思维学），从而提出"熵理思维方式"（即从熵原理看待的生态思维方式）这一概念（1998 年），这一理论也对学术界发生了一定的影响。所以，我是从田野调查和物理知识，通过精神文明的讨论以及对生态状况的感受而进入了生态文明范畴的，而对当时已经热起来的国内生态文明讨论，由于专业方向不同我并没有关注。21 世纪初（2003 年后），我把主要精力用于对马克思哲学思想的再研究，把我在 1985 年和 1988 年提出的"实践唯物论"和"人本理性哲学"这些概念，发展为"实践人类学哲学"这一概念（2003 年）。在对这一概念的深入研究中，我发现马克思有很丰富的生态思想，发现了他的人类学、生态学、经济学三位一体的哲学立场。我本来想把这一发现作为马克思的人类学哲学精神的生态体现——马克思的"生态人类学哲学"（与"实践人类学哲学"并列）来研究，成为丛书的一本，并且已经写了一部分。后来在这些既有的理论研究的基础上，恰遇国家课题中有这方面的内容，于是本课题申报成功（2012 年）。在立为课题之后，我确立了研究的三个重点：一是马克思一般的人类学哲学思想的生态意义，二是可以从生态上直接理解的马克思的相关思想，三是马克思的生态思想对于我们今天的社会主义生态文明建设有什么要求和意义。这一想法得到课题组的普遍同意，这就成了本书的基本理论结构。可以顺便指出的是，本书中提出的马克思人类学哲学思想及其生态意义以及马克思的一系列生态思想，特别是五大原理，都是第一次提出。它们对社会主义生态文明建设的要求，也就自然归结到对"人—境生态系统"的具体发挥上来了。我觉得，只有坚持人—境生态系统建设，才能把马克思的既关注自然生态更关注社会生态这种核心理念作为一个有机整体坚持下去。而对更深入的问题由于当前无法实施，也就不做空论，这就形成了本书的基本理论面貌。如果说它对前人的研究有所超越的话，那是由于在方法论上超越了通常的从经济学和自然观范畴对马克思的生态理解（如福斯特），而是以人类学范畴把它们统一起来。

本书除了坚持马克思的人类学哲学方法、人类学生态学经济学三位一体的方法外，在理论的逻辑处理上还坚持了理论的系统结构优化方法。即在每篇的6章之间，存在着——或者说我们努力让它存在着——如下的理论系统优化关系：

即章1是问题的起点，章2、章3是章1的展开，章4是章2、章3的归结和深入新的问题，章5是章3的深入，章6是章4和章5的总括和提升（图略）。这是艾什比在其《控制论导论》①中所推荐的理论系统的优化结构方法。我们希望，通过这一内在思想结构展示方法，能够展现马克思生态思想的内在逻辑联系。当然，实际的思想联系是更丰富的，也由于要强调的重点和内容不同，以及要考虑从章1到章6的逻辑深化关系等原因，有些不能不有所勉强。

这一方法的运用有优点也有缺点。优点是逻辑深化明显，缺点是有些丰富的内容不好安排。而且对于复杂的体系来说，必须以多篇的宝塔式结构来安排。这样虽然在步步深入，也难免有回还重复之憾。其他的缺点也还一定很多。敬盼批评指正。

在一定意义上，本书也是集体努力的成果。谢青松研究员（第一篇第三章）、林安云研究馆员（第一篇第一章、第四章、第六章，第三篇第五章一二三、第六章四）、厦门大学的吴茜副教授（第一篇第五章）、云南外经贸学院的苗聪（第一篇第二章，第三篇第五章四、第六章一二三）等，都完成得很好，然后由我做了统一风格的修改。由于本书新概念颇多，张兆民副研究员也对目录的英译做了认真的考究。林安云还负责所需要资料的收集与马克思文本的引文校正等实际的复杂工作。有许多书云南找不到，我又不得不到邻省的广西师大请刘琼豪教授协助查找。总之，一本学术著作的完成，除了观点需要一系列的创新并形成一定的新的思想体系之外，还需要借助大量的相关学术著作和资料的论证，后一工作绝不亚于学术理论本身的研究创

---

① ［美］W. R. 艾什比：《控制论导论》，张理京译，科学出版社1965年版，第108页。

新，它是支持思想理论的事实基础。特别是这种既有理论性，又有实践性并且是结合现实历史发展的理论，就更需要事实的支持了。

本书能列入"云南省哲学社会科学成果文库"统一出版，有学术界和国家的与省的社科规划办的同志们的辛苦和厚爱。本书得到中国社会科学出版社重大项目出版中心主任王茵编审、孙萍博士的认真审阅、修改与指导，这里一并致以深深的敬意。我深深感到，在一定意义上，一本学术著作也是集体劳作的结果。

还想说的一点是，可能有的同志会觉得本书对马克思文献的理解和发挥超越了马克思的原意而采取否定态度。但是，如果不做创造性的发挥，就事论事，那我们就只能停留在19世纪的水平，马克思也不会走向当代世界，从而断送马克思主义历史发展的生命力，让马克思在思想史中睡觉。杨学功先生说得好："每个马克思的研究者或讲解者，肯定要有自己的发挥引申，这不仅是允许的，而且是一种进步。甚至可以说，发挥引申本身就是发展马克思主义哲学的一种方式。因此，……假如有人把马哲原理讲成了新哲学原理，那实在是一件值得高兴的事情；任何……'原创哲学'并不是凭空创立的，通常是从已有的哲学中发挥引申而来，这也反映了哲学思想发展的历史继承性。"① 要想把马克思主义发展为当代马克思主义，那就只有以当代的时代精神发挥引申经典文献，除此以外没有别的办法。当然，如实的考证是必要的，但那是"马克思学"的事，和理论的运用发展不是一回事。所以，每个时代都会有每个时代的马克思主义，我们不能抱着20世纪30年代的人所发挥的马克思主义不放（其实离马克思很远），拒绝对马克思的新理解好像是在坚持理论的纯正性，其实是在扼杀马克思主义的生命力。当代的世界历史正在走向人类学时代，马克思哲学的人类学哲学特质，应当被我们发挥出来，否则马克思就无法走向当代。马克思的生态哲学，也只有在其人类学哲学的基础上才能充分发挥出来。这也就是我们能提出它的一系列的理论原理的原因。

当然，这样做不能排除某种误解和偏颇，也不能排除某种失误，因此特别希望指正。只要批评得有理，学术就会有所进步，理论总是在批判中前进

---

① 杨学功：《关于马克思文本研究的几个问题》，《学术界》2012年第8期。

的，所以热烈希望有人能提出批评意见，在此先致谢忱。

本书在结项评审过程中，五位专家在充分肯定中提出了不少修改意见，在申报省文库丛书时，又有两位专家提出了很好的意见，笔者都一一认真做了修改完善。但问题依然不少，敬盼指正。

课题负责人　苗启明

2016 年 5 月 30 日于昆明听涛雅苑